선형대수학

김인현 · 양미혜 · 최원 · 함남우 · 황인호 지음

KM 경문사

저자와의
합의하에
인지를
생략합니다

선형대수학

지은이 김인현 · 양미혜 · 최원 · 함남우 · 황인호
펴낸이 조경희
펴낸곳 경문사
펴낸날 2014년 3월 5일 1판 1쇄
2022년 2월 28일 1판 3쇄
등 록 1979년 11월 9일 제1979–000023호
주 소 04057, 서울특별시 마포구 와우산로 174
전 화 (02)332–2004 팩스 (02)336–5193
이메일 kyungmoon@kyungmoon.com

값 20,000원

ISBN 978–89–6105–758–5

머리말

선형대수학은 복잡한 수학적 체계를 배제하고 선형(linearity)이라는 제한된 영역에서 탐구하는 분야이다. 그러므로 수학에 입문하려는 사람들 입장에서는 선형대수학을 통하여 어렵지 않게 수학적 아이디어와 논리를 전개하는 방식을 배울 수 있으며 미분방정식과 확률론 등과 같은 수학 분야뿐만 아니라 물리학, 생물학, 화학, 공학, 경제학, 심리학, 사회과학 등 거의 모든 분야에 광범위하게 응용된다. 선형대수학의 응용 범위를 접하는 순간, 지금까지 답을 구하기 위해 계산에만 몰두하던 수학과는 전혀 다른, 새로운 수학이 있음을 깨닫게 된다. 따라서 수학에 친해지고 싶은 사람들에게 선형대수학은 가장 쉽게 수학의 묘미를 맛볼 수 있는 과목으로, 수학하는 즐거움을 느끼고 싶은 사람에게는 가장 좋은 출발점이 될 수 있다.

선형대수학은 원래 추상적인 개념을 대상으로 이론을 전개하기 때문에 처음 공부하는 사람은 그 개념을 정확하게 이해하고 응용하는 데 어려움을 겪을 수 있다. 따라서 교재에서는 선형대수학의 전체적인 흐름을 유기적으로 제시하며 각각의 주제가 출현하게 된 이유와 정확한 활용 분야를 짚어줘야 한다. 이에 본 교재에서는 학생들이 선형대수학의 흐름을 이해하고 각 내용 간에 유기적인 관계가 정립되도록 집필하고자 하였다. 이를 위해 선형대수학의 학습에 필요한 각각의 용어들을 명확히 정의하고 정의에 따른 여러 가지 정리를 자세하게 소개한 뒤 가장 적절한 예제를 제공하여 선형대수학을 공부하려는 사람들이 주어진 개념을 쉽게 이해하고 응용할 수 있도록 구성하였다. 또한 학습의 '맥'을 제대로 짚어주기 위해 지금 배우려는 내용이 '왜 나왔고', '왜 배워야 하며', '어디에 활용할 수 있는지'를 가급적 자세히 설명하여 학생들이 혼자서 공부하는 데 어려움이 없도록 하였다.

기존의 교재에서는 배울 수 없었던 논리적 구조가 소개되어 있기 때문에 어렵고 지루했던 선형대수학의 새로운 매력을 느낄 수 있을 뿐만 아니라 좀 더 쉽고 분명하게 내용을 파악할 수 있을 것이다.

이러한 노력에도 불구하고 여러 가지로 미비한 점이 많으리라 생각되지만 이 책이 학생여러분의 선형대수학의 개념과 사고를 향상시키는 데 조금이라도 도움이 된다면 저자로서는 그 이상의 보람이 없을 것이다. 마지막으로 이 책의 출간에 많은 조언을 해주신 주위의 여러 선생님들과 어려운 여건에서도 이 책의 출간에 수고를 아끼지 않으신 경문사의 여러분들에게 심심한 감사의 말씀을 전한다.

저자 일동

차례

Chapter 01 행렬의 기본 성질

Chapter 02 행렬식

Chapter 03 벡터

Chapter 04 벡터공간

Chapter 05 선형변환과 행렬

Chapter 06 고유벡터

Chapter

01 행렬의 기본 성질

1.1 연립방정식과 행렬
1.2 가우스 소거법
1.3 행렬의 연산
1.4 행렬의 역행렬
1.5 *LU*분해와 연립방정식의 해

1.1 연립방정식과 행렬

x_1, x_2, …, x_n이 n개의 미지수, 그리고 a_1, a_2, …, a_n과 b가 고정된 실수일 때

$$a_1x_1 + a_2x_2 + \cdots + a_nx_n = b$$

의 형태로 표현된 방정식을 **일차방정식**(linear equation)이라 한다. 이때 x_1, x_2, …, x_n을 **미지수**(unknown value) 또는 **변수**(variable)라 하고 a_1, a_2, …, a_n을 **계수**(coefficient), 그리고 b를 **상수**(constant)라 한다. 우리는 계수와 상수항이 모두 실수인 일차방정식을 주로 다룰 것이다.

$\sqrt{2}\,x + y = 3$은 일차방정식이지만 $xy = 1$이나 $x^2 + 2x + 1 = 0$은 일차방정식이 아니다.

변수들을 여러 가지 문자들로 표현한다. x_1와 x_2와 x_3 대신에 x, y와 z로 표현할 수 있다. 일차방정식 $3x + 4y = 12$는 평면 $\mathbb{R}^2$의 점 $(4, 0)$과 $(0, 3)$을 지나는 직선의 방정식이고 $2x + 3y - z = 6$은 3차원 공간 $\mathbb{R}^3$의 점 $(3, 0, 0)$, $(0, 2, 0)$, $(0, 0, -6)$을 지나는 평면의 방정식이다. 여기서 실수 전체의 집합을 $\mathbb{R}$이라 한다.

n개의 미지수 x_1, x_2, …, x_n에 대하여 m개의 일차방정식

$$\begin{aligned}
a_{11}x_1 + a_{12}x_2 + \cdots + a_{1n}x_n &= b_1 \\
a_{21}x_1 + a_{22}x_2 + \cdots + a_{2n}x_n &= b_2 \\
&\vdots \\
a_{m1}x_1 + a_{m2}x_2 + \cdots + a_{mn}x_n &= b_m
\end{aligned}$$

으로 구성된 식을 **일차 연립방정식**(linear system)이라 한다.

상수항 b_1, b_2, …, b_m이 모두 영인 일차 연립방정식을 **동차 일차 연립방정식**(homogeneous linear system)이라 하고 동차 일차 연립방정식이 아니면 **비동차 일차 연립방정식**(non-homogeneous linear system)이라 한다. 두 개의 연립방정식이 같은 해를 가지면 두 연립방정식은 **동치**(equivalence)라 한다.

동차 일차 연립방정식

$$\begin{aligned}
a_{11}x_1 + a_{12}x_2 + \cdots + a_{1n}x_n &= 0 \\
a_{21}x_1 + a_{22}x_2 + \cdots + a_{2n}x_n &= 0 \\
&\vdots \\
a_{m1}x_1 + a_{m2}x_2 + \cdots + a_{mn}x_n &= 0
\end{aligned}$$

은 항상 자명한 해(trivial solution)

$$x_1 = 0,\ x_2 = 0,\ \cdots,\ x_n = 0$$

을 가진다.

연립방정식

$$\begin{aligned} ax + by &= p \\ cx + dy &= q \end{aligned}$$

의 해는 $\mathbb{R}^2$ 평면에서 교점의 좌표를 구하는 방정식으로 해석할 수 있다. 그림 1.1(a)와 같이 두 직선의 기울기가 서로 다를 때는 연립방정식은 유일한 해를 가지고, (b)와 같이 직선이 서로 평행일 때는 연립방정식의 해는 존재하지 않으며 또한 (c)와 같이 직선이 일치하면 연립방정식은 무한히 많은 해를 갖는다.

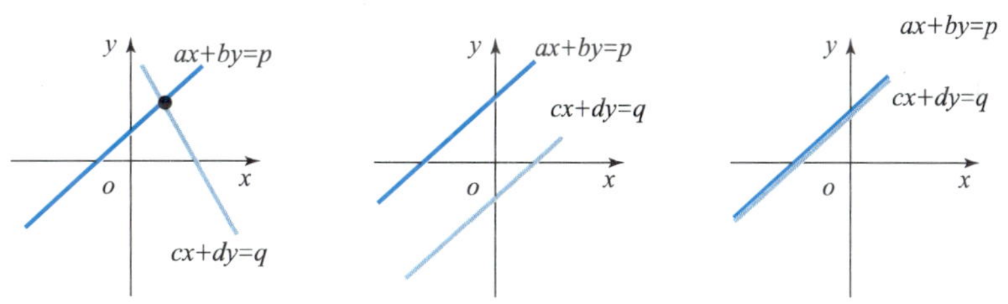

기울기가 서로 다름 유일한 해 (a)	서로 평행 해가 없음 (b)	일치 무한히 많은 해 (c)

그림 1.1

그러므로 비동차 연립방정식의 해는 존재하지 않을 수도 있으며 해가 존재하는 경우 무한히 많은 해가 존재할 수도 있다. 연립방정식의 모든 해로 이루어진 집합을 해 **집합**(solution set)이라 한다.

계수가 실수인 일차 연립방정식의 해의 존재성은 다음 세 가지 경우 중의 하나이다.

(i) 유일한 해를 가진다.
(ii) 해가 없다.
(iii) 무수히 많은 해를 가진다.

연립방정식의 한 방정식에 다른 방정식의 상수를 곱하여 더하는 계산을 반복하여 변수의 개수를 줄여가는 소거법을 실행해서 연립방정식의 해를 구할 수 있다. 이런 방법으로 얻어진 연립방정식과 주어진 연립방정식은 서로 동치가 된다.

예제 1 연립방정식

$$\begin{aligned} 2x_1 + \ x_2 &= 5 \\ x_1 - 3x_2 &= -1 \end{aligned}$$

의 해를 구하여라.

풀이 두 번째 방정식에 실수 2를 곱하여 첫 번째 방정식을 빼면

$$\begin{aligned} 2x_1 + x_2 &= 5 \\ 7x_2 &= 7 \end{aligned}$$

이 된다. 두 번째 방정식에 의해 $x_2 = 1$이고 이를 첫 번째 방정식에 대입하면 $x_1 = 2$가 되며 이 해는 연립방정식의 유일한 해가 된다. ■

모든 연립방정식의 해가 유일하게 존재하는 것은 아니다.

예를 들어 연립방정식

$$\begin{aligned} x_1 - 3x_2 &= 5 \\ 2x_1 - 6x_2 &= -1 \end{aligned}$$

은 첫 번째 방정식에 실수 2를 곱하면 $2x_1 - 6x_2 = 10$이 되고 두 번째 방정식에 의해 $10 = -1$을 만족해야 하므로 연립방정식의 해는 존재하지 않는다.

또한 연립방정식

$$\begin{aligned} x_1 + \ x_2 &= 1 \\ 2x_2 + 2x_2 &= 2 \end{aligned}$$

는 첫 번째 방정식에 실수 2를 곱하면 두 번째 방정식이며 결국 연립방정식의 해는 방정식 $x_1 + x_2 = 1$을 만족하는 모든 x_1, x_2가 된다. 예를 들어 $(1,\ 0)$, $(2,\ -1)$, $\cdots$, $(100,\ -99)$ 등은 모두 해가 되며 이러한 해는 무한히 많이 존재한다.

이제 일차 연립방정식을 만족하는 해 x_1, x_2, $\cdots$, x_n을 구하는 방법에 대하여 알아보자.

일차 연립방정식

$$\begin{aligned} a_{11}x_1 \ + a_{12}x_2 + \cdots + a_{1n}x_n \ &= b_1 \\ a_{21}x_1 \ + a_{22}x_2 + \cdots + a_{2n}x_n \ &= b_2 \\ &\vdots \\ a_{m1}x_1 + a_{m2}x_2 + \cdots + a_{mn}x_n &= b_m \end{aligned}$$

을 아래와 같이 간단하게 직사각형꼴로 배열해보자.

일차 연립방정식의 계수들로 이루어진 배열

$$A=\begin{bmatrix} a_{11} & a_{12} & \cdots & a_{1n} \\ a_{21} & a_{22} & \cdots & a_{2n} \\ \vdots & \vdots & \cdots & \vdots \\ a_{m1} & a_{m2} & \cdots & a_{mn} \end{bmatrix}$$

을 연립방정식의 **계수행렬**(coefficient matrix)이라 하고 상수들로 이루어진 배열

$$b=\begin{bmatrix} b_1 \\ b_2 \\ \vdots \\ b_m \end{bmatrix}$$

을 연립방정식의 **상수행렬**(constant matrix)이라 한다. 한편 계수행렬과 상수행렬로 이루어진 배열

$$\begin{bmatrix} a_{11} & a_{12} & \cdots & a_{1n} & b_1 \\ a_{21} & a_{22} & \cdots & a_{2n} & b_2 \\ \vdots & \vdots & \cdots & \vdots & \vdots \\ a_{m1} & a_{m2} & \cdots & a_{mn} & b_m \end{bmatrix}$$

을 연립방정식의 **첨가계수행렬**(augmented matrix)이라 한다.

예제 2 연립방정식

$$\begin{aligned} x_1 - x_2 + 2x_3 - x_4 &= -1 \\ 2x_1 + x_2 - 3x_3 - 4x_4 &= -2 \\ -x_1 - 5x_2 + x_3 - x_4 &= -7 \end{aligned}$$

의 계수행렬, 상수행렬과 첨가계수행렬을 구하여라.

풀이 계수행렬은 $A=\begin{bmatrix} 1 & -1 & 2 & -1 \\ 2 & 1 & -3 & -4 \\ -1 & -5 & 1 & -1 \end{bmatrix}$이고 상수행렬은 $\begin{bmatrix} -1 \\ -2 \\ -7 \end{bmatrix}$이며 첨가계수행렬은 $\begin{bmatrix} 1 & -1 & 2 & -1 & -1 \\ 2 & 1 & -3 & -4 & -2 \\ -1 & -5 & 1 & -1 & -7 \end{bmatrix}$이다. ■

예제 3 다음 행렬을 첨가계수행렬로 가지는 연립 일차방정식을 구하여라.

$$\begin{bmatrix} 1 & 3 & -1 & 1 \\ 0 & -1 & 2 & 1 \\ 2 & -1 & 0 & 4 \end{bmatrix}$$

풀이 연립방정식은

$$\begin{aligned} x_1 + 3x_2 - \ x_3 &= 1 \\ - \ x_2 + 2x_3 &= 1 \\ 2x_1 - \ x_2 \qquad &= 4 \end{aligned}$$

이다. ■

정의 1.1.1 (행렬의 정의) 수나 기호 또는 수식들을 직사각형꼴로 배열한

$$\begin{bmatrix} a_{11} & a_{12} & \cdots & a_{1n} \\ a_{21} & a_{22} & \cdots & a_{2n} \\ \vdots & \vdots & \cdots & \vdots \\ a_{m1} & a_{m2} & \cdots & a_{mn} \end{bmatrix}$$

을 **행렬**(matrix)이라 한다. 행렬의 각 항 a_{ij}들을 (i, j)**번째 성분**($(i, j)_{th}$ entry) 또는 (i, j)**번째 원소**($(i, j)_{th}$ element)라 하고 $[a_{i1}\, a_{i2} \cdots a_{in}]$을 i**번째 행**(i_{th} row)이라 하며, $\begin{bmatrix} a_{1j} \\ a_{2j} \\ \vdots \\ a_{mj} \end{bmatrix}$을 j**번째 열**(j_{th} column)이라 한다. m개의 행과 n개의 열로 구성된 위의 행렬의 크기는 $m \times n$이다.

정의 1.1.2 행렬의 각 성분이 실수이고 크기가 $n \times 1$인 모든 행렬의 집합을 $M_{n \times 1}$이라 정의하고 **유클리디안 n-공간**(Euclidean n-space)인

$$\mathbb{R}^n = \{ \begin{bmatrix} a_1 \\ a_2 \\ \vdots \\ a_n \end{bmatrix} : a_i \in \mathbb{R} \quad i = 1, 2, \cdots, n \}$$

이라 한다. 크기가 $m \times n$이고 성분 모두가 실수인 모든 행렬의 집합을 $M_{m \times n}$으로 나타낸다. 특별히 행과 열의 개수가 같은 $n \times n$ 행렬을 **정방행렬**(square matrix)이라 하고 모든 정방행렬의 집합을 M_n으로 나타낸다. 정방행렬에서 성분 a_{ii} $(i = 1, 2, \cdots, n)$를 행렬의 **대각성분**(diagonal entry)이라 한다. 대각성분을 제외한 모든 성분이 0인 정방행렬을 **대각행렬**(diagonal matrix)이라 한다. 한편 크기가 $m \times n$ 행렬 A의 각 성분이 a_{ij}인 행렬을 $A = (a_{ij})$ 또는 $A = (a_{ij})_{m \times n}$으로 표현하고 $a_{ij} = (A)_{ij}$로 하자.

$[1\,2\,3\,4]$는 크기가 1×4인 행렬, $\begin{bmatrix} 1 \\ 2 \\ 3 \end{bmatrix}$는 크기가 3×1인 행렬이고 $\begin{bmatrix} 1 & 2 \\ 3 & 4 \end{bmatrix}$는 크기가 2×2인 정방행렬이다.

예제 4 $A=\begin{bmatrix}1&2&3\\4&5&6\end{bmatrix}$는 크기 2×3인 행렬이므로 $A\in M_{2\times3}$이다.

$(A)_{11}=1$, $(A)_{12}=2$, $(A)_{13}=3$, $(A)_{21}=4$, $(A)_{22}=5$, $(A)_{23}=6$이다. ■

일차 연립방정식의 해를 첨가계수행렬을 이용하여 구하는 방법에 대해 알아보자. 연립방정식

$$\begin{aligned}2x_1+\ x_2&=\ 5\\ x_1-3x_2&=-1\end{aligned}$$

의 해를 구하는 과정을 첨가계수행렬에 적용해보자.

주어진 연립방정식의 첨가계수행렬은 $\begin{bmatrix}2&1&5\\1&-3&-1\end{bmatrix}$이다.

단계 1) 두 방정식을 서로 바꾼다.	첨가계수행렬의 두 행을 바꾼다.
$x_1-3x_2=-1$ $2x_1+x_2=5$	$\begin{bmatrix}1&-3&-1\\2&1&5\end{bmatrix}$
단계 2) 두 번째 방정식에 첫 번째 방정식에 −2를 곱한 식을 더한다.	두 번째 행에 첫 번째 행에 −2를 곱한 것을 더한다.
$x_1-3x_2=-1$ $7x_2=7$	$\begin{bmatrix}1&-3&-1\\0&7&7\end{bmatrix}$
단계 3) 두 번째 방정식에 $\frac{1}{7}$을 곱한다.	두 번째 행에 $\frac{1}{7}$을 곱한다.
$x_1-3x_2=-1$ $x_2=1$	$\begin{bmatrix}1&-3&-1\\0&1&1\end{bmatrix}$
단계 4) 두 번째 식에 3을 곱한 식을 첫 번째 식에 더한다.	두 번째 행에 상수 3을 곱하여 첫 번째 행에 더한다.
$x_1=2$ $x_2=1$	$\begin{bmatrix}1&0&2\\0&1&1\end{bmatrix}$

그러므로 연립방정식의 해는 $x_1=2$와 $x_2=1$이 된다.

단계 4)를 실행하지 않고 단계 3)에서 구한 $x_2=1$을 식 $x_1-3x_2=-1$에 대입하여 $x_1=2$를 구할 수도 있다. 이렇게 연립방정식의 해를 구하는 방법을 후진대입법이라 한다.

위와 같이 연립 일차 방정식에 다음과 같은 연산을 하여도 그 해는 변하지 않는다.

(i) 두 방정식을 서로 바꾼다.

(ii) 한 방정식에 0이 아닌 실수를 곱한다.

(iii) 한 방정식에 0이 아닌 상수를 곱하여 다른 방정식을 더한다.

연립방정식에 적용한 연산을 첨가계수행렬에 적용하는 것을 **기본행연산**(elementary row operation)이라 한다.

> **정의 1.1.3** 행렬에 다음과 같은 연산을 하는 것을 기본행연산이라 한다.
> (a) 두 행을 교환한다.
> (b) 한 행에 0이 아닌 상수를 곱한다.
> (c) 한 행에 0이 아닌 상수를 곱하여 다른 행에 더한다.

앞으로 세 가지 기본행변환에 대해, 다음과 같이 표현하기로 한다.

(i) $R_i \leftrightarrow R_j$ 는 i 행과 j 행의 교환을 의미한다.

(ii) kR_i 는 i 행에 k 배함을 의미한다.

(iii) $R_i + kR_j$ 는 j 행을 k 배하여 i 행에 더한 것을 i 행으로 한다.

예제 5 연립방정식

$$\begin{aligned} 6x_1 - 4x_2 + 2x_3 &= 9 \\ 4x_1 + 2x_2 + \ \ x_3 &= 2 \\ 2x_1 - \ \ x_2 + \ \ x_3 &= 2 \end{aligned}$$

의 해를 첨가계수행렬에 후진대입법을 이용하여 구하여라.

풀이 연립방정식의 첨가계수행렬은

$$\begin{bmatrix} 6 & -4 & 2 & 9 \\ 4 & 2 & 1 & 2 \\ 2 & -1 & 1 & 2 \end{bmatrix}$$

이다.

$$\begin{bmatrix} 2 & -1 & 1 & 2 \\ 4 & 2 & 1 & 2 \\ 6 & -4 & 2 & 9 \end{bmatrix} R_1 \leftrightarrow R_3 \ \rightarrow \ \begin{bmatrix} 2 & -1 & 1 & 2 \\ 0 & 4 & -1 & -2 \\ 0 & -1 & -1 & 3 \end{bmatrix} \begin{matrix} \\ R_2 - 2R_1 \\ R_3 - 3R_1 \end{matrix}$$

$$\rightarrow \begin{bmatrix} 2 & -1 & 1 & 2 \\ 0 & -1 & -1 & 3 \\ 0 & 4 & -1 & -2 \end{bmatrix} R_2 \leftrightarrow R_3$$

$$\rightarrow \begin{bmatrix} 2 & -1 & 1 & 2 \\ 0 & -1 & -1 & 3 \\ 0 & 0 & -5 & 10 \end{bmatrix} \begin{matrix} \\ \\ R_3 + 4R_2 \end{matrix}$$

이다. 마지막 행렬을 첨부계수행렬로 가지는 연립방정식은

$$\begin{aligned} 2x_1 - x_2 + \ x_3 &= 2 \\ -x_2 - \ x_3 &= 3 \\ -5x_3 &= 10 \end{aligned}$$

이므로 $x_3 = -2$이고 이를 두 번째 방정식에 대입하면 $x_2 = -1$이며 이 두 값을 첫 번째 방정식에 대입하면 $x_1 = \frac{3}{2}$이다. ■

연립방정식

$$\begin{aligned} &a_{11}x_1 &&= b_1 \\ &a_{21}x_1 + a_{22}x_2 + &&= b_2 \\ &\vdots \\ &a_{n1}x_1 + a_{n2}x_2 + \cdots + a_{nn}x_n &&= b_n \quad (a_{11} \neq 0) \end{aligned}$$

형태의 해는 첨가계수행렬을 행사다리꼴 행렬로 변환하지 않고 방정식에서 직접 x_1으로부터 순서대로 $x_2, \cdots, x_n$을 구한다. 이런 방법을 **전진대입법**이라 한다.

예제 6 연립방정식

$$\begin{aligned} 2x_1 \qquad\qquad &= 4 \\ x_1 - x_2 \qquad &= 5 \\ 3x_1 + x_2 + 2x_3 &= 1 \end{aligned}$$

의 해를 구하여라.

풀이 첫 번째 방정식에서 $x_1 = 2$이고 이를 두 번째 방정식에 대입하면 $x_2 = -3$이고 이를 세 번째 방정식에 대입하면 $x_3 = -1$이다. ■

연습문제 1.1

1. 다음 연립방정식의 첨가계수행렬을 구하여라.

(1) $\begin{aligned} 2x - \ \ y &= 0 \\ x + 3y &= 4 \end{aligned}$

(2) $\begin{aligned} 5x_1 + 2x_2 - \ \ x_3 &= -1 \\ x_1 + \qquad 2x_3 &= \ \ 1 \\ -x_1 + 2x_2 + 4x_3 &= \ \ 0 \end{aligned}$

(3) $\begin{aligned} x + 3y &= -1 \\ -2x + \ \ y &= -5 \\ x + 2y &= \ \ 2 \end{aligned}$

(4) $\begin{aligned} x_1 + 3x_2 - 2x_3 + x_4 &= \ \ 1 \\ -x_1 + \qquad 3x_3 \qquad &= \ \ 2 \\ 2x_2 + \ \ x_3 - x_4 &= -1 \end{aligned}$

2. 주어진 행렬을 첨가계수행렬로 가지는 연립방정식을 구하라.

(1) $\begin{bmatrix} 1 & -2 & \sqrt{3} & 4 \\ 2 & -3 & -1 & 5 \\ 3 & -4 & 5 & -4 \end{bmatrix}$

(2) $\begin{bmatrix} 0 & -1 & 0 & 3 & 2 \\ 1 & 0 & 0 & -1 & 1 \\ 0 & 0 & -1 & 5 & 2 \end{bmatrix}$

(3) $\begin{bmatrix} 2 & -1 & \frac{1}{2} & 3 & 1 \end{bmatrix}$

(4) $\begin{bmatrix} 0 & 1 & -1 & 0 \\ 1 & 2 & -2 & 0 \end{bmatrix}$

3. 후진대입법을 이용하여 다음 일차 연립방정식의 해를 구하여라.

(1) $\begin{aligned} x_1 + 3x_2 &= 1 \\ x_2 &= 2 \end{aligned}$

(2) $\begin{aligned} x - 3y &= -5 \\ 4y &= \ \ 8 \end{aligned}$

(3) $\begin{aligned} x_1 + x_2 - \ \ x_3 &= \ \ 0 \\ x_2 - 2x_3 &= \ \ 1 \\ 2x_3 &= -1 \end{aligned}$

(4) $\begin{aligned} y_1 + \ \ y_2 - y_3 &= 0 \\ -3y_2 + y_3 &= 0 \\ 2y_3 &= 0 \end{aligned}$

4. 연립방정식

$$\begin{aligned} x_1 - 2x_2 &= 5 \\ 2x_1 - 4x_2 &= c \end{aligned}$$

이 다음 조건을 만족하도록 상수 c를 구하여라.

1) 해가 존재하지 않는다.

2) 해가 존재한다.

5. 다음 연립방정식의 해를 첨가계수행렬에 후진대입법을 이용하여 구하여라.

(1)
$$\begin{aligned} 2x_1 + x_2 - x_3 &= 1 \\ x_1 - x_2 + 3x_3 &= 8 \\ 2x_2 + x_3 &= 7 \end{aligned}$$

(2)
$$\begin{aligned} -2x_1 + x_2 - 2x_3 &= -1 \\ 3x_1 - x_2 + 2x_3 &= 3 \\ x_1 + 2x_2 - x_3 &= 5 \end{aligned}$$

(3)
$$\begin{aligned} x_1 - x_2 + x_3 + x_4 &= 5 \\ -x_1 + 2x_2 - x_3 + x_4 &= -4 \\ 2x_1 + 2x_2 - x_3 &= -2 \\ x_2 + 3x_4 &= 2 \end{aligned}$$

(4)
$$\begin{aligned} x_1 + x_4 &= 2 \\ x_1 - 2x_2 + x_3 &= 8 \\ x_2 + 3x_3 + x_4 &= -2 \\ 2x_1 + x_2 - x_3 &= 3 \end{aligned}$$

6. 전진대입법을 이용하여 다음 일차 연립방정식의 해를 구하여라.

(1)
$$\begin{aligned} 3x_1 &= 9 \\ x_1 + 2x_2 &= -1 \\ x_1 + x_2 - x_3 &= -1 \end{aligned}$$

(2)
$$\begin{aligned} -2x_1 &= 4 \\ x_1 - x_2 &= -4 \\ 2x_1 - x_2 + 3x_3 &= 0 \end{aligned}$$

1.2 가우스 소거법

우리는 1.1절에서 연립방정식의 해를 첨가계수행렬에 기본행연산을 적용하여 후진대입법으로 연립방정식의 해를 구할 수 있도록 행렬을 변환하였다. 이렇게 연립방정식의 해를 구하는 방법을 **가우스 소거법**(Gauss elimination)이라 한다. 가우스 소거법은 연립방정식의 해를 구하는 컴퓨터 프로그램의 알고리즘을 만드는 데 기초가 된다.

후진대입법을 적용할 수 있는 연립방정식의 첨가계수행렬은 다음과 같이 정의한다.

정의 1.2.1 다음 조건을 만족하는 행렬을 **행사다리꼴**(Row Echelon Form) 행렬 또는 REF라 한다.
(a) 각 행에서 처음 0이 아닌 성분은 1이다.
  각 행에서 처음 0이 아닌 성분을 선행성분(leading entry) 또는 pivot이라 한다.
(b) 각 행에서 선행성분은 아래 행의 처음 0이 아닌 성분의 왼쪽 열에 위치한다.
(c) 모든 성분이 0인 행은 아래쪽에 있다.

예제 1 다음 행렬 중 행사다리꼴 행렬은?

(1) $\begin{bmatrix} 0&1&3&0 \\ 0&0&1&5 \\ 0&0&0&1 \\ 0&0&0&0 \end{bmatrix}$ (2) $\begin{bmatrix} 1&2&0&0&4 \\ 0&0&1&0&2 \\ 0&0&0&1&2 \end{bmatrix}$ (3) $\begin{bmatrix} 2&0&1 \\ 0&1&2 \\ 0&0&1 \end{bmatrix}$ (4) $\begin{bmatrix} 0&1&5&0 \\ 1&2&0&1 \\ 0&1&5&0 \\ 0&0&0&7 \end{bmatrix}$ (5) $\begin{bmatrix} 0&0&0 \\ 0&0&1 \end{bmatrix}$

풀이 행렬 (1)과 (2)는 행사다리꼴이다.
행렬 (3)은 첫 행의 선행선분이 2이므로 행사다리꼴이 아니고 행렬 (4)는 1행의 선행성분이 2행의 선행성분의 오른쪽에 있으므로 행사다리꼴이 아니다. 또한 (5)는 모든 성분이 0인 행이 아래쪽에 있지 않으므로 행사다리꼴이 아니다. ■

행렬을 행사다리꼴 행렬로 변환하기 위해서는 다음의 기본행연산을 적용한다.

(i) 두 행을 교환한다.
(ii) 한 행에 0이 아닌 상수를 곱한다.
(iii) 한 행을 0이 아닌 상수를 곱하여 다른 행에 더한다.

예제 2 기본행연산을 적용하여 다음 행렬을 행사다리꼴 행렬로 바꾸어라.

$$\begin{bmatrix} 1 & -1 & 3 & 1 & -1 \\ 2 & -2 & -3 & -1 & -2 \\ -1 & 2 & -4 & 2 & 1 \\ 2 & 0 & 0 & -2 & 6 \end{bmatrix}$$

풀이 행사다리꼴 행렬로 바꾸기 위하여 각 열별로 왼쪽에서 오른쪽으로 선행성분이 오도록 하고 선행성분 바로 아래의 모든 성분을 0으로 만든다. 따라서 첫 번째 행의 선행성분 1을 이용하여 첫 번째 열의 선행성분 바로 아래의 모든 성분을 0으로 만들자.

$$\begin{bmatrix} 1 & -1 & 3 & 1 & -1 \\ 2 & -2 & -3 & -1 & -2 \\ -1 & 2 & -4 & 2 & 1 \\ 2 & 0 & 0 & -2 & 6 \end{bmatrix} \begin{matrix} \\ R_2-2R_1 \\ R_3+R_1 \\ R_4-2R_1 \end{matrix} \rightarrow \begin{bmatrix} 1 & -1 & 3 & 1 & -1 \\ 0 & 0 & -9 & -3 & 0 \\ 0 & 1 & -1 & 3 & 0 \\ 0 & 2 & -6 & -4 & 8 \end{bmatrix}$$

두 번째 행의 선행성분이 세 번째 행의 선행성분의 왼쪽에 있게 하기 위하여 2행과 3행을 서로 바꾸자.

$$\begin{bmatrix} 1 & -1 & 3 & 1 & -1 \\ 0 & 0 & -9 & -3 & 0 \\ 0 & 1 & -1 & 3 & 0 \\ 0 & 2 & -6 & -4 & 8 \end{bmatrix} R_2 \leftrightarrow R_3 \rightarrow \begin{bmatrix} 1 & -1 & 3 & 1 & -1 \\ 0 & 1 & -1 & 3 & 0 \\ 0 & 0 & -9 & -3 & 0 \\ 0 & 2 & -6 & -4 & 8 \end{bmatrix}$$

이제 두 번째 행의 선행성분 1을 이용하여 2열의 선행성분 바로 아래의 모든 성분을 0으로 만들자.

$$\begin{bmatrix} 1 & -1 & 3 & 1 & -1 \\ 0 & 1 & -1 & 3 & 0 \\ 0 & 0 & -9 & -3 & 0 \\ 0 & 2 & -6 & -4 & 8 \end{bmatrix} \begin{matrix} \\ \\ \\ R_4-2R_2 \end{matrix} \rightarrow \begin{bmatrix} 1 & -1 & 3 & 1 & -1 \\ 0 & 1 & -1 & 3 & 0 \\ 0 & 0 & -9 & -3 & 0 \\ 0 & 0 & -4 & -10 & 8 \end{bmatrix}$$

계산을 쉽게 하기 위하여 세 번째 행과 네 번째 행을 바꾼 후 세 번째 행의 선행성분을 1로 만든다.

$$\begin{bmatrix} 1 & -1 & 3 & 1 & -1 \\ 0 & 1 & -1 & 3 & 0 \\ 0 & 0 & -9 & -3 & 0 \\ 0 & 0 & -4 & -10 & 8 \end{bmatrix} R_3 \leftrightarrow R_4 \rightarrow \begin{bmatrix} 1 & -1 & 3 & 1 & -1 \\ 0 & 1 & -1 & 3 & 0 \\ 0 & 0 & -4 & -10 & 8 \\ 0 & 0 & -9 & -3 & 0 \end{bmatrix}$$

그 다음 세 번째 행에 $-\dfrac{1}{4}$을 곱하자.

$$\begin{bmatrix} 1 & -1 & 3 & 1 & -1 \\ 0 & 1 & -1 & 3 & 0 \\ 0 & 0 & -4 & -10 & 8 \\ 0 & 0 & -9 & -3 & 0 \end{bmatrix} -\frac{1}{4}R_3 \rightarrow \begin{bmatrix} 1 & -1 & 3 & 1 & -1 \\ 0 & 1 & -1 & 3 & 0 \\ 0 & 0 & 1 & \frac{5}{2} & -2 \\ 0 & 0 & -9 & -3 & 0 \end{bmatrix}$$

세 번째 행의 선행성분 1의 바로 아래 성분을 0으로 만들자.

$$\begin{bmatrix} 1 & -1 & 3 & 1 & -1 \\ 0 & 1 & -1 & 3 & 0 \\ 0 & 0 & 1 & \frac{5}{2} & -2 \\ 0 & 0 & -9 & -3 & 0 \end{bmatrix} R_4+9R_3 \rightarrow \begin{bmatrix} 1 & -1 & 3 & 1 & -1 \\ 0 & 1 & -1 & 3 & 0 \\ 0 & 0 & 1 & \frac{5}{2} & -2 \\ 0 & 0 & 0 & \frac{39}{2} & -18 \end{bmatrix}$$

네 번째 행의 선행성분을 1로 만들자.

$$\begin{bmatrix} 1 & -1 & 3 & 1 & -1 \\ 0 & 1 & -1 & 2 & 0 \\ 0 & 0 & 1 & \frac{5}{2} & -2 \\ 0 & 0 & 0 & 15 & -18 \end{bmatrix} \frac{2}{39}R_4 \rightarrow \begin{bmatrix} 1 & -1 & 3 & 1 & -1 \\ 0 & 1 & -1 & 2 & 0 \\ 0 & 0 & 1 & \frac{5}{2} & -2 \\ 0 & 0 & 0 & 1 & -\frac{12}{13} \end{bmatrix}$$ ■

행렬을 행사다리꼴로 변환시킨 행사다리꼴 행렬은 유일하지 않다. 하지만 성분이 모두 0인 행의 개수가 같으며 각 행에서 선행성분이 놓인 열의 위치도 같다.

예제 3 기본행연산을 적용하여 다음 행렬을 행사다리꼴 행렬로 바꾸어라.

$$\begin{bmatrix} 0 & 2 & 4 & 1 \\ 1 & 2 & 3 & 1 \\ 3 & 2 & 1 & 4 \end{bmatrix}$$

풀이 풀이과정은 다음과 같다. (1행 1열의 성분이 영이므로 1행과 2행을 바꾸자.

$$\begin{bmatrix} 0 & 2 & 4 & 1 \\ 1 & 2 & 3 & 1 \\ 3 & 2 & 1 & 4 \end{bmatrix} R_1 \leftrightarrow R_2 \rightarrow \begin{bmatrix} 1 & 2 & 3 & 1 \\ 0 & 2 & 4 & 1 \\ 3 & 2 & 1 & 4 \end{bmatrix} R_3 - 3R_1 \rightarrow \begin{bmatrix} 1 & 2 & 3 & 1 \\ 0 & 2 & 4 & 1 \\ 0 & -4 & -8 & 1 \end{bmatrix} R_3 + 2R_1$$

$$\rightarrow \begin{bmatrix} 1 & 2 & 3 & 1 \\ 0 & 2 & 4 & 1 \\ 0 & 0 & 0 & 3 \end{bmatrix} \begin{matrix} \frac{1}{2}R_2 \\ \frac{1}{3}R_3 \end{matrix} \rightarrow \begin{bmatrix} 1 & 2 & 3 & 1 \\ 0 & 1 & 2 & \frac{1}{2} \\ 0 & 0 & 0 & 1 \end{bmatrix}$$ ■

연립방정식의 첨가계수행렬을 기본행연산을 적용하여 행사다리꼴 행렬로 변환시킨 후 연립방정식의 근을 후진대입법으로 구하는 방법을 **가우스 소거법**(Gauss elimination)이라 한다.

예제 4 다음 연립방정식의 해를 가우스 소거법을 이용하여 구하여라.

$$\begin{aligned} x_1 - 2x_2 + 3x_3 &= 4 \\ 2x_1 - 3x_2 - x_3 &= 5 \\ 3x_1 - 4x_2 + 5x_3 &= -4 \end{aligned}$$

풀이 연립방정식의 첨가계수행렬은 $\begin{bmatrix} 1 & -2 & 3 & 4 \\ 2 & -3 & -1 & 5 \\ 3 & -4 & 5 & -4 \end{bmatrix}$ 이다. 이를 행사다리꼴 행렬로 바꾸자.

$$\begin{bmatrix} 1 & -2 & 3 & 4 \\ 2 & -3 & -1 & 5 \\ 3 & -4 & 5 & -4 \end{bmatrix} \begin{matrix} R_2 - 2R_1 \\ R_3 - 3R_1 \end{matrix} \rightarrow \begin{bmatrix} 1 & -2 & 3 & 4 \\ 0 & 1 & -7 & -3 \\ 0 & 2 & -4 & -16 \end{bmatrix} \begin{matrix} R_2 - 2R_1 \\ R_3 - 3R_1 \end{matrix}$$

$$\rightarrow \begin{bmatrix} 1 & -2 & 3 & 4 \\ 0 & 1 & -7 & -3 \\ 0 & 0 & 10 & -10 \end{bmatrix} \frac{1}{10}R_3$$

$$\rightarrow \begin{bmatrix} 1 & -2 & 3 & 4 \\ 0 & 1 & -7 & -3 \\ 0 & 0 & 1 & -1 \end{bmatrix}$$

인 행사다리꼴 행렬을 얻는다. 이를 다시 연립방정식으로 바꾸면

$$\begin{aligned} x_1 - 2x_2 + 3x_3 &= 4 \\ x_2 - 7x_3 &= -3 \\ x_3 &= -1 \end{aligned}$$

이다. 후진대입법으로 연립방정식의 해를 구하면

$$x_1 = -13,\ x_2 = -10,\ x_3 = -1$$

이다. ■

정의 1.2.2 선행성분 1을 포함하는 열에서 선행성분을 제외한 모든 성분이 0인 행사다리꼴 행렬을 **기약 행사다리꼴**(Reduced Row Echelon Form) 행렬 또는 RREF라 한다.

예제 1에서 (1)과 (2)가 행사다리꼴 행렬이지만 (1)의 두 번째 행의 선행성분이 포함된 열 (1, 2)번째 성분이 3으로 영이 아니므로 (1)은 기약 행사다리꼴 행렬이 아니다. (2)는 기약 행사다리꼴 행렬이다.

2×2 행렬의 가능한 기약 행사다리꼴 행렬은 아래와 같은 형태이다.

$$\begin{bmatrix} 1 & 0 \\ 0 & 1 \end{bmatrix},\quad \begin{bmatrix} 1 & * \\ 0 & 0 \end{bmatrix},\quad \begin{bmatrix} 0 & 1 \\ 0 & 0 \end{bmatrix},\quad \begin{bmatrix} 0 & 0 \\ 0 & 0 \end{bmatrix}$$

여기서 *는 임의의 수이다.

행렬을 기약 행사다리꼴 행렬로 변환시키면 이 기약 행사다리꼴 행렬은 유일하다.

정의 1.2.3 크기가 같은 두 행렬 A와 B가 같은 기약 행사다리꼴로 변형되었다면 두 행렬 A와 B는 **행동치**(row equivalence)라고 한다.

행렬 A가 행사다리꼴 행렬 B와 C로 변환되었다면 행렬 A, B와 C는 모두 행동치가 되며 행렬 A의 행사다리꼴 행렬과 기약 행사다리꼴 행렬은 서로 행동치가 된다. 또한 두 연립방정식의 첨가계수행렬이 행동치가 되면 두 연립방정식의 해집합은 같다.

예제 5 $\begin{bmatrix}1&3&4\\2&1&3\end{bmatrix}$과 $\begin{bmatrix}2&-1&1\\1&1&2\end{bmatrix}$가 행동치 행렬임을 보여라. 또한 두 행렬을 첨가계수행렬로 가지는 연립방정식의 해가 같음을 보여라.

풀이 행렬 $\begin{bmatrix}1&3&4\\2&1&3\end{bmatrix}$을 기약 행사다리꼴 행렬로 변환하면

$$\begin{bmatrix}1&3&4\\2&1&3\end{bmatrix}R_2-2R_1 \rightarrow \begin{bmatrix}1&3&4\\0&-5&-5\end{bmatrix}-\frac{1}{5}R_2 \rightarrow \begin{bmatrix}1&3&4\\0&1&1\end{bmatrix}^{R_1-3R_2} \rightarrow \begin{bmatrix}1&0&1\\0&1&1\end{bmatrix}$$

이다. 또한 행렬 $\begin{bmatrix}2&-1&1\\1&1&2\end{bmatrix}$을 기약 행사다리꼴 행렬로 변환하면

$$\begin{bmatrix}2&-1&1\\1&1&2\end{bmatrix}R_1\leftrightarrow R_2 \rightarrow \begin{bmatrix}1&1&2\\2&-1&1\end{bmatrix}2R_2-R_1 \rightarrow \begin{bmatrix}1&1&2\\0&-3&-3\end{bmatrix}\frac{1}{3}R_2 \rightarrow \begin{bmatrix}1&1&2\\0&1&1\end{bmatrix}^{R_1-R_2} \rightarrow \begin{bmatrix}1&0&1\\0&1&1\end{bmatrix}$$

로 두 행렬은 같은 기약 행사다리꼴 행렬이므로 두 행렬은 서로 행동치가 된다.
$\begin{bmatrix}1&3&4\\2&1&3\end{bmatrix}$을 첨가계수행렬로 가지는 연립방정식

$$\begin{aligned}x_1+3x_2&=4\\2x_1+x_2&=3\end{aligned}$$

과 $\begin{bmatrix}2&-1&1\\1&1&2\end{bmatrix}$를 첨가계수행렬로 가지는 연립방정식

$$\begin{aligned}2x_1-x_2&=1\\x_1+x_2&=2\end{aligned}$$

의 해를 가우스 소거법으로 구하면 두 연립방정식 모두 $x_1=1$, $x_2=1$을 해로 가진다. ■

예제 6 다음 행렬을 기약 행사다리꼴 행렬로 바꾸어라.

$$\begin{bmatrix}1&2&3\\4&5&6\\7&8&9\end{bmatrix}$$

풀이 우선 주어진 행렬을 행사다리꼴 행렬로 바꾼 후 기약 행사다리꼴 행렬로 바꾸자.

$$\begin{bmatrix}1&2&3\\4&5&6\\7&8&9\end{bmatrix}\begin{matrix}R_2-4R_1\\R_3-7R_1\end{matrix} \rightarrow \begin{bmatrix}1&2&3\\0&-3&-6\\0&-6&-12\end{bmatrix}\begin{matrix}\left(-\frac{1}{3}\right)R_2\\R_3-2R_2\end{matrix} \rightarrow \begin{bmatrix}1&2&3\\0&1&2\\0&0&0\end{bmatrix}$$

이제 위의 행사다리꼴 행렬을 기약 행사다리꼴 행렬로 바꾸자. 두 번째 행의 선행성분의 위의 원소를 0으로 만들자.

$$\begin{bmatrix}1&2&3\\0&1&2\\0&0&0\end{bmatrix}^{R_1-2R_2} \rightarrow \begin{bmatrix}1&0&-1\\0&1&2\\0&0&0\end{bmatrix}$$

는 기약 행사다리꼴 행렬이다. ■

행렬을 기약 행사다리꼴 행렬로 변환할 때 먼저 행렬을 행사다리꼴 행렬로 고치고 선행성분을 1로 만든 후 이 선행성분 1의 위에 있는 성분을 오른쪽에서부터 왼쪽으로 하여 0으로 만드는 것이 계산을 적게 할 수 있어서 효과적이다.

연립방정식의 첨가계수행렬을 기약 행사다리꼴 행렬로 변환시킨 후 연립방정식의 근을 구하는 방법을 **가우스-조르단 소거법**(Gauss Jordan elimination)이라 한다.

예제 7 가우스-조르단 소거법을 이용하여 다음 연립방정식의 해를 구하여라.

$$\begin{aligned} x_1 - x_2 + x_3 - 2x_4 &= -1 \\ 2x_1 + x_3 - 2x_4 &= -4 \\ x_1 - x_2 + 2x_3 - 4x_4 &= 0 \\ -3x_1 + 3x_2 - x_3 + 3x_4 &= 5 \end{aligned}$$

풀이 주어진 연립방정식의 첨가계수행렬은

$$\begin{bmatrix} 1 & -1 & 1 & -2 & -1 \\ 2 & 0 & 1 & -2 & -4 \\ 1 & -1 & 2 & -4 & 0 \\ -3 & 3 & -1 & 3 & 5 \end{bmatrix}$$

이다. 이 행렬에 행연산을 적용하면

$$\begin{bmatrix} 1 & -1 & 1 & -2 & -1 \\ 2 & 0 & 1 & -2 & -4 \\ 1 & -1 & 2 & -4 & 0 \\ -3 & 3 & -1 & 3 & 5 \end{bmatrix} \begin{matrix} \\ R_2 - 2R_1 \\ R_3 - R_1 \\ R_4 + 3R_1 \end{matrix} \rightarrow \begin{bmatrix} 1 & -1 & 1 & -2 & -1 \\ 0 & 2 & -1 & 2 & -2 \\ 0 & 0 & 1 & -2 & 1 \\ 0 & 0 & 2 & -3 & 2 \end{bmatrix} \begin{matrix} \\ \frac{1}{2}R_2 \\ \\ R_4 - 2R_3 \end{matrix} \rightarrow \begin{bmatrix} 1 & -1 & 1 & -2 & -1 \\ 0 & 1 & -\frac{1}{2} & 1 & -1 \\ 0 & 0 & 1 & -2 & 1 \\ 0 & 0 & 0 & 1 & 0 \end{bmatrix}$$

이고 이 행렬은 행사다리꼴 행렬이다. 이제 이를 기약 행사다리꼴 행렬로 만들자.

$$\begin{bmatrix} 1 & -1 & 1 & -2 & -1 \\ 0 & 1 & -\frac{1}{2} & 1 & -1 \\ 0 & 0 & 1 & -2 & 1 \\ 0 & 0 & 0 & 1 & 0 \end{bmatrix} \begin{matrix} R_1 + 2R_4 \\ R_2 - R_4 \\ R_3 + 2R_4 \\ \\ \end{matrix} \rightarrow \begin{bmatrix} 1 & -1 & 1 & 0 & -1 \\ 0 & 1 & -\frac{1}{2} & 0 & -1 \\ 0 & 0 & 1 & 0 & 1 \\ 0 & 0 & 0 & 1 & 0 \end{bmatrix} \begin{matrix} R_1 - R_3 \\ R_2 + \frac{1}{2}R_3 \\ \\ \\ \end{matrix}$$

$$\rightarrow \begin{bmatrix} 1 & -1 & 0 & 0 & -2 \\ 0 & 1 & 0 & 0 & -\frac{1}{2} \\ 0 & 0 & 1 & 0 & 1 \\ 0 & 0 & 0 & 1 & 0 \end{bmatrix} \begin{matrix} R_1 + R_2 \\ \\ \\ \\ \end{matrix} \rightarrow \begin{bmatrix} 1 & 0 & 0 & 0 & -\frac{5}{2} \\ 0 & 1 & 0 & 0 & -\frac{1}{2} \\ 0 & 0 & 1 & 0 & 1 \\ 0 & 0 & 0 & 1 & 0 \end{bmatrix}$$

그러므로 연립방정식의 해는 $x_1 = -\frac{5}{2}$, $x_2 = -\frac{1}{2}$, $x_3 = 1$, $x_4 = 0$이다. ■

연립방정식을 가우스-조르단 소거법으로 해를 구하는 것이 가우스 소거법으로 해를 구하는 것보다 계산을 더 많이 하여야 한다. 그러므로 크기가 큰 연립방정식의 해를 컴퓨터를 이용하여 가우스-조르단 소거법으로 풀 때 생기는 오차는 가우스 소거법을 사용하여 생긴 오차보다 더 크다.

지금까지 연립방정식이 유일한 해를 가지는 경우의 예제만 풀었다. 이제 연립방정식의 해가 존재하지 않거나 무한히 많은 해를 가지는 경우에 대하여서도 알아보자.

우선 동차 일차 연립방정식

$$
\begin{aligned}
a_{11}x_1 + a_{12}x_2 + \cdots + a_{1n}x_n &= 0 \\
a_{21}x_1 + a_{22}x_2 + \cdots + a_{2n}x_n &= 0 \\
&\vdots \\
a_{m1}x_1 + a_{m2}x_2 + \cdots + a_{mn}x_n &= 0
\end{aligned}
$$

은 자명한 해

$$x_1 = 0,\ x_2 = 0,\ \cdots,\ x_n = 0$$

이 존재함을 안다.

연립방정식

$$
\begin{aligned}
2x + y + z &= 0 \\
x - y + z &= 0
\end{aligned}
$$

은 자명한 해를 갖지만 $\mathbb{R}^3$의 점

$$(-2,\ 1,\ 3),\ (-4,\ 2,\ 6),\ (-8,\ 4,\ 12),\ \cdots$$

등은 모두 연립방정식의 해가 되며 이러한 해는 무한히 많이 존재한다. 그러므로 동차 일차 연립방정식의 해가 존재하지 않는 경우는 없다. 결론적으로 동차 일차 연립방정식의 해는 자명한 해를 유일한 해로 가지거나 무한히 많은 해가 존재하는 경우뿐이다.

무한히 많은 해를 가지는 동차 일차 연립방정식의 해집합을 구해보자.

예제 8 연립방정식

$$
\begin{aligned}
2x + y + z &= 0 \\
x - y + z &= 0
\end{aligned}
$$

의 해집합을 가우스 소거법으로 구하여라.

풀이 연립방정식의 첨가계수행렬

$$\begin{bmatrix} 2 & 1 & 1 & 0 \\ 1 & -1 & 1 & 0 \end{bmatrix}$$

을 행사다리꼴로 바꾸자.

$$\begin{bmatrix} 2 & 1 & 1 & 0 \\ 1 & -1 & 1 & 0 \end{bmatrix} R_1 \leftrightarrow R_1 \quad \to \begin{bmatrix} 1 & -1 & 1 & 0 \\ 2 & 1 & 1 & 0 \end{bmatrix} R_2 - 2R_1 \to \begin{bmatrix} 1 & -1 & 1 & 0 \\ 0 & 3 & -1 & 0 \end{bmatrix} \frac{1}{3} R_2$$

$$\to \begin{bmatrix} 1 & -1 & 1 & 0 \\ 0 & 1 & -\frac{1}{3} & 0 \end{bmatrix} \frac{1}{3} R_2 \to \begin{bmatrix} 1 & -1 & 1 & 0 \\ 0 & 1 & -\frac{1}{3} & 0 \end{bmatrix}$$

이를 다시 방정식으로 바꾸면

$$x \quad + \frac{2}{3} z = 0$$

$$y - \frac{1}{3} z = 0$$

이다. 미지수 개수보다 방정식 개수가 적기에 이 연립방정식은 무한히 많은 해를 가진다. 이 경우 한 미지수를 자유변수(free variable)로 생각할 수 있다. 만일 z를 자유변수로 놓으면 실수 a에 대하여 $z = 3a$라 하면 $y = a$이고 $x = -2a$가 되어 $\mathbb{R}^3$의 점

$$(-2a,\ a,\ 3a) = a(-2,\ 1,\ 3)$$

이 해집합이 된다. 즉 주어진 연립방정식의 해집합은

$$\{a(-2,\ 1,\ 3) : \ a \in \mathbb{R}\}$$

이다. ■

동차 연립방정식의 해를 가우스 소거법이나 가우스-조르단 소거법을 이용하여 구하는 경우 상수행렬이 영행렬이므로 첨가계수행렬 대신 계수행렬을 행사다리꼴 행렬 또는 기약 행사다리꼴 행렬로 변환하면 된다.

동차 일차 연립방정식에서 방정식 개수 m이 미지수 $x_1,\ x_2,\ \cdots,\ x_n$의 개수 n보다 적으면 연립방정식은 무한히 많은 해를 갖는다. 이때 연립방정식의 해집합에 대하여 다음 정리가 성립한다.

정리 1.2.4 n개의 미지수를 가진 동차 일차 연립방정식의 첨가계수행렬을 행사다리꼴 행렬로 변환시켰을 때 행사다리꼴 행렬에서 행의 성분이 모두 영이 아닌 행의 개수가 m이고 $m < n$을 만족하면, 이 동차 일차 연립방정식은 무수히 많은 해를 가지며 해집합에서의 상수 개수는 $n - m$이다. 만일 $m = n$이면 주어진 동차 연립방정식은 자명한 해만 가진다.

예제 9 가우스 소거법을 이용하여 다음 동차 연립방정식의 해를 구하여라.

$$\begin{aligned} x_1 + 2x_2 \qquad\quad + 2x_4 + \ x_5 &= 0 \\ -x_1 - 2x_2 + \ x_3 + \ x_4 \qquad\quad &= 0 \\ x_1 + 2x_2 - 3x_3 - 7x_4 - 2x_5 &= 0 \end{aligned}$$

풀이 동차 연립방정식의 계수행렬은

$$\begin{bmatrix} 1 & 2 & 0 & 2 & 1 \\ -1 & -2 & 1 & 1 & 0 \\ 1 & 2 & -3 & -7 & -2 \end{bmatrix}$$

이다. 이를 행사다리꼴 행렬로 바꾸자.

$$\begin{bmatrix} 1 & 2 & 0 & 2 & 1 \\ -1 & -2 & 1 & 1 & 0 \\ 1 & 2 & -3 & -7 & -2 \end{bmatrix} \begin{matrix} \\ R_2+R_1 \\ R_3-R_1 \end{matrix} \rightarrow \begin{bmatrix} 1 & 2 & 0 & 2 & 1 \\ 0 & 0 & 1 & 3 & 1 \\ 0 & 0 & -3 & -9 & -3 \end{bmatrix} \begin{matrix} \\ \\ R_3+3R_2 \end{matrix} \rightarrow \begin{bmatrix} 1 & 2 & 0 & 2 & 1 \\ 0 & 0 & 1 & 3 & 1 \\ 0 & 0 & 0 & 0 & 0 \end{bmatrix}$$

미지수 개수는 5이고 행사다리꼴 행렬에서 성분이 모두 영이 아닌 행의 개수는 2이므로 해집합의 상수 개수는 $5-2=3$이다. 행사다리꼴 행렬을 첨가계수행렬로 가지는 연립방정식은

$$\begin{aligned} x_1+2x_2 \qquad +2x_4+x_5 &= 0 \\ x_3+3x_4+x_5 &= 0 \end{aligned}$$

이다. 해집합의 상수 개수는 3이므로 $x_2=a$, $x_4=b$, $x_5=c$라 하면 $x_3=-3b-c$이고 $x_1=-2a-2b-c$가 되어

$$\begin{aligned} (x_1,\ x_2,\ x_3,\ x_4,\ x_5) &= (-2a-2b-c,\ a,\ -3b-c,\ b,\ c) \\ &= a(-2,\ 1,\ 0,\ 0,\ 0)+b(-2,\ 0,\ -3,\ 1,\ 0)+c(-1,\ 0,\ -1,\ 0,\ 1) \end{aligned}$$

은 연립방정식의 해이다. 그러므로 해집합은

$$\{(-2a-2b-c,\ a,\ -3b-c,\ b,\ c) : a,\ b,\ c \in \mathbb{R}\}$$

이다. ■

비동차 일차 연립방정식에도 같은 방법을 적용할 수 있다.

예제 10 가우스 소거법을 이용하여 다음 연립방정식의 해를 구하여라.

$$\begin{aligned} x_1 - 2x_2 + 3x_3 &= 4 \\ 2x_1 - 3x_2 + 4x_3 &= 5 \\ 3x_1 - 4x_2 + 5x_3 &= 6 \end{aligned}$$

풀이 연립방정식의 첨가계수행렬은 $\begin{bmatrix} 1 & -2 & 3 & 4 \\ 2 & -3 & 4 & 5 \\ 3 & -4 & 5 & 6 \end{bmatrix}$이다. 이를 행사다리꼴 행렬로 바꾸자.

$$\begin{bmatrix}1&-2&3&4\\2&-3&4&5\\3&-4&5&6\end{bmatrix}\begin{matrix}\\R_2-2R_1\\R_3-3R_1\end{matrix}\rightarrow\begin{bmatrix}1&-2&3&4\\0&1&-2&-3\\0&2&-4&-6\end{bmatrix}\begin{matrix}\\\\R_3-2R_2\end{matrix}\rightarrow\begin{bmatrix}1&-2&3&4\\0&1&-2&-3\\0&0&0&0\end{bmatrix}$$

인 행사다리꼴 행렬로 변환했다. 이를 다시 연립방정식으로 바꾸면

$$\begin{aligned}x_1-2x_2+3x_3&=4\\x_2-2x_3&=-3\end{aligned}$$

이다. 미지수 개수가 3이고 방정식 개수가 2이므로 이 연립방정식은 무한히 많은 해를 가지며 해집합에서의 상수 개수는 $3-2=1$이 된다. 그러므로 $x_3=a$라 하면 $x_2=2a-3$이고 $x_1=2(2a-3)-3a+4=a-2$이다. 그러므로

$$(x_1,\ x_2,\ x_3)=(a-2,\ 2a-3,\ a)=a(1,\ 2,\ 1)-(2,\ 3,\ 0)$$

이고 연립방정식의 해가 되며 해집합은

$$\{(a-2,\ 2a-3,\ a):\ a\in\mathbb{R}\}$$

이다. ■

예제 10의 연립방정식에서 한 식만 다음과 같이 바꾸었을 때 연립방정식의 해는 존재하지 않는다.

예제 11 가우스 소거법을 이용하여 다음 연립방정식의 해를 구하여라.

$$\begin{aligned}x_1-2x_2+3x_3&=4\\2x_1-3x_2+4x_3&=5\\3x_1-4x_2+5x_3&=5\end{aligned}$$

풀이 연립방정식의 첨가계수행렬은 $\begin{bmatrix}1&-2&3&4\\2&-3&4&5\\3&-4&5&5\end{bmatrix}$이다. 이를 행사다리꼴 행렬로 바꾸자.

$$\begin{bmatrix}1&-2&3&4\\2&-3&4&5\\3&-4&5&5\end{bmatrix}\begin{matrix}\\R_2-2R_1\\R_3-3R_1\end{matrix}\rightarrow\begin{bmatrix}1&-2&3&4\\0&1&-2&-3\\0&2&-4&-7\end{bmatrix}\begin{matrix}\\\\R_3-2R_2\end{matrix}\rightarrow\begin{bmatrix}1&-2&3&4\\0&1&-2&-3\\0&0&0&-1\end{bmatrix}$$

이며 이를 연립방정식으로 바꿀 때 마지막 행은 $0=-1$이 되므로 이는 모순이다. 그러므로 연립방정식의 해는 존재하지 않는다. ■

$A\in M_{m\times n}$이라 하자. 연립방정식 $AX=b$의 해를 가우스 소거법을 이용하여 구할 때 해집합의 원소 개수는 다음과 같이 요약할 수 있다.

연립방정식의 첨가계수행렬 $[A\ |\ b]$를 행사다리꼴 행렬 $B=[C\ |\ d]$로 변형시키고 행렬 B에서 성분이 모두 영이 아닌 행의 개수를 k라 하고 크기가 $m\times n$인

행렬 C에서 성분이 모두 영이 아닌 행의 개수를 l이라 하면 항상 $l \le k$이 성립한다.

(i) 만일 $l < k$이면 연립방정식 $AX = b$의 해는 존재하지 않는다.

(ii) 만일 $k = l = n$이면 미지수 개수와 방정식 개수 모두 같으므로 연립방정식 $AX = b$은 유일한 해를 갖는다.

(iii) 만일 $k = l < n$이면 미지수 개수가 방정식 개수보다 많으므로 연립방정식 $AX = b$은 무한히 많은 해를 갖는다.

예제 10에서는 $k = l = 2$이고 n은 3이므로 연립방정식은 무한히 많은 해를 갖는다. 예제 11에서는 $k = 3$이고 $l = 2$이므로 연립방적식의 해는 존재하지 않는다.

예제 12 연립방정식

$$\begin{aligned} x_1 - 3x_2 + \quad\quad 5x_3 &= -1 \\ 2x_1 - 5x_2 - \quad\quad 3x_3 &= 4 \\ x_1 - 2x_2 + (a^2 - 12)x_3 &= a + 7 \end{aligned}$$

이 (1) 유일한 해를 가지도록, (2) 무한히 많은 해를 가지도록, (3) 해가 존재하지 않도록 상수 a의 값을 구하여라.

풀이 주어진 행렬의 첨가계수행렬

$$\begin{bmatrix} 1 & -3 & 5 & -1 \\ 2 & -5 & -3 & 4 \\ 1 & -2 & a^2-12 & a+7 \end{bmatrix}$$

에 기본행연산을 적용하여 간단히 하면

$$\begin{bmatrix} 1 & -3 & 5 & -1 \\ 2 & -5 & -3 & 4 \\ 1 & -2 & a^2-12 & a+7 \end{bmatrix} \begin{matrix} \\ R_2 - 2R_1 \\ R_3 - R_1 \end{matrix} \rightarrow \begin{bmatrix} 1 & -3 & -5 & -1 \\ 0 & 1 & -13 & 6 \\ 0 & 1 & a^2-17 & a+8 \end{bmatrix} \begin{matrix} \\ R_2 - 2R_1 \\ R_3 - R_1 \end{matrix} \rightarrow \begin{bmatrix} 1 & -3 & -5 & -1 \\ 0 & 1 & -13 & 6 \\ 0 & 0 & a^2-4 & a+2 \end{bmatrix}$$

이다. 이 행렬의 마지막 행을 방정식으로 바꾸면

$$(a^2-4)x_3 = a+2$$

가 된다. 그러므로 $a = -2$이면 방정식 개수는 2개이므로 무한히 많은 해를 가지며 $a \ne \pm 2$이면 방정식 개수가 3이므로 유일한 해를 가지고 $a = 2$이면 마지막 방정식은 $0 = 4$이므로 해가 존재하지 않는다. ■

연습문제 1.2

1. 다음 행렬이 행사다리꼴 행렬인지 아닌지, 기약 행사다리꼴 행렬인지 아닌지 판정하여라.

(1) $\begin{bmatrix} 0 & 0 & 1 \\ 0 & 0 & 1 \\ 0 & 0 & 0 \end{bmatrix}$ (2) $\begin{bmatrix} 1 & 2 & 0 & 1 \\ 0 & 0 & 2 & 0 \\ 0 & 0 & 0 & 1 \end{bmatrix}$

(3) $\begin{bmatrix} 1 & 0 & 2 & 3 & 4 \\ 0 & 0 & 1 & 2 & 1 \\ 0 & 1 & 0 & 3 & 1 \end{bmatrix}$ (4) $\begin{bmatrix} 1 & 2 & 0 & 1 & 3 \\ 0 & 0 & 1 & 0 & 1 \\ 0 & 0 & 0 & 0 & 0 \end{bmatrix}$

(5) $\begin{bmatrix} 1 & 3 \\ 0 & 1 \\ 0 & 0 \end{bmatrix}$ (6) $\begin{bmatrix} 1 & 0 & 0 \\ 0 & 0 & 1 \\ 0 & 1 & 0 \end{bmatrix}$

2. 다음 주어진 행렬에 기본행연산을 적용하여 행사다리꼴 행렬로 바꾸어라.

(1) $\begin{bmatrix} 1 & 2 & -1 \\ 2 & 2 & 4 \\ 1 & 3 & -3 \end{bmatrix}$ (2) $\begin{bmatrix} 1 & 3 & 0 \\ -2 & 6 & 1 \end{bmatrix}$

(3) $\begin{bmatrix} 3 & -3 & 1 & 5 \\ 1 & 0 & -2 & 7 \\ 2 & 1 & 4 & 4 \end{bmatrix}$ (4) $\begin{bmatrix} 2 & 1 & -1 \\ -1 & -3 & 3 \\ 1 & 2 & -1 \end{bmatrix}$

3. 다음 주어진 행렬에 기본행연산을 적용하여 기약 행사다리꼴 행렬로 바꾸어라.

(1) $\begin{bmatrix} 0 & 0 & 1 & 1 \\ 0 & 1 & 2 & 1 \\ 1 & 0 & 1 & 2 \end{bmatrix}$ (2) $\begin{bmatrix} 2 & 1 & 4 & 2 & -2 \\ -1 & -1 & 3 & 1 & 2 \end{bmatrix}$

(3) $\begin{bmatrix} 2 & 2 & -1 & 0 & 2 \\ 0 & 0 & 1 & 1 & 5 \\ 1 & 1 & -2 & 0 & -1 \\ -1 & -1 & 2 & -3 & 2 \end{bmatrix}$ (4) $\begin{bmatrix} 3 & 1 & -1 \\ 3 & 5 & 1 \\ 2 & 2 & 0 \\ 1 & -1 & -1 \end{bmatrix}$

4. 가우스 소거법을 이용하여 다음 연립방정식의 해를 구하여라.

(1) $\begin{aligned} 2x_1 + x_2 &= -1 \\ x_1 - 2x_2 &= 7 \end{aligned}$

(2) $\begin{aligned} x + 2y &= 5 \\ 2x - y &= 1 \\ x + y &= 1 \end{aligned}$

(3) $\begin{aligned} x_1 - x_2 + x_3 &= -2 \\ 2x_1 + 3x_2 &= 4 \\ 2x_1 - x_2 + 5x_3 &= 1 \end{aligned}$

(4) $\begin{aligned} 2x_1 - x_2 + x_3 &= 0 \\ x_1 + 2x_2 - x_3 &= -3 \\ 4x_1 - x_3 &= 5 \end{aligned}$

(5) $\begin{aligned} -x_1 + 2x_2 + 3x_3 &= 4 \\ 2x_1 - 2x_2 + x_3 &= -1 \\ 5x_1 - 4x_2 + 6x_3 &= 1 \end{aligned}$

(6) $\begin{aligned} x + 2y + 2z &= 3 \\ 2x + 5y + 4z &= 8 \\ -x - 3y - 2z &= -5 \end{aligned}$

5. 가우스-조르단 소거법을 이용하여 다음 연립방정식의 해를 구하여라.

(1)
$$\begin{aligned} x_1 - 2x_2 + x_3 + x_4 &= 2 \\ -x_1 + 3x_2 + 2x_3 &= -2 \\ x_2 + 3x_3 + x_4 &= 4 \\ x_1 + 2x_2 + 13x_3 + 5x_4 &= 5 \end{aligned}$$

(2)
$$\begin{aligned} x_1 + x_2 + x_3 + x_4 &= 0 \\ x_1 + 2x_2 + x_4 &= 0 \\ x_2 - x_3 &= 0 \\ x_2 + x_3 + x_4 &= 0 \end{aligned}$$

6. 다음 행렬은 연립방정식의 첨가계수행렬을 행사다리꼴 행렬로 바꾼 행렬이다. 연립방정식의 해를 구하여라.

(1) $\begin{bmatrix} 1 & 0 & 1 & 3 & 4 \\ 0 & 1 & -1 & 1 & 2 \\ 0 & 0 & 0 & 1 & 2 \end{bmatrix}$

(2) $\begin{bmatrix} 1 & 2 & 1 & -1 & 2 \\ 0 & 0 & 1 & 3 & 0 \\ 0 & 0 & 0 & 0 & 1 \end{bmatrix}$

(3) $\begin{bmatrix} 1 & 1 & -2 & 0 & 1 \\ 0 & 1 & 1 & 1 & 1 \\ 0 & 0 & 1 & 2 & 1 \\ 0 & 0 & 0 & 1 & -1 \end{bmatrix}$

(4) $\begin{bmatrix} 0 & 1 & 0 & 1 & 1 & -1 \\ 0 & 0 & 1 & 0 & 1 & 1 \\ 0 & 0 & 0 & 1 & 2 & 3 \\ 0 & 0 & 0 & 0 & 1 & 1 \end{bmatrix}$

7. a가 상수일 때, 다음 연립방정식의 해를 구하여라.

$$\begin{aligned} x_1 - x_2 + x_3 &= 0 \\ -x_1 + 2x_2 + x_3 &= 1 \\ 2x_1 - x_2 + (a+3)x_3 &= a^2 \end{aligned}$$

1.3 행렬의 연산

행렬의 성분이 실수인 행렬

$$\begin{bmatrix} a_{11} & a_{12} & \cdots & a_{1n} \\ a_{21} & a_{22} & \cdots & a_{2n} \\ \vdots & \vdots & \cdots & \vdots \\ a_{m1} & a_{m2} & \cdots & a_{mn} \end{bmatrix}$$

의 덧셈과 곱셈 연산에 대하여 알아보자.

정의 1.3.1 **(행렬의 상등)** 행렬 A와 B의 크기가 같고 행렬의 각 성분이 서로 같으면 두 행렬은 같다. 즉, 행렬 $A=(a_{ij})_{m\times n}$과 $B=(b_{ij})_{p\times q}$일 때, $A=B \Leftrightarrow m=p,\ n=q$이고 모든 $i=1,\ \cdots,\ m$과 $j=1,\ \cdots,\ n$에 대하여 $a_{ij}=b_{ij}$이다.

행렬의 덧셈과 곱셈을 정의하기 전에 덧셈과 곱셈에 관한 항등원을 먼저 정의하자.

정의 1.3.2 **(영행렬과 항등행렬)**

(a) 크기가 $m\times n$인 행렬의 모든 성분이 0일 때, 이 행렬을 **영행렬**(zero matrix)이라 하고 다음과 같이 표현한다.

$$O=(0)_{m\times n}$$

(b) $n\times n$인 정방행렬에서 대각성분이 모두 1이고 대각성분을 제외한 나머지 성분 모두가 0인 행렬을 **항등행렬**(identity matrix)이라 정의하고 I_n이라 표시한다. 즉 I_n은 다음과 같은 형태이다.

$$I_2=\begin{bmatrix} 1 & 0 \\ 0 & 1 \end{bmatrix},\quad I_3=\begin{bmatrix} 1 & 0 & 0 \\ 0 & 1 & 0 \\ 0 & 0 & 1 \end{bmatrix},\quad I_n=\begin{bmatrix} 1 & 0 & 0 & \cdots & 0 \\ 0 & 1 & 0 & \cdots & 0 \\ \vdots & \vdots & \vdots & \cdots & \vdots \\ 0 & 0 & 0 & \cdots & 1 \end{bmatrix}$$

크기에 상관없이 항등행렬을 I로 나타내자.

행렬의 덧셈과 상수곱에 관하여 정의하자.

정의 1.3.3 **(행렬의 연산)**

(a) **(행렬의 상수곱)** c가 상수일 때, 행렬 A에 상수 c의 곱은 행렬 A의 각 성분 a_{ij}

에 상수 c를 곱하는 것이다.

$$cA = (ca_{ij})$$

(b) **(행렬의 덧셈)** 행렬 A와 B의 크기가 같을 때, 행렬의 덧셈은 다음과 같이 정의된다. 두 행렬의 합 $A+B$의 $(i,\ j)$번째 성분 $(A+B)_{ij}$는 행렬 A의 $(i,\ j)$번째 성분 a_{ij}와 행렬 B의 $(i,\ j)$번째 성분 b_{ij}의 합이다. 즉

$$(A+B)_{ij} = a_{ij} + b_{ij}.$$

행렬의 상수곱과 덧셈의 정의에 의하여 크기가 같은 행렬 A와 B의 뺄셈은 다음과 같다.

$$(A-B)_{ij} = a_{ij} - b_{ij}$$

위의 행렬의 덧셈에 관한 정의에 의하여 다음 정리가 성립한다.

정의 1.3.4 **(행렬의 덧셈과 상수곱에 관한 연산법칙)** c_1과 c_2가 상수이고, A, B, C가 크기가 같은 행렬이며 O를 주어진 행렬과 크기가 같은 영행렬이라 하면 다음 연산법칙이 성립한다.

(a) 교환법칙 $A+B=B+A$
(b) 결합법칙 $(A+B)+C=A+(B+C)$
(c) $O+A=A+O=A$
(d) $A+(-A)=O=(-A)+A$
(e) $(c_1+c_2)A=c_1A+c_2A$
(f) $c_1(A+B)=c_1A+c_1B$
(g) 만일 $c_1A=O$이면 $c_1=0$이든지 또는 $A=O$이다.

정리 1.3.4는 실수의 성질에 의하여 쉽게 증명할 수 있으므로 정리 1.3.4의 증명은 생략한다.

이제 행렬의 곱셈에 관하여 정의하자.

정의 1.3.5 **(행렬의 곱셈)** $A=(a_{ij})_{m\times p}$이고 $B=(b_{ij})_{p\times n}$일 때, 두 행렬 A와 B의 곱 AB는 $m\times n$ 행렬로 정의되고 $AB=C$라 하면 행렬 C의 각각의 성분은 다음과 같다.
모든 $i=1,\ \cdots,\ m$과 $j=1,\ \cdots,\ n$에 대하여 $AB=C=(c_{ij})_{m\times n}$은

$$c_{ij} = a_{i1}b_{1j} + a_{i2}b_{2j} + \cdots + a_{ip}b_{pj} = \sum_{k=1}^{p} a_{ik}b_{kj}$$

이다.

예제 1 $A=\begin{bmatrix}1&-2\\3&1\end{bmatrix}$, $B=\begin{bmatrix}-3&0\\1&1\end{bmatrix}$, $C=\begin{bmatrix}1&-2&2\\4&-1&3\end{bmatrix}$, $D=\begin{bmatrix}1&-2\\2&4\\-1&3\end{bmatrix}$

다음 행렬의 연산이 존재하면 행렬을 구하여라.

(1) $3A-4B$ (2) $B+C$ (3) AB (4) BA (5) DC (6) CD (7) AD

풀이 (1) $3A=\begin{bmatrix}3&-6\\9&3\end{bmatrix}$이고 $4B=\begin{bmatrix}-12&0\\4&4\end{bmatrix}$이므로 $3A-4B=\begin{bmatrix}-9&-6\\13&7\end{bmatrix}$이다.

(2) 행렬 B의 크기가 2×2이고 C의 크기가 2×3이므로 $B+C$는 정의되지 않는다.

(3) $A\in M_{2\times2}$이고 $B\in M_{2\times2}$이므로 AB는 2×2 행렬로 정의되며

$$AB=\begin{bmatrix}1\cdot(-3)+(-2)\cdot1 & 1\cdot0+(-2)\cdot1\\ 3\cdot(-3)+1\cdot1 & 3\cdot0+1\cdot1\end{bmatrix}=\begin{bmatrix}-5&-2\\-8&1\end{bmatrix}\text{이다.}$$

(4) $B\in M_{2\times2}$이고 $A\in M_{2\times2}$이므로 BA는 2×2 행렬로 정의되며

$$BA=\begin{bmatrix}(-3)\cdot1+0\cdot3 & (-3)\cdot(-2)+0\cdot1\\ 1\cdot1+1\cdot3 & 1\cdot(-2)+1\cdot1\end{bmatrix}=\begin{bmatrix}-3&6\\4&-1\end{bmatrix}\text{이다.}$$

(5) $C\in M_{2\times3}$이고 $D\in M_{3\times2}$이므로 행렬의 곱 CD는 2×2 행렬로 정의되며

$$CD=\begin{bmatrix}1\cdot1+(-2)\cdot2+2\cdot(-1) & 1\cdot(-2)+(-2)\cdot4+2\cdot3\\ 4\cdot1+(-1)\cdot2+3\cdot(-1) & 4\cdot(-2)+(-1)\cdot4+3\cdot3\end{bmatrix}=\begin{bmatrix}-5&-4\\-1&-3\end{bmatrix}\text{이다.}$$

(6) $D\in M_{3\times2}$이고 $C\in M_{2\times3}$이므로 행렬의 곱 DC는 3×3 행렬로 정의되며

$$DC=\begin{bmatrix}1\cdot1+(-2)\cdot4 & 1\cdot(-2)+(-2)\cdot(-1) & 1\cdot2+(-2)\cdot3\\ 2\cdot1+4\cdot4 & 2\cdot(-2)+4\cdot(-1) & 2\cdot2+4\cdot3\\ (-1)\cdot1+3\cdot4 & (-1)\cdot(-2)+3\cdot(-1) & (-1)\cdot2+3\cdot3\end{bmatrix}$$

$$=\begin{bmatrix}-7&0&-4\\18&-8&16\\-11&-1&7\end{bmatrix}\text{이다.}$$

(7) $A\in M_{2\times2}$이고 $D\in M_{3\times2}$이므로 A의 열의 개수와 D의 행의 개수가 다르므로 행렬의 곱 AD는 정의되지 않는다. ■

위의 예제 (3)과 (4)에서와 같이 $A, B\in M_m$이면 $AB\in M_m$이고 $BA\in M_m$이다. 그러나 $AB\neq BA$이다. 한편 위의 예제 (5)와 (6)에서 알 수 있듯이 $A\in M_{m\times n}$, $B\in M_{n\times m}$이면 $AB\in M_{m\times m}$이고 $BA\in M_{n\times n}$이므로 $AB\neq BA$이다. 결론적으로 행렬의 곱 AB와 BA가 모두 정의될지라도 일반적으로 $AB\neq BA$이다. 따라서 행렬의 곱에 대한 교환법칙은 성립하지 않는다.

$A=\begin{bmatrix}1&0\\0&0\end{bmatrix}$이고 $B=\begin{bmatrix}0&0\\0&1\end{bmatrix}$일 때 $AB=\begin{bmatrix}0&0\\0&0\end{bmatrix}=O$이다. 즉 행렬 A와 B가 모두 영행렬이 아니어도 행렬의 곱 AB가 영행렬이 될 수 있다.

행렬의 곱을 계산할 때 행렬을 좀더 작은 부분행렬로 분할하여 생각하는 것이 편리할 때가 있다. 이는 특히 행렬의 크기가 크고 성분이 영이 많은 행렬의 곱셈에 관한 계산을 빠르게 한다.

행렬의 분할과 분할된 행렬의 곱에 대해 알아보자.

행렬 A를

$$A=(a_{ij})_{m\times n} = \begin{bmatrix} a_{11} & a_{12} & \cdots & a_{1n} \\ a_{21} & a_{22} & \cdots & a_{2n} \\ \vdots & \vdots & \cdots & \vdots \\ a_{m1} & a_{m2} & \cdots & a_{mn} \end{bmatrix}$$

라 할 때,

$$\mathbf{a}_1 = \begin{bmatrix} a_{11} \\ a_{21} \\ \vdots \\ a_{m1} \end{bmatrix}, \quad \mathbf{a}_2 = \begin{bmatrix} a_{12} \\ a_{22} \\ \vdots \\ a_{m2} \end{bmatrix}, \quad \cdots, \quad \mathbf{a}_n = \begin{bmatrix} a_{1n} \\ a_{2n} \\ \vdots \\ a_{mn} \end{bmatrix}$$

를 A의 **열벡터**(column vector)라 하고 행렬 A는

$$A=\begin{bmatrix} \mathbf{a}_1 \ \mathbf{a}_2 \cdots \mathbf{a}_n \end{bmatrix}$$

로 표현한다. 또한 A의 **행벡터**(row vector)는

$$A_1=[a_{11}a_{12}\cdots a_{1n}],\ A_2=[a_{21}a_{22}\cdots a_{2n}],\ \cdots,\ A_m=[a_{m1}a_{m2}\cdots a_{mn}]$$

이며 행렬 A는

$$A=\begin{bmatrix} A_1 \\ A_2 \\ \vdots \\ A_m \end{bmatrix}$$

로 표현한다.

크기가 $n\times n$인 항등행렬 I_n의 열벡터

$$\mathbf{e}_1 = \begin{bmatrix} 1 \\ 0 \\ \vdots \\ 0 \end{bmatrix}, \quad \mathbf{e}_2 = \begin{bmatrix} 0 \\ 1 \\ \vdots \\ 0 \end{bmatrix}, \quad \cdots, \quad \mathbf{e}_n = \begin{bmatrix} 0 \\ 0 \\ \vdots \\ 1 \end{bmatrix}$$

를 $\mathbb{R}^n$의 기본 **단위벡터**(unit vector)라 한다.
$A\in M_{m\times n}$이고 $A=\begin{bmatrix} \mathbf{a}_1 \ \mathbf{a}_2 \cdots \mathbf{a}_n \end{bmatrix}$이면

$$A\mathbf{e}_1=\mathbf{a}_1,\ A\mathbf{e}_2=\mathbf{a}_2,\ \cdots,\ A\mathbf{e}_n=\mathbf{a}_n$$

을 만족한다.

만일 $A=(a_{ij})\in M_{m\times p}$, $B=(b_{ij})\in M_{p\times n}$이고 행렬 $\begin{bmatrix} A_1 \\ A_2 \\ \vdots \\ A_m \end{bmatrix}$를 A의 행벡터로, 행렬 $B=[\mathbf{b}_1\ \mathbf{b}_2\ \cdots\ \mathbf{b}_n]$을 B의 열벡터로 나타냈을 때, 행렬의 곱 AB는

$$AB=\begin{bmatrix} A_1B \\ A_2B \\ \vdots \\ A_mB \end{bmatrix},\quad AB=[A\mathbf{b}_1\ A\mathbf{b}_2\ \cdots\ A\mathbf{b}_n]$$

이 되며 $(AB)_{ij}=A_i\mathbf{b}_j$가 된다.

예제 2 $A=\begin{bmatrix} 1 & 2 \\ 3 & 4 \\ 5 & 6 \end{bmatrix}$와 $B=\begin{bmatrix} 1 & 2 & 3 \\ 4 & 5 & 6 \end{bmatrix}$일 때, AB를 A의 행벡터와 B의 열벡터를 이용하여 구하여라.

풀이

$$\begin{bmatrix} 1 & 2 \\ 3 & 4 \\ 5 & 6 \end{bmatrix}\begin{bmatrix} 1 & 2 & 3 \\ 4 & 5 & 6 \end{bmatrix}=\begin{bmatrix} [1\ 2]\begin{bmatrix} 1 & 2 & 3 \\ 4 & 5 & 6 \end{bmatrix} \\ [3\ 4]\begin{bmatrix} 1 & 2 & 3 \\ 4 & 5 & 6 \end{bmatrix} \\ [5\ 6]\begin{bmatrix} 1 & 2 & 3 \\ 4 & 5 & 6 \end{bmatrix} \end{bmatrix}=\begin{bmatrix} 1+8 & 2+10 & 3+12 \\ 3+16 & 6+20 & 9+24 \\ 5+24 & 10+30 & 15+36 \end{bmatrix}=\begin{bmatrix} 9 & 12 & 15 \\ 19 & 26 & 33 \\ 29 & 40 & 51 \end{bmatrix}$$

$$\begin{bmatrix} 1 & 2 \\ 3 & 4 \\ 5 & 6 \end{bmatrix}\begin{bmatrix} 1 & 2 & 3 \\ 4 & 5 & 6 \end{bmatrix}=\left[\begin{bmatrix} 1 & 2 \\ 3 & 4 \\ 5 & 6 \end{bmatrix}\begin{bmatrix} 1 \\ 4 \end{bmatrix}\ \begin{bmatrix} 1 & 2 \\ 3 & 4 \\ 5 & 6 \end{bmatrix}\begin{bmatrix} 2 \\ 5 \end{bmatrix}\ \begin{bmatrix} 1 & 2 \\ 3 & 4 \\ 5 & 6 \end{bmatrix}\begin{bmatrix} 3 \\ 6 \end{bmatrix}\right]$$

$$=\begin{bmatrix} 1+8 & 2+10 & 3+12 \\ 3+16 & 6+20 & 9+24 \\ 5+24 & 10+30 & 15+36 \end{bmatrix}=\begin{bmatrix} 9 & 12 & 15 \\ 19 & 26 & 33 \\ 29 & 40 & 51 \end{bmatrix}$$

■

크기가 5×5인

$$\text{행렬 } A=\begin{bmatrix} 1 & 0 & 0 & 0 & 0 \\ 0 & 1 & 0 & 0 & 0 \\ 0 & 0 & 1 & 0 & 0 \\ 0 & 0 & 0 & 1 & 2 \\ 0 & 0 & 0 & 2 & 1 \end{bmatrix}$$

을 다음과 같이 분할할 수 있다.

$$\begin{bmatrix} 1 & 0 & 0 & 0 & 0 \\ 0 & 1 & 0 & 0 & 0 \\ 0 & 0 & 1 & 0 & 0 \\ 0 & 0 & 0 & 1 & 2 \\ 0 & 0 & 0 & 2 & 1 \end{bmatrix}=\begin{bmatrix} I_3 & O_{3\times 2} \\ O_{2\times 3} & A_{22} \end{bmatrix}$$

여기서 I_3는 3×3 단위행렬, $A_{22}=\begin{bmatrix}1&2\\2&1\end{bmatrix}$, $O_{2\times3}$는 2×3 영행렬이고 $0_{3\times2}$는 3×2 행렬이다.

만일 행렬 A와 B가

$$A=\begin{bmatrix}A_{11}&A_{12}\\A_{21}&A_{22}\end{bmatrix},\quad B=\begin{bmatrix}B_{11}&B_{12}\\B_{21}&B_{22}\end{bmatrix}$$

로 분할이 되고 각 부분행렬 간에 곱셈이 정의된다고 하자. 그러면

$$\begin{aligned}AB&=\begin{bmatrix}A_{11}&A_{12}\\A_{21}&A_{22}\end{bmatrix}\begin{bmatrix}B_{11}&B_{12}\\B_{21}&B_{22}\end{bmatrix}\\&=\begin{bmatrix}A_{11}B_{11}+A_{12}B_{21}&A_{11}B_{12}+A_{12}B_{22}\\A_{21}B_{11}+A_{22}B_{21}&A_{21}B_{12}+A_{22}B_{22}\end{bmatrix}\end{aligned}$$

가 된다.

예제 3 $A=\begin{bmatrix}1&0&0&0&0\\0&1&0&0&0\\0&0&1&0&0\\0&0&0&1&2\\0&0&0&2&1\end{bmatrix}$이고 $B=\begin{bmatrix}2&1&4&1&1\\4&2&2&2&2\\3&-2&1&3&1\\1&3&1&0&2\\-1&2&6&1&3\end{bmatrix}$라 할 때, AB를 구하여라.

풀이 $A=\begin{bmatrix}I_3&O_{2\times3}\\O_{3\times2}&A_{22}\end{bmatrix}$로 분할하고 (여기서 $A_{22}=\begin{bmatrix}1&2\\2&1\end{bmatrix}$) B도 곱셈이 정의되도록 다음과 같이 분할하자.

$$B=\begin{bmatrix}B_{11}&B_{12}\\B_{21}&B_{22}\end{bmatrix},\ \text{여기서}\ B_{11}=\begin{bmatrix}2&1&4\\4&2&2\\3&-2&1\end{bmatrix},\ B_{12}=\begin{bmatrix}1&1\\2&2\\3&1\end{bmatrix},\ B_{21}=\begin{bmatrix}1&3&1\\-1&2&6\end{bmatrix},\ B_{22}=\begin{bmatrix}0&2\\1&3\end{bmatrix}$$

그러면

$$AB=\begin{bmatrix}I_3B_{11}+0B_{21}&I_3B_{12}+0B_{22}\\0B_{11}+A_{22}B_{21}&0B_{12}+A_{22}B_{22}\end{bmatrix}=\begin{bmatrix}B_{11}&B_{12}\\A_{22}B_{21}&A_{22}B_{22}\end{bmatrix},$$

$$A_{22}B_{21}=\begin{bmatrix}-1&7&13\\1&8&8\end{bmatrix}\ \text{이고}\ A_{22}B_{22}=\begin{bmatrix}2&8\\1&7\end{bmatrix}$$

이다. 그러므로

$$AB=\begin{bmatrix}2&1&4&1&1\\4&2&2&2&2\\3&-2&1&3&1\\-1&7&13&2&8\\1&8&8&1&7\end{bmatrix}$$

이다. ■

정리 1.3.6 (행렬의 곱셈법칙) c가 상수이고 $A=(a_{ij})_{m\times p}$, $B=(b_{ij})_{p\times q}$, $C=(c_{ij})_{q\times n}$이면 아래 연산이 정의되고 또한 이 연산은 다음의 성질을 만족한다.

(a) 결합법칙 $(AB)C=A(BC)$

(b) $c(AB)=(cA)B=A(cB)$, $-(AB)=(-A)B=A(-B)$

(c) $(A+B)C=AC+BC$ A와 B가 크기 $m\times q$인 행렬일 때

(d) $A(B+C)=AB+AC$ B와 C가 크기 $p\times q$인 행렬일 때

(e) $I_mA=A=AI_p$

증명 (a) $A=(a_{ij})_{m\times p}$, $B=(b_{ij})_{p\times q}$와 $C=(c_{ij})_{q\times n}$라 하자. 행렬 $(AB)C$의 i번째 행과 j번째 열의 성분을 $((AB)C)_{ij}$라 하고 행렬 $A(BC)$의 i번째 행과 j번째 열의 성분을 $(A(BC))_{ij}$라 하자. 그러면

$$\begin{aligned}((AB)C)_{ij} &= \sum_{k=1}^{q}(AB)_{ik}c_{kj} = \sum_{k=1}^{q}(\sum_{l=1}^{p}a_{il}b_{lk})c_{kj} \\ &= \sum_{k=1}^{q}\sum_{l=1}^{p}a_{il}b_{lk}c_{kj} = \sum_{l=1}^{p}\sum_{k=1}^{q}a_{il}b_{lk}c_{kj} \\ &= \sum_{l=1}^{p}a_{il}\sum_{k=1}^{q}b_{lk}c_{kj} = (A(BC))_{ij}\end{aligned}$$

을 만족하므로 $(AB)C=A(BC)$가 성립한다.

(b)~(d) 실수의 성질에 의하여 쉽게 증명할 수 있다.

(e) $\{e_1, e_2, \cdots, e_p\}$을 기본 단위벡터라 하면 단위행렬 I_p은

$$I_p=[\mathbf{e}_1\ \mathbf{e}_2\ \cdots\ \mathbf{e}_p]$$

이다. 행렬 A를 열벡터로 표현하면

$$A=[\mathbf{a}_1\ \mathbf{a}_2\ \cdots\ \mathbf{a}_p]$$

이다. 그러므로

$$\begin{aligned}AI_p &= [A\mathbf{e}_1\ A\mathbf{e}_2\ \cdots\ A\mathbf{e}_p] \\ &= [\mathbf{a}_1\ \mathbf{a}_2\ \cdots\ \mathbf{a}_p] \\ &= A\end{aligned}$$

를 만족한다. 한편

$$\begin{aligned}I_mA &= [I_m\mathbf{a}_1\ I_m\mathbf{a}_2\ \cdots\ I_m\mathbf{a}_p] \\ &= [\mathbf{a}_1\ \mathbf{a}_2\ \cdots\ \mathbf{a}_p] \\ &= A\end{aligned}$$

가 된다. ■

연립방정식

$$\begin{aligned} a_{11}x_1 + a_{12}x_2 + \cdots + a_{1n}x_n &= b_1 \\ a_{21}x_1 + a_{22}x_2 + \cdots + a_{2n}x_n &= b_2 \\ &\vdots \\ a_{m1}x_1 + a_{m2}x_2 + \cdots + a_{mn}x_n &= b_m \end{aligned}$$

의 계수행렬은 $A = \begin{bmatrix} a_{11} & a_{12} & \cdots & a_{1n} \\ a_{21} & a_{22} & \cdots & a_{2n} \\ \vdots & \vdots & \cdots & \vdots \\ a_{m1} & a_{m2} & \cdots & a_{mn} \end{bmatrix} = [\mathbf{a}_1\ \mathbf{a}_2\ \cdots\ \mathbf{a}_n]$ 이고 상수행렬 $\boldsymbol{b} = \begin{bmatrix} b_1 \\ b_2 \\ \vdots \\ b_m \end{bmatrix}$ 이다.

$X \equiv \begin{bmatrix} x_1 \\ x_2 \\ \vdots \\ x_n \end{bmatrix}$ 이라 하면 위의 연립방정식은 행렬의 곱 $AX = \boldsymbol{b}$로 표현된다. 또한 A의 열벡터로

$$\mathbf{a}_1 x_1 + \mathbf{a}_2 x_2 + \cdots + \mathbf{a}_n x_n = \boldsymbol{b}$$

로 나타낸다.

예제 4 다음 연립방정식을 계수행렬과 계수행렬의 열벡터를 이용하여 나타내어라.

$$\begin{aligned} x - y + 3z &= -4 \\ 2x - 3y - z &= 2 \\ -x + y + 5z &= -4 \end{aligned}$$

풀이 연립방정식의 계수행렬은

$$\begin{bmatrix} 1 & -1 & 3 \\ 2 & -3 & -1 \\ -1 & 1 & 5 \end{bmatrix}$$

이다. 그러므로 연립방정식은

$$\begin{bmatrix} 1 & -1 & 3 \\ 2 & -3 & -1 \\ -1 & 1 & 5 \end{bmatrix} \begin{bmatrix} x \\ y \\ z \end{bmatrix} = \begin{bmatrix} -4 \\ 2 \\ -4 \end{bmatrix}$$

또는 $\begin{bmatrix} 1 \\ 2 \\ -1 \end{bmatrix} x + \begin{bmatrix} -1 \\ -3 \\ 1 \end{bmatrix} y + \begin{bmatrix} 3 \\ -1 \\ 5 \end{bmatrix} z = \begin{bmatrix} -4 \\ 2 \\ -4 \end{bmatrix}$ 로 표현된다. ■

정의 1.3.7 만일 $\mathbf{a}_1$, $\mathbf{a}_2$, $\cdots$, $\mathbf{a}_p$이 $\mathbb{R}^n$의 원소이고 c_1, c_2, $\cdots$, c_p이 상수일 때

$$c_1\mathbf{a}_1 + c_2\mathbf{a}_2 + \cdots + c_p\mathbf{a}_p$$

을 벡터 $\mathbf{a}_1$, $\mathbf{a}_2$, $\cdots$, $\mathbf{a}_p$의 **일차결합**(linear combination)이라 한다.

$$\mathbf{e}_1 = \begin{bmatrix} 1 \\ 0 \\ \vdots \\ 0 \end{bmatrix}, \quad \mathbf{e}_2 = \begin{bmatrix} 0 \\ 1 \\ \vdots \\ 0 \end{bmatrix}, \quad \cdots, \quad \mathbf{e}_n = \begin{bmatrix} 0 \\ 0 \\ \vdots \\ 1 \end{bmatrix}$$

를 $\mathbb{R}^n$의 기본 **단위벡터**(unit vector)라 하면 $\mathbb{R}^n$의 원소 $\begin{bmatrix} a_1 \\ a_2 \\ \vdots \\ a_n \end{bmatrix}$은

$$\begin{bmatrix} a_1 \\ a_2 \\ \vdots \\ a_n \end{bmatrix} = a_1\mathbf{e}_1 + a_2\mathbf{e}_2 + \cdots + a_n\mathbf{e}_n$$

을 만족하므로 $\mathbb{R}^n$의 모든 원소는 $\{\mathbf{e}_1, \mathbf{e}_2, \cdots, \mathbf{e}_n\}$의 일차결합으로 표시할 수 있다.

$\mathbb{R}^n$의 한 원소가 $\mathbb{R}^n$의 집합족의 일차결합으로 표시할 수 있는지 아닌지 판정하는 것은 연립방정식의 해를 구하는 문제와 같다.

예제 5 다음의 $\mathbb{R}^3$의 원소가 $\mathbf{a}_1 = \begin{bmatrix} 1 \\ 0 \\ 1 \end{bmatrix}$, $\mathbf{a}_2 = \begin{bmatrix} -1 \\ 1 \\ 0 \end{bmatrix}$, $\mathbf{a}_3 = \begin{bmatrix} 0 \\ 1 \\ 1 \end{bmatrix}$의 일차결합으로 표시할 수 있는지 판정하여라.

(1) $\begin{bmatrix} 1 \\ 1 \\ 2 \end{bmatrix}$ (2) $\begin{bmatrix} 1 \\ 1 \\ 1 \end{bmatrix}$

풀이 $b \in \mathbb{R}^3$가 $\{\mathbf{a}_1, \mathbf{a}_2, \mathbf{a}_3\}$의 일차결합으로 표시할 수 있으면

$$c_1\mathbf{a}_1 + c_2\mathbf{a}_2 + c_3\mathbf{a}_3 = b$$

를 만족하는 상수 c_1, c_2, c_3가 존재하여

$$A = [\mathbf{a}_1\ \mathbf{a}_2\ \mathbf{a}_3] = \begin{bmatrix} 1 & -1 & 0 \\ 0 & 1 & 1 \\ 1 & 0 & 1 \end{bmatrix}$$

라 하면 연립방정식 $AX = b$의 해는 $X = \begin{bmatrix} c_1 \\ c_2 \\ c_3 \end{bmatrix}$가 된다. 그러므로 일차결합 여부를 판정하는

문제는 연립방정식의 해의 존재성을 판정하는 문제와 같으므로 1.1절에서 배운 바와 같이 연립방정식 $AX=b$의 첨가계수행렬을 행사다리꼴 행렬로 바꾸어 연립방정식의 해의 존재성 여부를 판정하면 된다.

(1) 연립방정식의 첨가계수행렬을 행사다리꼴 행렬로 바꾼 행렬은

$$\begin{bmatrix}1&-1&0&1\\0&1&1&1\\1&0&1&2\end{bmatrix}R_3-R_1 \rightarrow \begin{bmatrix}1&-1&0&1\\0&1&1&1\\0&1&1&1\end{bmatrix}R_3-R_2 \rightarrow \begin{bmatrix}1&-1&0&1\\0&1&1&1\\0&0&0&0\end{bmatrix}$$

이므로 연립방정식 $AX=\begin{bmatrix}1\\1\\2\end{bmatrix}$의 해는 무수히 많다.

특히 $c_1=2$, $c_2=1$, $c_3=0$도 연립방정식의 해이고 $\begin{bmatrix}1\\1\\2\end{bmatrix}=2\mathbf{a}_1+\mathbf{a}_2+0\mathbf{a}_3$이므로 $\begin{bmatrix}1\\1\\2\end{bmatrix}$는 $\{\mathbf{a}_1, \mathbf{a}_2, \mathbf{a}_3\}$의 일차결합으로 표시할 수 있다.

(2) 연립방정식의 첨가계수행렬을 행사다리꼴 행렬로 바꾼 행렬은

$$\begin{bmatrix}1&-1&0&1\\0&1&1&1\\1&0&1&1\end{bmatrix}R_3-R_1 \rightarrow \begin{bmatrix}1&-1&0&1\\0&1&1&1\\0&1&1&0\end{bmatrix}R_3-R_2 \rightarrow \begin{bmatrix}1&-1&0&1\\0&1&1&1\\0&0&0&-1\end{bmatrix}$$

이 되어 연립방정식 $AX=\begin{bmatrix}1\\1\\1\end{bmatrix}$의 해는 존재하지 않는다. 그러므로 $\begin{bmatrix}1\\1\\1\end{bmatrix}$는 $\{\mathbf{a}_1, \mathbf{a}_2, \mathbf{a}_3\}$의 일차결합으로 표시할 수 없다. ■

예제 6 예제 4의 연립방정식의 상수행렬이 연립방정식의 계수행렬의 열벡터의 일차결합인가? 일차결합이 되면 일차결합으로 표현하여라.

풀이 연립방정식의 해가 존재하면 일차결합으로 표현할 수 있다. 가우스 소거법에 의하여 해를 구하자. 첨가계수행렬을 행사다리꼴 행렬로 바꾸면

$$\begin{bmatrix}1&-1&3&-4\\2&-3&-1&2\\-1&1&5&-4\end{bmatrix}\begin{matrix}\\R_2-2R_1\\R_3+R_1\end{matrix} \rightarrow \begin{bmatrix}1&-1&3&-4\\0&-1&-7&10\\0&0&8&-8\end{bmatrix}\begin{matrix}\\-R_2\\\frac{1}{8}R_3\end{matrix} \rightarrow \begin{bmatrix}1&-1&3&-4\\0&1&7&-10\\0&0&1&-1\end{bmatrix}$$

이므로 연립방정식의 해가 존재하며 상수행렬은 계수행렬의 열벡터의 일차결합이 된다. 연립방정식의 해를 구하면

$$\begin{aligned}x_1-x_2+3x_3&=-4\\x_2+7x_3&=-10\\x_3&=-1\end{aligned}$$

이므로 $x_1=-4$, $x_2=-3$, $x_3=-1$이다. 그러므로

$$-4\begin{bmatrix}1\\2\\-1\end{bmatrix}-3\begin{bmatrix}-1\\-3\\1\end{bmatrix}-\begin{bmatrix}3\\-1\\5\end{bmatrix}=\begin{bmatrix}-4\\2\\-4\end{bmatrix}$$

이다. ■

따라서 연립방정식의 해의 존재성에 대하여 다음 정리가 성립한다.

정리 1.3.8 연립방정식 $AX=b$의 해가 존재하기 위한 필요충분조건은 상수행렬 b가 계수행렬 A의 열벡터의 일차결합이다.

행렬의 거듭제곱을 다음과 같이 정의하자.
우선 행렬 A의 거듭제곱이 정의되기 위해서는 A가 정방행렬이어야 한다.

정의 1.3.9 A가 정방행렬일 때 $A^2=AA$로 정의하고 음의 정수가 아닌 k에 대하여 A^k을

$$A^0=I,\quad A^1=A,\quad A^k=\underbrace{AA\cdots A}_{k\text{개의 인수}}$$

로 정의한다. k가 음수일 경우에도 정의되지만 이는 역행렬을 다룰 때 정의하자.

거듭제곱의 정의에 의하여 다음 정리가 성립한다.

정리 1.3.10 (행렬의 거듭제곱) A가 정방행렬이고 k와 l이 음이 아닌 정수이면 다음이 성립한다.

(a) $A^kA^l=A^{k+l}$

(b) $(A^k)^l=A^{kl}$

예제 7 $A=\begin{bmatrix}1&1\\0&1\end{bmatrix}$일 때, 수학적 귀납법을 이용하여 A^{100}을 구하여라.

풀이 n이 임의의 자연수일 때, 수학적 귀납법을 이용하여 $A^n=\begin{bmatrix}1&n\\0&1\end{bmatrix}$임을 보이자.

(1) $A^2=\begin{bmatrix}1&1\\0&1\end{bmatrix}\begin{bmatrix}1&1\\0&1\end{bmatrix}=\begin{bmatrix}1&2\\0&1\end{bmatrix}$이다.

(2) $A^k=\begin{bmatrix}1&k\\0&1\end{bmatrix}$라 가정하자. 여기서 k는 임의의 자연수이다.

(3) 그러면 $A^{k+1}=A^kA=\begin{bmatrix}1&k\\0&1\end{bmatrix}\begin{bmatrix}1&1\\0&1\end{bmatrix}=\begin{bmatrix}1&k+1\\0&1\end{bmatrix}$이다.

따라서 $A^n=\begin{bmatrix}1 & n\\0 & 1\end{bmatrix}$을 만족하므로 $A^{100}=\begin{bmatrix}1 & 100\\0 & 1\end{bmatrix}$이다. ■

정의 1.3.11 (행렬 A의 전치행렬) A가 $m\times n$일 때 A의 행과 열을 바꾸어 얻은 $n\times m$ 행렬을 A의 전치행렬(transpose)이라 하고 A^T로 나타낸다. 즉

$$A=\begin{bmatrix}a_{11} & a_{12} & \cdots & a_{1n}\\ a_{21} & a_{22} & \cdots & a_{2n}\\ \vdots & \vdots & \cdots & \vdots\\ a_{m1} & a_{m2} & \cdots & a_{mn}\end{bmatrix}\text{이면 } A^T=\begin{bmatrix}a_{11} & a_{21} & \cdots & a_{m1}\\ a_{12} & a_{22} & \cdots & a_{m2}\\ \vdots & \vdots & \cdots & \vdots\\ a_{1n} & a_{2n} & \cdots & a_{mn}\end{bmatrix}\text{이고 } (A^T)_{ij}=(A)_{ji}\text{이다.}$$

예제 8 $A=\begin{bmatrix}2 & 0 & 1\\1 & -1 & 1\end{bmatrix}$일 때 A^T를 구하고 AA^T와 A^TA를 계산하여라.

풀이 $A^T=\begin{bmatrix}2 & 1\\0 & -1\\1 & 1\end{bmatrix}$이므로

$$AA^T=\begin{bmatrix}2 & 0 & 1\\1 & -1 & 1\end{bmatrix}\begin{bmatrix}2 & 1\\0 & -1\\1 & 1\end{bmatrix}=\begin{bmatrix}4+1 & 2+1\\2+1 & 1+1+1\end{bmatrix}=\begin{bmatrix}5 & 3\\3 & 3\end{bmatrix}$$

이고

$$AA^T=\begin{bmatrix}2 & 1\\0 & -1\\1 & 1\end{bmatrix}\begin{bmatrix}2 & 0 & 1\\1 & -1 & 1\end{bmatrix}=\begin{bmatrix}4+1 & -1 & 2+1\\-1 & 1 & -1\\2+1 & -1 & 1+1\end{bmatrix}=\begin{bmatrix}5 & -1 & 3\\-1 & 1 & -1\\3 & -1 & 2\end{bmatrix}$$

이다. ■

정리 1.3.12 (전치행렬의 성질) c가 상수이고 행렬 A와 B가 아래의 연산이 정의되면 이들 연산은 다음의 성질을 만족한다.

(a) $(A^T)^T=A$

(b) $(A+B)^T=A^T+B^T$

(c) $(cA)^T=c(A^T)$

(d) $(AB)^T=B^TA^T$

(e) 음이 아닌 모든 정수 k에 대하여 $(A^k)^T=(A^T)^k$

증명 (a)~(c)는 쉽게 증명할 수 있다. (d)와 (e)를 증명하자.

(d) $A\in M_{m\times n}$이고 $B\in M_{n\times r}$이면 $B^T\in M_{r\times n}$이고 $A^T\in M_{n\times m}$이므로 두 행렬의 곱 B^TA^T는 정의되고 $r\times m$ 행렬이다. AB가 $m\times r$ 행렬이고 $(AB)^T$는 $r\times m$ 행렬이므로 $(AB)^T$와 B^TA^T는 같은 크기의 행렬이다.

행렬 A의 j번째 행을 $A_j=[a_{j1}\ a_{j2}\ \cdots\ a_{jn}]$라 하면 A_j^T는 A^T의 j번째 열이

며 행렬 B의 i번째 열을 $\mathbf{b}_i = \begin{bmatrix} b_{1i} \\ b_{2i} \\ \vdots \\ b_{ni} \end{bmatrix}$로 나타내면 $\mathbf{b}_i^T$는 B^T의 i번째 행이 된다.

$$((AB)^T)_{ij} = (AB)_{ji} = A_j \mathbf{b}_i = \mathbf{b}_i^T A_j^T = (B^T A^T)_{ij}$$

가 성립하므로 $(AB)^T = B^T A^T$가 된다.

(e) 수학적 귀납법으로 증명하자.

$(A^1)^T = (A^T)^1$이다. $(A^k)^T = (A^T)^k$이라 가정하면 행렬의 거듭제곱과 (e)에 의하여

$$(A^{k+1})^T = (A^k A)^T = A^T (A^k)^T = A^T (A^T)^k = (A^T)^{k+1}$$

을 만족한다. ■

정의 1.3.13 정방행렬 A가 $A^T = A$를 만족하면 행렬 A를 **대칭행렬**(symmetric matrix)이라 한다.

예제 9 임의의 행렬 A에 대하여 행렬 AA^T, $A^T A$와 $A + A^T$ 모두 대칭행렬이다.

풀이 정리 1.3.12에 의하여

$$(AA^T)^T = (A^T)^T A^T = AA^T$$
$$(A^T A)^T = A^T (A^T)^T = A^T A$$
$$(A + A^T)^T = A^T + (A^T)^T = A^T + A = A + A^T$$

를 만족하므로 위의 행렬 모두 대칭행렬이다. ■

연습문제 1.3

1. $A=\begin{bmatrix}1 & -1\\3 & 2\end{bmatrix}$, $B=\begin{bmatrix}-1 & 3\\2 & -4\end{bmatrix}$, $C=\begin{bmatrix}4 & -1 & 2\\1 & 2 & 1\end{bmatrix}$, $D=\begin{bmatrix}1 & 2 & 3\\4 & 5 & 6\\7 & 8 & 9\end{bmatrix}$, $E=[3\ -2]$, $F=\begin{bmatrix}-1\\1\end{bmatrix}$라 하자. 다음의 행렬들이 정의되면 그 행렬을 구하여라.

(1) $2A-B$ (2) BC

(3) C^TA (4) $AC+CD$

(5) $EA+BF$ (6) EF

(7) $(FE)^T$ (8) $AB-BA$

2. $A=\begin{bmatrix}1 & -1 & 5\\-2 & 1 & 0\\4 & 0 & 3\end{bmatrix}$, $B=\begin{bmatrix}1 & 3 & -1\\-1 & 0 & 2\\0 & -2 & 1\end{bmatrix}$라 할 때, 행렬의 행벡터 또는 열벡터를 이용하여 다음을 구하여라.

(1) AB의 첫 번째 행 (2) BA의 두 번째 행

(3) AB의 두 번째 열 (3) BA의 세 번째 열

3. 행렬의 분할을 이용하여 다음 행렬의 곱 AB를 구하여라.

(1) $A=\begin{bmatrix}1 & 1 & 2 & 2\\-1 & 2 & 3 & 0\\2 & 0 & 1 & 0\\1 & 1 & 1 & -4\end{bmatrix}$, $B=\begin{bmatrix}1 & 0 & 0 & 1\\0 & 1 & 0 & 2\\0 & 0 & 1 & -1\\0 & 0 & 0 & 3\end{bmatrix}$

(2) $A=\begin{bmatrix}-1 & 0 & 0 & 0\\1 & 1 & 0 & 0\\0 & 0 & 5 & 2\end{bmatrix}$, $B=\begin{bmatrix}4 & 2 & 0\\3 & 1 & 0\\0 & 0 & 5\\0 & 0 & 5\end{bmatrix}$

4. 다음의 원소 $\boldsymbol{v}$를 나머지 원소의 일차결합으로 표시할 수 있는가?

(1) $\boldsymbol{v}=\begin{bmatrix}1\\2\end{bmatrix}$, $a_1=\begin{bmatrix}1\\-1\end{bmatrix}$, $a_2=\begin{bmatrix}2\\1\end{bmatrix}$, $a_3=\begin{bmatrix}0\\1\end{bmatrix}$

(2) $\boldsymbol{v}=\begin{bmatrix}1\\5\\4\end{bmatrix}$, $a_1=\begin{bmatrix}1\\2\\3\end{bmatrix}$, $a_2=\begin{bmatrix}1\\-1\\2\end{bmatrix}$

(3) $\boldsymbol{v}=\begin{bmatrix}3\\-2\\0\end{bmatrix}$, $a_1=\begin{bmatrix}1\\-1\\0\end{bmatrix}$, $a_2=\begin{bmatrix}1\\1\\1\end{bmatrix}$, $a_3=\begin{bmatrix}-1\\2\\1\end{bmatrix}$

(4) $\boldsymbol{v}=\begin{bmatrix}1\\1\\0\end{bmatrix}$, $a_1=\begin{bmatrix}1\\1\\1\end{bmatrix}$, $a_2=\begin{bmatrix}2\\1\\4\end{bmatrix}$, $a_3=\begin{bmatrix}0\\-1\\2\end{bmatrix}$

5. 다음의 연립방정식의 상수행렬을 계수행렬의 열벡터의 일차결합으로 표시하여라.

(1) $$\begin{aligned} x_1 - 2x_2 + 3x_3 &= 9 \\ x_1 - x_2 + x_3 &= 4 \\ 2x_1 + x_2 - 2x_3 &= -3 \end{aligned}$$

(2) $$\begin{aligned} x_1 + x_2 + x_3 + x_4 &= 3 \\ x_1 \qquad - x_3 + x_4 &= -1 \\ x_2 + x_3 - x_4 &= 4 \\ x_1 + x_2 - x_3 \qquad &= 2 \end{aligned}$$

6. 다음을 만족하는 2×2 행렬 A, B, C를 구하여라.

$$AB = AC\ , \quad B \neq C\ , \quad A \neq 0$$

7. $A \in M_{m \times n}$이고 X_1과 X_2가 동차 일차 연립방정식 $AX = 0$의 해라 할 때,

(1) $X_1 + X_2$도 동차 연립방정식 $AX = 0$의 해가 됨을 보여라.

(2) c_1과 c_2가 상수일 때 $c_1X_1 + c_2X_2$도 동차 연립방정식 $AX = 0$의 해가 됨을 보여라.

8. $\{e_1,\ e_2,\ \cdots,\ e_n\}$를 단위행렬 I_n의 열벡터인 기본 단위벡터라 하고 $A = (a_{ij})_{n \times n}$가 정방행렬이라 할 때 다음을 구하여라.

(1) $\mathbf{e}_j^T A$

(2) $\mathbf{e}_j^T A \mathbf{e}_i$

1.4 행렬의 역행렬

정방행렬의 곱셈에 대한 역원인 역행렬이 존재할 때 역행렬을 구하는 방법에 대해 알아보자. 역행렬을 구하는 방법 중 하나는 주어진 행렬을 기약 행사다리꼴 행렬로 변환시키는 과정을 이용하는 것이다. 또한 행렬을 행사다리꼴 행렬로 바꾸는 과정을 행렬의 곱셈으로 표현할 수 있다. 이를 위하여 기본행렬에 대해 알아보자.

정의 1.4.1 항등행렬 I_n에 한 번의 기본행연산을 하여 얻어진 행렬을 **기본행렬**(elementary matrix)이라 한다.

기본행연산은 아래와 같이 정의하였다.

(i) 두 행을 교환한다.
(ii) 한 행에 0이 아닌 상수를 곱한다.
(iii) 한 행을 0이 아닌 상수를 곱하여 다른 행에 더한다.

예를 들어 2×2 항등행렬 I_2에서 얻어진 기본행렬은 다음과 같은 형태이다.

$$E_1=\begin{bmatrix}0&1\\1&0\end{bmatrix},\quad E_2=\begin{bmatrix}r&0\\0&1\end{bmatrix}\ \text{또는}\ \begin{bmatrix}1&0\\0&r\end{bmatrix}(r\neq0)$$

$$E_3=\begin{bmatrix}1&s\\0&1\end{bmatrix}\ \text{또는}\ \begin{bmatrix}1&0\\s&1\end{bmatrix}\quad(s\neq0)$$

기본행렬을 행렬 $A=\begin{bmatrix}a_{11}&a_{12}\\a_{21}&a_{22}\end{bmatrix}$에 곱하면 다음과 같다.

$$\begin{bmatrix}0&1\\1&0\end{bmatrix}\begin{bmatrix}a_{11}&a_{12}\\a_{21}&a_{22}\end{bmatrix}=\begin{bmatrix}a_{21}&a_{22}\\a_{11}&a_{12}\end{bmatrix}$$

$$\begin{bmatrix}r&0\\0&1\end{bmatrix}\begin{bmatrix}a_{11}&a_{12}\\a_{21}&a_{22}\end{bmatrix}=\begin{bmatrix}ra_{11}&ra_{12}\\a_{21}&a_{22}\end{bmatrix}$$

$$\begin{bmatrix}1&0\\0&r\end{bmatrix}\begin{bmatrix}a_{11}&a_{12}\\a_{21}&a_{22}\end{bmatrix}=\begin{bmatrix}a_{11}&a_{12}\\ra_{21}&ra_{22}\end{bmatrix}$$

$$\begin{bmatrix}1&s\\0&1\end{bmatrix}\begin{bmatrix}a_{11}&a_{12}\\a_{21}&a_{22}\end{bmatrix}=\begin{bmatrix}a_{11}+sa_{21}&a_{12}+sa_{22}\\a_{21}&a_{22}\end{bmatrix}$$

$$\begin{bmatrix}1&0\\s&1\end{bmatrix}\begin{bmatrix}a_{11}&a_{12}\\a_{21}&a_{22}\end{bmatrix}=\begin{bmatrix}a_{11}&a_{12}\\a_{21}+sa_{11}&a_{22}+sa_{12}\end{bmatrix}$$

이 연산을 살펴보면 기본행렬과 같은 기본행연산을 주어진 행렬 A에 적용한 것과 같다. 그러므로 행사다리꼴 행렬 또는 기약 행사다리꼴 행렬로 변환시킨 과정은 기본행렬을 행렬 A에 곱하는 것과 같다.

예제 1 $A=\begin{bmatrix} 2 & 1 & -1 \\ -1 & 0 & 1 \\ 0 & 3 & 0 \end{bmatrix}$, $B=\begin{bmatrix} 2 & 1 & -1 \\ 0 & 3 & 0 \\ -1 & 0 & 1 \end{bmatrix}$, $C=\begin{bmatrix} 2 & 1 & -1 \\ -1 & 6 & 1 \\ 0 & 3 & 0 \end{bmatrix}$,

$D=\begin{bmatrix} 0 & 1 & 1 \\ -1 & 0 & 1 \\ 0 & 3 & 0 \end{bmatrix}$이라 하자. 다음을 만족하는 기본행렬 E을 구하여라.

(1) $EA=B$　　(2) $EA=C$　　(3) $EA=D$

풀이 (1) A의 두 번째와 세 번째 행을 바꾸면 B가 되고

$$\begin{bmatrix} 1 & 0 & 0 \\ 0 & 0 & 1 \\ 0 & 1 & 0 \end{bmatrix}\begin{bmatrix} 2 & 1 & -1 \\ -1 & 0 & 1 \\ 0 & 3 & 0 \end{bmatrix}=\begin{bmatrix} 2 & 1 & -1 \\ 0 & 3 & 0 \\ -1 & 0 & 1 \end{bmatrix}$$

이므로 $E=\begin{bmatrix} 1 & 0 & 0 \\ 0 & 0 & 1 \\ 0 & 1 & 0 \end{bmatrix}$이다.

(2) A의 세 번째 행에 2를 곱하여 두 번째 행에 더하면 B가 되고

$$\begin{bmatrix} 1 & 0 & 0 \\ 0 & 1 & 2 \\ 0 & 0 & 1 \end{bmatrix}\begin{bmatrix} 2 & 1 & -1 \\ -1 & 0 & 1 \\ 0 & 3 & 0 \end{bmatrix}=\begin{bmatrix} 2 & 1 & -1 \\ -1 & 6 & 1 \\ 0 & 3 & 0 \end{bmatrix}$$

이므로 $E=\begin{bmatrix} 1 & 0 & 0 \\ 0 & 1 & 2 \\ 0 & 0 & 1 \end{bmatrix}$이다.

(3) A의 두 번째 행에 2를 곱하여 첫 번째 행에 더하면 C가 되고

$$\begin{bmatrix} 1 & 2 & 0 \\ 0 & 1 & 0 \\ 0 & 0 & 1 \end{bmatrix}\begin{bmatrix} 2 & 1 & -1 \\ -1 & 0 & 1 \\ 0 & 3 & 0 \end{bmatrix}=\begin{bmatrix} 0 & 1 & 1 \\ -1 & 0 & 1 \\ 0 & 3 & 0 \end{bmatrix}$$

이므로 $E=\begin{bmatrix} 1 & 2 & 0 \\ 0 & 1 & 0 \\ 0 & 0 & 1 \end{bmatrix}$이다. ■

예제 2 1.2절의 예제 6에서 행렬 $A=\begin{bmatrix} 1 & 2 & 3 \\ 4 & 5 & 6 \\ 7 & 8 & 9 \end{bmatrix}$를 기약 행사다리꼴 행렬 $B=\begin{bmatrix} 1 & 0 & -1 \\ 0 & 1 & 2 \\ 0 & 0 & 0 \end{bmatrix}$로 바꾸었다. $E_n \cdots E_2E_1A=B$를 만족하는 기본행렬 E_1, E_2, $\cdots$, E_n을 구하여라.

풀이

$$\begin{bmatrix} 1 & 2 & 3 \\ 4 & 5 & 6 \\ 7 & 8 & 9 \end{bmatrix}\begin{matrix} \\ R_2-4R_1 \\ R_3-7R_1 \end{matrix} \rightarrow \begin{bmatrix} 1 & 2 & 3 \\ 0 & -3 & -6 \\ 0 & -6 & -12 \end{bmatrix}$$

이므로 $E_1=\begin{bmatrix}1&0&0\\-4&1&0\\0&0&1\end{bmatrix}$, $E_2=\begin{bmatrix}1&0&0\\0&1&0\\-7&0&1\end{bmatrix}$이고

$$\begin{bmatrix}1&2&3\\0&-3&-6\\0&-6&-12\end{bmatrix}\begin{matrix}\left(-\frac{1}{3}\right)R_2\\R_3-6R_2\end{matrix}\rightarrow\begin{bmatrix}1&2&3\\0&1&2\\0&0&0\end{bmatrix}$$

이므로 $E_3=\begin{bmatrix}1&0&0\\0&-\frac{1}{3}&0\\0&0&1\end{bmatrix}$, $E_4=\begin{bmatrix}1&0&0\\0&1&0\\0&-6&1\end{bmatrix}$이다. 또한

$$\begin{bmatrix}1&2&3\\0&1&2\\0&0&0\end{bmatrix}R_1-2R_2\rightarrow\begin{bmatrix}1&0&-1\\0&1&2\\0&0&0\end{bmatrix}$$

이므로 $E_5=\begin{bmatrix}1&-2&0\\0&1&0\\0&0&1\end{bmatrix}$이다. 따라서 $E_5E_4E_3E_2E_1A=B$가 된다. ■

예제 3 $A=\begin{bmatrix}1&1&-2\\-1&1&0\\0&-1&-1\end{bmatrix}$를 기약 행사리꼴 행렬 B로 바꾸고 $E_n\cdots E_2E_1A=B$를 만족하는 기본행렬 E_1, E_2, $\cdots$, E_n을 구하여라.

풀이 기본행연산으로 행렬 A를 기약 행사다리꼴로 바꾸면

$$\begin{bmatrix}1&1&-2\\-1&1&0\\0&-1&-1\end{bmatrix}R_2+R_1\rightarrow\begin{bmatrix}1&1&-2\\0&2&-2\\0&-1&-1\end{bmatrix}\frac{1}{2}R_2\rightarrow\begin{bmatrix}1&1&-2\\0&1&-1\\0&-1&-1\end{bmatrix}\begin{matrix}R_1-R_2\\ \\R_3+R_2\end{matrix}$$

$$\rightarrow\begin{bmatrix}1&0&-1\\0&1&-1\\0&0&-2\end{bmatrix}-\frac{1}{2}R_3\rightarrow\begin{bmatrix}1&0&-1\\0&1&-1\\0&0&1\end{bmatrix}\begin{matrix}R_1+R_3\\R_2+R_3\end{matrix}\rightarrow\begin{bmatrix}1&0&0\\0&1&0\\0&0&1\end{bmatrix}$$

이 된다. 그러므로 A에 적용한 기본행연산과 대응되는 기본행렬은 다음과 같다.

$$E_1=\begin{bmatrix}1&0&0\\1&1&0\\0&0&1\end{bmatrix},\ E_2=\begin{bmatrix}1&0&0\\0&\frac{1}{2}&0\\0&0&1\end{bmatrix},\ E_3=\begin{bmatrix}1&-1&0\\0&1&0\\0&0&1\end{bmatrix},\ E_4=\begin{bmatrix}1&0&0\\0&1&0\\0&1&1\end{bmatrix}$$

$$E_5=\begin{bmatrix}1&0&0\\0&1&0\\0&0&-\frac{1}{2}\end{bmatrix},\ E_6=\begin{bmatrix}1&0&1\\0&1&0\\0&0&1\end{bmatrix},\ E_7=\begin{bmatrix}1&0&0\\0&1&1\\0&0&1\end{bmatrix}$$

이라 하면 $E_7\cdots E_2E_1A=I_3$이다. ■

정방행렬의 곱셈에 대한 역원에 대하여 알아보자.

정의 1.4.2 정방행렬 $A \in M_n$에 대하여 $AB = BA = I_n$를 만족하는 정방행렬 $B \in M_n$이 존재하면 행렬 A를 **가역행렬**(invertible matrix or non-singular matrix)이라 하고 행렬 B를 A의 **역행렬**(inverse matrix)이라 한다. 이때 $B = A^{-1}$로 나타낸다.

항등행렬 I은 $I \cdot I = I$을 만족하므로 $I^{-1} = I$이다. 모든 정방행렬이 역행렬을 가지지는 않는다. 예를 들면 행렬 $\begin{bmatrix} 1 & 1 \\ 0 & 0 \end{bmatrix}$의 역행렬은 존재하지 않는다. 만일

$$\begin{bmatrix} 1 & 1 \\ 0 & 0 \end{bmatrix} \begin{bmatrix} a & b \\ c & d \end{bmatrix} = \begin{bmatrix} 1 & 0 \\ 0 & 1 \end{bmatrix}$$

를 만족하면

$$a + c = 1, \quad b + d = 0, \quad 0 \cdot a + 0 \cdot c = 0, \quad 0 \cdot b + 0 \cdot d = 1$$

을 만족해야 하는데 마지막 방정식은 $0 = 1$이므로 이는 모순이다. 그러므로 $\begin{bmatrix} 1 & 1 \\ 0 & 0 \end{bmatrix}$의 역행렬은 존재하지 않는다.

다음 정리는 가역행렬의 역행렬은 유일하게 존재한다는 사실을 말해준다.

정리 1.4.3 역행렬이 존재하면 그 역행렬은 유일하게 한 개 존재한다.

증명 A가 가역행렬로 B와 C를 A의 역행렬이라 하자. 그러면 $AB = BA = I$와 $AC = CA = I$를 만족한다. 따라서

$$B = IB = CAB = CI = C$$

이므로 $B = C$가 된다. ■

예제 4 만일 $ad - bc \neq 0$이면 행렬 $A = \begin{bmatrix} a & b \\ c & d \end{bmatrix}$은 가역이며

$$A^{-1} = \frac{1}{ad - bc} \begin{bmatrix} d & -b \\ -c & a \end{bmatrix}$$

임을 보여라. 만일 $ad - bc = 0$이면 A의 역행렬은 존재하지 않음을 보여라.

풀이

$$\begin{aligned} \begin{bmatrix} a & b \\ c & d \end{bmatrix} \begin{bmatrix} d & -b \\ -c & a \end{bmatrix} &= \begin{bmatrix} ad - bc & -ab + ba \\ cd - dc & -cb + da \end{bmatrix} \\ &= \begin{bmatrix} ad - bc & 0 \\ 0 & ad - bc \end{bmatrix} \end{aligned}$$

$$=(ad-bc)\begin{bmatrix}1 & 0\\0 & 1\end{bmatrix}$$

이다. 또한

$$\begin{bmatrix}d & -b\\-c & a\end{bmatrix}\begin{bmatrix}a & b\\c & d\end{bmatrix}=(ad-bc)\begin{bmatrix}1 & 0\\0 & 1\end{bmatrix}$$

을 만족한다. 만일 $ad-bc\neq 0$이면

$$A^{-1}=\frac{1}{ad-bc}\begin{bmatrix}d & -b\\-c & a\end{bmatrix}\text{이다.}$$

다음으로 $ad-bc=0$일 때 A의 역행렬이 존재하지 않음을 보이자.

A가 가역행렬이라 하고 $A^{-1}=\begin{bmatrix}w & x\\y & z\end{bmatrix}$라 하자. 만일 $d=0$이면 $b=0$ 또는 $c=0$이다. 따라서 $d=0$, $b=0$이면

$$A=\begin{bmatrix}a & 0\\c & 0\end{bmatrix}\text{이므로 }\begin{bmatrix}w & x\\y & z\end{bmatrix}\begin{bmatrix}a & 0\\c & 0\end{bmatrix}=\begin{bmatrix}wa+xc & 0\\ya+zc & 0\end{bmatrix}\neq I\text{이다.}$$

한편 $d=0$, $c=0$이면

$$A=\begin{bmatrix}a & b\\0 & 0\end{bmatrix}\text{이므로 }\begin{bmatrix}a & b\\0 & 0\end{bmatrix}\begin{bmatrix}w & x\\y & z\end{bmatrix}=\begin{bmatrix}aw+by & ax+bz\\0 & 0\end{bmatrix}\neq I\text{이다.}$$

만일 $d\neq 0$이라 하자.

$$\begin{bmatrix}a & b\\c & d\end{bmatrix}\begin{bmatrix}w & x\\y & z\end{bmatrix}=I$$

이므로 $aw+by=1$, $cw+dy=0$을 만족한다.

$adw+bdy=d$, $bcw+bdy=0$이고 $ad=bc$이므로 두 방정식을 빼면 $d=0$이 되어 모순이다. ■

위의 정리로부터 크기가 2×2인 행렬 $A=\begin{bmatrix}a & b\\c & d\end{bmatrix}$가 가역행렬이기 위한 필요충분조건은 $ad-bc\neq 0$임을 알 수 있다.

예제 5 다음 행렬이 가역이면 역행렬을 구하여라.

(1) $A=\begin{bmatrix}1 & 2\\3 & 4\end{bmatrix}$ (2) $B=\begin{bmatrix}1 & -1\\-1 & 1\end{bmatrix}$

풀이 (1) $ad-bc=4-6=-2\neq 0$이므로 A는 가역이며

$$A^{-1}=-\frac{1}{2}\begin{bmatrix}4 & -2\\-3 & 1\end{bmatrix}$$

이다.

(2) $ad-bc=0$이므로 B의 역행렬은 존재하지 않는다. ■

연립방정식 $AX=\mathrm{b}$의 계수행렬 A가 가역행렬이면 연립방정식의 해를 A의 역행렬을 이용하여 구할 수 있다.

정리 1.4.4 A가 가역행렬이면 임의의 $\mathrm{b}\in\mathbb{R}^n$에 대하여 연립방정식 $AX=\mathrm{b}$의 해는 $X=A^{-1}\mathrm{b}$이고 유일하다.

증명 먼저 A가 가역일 때 $A^{-1}\mathrm{b}$가 연립방정식 $AX=\mathrm{b}$의 해임을 보이자.
$X=A^{-1}\mathrm{b}$가 $AX=\mathrm{b}$를 만족함을 보이자.

$$AX=A(A^{-1}\mathrm{b})=(AA^{-1})\mathrm{b}=I\mathrm{b}=\mathrm{b}$$

하므로 $A^{-1}\mathrm{b}$는 연립방정식 $AX=\mathrm{b}$의 해이다.
이제 이 해가 연립방정식의 유일한 해임을 보이자.
y가 연립방정식의 다른 해라 하면 $A\mathrm{y}=\mathrm{b}$이고 이 방정식의 양변에 A^{-1}를 곱하면

$$A^{-1}(A\mathrm{y})=A^{-1}\mathrm{b} \Rightarrow (A^{-1}A)\mathrm{y}=A^{-1}\mathrm{b} \Rightarrow I\mathrm{y}=A^{-1}\mathrm{b} \Rightarrow \mathrm{y}=A^{-1}\mathrm{b}$$

이므로 연립방정식의 해 $A^{-1}\mathrm{b}$는 유일하다. ■

예제 6 $A=\begin{bmatrix}-1&2\\-2&3\end{bmatrix}$가 가역임을 보이고 연립방정식 $AX=\begin{bmatrix}2\\1\end{bmatrix}$의 해를 구하여라.

풀이 $-1\cdot 3-2\cdot(-2)=1\neq 0$이므로 A는 가역이다.
$A^{-1}=\begin{bmatrix}3&-2\\2&-1\end{bmatrix}$이므로 연립방정식의 해는 $X=A^{-1}\begin{bmatrix}2\\1\end{bmatrix}=\begin{bmatrix}3&-2\\2&-1\end{bmatrix}\begin{bmatrix}2\\1\end{bmatrix}=\begin{bmatrix}4\\3\end{bmatrix}$이다. ■

가역행렬은 다음 성질을 만족한다.

정리 1.4.5 정방행렬 A, B와 C에 대하여 $BA=I$, $AC=I$이면 $B=C$이고 A는 가역행렬이며 $A^{-1}=B=C$이다.

증명 $BAC=B(AC)=BI=B$이고 $BAC=(BA)C=IC=C$이므로 $B=C$이다. 그러므로 $A^{-1}=B=C$가 된다. ■

또한 가역행렬에 대하여 다음 정리가 성립한다.

정리 1.4.6 A가 정방행렬이라 하자.
(a) A가 가역행렬이면, A^{-1}도 가역행렬이고 $(A^{-1})^{-1}=A$이다.
(b) A가 가역행렬이고 c가 0이 아닌 상수이면, cA도 가역행렬이고

$(cA)^{-1} = \frac{1}{c}A^{-1}$이다.

(c) A와 B가 같은 크기의 가역행렬이면, AB도 가역행렬이고 $(AB)^{-1} = B^{-1}A^{-1}$이다.

(d) A가 가역행렬이면, A^T도 가역행렬이고 $(A^T)^{-1} = (A^{-1})^T$이다.

(e) A가 가역행렬이면, 음이 아닌 모든 정수 n에 대하여 A^n도 가역행렬이고 $(A^n)^{-1} = (A^{-1})^n$이다.

증명 (a) $A^{-1}A = AA^{-1} = I$이므로 $(A^{-1})^{-1} = A$이다.

(b) $c \neq 0$인 상수라 하자.

$$I = AA^{-1} = (cc^{-1})AA^{-1} = (cA)(c^{-1}A^{-1})$$
$$I = A^{-1}A = (c^{-1}c)A^{-1}A = (c^{-1}A^{-1})(cA)$$

이므로 $(cA)^{-1} = c^{-1}A^{-1}$이다.

(c)
$$(AB)(B^{-1}A^{-1}) = A(BB^{-1})A^{-1} = AIA^{-1} = AA^{-1} = I$$
$$(B^{-1}A^{-1})(AB) = B^{-1}(A^{-1}A)B = B^{-1}IB = B^{-1}B = I$$

을 만족하므로 AB는 가역행렬이고 AB의 역행렬은 $B^{-1}A^{-1}$이다.

(d)
$$I = I^T = (A^{-1}A)^T = A^T(A^{-1})^T$$
$$I = I^T = (AA^{-1})^T = (A^{-1})^T A^T$$

이므로 A^T도 가역이며 $(A^T)^{-1} = (A^{-1})^T$이다.

(e) 수학적 귀납법으로 증명하자.
$n = 1$이면 당연하고 $n = 2$인 경우에

$$A^2(A^{-1})^2 = A(AA^{-1})A^{-1} = AIA^{-1} = AA^{-1} = I$$
$$(A^{-1})^2A^2 = A^{-1}(A^{-1}A)A = A^{-1}IA = A^{-1}A = I$$

이고, 같은 방법으로 $(A^{-1})^2A^2 = I$ 이다. 그러므로 $(A^2)^{-1} = (A^{-1})^2$이다.
음이 아닌 정수 k에 대하여 $(A^k)^{-1} = (A^{-1})^k$를 만족한다고 하자.
A와 A^k가 모두 가역행렬이므로, (c)로부터 $A^{k+1} = A^kA$는 가역행렬이다. 또한

$$\begin{aligned}(A^{-1})^{k+1} &= (A^{-1})^kA^{-1} \\ &= (A^k)^{-1}A^{-1} && \text{귀납법의 가정} \\ &= (AA^k)^{-1} && \text{성질 (c)} \\ &= (A^{k+1})^{-1}\end{aligned}$$

을 만족한다. 수학적 귀납법에 의하여 음이 아닌 모든 정수 n에 대하여 A^n은 가역행렬이고 수학적 귀납법에 의하여 $(A^n)^{-1} = (A^{-1})^n$이다. ■

정리 1.4.6의 (e)는 유한개의 가역행렬의 곱에 대한 일반화이다. 즉, A_1, A_2, …, A_n이 같은 크기의 가역행렬이면, $A_1A_2 \cdots A_n$은 가역행렬이고 역행렬은

$$(A_1A_2 \cdots A_n)^{-1} = A_n^{-1} \cdots A_2^{-1}A_1^{-1}$$

이다. A가 가역행렬이고 n이 양의 정수이면, A^{-n}은 $A^{-n} = (A^{-1})^n = (A^n)^{-1}$으로 정의한다.

가역행렬의 역행렬을 구하는 방법에 대해 알아보자.

1.2절에서 주어진 행렬을 기약 행사다리꼴 행렬로 바꾸는 과정을 공부하였다. 정방행렬을 기약 행사다리꼴 행렬로 바꾸었을 때, 기약 행사다리꼴 행렬이 항등행렬인 경우와 항등행렬이 아닌 경우가 있다. 기약 행사다리꼴 행렬이 항등행렬인 경우 주어진 행렬은 가역행렬이다.

정리 1.4.7 기본행렬이 가역일 때, 기본행렬에 행연산을 적용 후 얻어진 기본행렬의 역행렬은 다음과 같다.

기본행렬 E	역행렬 E^{-1}
i행에 $c \neq 0$을 곱한다.	i행에 $1/c$을 곱한다.
i행에 c을 곱한 것을 j행에 더한다.	i행에 $-c$을 곱한 것을 j행에 더한다.
i행과 j행을 바꾼다.	i행과 j행을 바꾼다.

그러므로 기본행렬의 역행렬 역시 기본행렬이 된다.

정리 1.4.7의 증명은 쉽게 할 수 있으므로 생략한다.

예제 7 다음 기본행렬의 역행렬을 구하여라.

$$E_1 = \begin{bmatrix} 1 & 0 & 0 & 0 \\ 0 & 1 & 0 & -2 \\ 0 & 0 & 1 & 0 \\ 0 & 0 & 0 & 1 \end{bmatrix}, \quad E_2 = \begin{bmatrix} 1 & 0 & 0 \\ 0 & 0 & 1 \\ 0 & 1 & 0 \end{bmatrix}, \quad E_3 = \begin{bmatrix} 1 & 0 & 0 \\ 0 & -\frac{1}{3} & 0 \\ 0 & 0 & 1 \end{bmatrix}$$

풀이 E_1은 4행에 −2을 곱한 것을 2행에 더한 행렬이므로

$$E_1^{-1} = \begin{bmatrix} 1 & 0 & 0 & 0 \\ 0 & 1 & 0 & 2 \\ 0 & 0 & 1 & 0 \\ 0 & 0 & 0 & 1 \end{bmatrix}$$

이다. E_2는 2행과 3행을 바꾼 행렬이므로

$$E_2^{-1} = \begin{bmatrix} 1 & 0 & 0 \\ 0 & 0 & 1 \\ 0 & 1 & 0 \end{bmatrix}$$

이다. E_3은 2행에 $-\dfrac{1}{3}$을 곱한 행렬이므로

$$E_3^{-1} = \begin{bmatrix} 1 & 0 & 0 \\ 0 & -3 & 0 \\ 0 & 0 & 1 \end{bmatrix}$$

이다. ■

연립방정식의 해와 역행렬, 그리고 기본행렬 사이에는 다음과 같은 관계가 있다.

정리 1.4.8 A가 $n \times n$ 행렬일 때, 다음 명제들은 동치이다.

(a) A는 가역행렬이다.

(b) $\mathbf{b} \in \mathbb{R}^n$인 임의의 원소에 대하여 $A\mathbf{X} = \mathbf{b}$는 유일한 해를 갖는다.

(c) $A\mathbf{X} = \mathbf{0}$의 해는 자명해뿐이다.

(d) A의 기약 행사다리꼴은 I_n이다.

(e) A는 기본행렬들의 곱으로 나타낼 수 있다.

증명 (a) ⇒ (b) ⇒ (c) ⇒ (d) ⇒ (e) ⇒ (a)의 순서로 증명하자.

(a) ⇒ (b) 정리 1.4.4에 의하여 A가 가역행렬이면, $\mathbf{b} \in \mathbb{R}^n$인 임의의 원소에 대하여 $A\mathbf{X} = \mathbf{b}$는 유일한 해를 $\mathbf{X} = A^{-1}\mathbf{b}$를 갖는다.

(b) ⇒ (c) $\mathbf{b} \in \mathbb{R}^n$인 임의의 원소에 대하여 $A\mathbf{X} = \mathbf{b}$는 유일한 해를 갖는다고 가정하자. 그러면 $\mathbf{b} = (0)_{n \times 1}$일 때도, 즉 동차 연립방정식 $A\mathbf{X} = \mathbf{0}$도 유일한 해를 가진다. 동차 일차 연립방정식 $A\mathbf{X} = \mathbf{0}$는 항상 자명한 해 $\mathbf{X} = \mathbf{0}$을 가지므로 $\mathbf{X} = \mathbf{0}$는 유일한 해가 된다.

(c) ⇒ (d) $A\mathbf{X} = \mathbf{0}$의 해가 자명한 해 $\mathbf{X} = \mathbf{0}$뿐이라고 하자. 행렬 A를 기약 행사다리꼴로 바꾸면 모두 영이 아닌 행의 개수가 미지수 개수인 n과 같아야 하므로 A의 기약 행사다리꼴은 I_n이다.

(d) ⇒ (e) A의 기약 행사다리꼴을 I_n이라고 가정하면, A에 k번의 기본행연산을 적용하여 I_n으로 변형시킬 수 있다. A에 적용한 기본행연산을 항등행렬에 똑같이 적용한 기본행렬을 A의 왼쪽에 순서대로 곱하면 A의 기약 행사다리꼴인 I_n이 된다. 즉 A에 적용한 기본행연산에 대응되는 기본행렬들을 순서대로 E_1, E_2, $\cdots$, E_k라 하면

$$E_k \cdots E_2 E_1 A = I_n$$

을 만족한다. 정리 1.4.7에 의하여 이 기본행렬들은 모두 가역이다. 따라서

$$A = (E_k \cdots E_2 E_1)^{-1} I_n = (E_k \cdots E_2 E_1)^{-1} = E_1^{-1} E_2^{-1} \cdots E_k^{-1}$$

가 성립한다. 기본행렬의 역행렬인 E_i^{-1}도 역시 기본행렬이므로 A는 기본행렬들의 곱으로 나타낼 수 있다.

(e) ⇒ (a) A가 기본행렬들의 곱이면, 기본행렬들이 가역이고 가역행렬들의 곱도 역시 가역이므로 A는 가역행렬이다. ■

정리 1.4.8에서와 같이 정방행렬이 가역행렬이기 위한 필요충분조건은 행렬이 항등행렬과 행동치가 되어야 함을 알 수 있다. 그러므로 정방행렬 A가 한 행의 모든 성분이 0이면 A는 항등행렬과 행동치가 될 수 없으므로 가역행렬이 아니다.

예를 들어 $\begin{bmatrix} 1 & 2 & 3 & 1 \\ 0 & 0 & 0 & 0 \\ 0 & 1 & 3 & 1 \\ -1 & 1 & 2 & 1 \end{bmatrix}$의 2행의 성분이 모두 0이므로 가역행렬이 아니다.

A를 기약 행사다리꼴 행렬로 변화시킬 때, 기본행연산을 적용하는 방법이 유일하지 않으므로 A를 기본행렬의 곱으로 표현하는 방법도 유일하지 않다.

정의 1.4.2에서는 정방행렬 A가 가역이 되려면 $AB = BA = I$를 만족하는 정방행렬 B가 존재하여야 하지만 다음 정리에 의하여 $AB = I$ 또는 $BA = I$ 중 하나만 만족하는 정방행렬 B가 존재하면 A가 가역임을 알 수 있다.

정리 1.4.9 A가 정방행렬이라 하자. $AB = I$ 또는 $BA = I$를 만족하는 정방행렬 B가 존재하면, A는 가역행렬이고 $B = A^{-1}$이다.

증명 $BA = I$라고 하자. 동차 일차 연립방정식 $A\mathbf{X} = \mathbf{0}$의 양변의 왼쪽에 B를 곱하면

$$BA\mathbf{X} = B\mathbf{0} \quad \leftrightarrow \quad (BA)\mathbf{X} = I\mathbf{X} = B\mathbf{0}$$

이므로 $\mathbf{X} = \mathbf{0}$이다. 따라서 동차 연립방정식 $A\mathbf{X} = \mathbf{0}$은 유일한 해 $\mathbf{X} = \mathbf{0}$를 갖는다. 그러므로 정리 1.4.8에 의하여 A가 가역행렬이다. 즉, A^{-1}가 존재하며 $AA^{-1} = I = A^{-1}A$를 만족한다. 정리 1.4.5에 의하여 $B = A^{-1}$이다.
$AB = I$인 경우에도 같은 방법으로 쉽게 증명할 수 있다. ■

정방행렬 A가 가역행렬이면 정리 1.4.8에 의하여 $E_k \cdots E_2 E_1 A = I_n$를 만족하는 기본행렬 E_1, E_2, $\cdots$, E_k가 존재한다. 정리 1.4.9에 의하여 A의 역행렬 A^{-1}은 다음과 같다.

$$A^{-1} = E_k \cdots E_2E_1 = E_k \cdots E_2E_1I$$

이는 A를 기약 행사다리꼴 행렬로 만드는 기본행연산을 항등행렬 I 에 동시에 똑같이 적용하는 것과 같다.

예제 8 다음 행렬의 역행렬이 존재하면 역행렬을 구하여라. 이때 행렬 A를 기본행렬의 곱으로 표현하여라.

$$A = \begin{bmatrix} 1 & -1 & 2 \\ -1 & 2 & 3 \\ 0 & 0 & 1 \end{bmatrix}$$

풀이 먼저 기본행연산을 이용하여 A를 기약 행사다리꼴 행렬로 바꾸자.
A를 기약 행사다리꼴 행렬로 바꾸는 과정은 다음과 같다.

$$\begin{bmatrix} 1 & -1 & 2 \\ -1 & 2 & 3 \\ 0 & 0 & 1 \end{bmatrix} R_2 + R_1 \rightarrow \begin{bmatrix} 1 & -1 & 2 \\ 0 & 1 & 5 \\ 0 & 0 & 1 \end{bmatrix} R_1 + R_2 \rightarrow \begin{bmatrix} 1 & 0 & 7 \\ 0 & 1 & 5 \\ 0 & 0 & 1 \end{bmatrix} \begin{matrix} R_1 - 7R_3 \\ R_2 - 5R_3 \end{matrix} \rightarrow \begin{bmatrix} 1 & 0 & 0 \\ 0 & 1 & 0 \\ 0 & 0 & 1 \end{bmatrix}$$

이다. A는 항등행렬과 행동치이므로 A는 가역행렬이다. A에 적용한 기본행연산과 대응되는 기본행렬과 그 역행렬은 다음과 같다.

$$E_1 = \begin{bmatrix} 1 & 0 & 0 \\ 1 & 1 & 0 \\ 0 & 0 & 1 \end{bmatrix}, \quad E_2 = \begin{bmatrix} 1 & 1 & 0 \\ 0 & 1 & 0 \\ 0 & 0 & 1 \end{bmatrix}, \quad E_3 = \begin{bmatrix} 1 & 0 & -7 \\ 0 & 1 & 0 \\ 0 & 0 & 1 \end{bmatrix}, \quad E_4 = \begin{bmatrix} 1 & 0 & 0 \\ 0 & 1 & -5 \\ 0 & 0 & 1 \end{bmatrix}$$

$$E_1^{-1} = \begin{bmatrix} 1 & 0 & 0 \\ -1 & 1 & 0 \\ 0 & 0 & 1 \end{bmatrix}, \quad E_2^{-1} = \begin{bmatrix} 1 & -1 & 0 \\ 0 & 1 & 0 \\ 0 & 0 & 1 \end{bmatrix}, \quad E_3^{-1} = \begin{bmatrix} 1 & 0 & 7 \\ 0 & 1 & 0 \\ 0 & 0 & 1 \end{bmatrix}, \quad E_4^{-1} = \begin{bmatrix} 1 & 0 & 0 \\ 0 & 1 & 5 \\ 0 & 0 & 1 \end{bmatrix}$$

그러므로 A를 기본행연산의 곱으로 표현하면

$$A = E_1^{-1}E_2^{-1}E_3^{-1}E_4^{-1}$$

이고 A의 역행렬은

$$A^{-1} = E_4E_3E_2E_1 = \begin{bmatrix} 2 & 1 & -7 \\ 1 & 1 & -5 \\ 0 & 0 & 1 \end{bmatrix}$$

이다. ■

예제 8에서 가역행렬의 역행렬을 구하기 위하여 주어진 가역행렬을 기약 행사다리꼴 행렬로 바꾸는 기본행렬을 구한 후, 기본행렬의 곱으로 역행렬을 구했다. 좀더 간편한 방법으로 역행렬을 구하는 방법에 대해 알아보자.

A가 가역행렬이라 하자. 정리 1.4.8에 의하여 임의의 상수행렬 $\mathrm{b} \in \mathbb{R}^n$에 대하여 $A\mathrm{X} = \mathrm{b}$는 유일한 해를 $A^{-1}\mathrm{b}$를 가진다. 그러므로 계수행렬이 A이고 상수행렬이 항

등행렬 I_n의 열인 기본 단위벡터 $\mathbf{e}_1, \cdots, \mathbf{e}_n$인 n개의 일차 연립방정식

$$A\mathbf{X}=\mathbf{e}_1,\ A\mathbf{X}=\mathbf{e}_2,\ \cdots,\ A\mathbf{X}=\mathbf{e}_n$$

모두는 각각 유일한 해

$$\mathbf{X}_1=A^{-1}\mathbf{e}_1,\ \mathbf{X}_2=A^{-1}\mathbf{e}_2,\ \cdots,\ \mathbf{X}_n=A^{-1}\mathbf{e}_n$$

을 갖는다. 또한 $\mathbf{X}_k$는 A^{-1}의 k번째 열벡터가 되므로 A의 역행렬은

$$A^{-1}=[\mathbf{X}_1\ \mathbf{X}_2\ \cdots\ \mathbf{X}_n]$$

이 된다. 그리고 연립방정식 $A\mathbf{X}=\mathbf{e}_k$ $(k=1, 2, \cdots, n)$의 첨가계수행렬 $[A\quad \mathbf{e}_k]$를 기약 행사다리꼴 행렬로 바꾸면 $[I_n\quad X_k]$가 되므로 연립방정식에 대한 첨가계수 행렬들

$$[A\quad \mathbf{e}_1],\ [A\quad \mathbf{e}_2],\ \cdots,\ [A\quad \mathbf{e}_n]$$

을 결합하면

$$[A|\mathbf{e}_1\ \mathbf{e}_2\ \cdots\ \mathbf{e}_n]=[A|I_n]$$

으로 표시할 수 있다. 이제 A를 I_n으로 변형시키기 위해 A에 적용하는 기본행연산을 I_n에 동시에 똑같이 적용하면 I_n이 A^{-1}로 변형된다. 즉 만일 기본행렬 $E_1, E_2, \cdots, E_k$가 존재하여

$$E_k\cdots E_2E_1A=I_n$$

이면

$$A^{-1}=E_k\cdots E_2E_1$$

이므로

$$E_k\cdots E_2E_1[A\ |\ I_n]=[E_k\cdots E_2E_1A\ |\ E_k\cdots E_2E_1I_n]=[I_n|\ A^{-1}]$$

이다. 그러므로 크기 $n\times 2n$인 행렬 $[A|I_n]$의 A를 기약 행사다리꼴 행렬로 변형시키면 $[A|I_n]$은 $[I_n|A^{-1}]$으로 바뀌어 가역행렬 $A\in M_{n\times n}$의 역행렬 A^{-1}을 구할 수 있다.

예제 9 가역행렬 $\begin{bmatrix} 1 & 0 & 2 \\ 2 & -1 & 4 \\ 0 & 2 & 1 \end{bmatrix}$ 의 역행렬을 구하여라.

풀이 크기 3×6인 행렬 $\left[\begin{array}{ccc|ccc} 1 & 0 & 2 & 1 & 0 & 0 \\ 2 & -1 & 4 & 0 & 1 & 0 \\ 0 & 2 & 1 & 0 & 0 & 1 \end{array}\right]$ 을 기약 행사다리꼴로 변형하자.

$$\left[\begin{array}{cccccc} 1 & 0 & 2 & 1 & 0 & 0 \\ 2 & -1 & 4 & 0 & 1 & 0 \\ 0 & 2 & 1 & 0 & 0 & 1 \end{array}\right] R_2-2R_1 \rightarrow \left[\begin{array}{cccccc} 1 & 0 & 2 & 1 & 0 & 0 \\ 0 & -1 & 0 & -2 & 1 & 0 \\ 0 & 2 & 1 & 0 & 0 & 1 \end{array}\right] R_3+2R_2 \rightarrow \left[\begin{array}{cccccc} 1 & 0 & 2 & 1 & 0 & 0 \\ 0 & -1 & 0 & -2 & 1 & 0 \\ 0 & 0 & 1 & -4 & 2 & 1 \end{array}\right] R_1-2R_3$$

$$\rightarrow \left[\begin{array}{cccccc} 1 & 0 & 0 & 9 & -4 & -2 \\ 0 & -1 & 0 & -2 & 1 & 0 \\ 0 & 0 & 1 & -4 & 2 & 1 \end{array}\right] -R_2 \rightarrow \left[\begin{array}{cccccc} 1 & 0 & 0 & 9 & -4 & -2 \\ 0 & 1 & 0 & 2 & -1 & 0 \\ 0 & 0 & 1 & -4 & 2 & 1 \end{array}\right]$$

그러므로

$$A^{-1} = \begin{bmatrix} 9 & -4 & -2 \\ 2 & -1 & 0 \\ -4 & 2 & 1 \end{bmatrix}$$

이다. ■

연습문제 1.4

1. $EA = B$와 $FB = A$를 만족하는 기본행렬 E와 F를 구하여라.

(1) $A = \begin{bmatrix} 1 & 2 & 3 \\ 4 & 5 & 6 \\ 7 & 8 & 9 \end{bmatrix}$, $B = \begin{bmatrix} 1 & 2 & 3 \\ 4 & 5 & 6 \\ 3 & 3 & 3 \end{bmatrix}$

(2) $A = \begin{bmatrix} 1 & -1 & 2 & -2 \\ 0 & 1 & 3 & 4 \\ 1 & -2 & 0 & 1 \end{bmatrix}$, $B = \begin{bmatrix} 1 & -2 & 0 & 1 \\ 0 & 1 & 3 & 4 \\ 1 & -1 & 2 & -2 \end{bmatrix}$

(3) $A = \begin{bmatrix} 2 & 4 \\ 4 & 5 \end{bmatrix}$, $B = \begin{bmatrix} 1 & 2 \\ 4 & 5 \end{bmatrix}$

(4) $A = \begin{bmatrix} 1 & 0 & 3 & 2 \\ 2 & 1 & 0 & 1 \end{bmatrix}$, $B = \begin{bmatrix} 3 & 1 & 3 & 3 \\ 2 & 1 & 0 & 1 \end{bmatrix}$

2. 행렬 $A = \begin{bmatrix} 1 & -2 & 1 \\ 3 & 4 & -1 \\ 1 & 0 & 1 \end{bmatrix}$, $B = \begin{bmatrix} 1 & -2 & 1 \\ 3 & 4 & -1 \\ 2 & -2 & 2 \end{bmatrix}$, $C = \begin{bmatrix} 1 & -2 & 1 \\ 0 & 10 & -4 \\ 2 & -2 & 2 \end{bmatrix}$에 대하여 다음을 구하여라.

(1) $EA = B$를 만족하는 기본행렬 E를 구하여라.

(2) $FB = C$를 만족하는 기본행렬 F를 구하여라.

(3) 행렬 A와 C는 행동치인가?

3. 기본행렬 $E_1 = \begin{bmatrix} 1 & 0 & 0 \\ -2 & 1 & 0 \\ 0 & 0 & 1 \end{bmatrix}$, $E_2 = \begin{bmatrix} 1 & 0 & 0 \\ 0 & 1 & 0 \\ 0 & 0 & 3 \end{bmatrix}$, $E_3 = \begin{bmatrix} 1 & 0 & 2 \\ 0 & 1 & 0 \\ 0 & 0 & 1 \end{bmatrix}$, $E_4 = \begin{bmatrix} 0 & 0 & 1 \\ 0 & 1 & 0 \\ 1 & 0 & 0 \end{bmatrix}$과 행렬 $A = \begin{bmatrix} 1 & 0 & 2 \\ 0 & 1 & 3 \\ 1 & 0 & 1 \end{bmatrix}$와 $B = \begin{bmatrix} 1 & -1 & 2 & 3 \\ 2 & 1 & 1 & -1 \\ -1 & 1 & 0 & 1 \end{bmatrix}$에 대하여 다음을 구하여라.

(1) 기본행렬 E_1, E_2, E_3과 E_4의 역행렬을 구하여라.

(2) 행렬 $E_4E_2E_1A$와 $E_2E_3E_2B$을 구하여라.

4. $A = \begin{bmatrix} 1 & 2 & -1 \\ 2 & 2 & 2 \\ 1 & -1 & 0 \end{bmatrix}$를 $E_k \cdots E_2E_1A = I_3$이 되게 하는 기본행렬 E_1, E_2, $\cdots$, E_k을 구하고 A^{-1}도 구하여라.

5. 다음 행렬이 가역행렬이면 역행렬을 구하여라.

(1) $\begin{bmatrix} 2 & -1 \\ 1 & 1 \end{bmatrix}$

(2) $\begin{bmatrix} 1 & 2 \\ 3 & 6 \end{bmatrix}$

(3) $\begin{bmatrix} -3 & 0 & -3 \\ 1 & -2 & 3 \\ 1 & 0 & 1 \end{bmatrix}$

(4) $\begin{bmatrix} 1 & 1 & 2 \\ 2 & 1 & 0 \\ 3 & 2 & 2 \end{bmatrix}$

(5) $\begin{bmatrix}1&2&0\\1&0&1\\0&1&2\end{bmatrix}$

(6) $\begin{bmatrix}2&1&1\\1&-1&2\\1&1&1\end{bmatrix}$

(7) $\begin{bmatrix}1&0&1&1\\0&1&-1&1\\1&0&1&-1\\0&1&1&1\end{bmatrix}$

(8) $\begin{bmatrix}1&1&1&1\\1&1&-1&1\\1&-1&2&1\\1&1&1&2\end{bmatrix}$

6. 행렬 $A=\begin{bmatrix}1&1&-2\\-1&1&1\\1&2&a\end{bmatrix}$의 역행렬이 존재하는 상수 a를 모두 구하여라.

7. $A=\begin{bmatrix}1&0&1\\1&1&2\\2&2&3\end{bmatrix}$라 하자.

(1) 행렬 A의 역행렬을 구하여라.

(2) $\mathbf{b}$가 다음과 같을 때 A의 역행렬을 이용하여 연립방정식 $AX=\mathbf{b}$를 구하여라.

1) $\mathbf{b}=[1,\ 1,\ 1]^T$

2) $\mathbf{b}=[0,\ 1,\ 2]^T$

8. 정방행렬 A를 계수행렬로 가지는 동차 연립방정식 $AX=0$이 자명한 해 이외의 해가 존재하기 위한 필요충분조건은 행렬 A가 가역행렬이 아님을 보여라.

9. 행렬 A가 가역행렬이고 $AB=AC$를 만족하면 $B=C$임을 보여라.

1.5 LU분해와 연립방정식의 해

우리는 연립방정식의 해를 가우스 소거법을 이용하여 구하였다. 그런데 가우스 소거법을 이용하여 미지수와 방정식의 개수가 큰 연립방정식의 해를 컴퓨터를 이용하여 구하려면 메모리 용량, 오차의 범위 및 계산 속도 등 많은 제약이 있기 때문에 문제가 생길 수 있다. 방정식 개수와 미지수 개수가 같은 연립방정식의 해를 컴퓨터를 이용하여 구할때 계수행렬을 영이 많은 두 개의 행렬의 곱으로 분해하여 계산하면 위의 문제를 해결할 수 있다.

이 절에서는 행렬의 LU분해에 대하여 알아본다.

정의 1.5.1 $A=(a_{ij})$가 정방행렬이라 하자. 만일 $i>j$일 때, $a_{ij}=0$이면 A를 **상삼각행렬**(upper triangular matrix)이라 하고 $i<j$일 때, $a_{ij}=0$이면 A를 **하삼각행렬**(lower triangular matrix)이라 한다. 하삼각행렬 또는 상삼각행렬을 **삼각행렬**(triangular matrix)이라 한다. A가 정방행렬일 때 $i \neq j$에 대하여 $a_{ij}=0$이면 A를 **대각행렬**이라 한다.

정의에 의하면 기약 행사다리꼴 행렬은 상삼각행렬이다.

예제 1 2행과 3행을 바꾼 기본행렬 $\begin{bmatrix} 1 & 0 & 0 \\ 0 & 0 & 1 \\ 0 & 1 & 0 \end{bmatrix}$ 또는 1행과 2행을 바꾼 기본행렬 $\begin{bmatrix} 0 & 1 & 0 \\ 1 & 0 & 0 \\ 0 & 0 & 1 \end{bmatrix}$ 모두 삼각행렬이 아니다. 2행에 4행에 2를 곱한 것을 더하여 얻은 기본행렬 $\begin{bmatrix} 1 & 0 & 0 & 0 \\ 0 & 1 & 0 & 2 \\ 0 & 0 & 1 & 0 \\ 0 & 0 & 0 & 1 \end{bmatrix}$ 은 상삼각행렬이고 3행에 1행에 3를 곱한 것을 더하여 얻은 기본행렬 $\begin{bmatrix} 1 & 0 & 0 & 0 \\ 0 & 1 & 0 & 0 \\ 3 & 0 & 1 & 0 \\ 0 & 0 & 0 & 1 \end{bmatrix}$ 은 하삼각행렬이다. ■

예에서 볼 수 있듯이 기본행렬이 항상 삼각행렬이 되는 것은 아니다. 다음 정리는 기본행렬과 삼각행렬의 관계를 나타낸다.

정리 1.5.2 (a) 두 행을 서로 바꾸는 기본행연산으로 얻어진 기본행렬 E는 삼각행렬이 아니다.

(b) 한 행에 0이 아닌 상수곱을 하는 기본행연산으로 얻어진 기본행렬 E는 대각행렬이다.

(c) 위 행의 0이 아닌 상수를 곱하여 더하는 기본행연산으로 얻어진 기본행렬 E는 하삼각행렬이고 아래 행에 0이 아닌 상수를 곱하여 더하는 기본행연산으로 얻어진 기본행렬 E는 상삼각행렬이다.

증명 (b)는 당연하므로 (a)와 (c)를 증명하자.

(a) E가 i행과 j행을 서로 바꾸는 기본행연산으로 얻어진 행렬이면 $(E)_{ij} = 1$이고 $(E)_{ji} = 1$이다. 따라서 $i \neq j$이면 E는 삼각행렬이 아니다.

(c) E가 j행에 영이 아닌 상수 c를 곱하여 i행에 더하는 기본행연산으로 얻어진 행렬이면 $(E)_{ij} = c$가 된다. 만일 $i > j$이면 E는 하삼각행렬이고 $i < j$이면 E는 상삼각행렬이다. ■

삼각행렬에 대하여 다음 정리가 성립한다.

정리 1.5.3 (a) 상삼각행렬의 전치행렬은 하삼각행렬이고 하삼각행렬의 전치행렬은 상삼각행렬이다.

(b) 상삼각행렬의 곱도 상삼각행렬이고 하삼각행렬의 곱도 하삼각행렬이다.

(c) 가역인 상삼각행렬의 역행렬도 상삼각행렬이고 가역인 하삼각행렬의 역행렬도 하삼각행렬이다.

증명 (a)는 당연하다. (b)와 (c)의 경우 상삼각행렬에 대하여 증명하자.

(b) $A = (a_{ij})$와 $B = (b_{ij})$를 상삼각행렬라 하자. 그러면 $i > j$에 대하여 $a_{ij} = 0$이고 $b_{ij} = 0$이다. $AB = (c_{ij})$일 때 $i > j$이면 $c_{ij} = a_{i1}b_{1j} + a_{i2}b_{2j} + \cdots + a_{in}b_{nj} = 0$이므로 AB도 상삼각행렬이다.

(c) A가 상삼각행렬이라 하자. A를 기약 행사다리꼴 행렬 B로 변형시키기 위해서 대각성분의 위 행의 성분을 모두 0으로 만들어야 한다. 그러므로 아래 행에 0이 아닌 상수를 곱하여 더하는 기본행연산 또는 한 행에 0이 아닌 상수를 곱하는 기본행연산만을 실행한다. E_1, E_2, $\cdots$, E_k를 위에서 실행한 기본행연산을 적용한 기본행렬이라 하면

$$E_k \cdots E_2 E_1 A = B$$

가 되고 E_1, E_2, $\cdots$, E_k는 상삼각행렬이다. A가 가역행렬이면 B는 항등행렬이며, 역행렬은

$$A^{-1} = E_k \cdots E_2 E_1$$

이고 상삼각행렬의 곱이므로 (b)에 의하여 상삼각행렬이다. ■

예제 2 $A = \begin{bmatrix} 1 & 0 & 0 \\ 2 & -1 & 0 \\ 3 & -2 & 1 \end{bmatrix}$ 일 때 A^T, A^2와 A^{-1}를 구하여라.

풀이 A는 하삼각행렬이다. $A^T = \begin{bmatrix} 1 & 2 & 3 \\ 0 & -1 & -2 \\ 0 & 0 & 1 \end{bmatrix}$ 은 상삼각행렬이고 $A^2 = \begin{bmatrix} 1 & 0 & 0 \\ 0 & 1 & 0 \\ 2 & 0 & 1 \end{bmatrix}$ 는 하삼각행렬이다.

A^{-1}을 구하기 위해 $[A | I_3]$ 행렬을 기약 행사다리꼴로 바꾸자.

$$\begin{bmatrix} 1 & 0 & 0 & 1 & 0 & 0 \\ 2 & -1 & 0 & 0 & 1 & 0 \\ 3 & -2 & 1 & 0 & 0 & 1 \end{bmatrix} \begin{matrix} \\ R_2 - 2R_1 \\ R_3 - 3R_1 \end{matrix} \rightarrow \begin{bmatrix} 1 & 0 & 0 & 1 & 0 & 0 \\ 0 & -1 & 0 & -2 & 1 & 0 \\ 0 & -2 & 1 & -3 & 0 & 1 \end{bmatrix} \begin{matrix} \\ -R_2 \\ R_3 - 2R_2 \end{matrix} \rightarrow \begin{bmatrix} 1 & 0 & 0 & 1 & 0 & 0 \\ 0 & 1 & 0 & 2 & -1 & 0 \\ 0 & 0 & 1 & 1 & -2 & 1 \end{bmatrix}$$

그러므로 $A^{-1} = \begin{bmatrix} 1 & 0 & 0 \\ 2 & -1 & 0 \\ 1 & -2 & 1 \end{bmatrix}$ 인 하삼각행렬이다. ■

정방행렬 A를 아래 행에 0이 아닌 상수를 곱하여 위 행에 더하는 기본행연산만을 적용하여 행사다리꼴 행렬 B로 바꾸었다고 하자. A에 적용한 기본행연산을 순서대로 항등행렬에 적용한 기본행렬을

$$E_1,\ E_2\ ,\ \cdots,\ E_k$$

라 하면 이들 기본행렬 모두 하삼각행렬이다. 따라서

$$E_k \cdots E_2 E_1 A = B$$

가 되어

$$A = E_1^{-1} E_2^{-1} \cdots E_k^{-1} B$$

를 만족한다. $L = E_1^{-1} E_2^{-1} \cdots E_k^{-1}$이라 하면 L은 하삼각행렬이 된다. B는 행사다리꼴이므로 $U = B$라 하면 U는 상삼각행렬로 행렬 A는 하삼각행렬 L과 상삼각행렬 U의 곱 $A = LU$의 형태로 표현된다.

> **정의 1.5.4** 정방행렬 A가 하삼각행렬 L과 상삼각행렬 U의 곱 $A = LU$로 표시되면 이를 A의 LU분해(LU factorization)라고 한다.

정방행렬 A를 가우스 소거법에서 행을 서로 바꾸는 기본행연산은 적용하지 않고

행사다리꼴 행렬로 변형시킬 수 있으면 A의 LU분해는 존재한다.

예제 3 $A=\begin{bmatrix}1&4&7\\2&5&8\\3&6&10\end{bmatrix}$의 LU분해를 구하여라.

풀이

$$\begin{bmatrix}1&4&7\\2&5&8\\3&6&10\end{bmatrix}\begin{matrix}\\R_2-2R_1\\R_3-3R_1\end{matrix}\rightarrow\begin{bmatrix}1&4&7\\0&-3&-6\\0&-6&-11\end{bmatrix}\begin{matrix}\\\\R_3-2R_2\end{matrix}\rightarrow\begin{bmatrix}1&4&7\\0&-3&-6\\0&0&1\end{bmatrix}$$

이므로

$$E_1=\begin{bmatrix}1&0&0\\-2&1&0\\0&0&1\end{bmatrix},\ E_2=\begin{bmatrix}1&0&0\\0&1&0\\-3&0&1\end{bmatrix},\ E_3=\begin{bmatrix}1&0&0\\0&1&0\\0&-2&1\end{bmatrix}$$

이고 $E_3E_2E_1A=\begin{bmatrix}1&4&7\\0&-3&-6\\0&0&1\end{bmatrix}$이다. 따라서

$$L=E_1^{-1}E_2^{-1}E_3^{-1}=\begin{bmatrix}1&0&0\\2&1&0\\3&2&1\end{bmatrix}$$

이며 $A=\begin{bmatrix}1&0&0\\2&1&0\\3&2&1\end{bmatrix}\begin{bmatrix}1&4&7\\0&-3&-6\\0&0&1\end{bmatrix}$로 LU분해가 된다. ■

다음 예는 정방행렬이 항상 LU분해가 되는 것은 아니라는 사실을 보여준다.

예제 4 1행과 3행을 바꾼 기본행연산을 적용한 기본행렬 $E=\begin{bmatrix}0&0&1\\0&1&0\\1&0&0\end{bmatrix}$은 LU분해가 존재하지 않음을 보여라.

풀이

$$\begin{bmatrix}0&0&1\\0&1&0\\1&0&0\end{bmatrix}=\begin{bmatrix}a&0&0\\*&*&0\\*&*&*\end{bmatrix}\begin{bmatrix}b&*&*\\0&*&*\\0&0&*\end{bmatrix}$$

로 LU분해된다고 가정하자. 그러면 $ab=0$이 되어 $a=0$ 또는 $b=0$이 된다. 만일 $a=0$이면 $(E)_{13}=0$이 되어야 하고 $b=0$이면 $(E)_{31}=0$이어야 하므로 E는 LU분해가 되지 않는다. ■

예제 3에서 행렬을 LU분해하기 위하여 기본행렬의 역행렬을 구하였다. 이 과정을 생략하고 행사다리꼴로 바꾸는 과정에서 직접 L을 구할 수 있다. 우선

$$\begin{bmatrix}1&4&7\\2&5&8\\3&6&10\end{bmatrix}\rightarrow\begin{bmatrix}1&4&7\\0&-3&-6\\0&-6&-11\end{bmatrix}\begin{matrix}\\R_2-2R_1\\R_3-3R_1\end{matrix}$$

에서 $E_1^{-1}E_2^{-1} = \begin{bmatrix} 1 & 0 & 0 \\ 2 & 1 & 0 \\ 3 & 0 & 1 \end{bmatrix}$ 이고 이는 기본행연산 $R_2 - 2R_1$과 $R_3 - 3R_1$을 적용하는 것과 항등행렬에서 $(I)_{21}$ 성분에 2를, $(I)_{31}$ 성분에 3을 대입하는 것과 같다. 마찬가지로

$$\begin{bmatrix} 1 & 4 & 7 \\ 0 & -3 & -6 \\ 0 & -6 & -11 \end{bmatrix} \begin{matrix} \\ \\ R_3 - 2R_2 \end{matrix} \quad \rightarrow \begin{bmatrix} 1 & 4 & 7 \\ 0 & -3 & -6 \\ 0 & 0 & 1 \end{bmatrix}$$

에서 $L = E_1^{-1}E_2^{-1}E_3^{-1} = \begin{bmatrix} 1 & 0 & 0 \\ 2 & 1 & 0 \\ 3 & 2 & 1 \end{bmatrix}$ 을 구했다. 이는 행렬 $E_1^{-1}E_2^{-1}$에서 $(E_1^{-1}E_2^{-1})_{32}$ 성분에 2를 대입하는 것과 같다.

이 방법을 다음 예제에 적용하여 직접 L을 구하자.

예제 5 행렬 $A = \begin{bmatrix} 1 & 3 & 2 & 3 \\ 2 & 9 & 8 & 6 \\ -1 & 3 & 5 & -2 \\ 1 & 6 & 5 & 7 \end{bmatrix}$ 를 LU분해하여라.

풀이 A를 행사다리꼴로 바꾸자. 예제 3에서 보인 풀이 방법으로 하삼각행렬을 구하자.

행사다리꼴		하삼각행렬 L
$\begin{bmatrix} 1 & 3 & 2 & 3 \\ 2 & 9 & 8 & 6 \\ -1 & 3 & 5 & -2 \\ 1 & 6 & 5 & 7 \end{bmatrix} \begin{matrix} \\ R_2 - 2R_1 \\ R_3 + R_1 \\ R_4 - R_1 \end{matrix}$	$\leftrightarrow$	$\begin{bmatrix} 1 & 0 & 0 & 0 \\ 2 & 1 & 0 & 0 \\ -1 & 0 & 1 & 0 \\ 1 & 0 & 0 & 1 \end{bmatrix}$
$\rightarrow \begin{bmatrix} 1 & 3 & 2 & 3 \\ 0 & 3 & 4 & 0 \\ 0 & 6 & 7 & 1 \\ 0 & 3 & 3 & 4 \end{bmatrix} \begin{matrix} \\ \\ R_3 - 2R_2 \\ R_4 - R_2 \end{matrix}$	$\leftrightarrow$	$\begin{bmatrix} 1 & 0 & 0 & 0 \\ 2 & 1 & 0 & 0 \\ -1 & 2 & 1 & 0 \\ 1 & 1 & 0 & 1 \end{bmatrix}$
$\rightarrow \begin{bmatrix} 1 & 3 & 2 & 3 \\ 0 & 3 & 4 & 0 \\ 0 & 0 & -1 & 1 \\ 0 & 0 & -1 & 4 \end{bmatrix} \begin{matrix} \\ \\ \\ R_4 - R_3 \end{matrix}$	$\leftrightarrow$	$\begin{bmatrix} 1 & 0 & 0 & 0 \\ 2 & 1 & 0 & 0 \\ -1 & 2 & 1 & 0 \\ 1 & 1 & 1 & 1 \end{bmatrix}$
$\rightarrow \begin{bmatrix} 1 & 3 & 2 & 3 \\ 0 & 3 & 4 & 0 \\ 0 & 0 & -1 & 1 \\ 0 & 0 & 0 & 3 \end{bmatrix}$		

이다. 그러므로 $L = \begin{bmatrix} 1 & 0 & 0 & 0 \\ 2 & 1 & 0 & 0 \\ -1 & 2 & 1 & 0 \\ 1 & 1 & 1 & 1 \end{bmatrix}$ 과 $U = \begin{bmatrix} 1 & 3 & 2 & 3 \\ 0 & 3 & 4 & 0 \\ 0 & 0 & -1 & 1 \\ 0 & 0 & 0 & 3 \end{bmatrix}$ 이며 $A = LU$가 된다. ■

이제 LU분해를 이용하여 연립방정식의 해를 구하는 방법을 알아보자.

정방행렬 A가 $A = LU$와 같이 LU분해가 된다고 가정하자. 연립방정식 $A\mathbf{X} = \mathrm{b}$

는 $LU\mathbf{X}=\mathbf{b}$ 또는 $L(U\mathbf{X})=\mathbf{b}$로 나타낼 수 있다. $\mathbf{Y}=U\mathbf{X}$라 하면 다음 두 단계로 $\mathbf{b}$를 구할 수 있다.

(i) 전진대입법으로 $L\mathbf{Y}=\mathbf{b}$에서 $\mathbf{Y}$를 구한다.
(ii) 후진대입법으로 $U\mathbf{X}=\mathbf{Y}$에서 $\mathbf{X}$를 구한다.

예제 6 다음 연립방정식의 해를 계수행렬의 LU분해를 이용하여 구하여라.

$$\begin{aligned} x_1 + x_2 \qquad\qquad &= 1 \\ x_1 + 2x_2 + x_3 \qquad &= -1 \\ x_2 + 2x_3 + x_4 &= 3 \\ x_3 + 2x_4 &= 1 \end{aligned}$$

풀이 계수행렬 $A=\begin{bmatrix}1&1&0&0\\1&2&1&0\\0&1&2&1\\0&0&1&2\end{bmatrix}$를 LU분해하기 위하여 A를 행사다리꼴로 바꾸자.

행사다리꼴		하삼각행렬
$\begin{bmatrix}1&1&0&0\\1&2&1&0\\0&1&2&1\\0&0&1&2\end{bmatrix} R_2-R_1$	$\leftrightarrow$	$\begin{bmatrix}1&0&0&0\\1&1&0&0\\0&0&1&0\\0&0&0&1\end{bmatrix}$
$\rightarrow \begin{bmatrix}1&1&0&0\\0&1&1&0\\0&1&2&1\\0&0&1&2\end{bmatrix} R_3-R_2$	$\leftrightarrow$	$\begin{bmatrix}1&0&0&0\\1&1&0&0\\0&1&1&0\\0&0&0&1\end{bmatrix}$
$\rightarrow \begin{bmatrix}1&1&0&0\\0&1&1&0\\0&0&1&1\\0&0&1&2\end{bmatrix} R_4-R_3$	$\leftrightarrow$	$\begin{bmatrix}1&0&0&0\\1&1&0&0\\0&1&1&0\\0&0&1&1\end{bmatrix}$
$\rightarrow \begin{bmatrix}1&1&0&0\\0&1&1&0\\0&0&1&1\\0&0&0&1\end{bmatrix}$		

이다. 그러므로 $L=\begin{bmatrix}1&0&0&0\\1&1&0&0\\0&1&1&0\\0&0&1&1\end{bmatrix}$과 $U=\begin{bmatrix}1&1&0&0\\0&1&1&0\\0&0&1&1\\0&0&0&1\end{bmatrix}$이며 $A=LU$가 된다.

먼저 $UX=Y$라 하고

$$LY=\begin{bmatrix}1&0&0&0\\1&1&0&0\\0&1&1&0\\0&0&1&1\end{bmatrix}\begin{bmatrix}y_1\\y_2\\y_3\\y_4\end{bmatrix}=\begin{bmatrix}1\\-1\\3\\1\end{bmatrix}$$

즉

$$y_1 = 1, \quad y_1 + y_2 = -1, \quad y_2 + y_3 = 3, \quad y_3 + y_4 = 1$$

을 풀면 $y_1 = 1$, $y_2 = -2$, $y_3 = 5$, $y_4 = -4$이다. 이제

$$UX = \begin{bmatrix} 1 & 1 & 0 & 0 \\ 0 & 1 & 1 & 0 \\ 0 & 0 & 1 & 1 \\ 0 & 0 & 0 & 1 \end{bmatrix} \begin{bmatrix} x_1 \\ x_2 \\ x_3 \\ x_4 \end{bmatrix} = \begin{bmatrix} 1 \\ -2 \\ 5 \\ -4 \end{bmatrix}$$

즉

$$x_1 + x_2 = 1, \quad x_2 + x_3 = -2, \quad x_3 + x_4 = 5, \quad x_4 = -4$$

을 풀면

$$x_1 = 12, \quad x_2 = -11, \quad x_3 = 9, \quad x_4 = -4$$

로 이는 주어진 연립방정식의 해이다. ■

$A = LU$로 LU분해될 때 A를 하삼각행렬 L과 상삼각행렬 U의 대각성분이 1이 되도록 만드는 LDU분해가 있다. LDU분해는 다음과 같이 정의하며 가역행렬 A의 LU분해가 존재하면 LDU분해는 유일하다.

정의 1.5.5 정방행렬 A가 대각성분이 모두 1인 하삼각행렬 L과 대각성분이 모두 1인 상삼각행렬 U과 대각행렬 D의 곱인 $A = LDU$로 분해되면 이를 A의 LDU **분해**(LDU factorization)라고 한다.

정리 1.5.6 A가 가역이고 LU분해가 존재하면 LDU분해는 유일하게 존재한다.

증명 A가 가역이고 LU분해가 존재하면 A는 두 행을 바꾸는 기본행연산을 적용하지 않고 행사다리꼴 행렬 U로 변환되며 $A = LU$이며 U의 대각성분 중 0인 성분은 없다. 그러므로 정리 1.4.8에 의하여 행렬 U는 가역이다. 행렬 A와 U가 가역이므로 행렬 L도 가역이며 L의 대각성분도 0인 성분이 없다. $L = (l_{ij})$라 하고 $U = (u_{ij})$라 하자.

$$(D_1)_{ij} = \begin{cases} l_{ij} & i = j \\ 0 & i \neq j \end{cases} \qquad (D_2)_{ij} = \begin{cases} u_{ij} & i = j \\ 0 & i \neq j \end{cases}$$

인 대각행렬이라 하고

$$(L_1)_{ij} = \begin{cases} 1 & i = j \\ \dfrac{l_{ij}}{l_{jj}} & i \neq j \end{cases} \qquad (U_1)_{ij} = \begin{cases} 1 & i = j \\ \dfrac{u_{ij}}{l_{ii}} & i \neq j \end{cases}$$

라 하면 L_1는 하삼각행렬로 대각성분이 모두 1이고 U_1는 상삼각행렬로 대각성분이 모두 1이다. 또한 $L = L_1 D_1$, $D_1 U = U_1$이고

$$A = LU = L_1 D_1 D_2 U_1$$

이며 $D = D_1 D_2$는 대각행렬이다. 다음 LDU분해가 유일하게 존재함을 보이자. 행렬 A가 $A = L_1 D_1 U_1$와 $A = L_2 D_2 U_2$로 분해된다고 하면 L_i, U_i와 D_i $(i = 1,\ 2)$ 모두 가역이다.

$$L_1^{-1} A U_2^{-1} = L_1^{-1}(L_1 D_1 U_1) U_2^{-1} = D_1 U_1 U_2^{-1}$$
$$L_1^{-1} A U_2^{-1} = L_1^{-1}(L_2 D_2 U_2) U_2^{-1} = L_1^{-1} L_2 D_2$$

이므로 $D_1 U_1 U_2^{-1} = L_1^{-1} L_2 D_2$를 만족한다. $D_1 U_1 U_2^{-1}$는 상삼각행렬이고 $L_1^{-1} L_2 D_2$는 하삼각행렬이므로 $D_1 U_1 U_2^{-1} = L_1^{-1} L_2 D_2$는 대각행렬이 된다. 한편 $U_1 U_2^{-1}$ 대각성분이 모두 1이고 $L_1^{-1} L_2$ 대각성분이 모두 1이므로 $D_1 = D_2$가 된다. 그러므로

$$U_1 U_2^{-1} = L_1^{-1} L_2 = I$$

가 되므로 $U_1 = U_2$이고 $L_1 = L_2$가 된다. ■

예제 7 행렬 $A = \begin{bmatrix} 6 & 2 & -2 \\ 3 & -9 & -21 \\ 12 & 9 & 12 \end{bmatrix} = \begin{bmatrix} 2 & 0 & 0 \\ 1 & -2 & 0 \\ 4 & 1 & 3 \end{bmatrix} \begin{bmatrix} 3 & 1 & -1 \\ 0 & 5 & 10 \\ 0 & 0 & 2 \end{bmatrix}$로 LU분해될 때 A의 LDU분해를 구하여라.

풀이

$$L = \begin{bmatrix} 2 & 0 & 0 \\ 1 & -2 & 0 \\ 4 & 1 & 3 \end{bmatrix} = \begin{bmatrix} 1 & 0 & 0 \\ \frac{1}{2} & 1 & 0 \\ 2 & -\frac{1}{2} & 1 \end{bmatrix} \begin{bmatrix} 2 & 0 & 0 \\ 0 & -2 & 0 \\ 0 & 0 & 3 \end{bmatrix}, \quad U = \begin{bmatrix} 3 & 1 & -1 \\ 0 & 5 & 10 \\ 0 & 0 & 2 \end{bmatrix} = \begin{bmatrix} 3 & 0 & 0 \\ 0 & 5 & 0 \\ 0 & 0 & 2 \end{bmatrix} \begin{bmatrix} 1 & \frac{1}{3} & -\frac{1}{3} \\ 0 & 1 & 2 \\ 0 & 0 & 1 \end{bmatrix}$$

이므로

$$L_1 = \begin{bmatrix} 1 & 0 & 0 \\ \frac{1}{2} & 1 & 0 \\ 2 & -\frac{1}{2} & 1 \end{bmatrix}, \quad D = \begin{bmatrix} 6 & 0 & 0 \\ 0 & -10 & 0 \\ 0 & 0 & 6 \end{bmatrix}, \quad U_1 = \begin{bmatrix} 1 & \frac{1}{3} & -\frac{1}{3} \\ 0 & 1 & 2 \\ 0 & 0 & 1 \end{bmatrix}$$

이라 하면 $A = L_1 D U_1$으로 분해가 된다. ■

연습문제 1.5

1. 다음 행렬의 LU분해를 구하여라.

(1) $\begin{bmatrix} 1 & -1 & 2 \\ 2 & -5 & 10 \\ 1 & -2 & 8 \end{bmatrix}$ (2) $\begin{bmatrix} 1 & 2 \\ 3 & 4 \end{bmatrix}$

(3) $\begin{bmatrix} 1 & 2 & -1 \\ 2 & 4 & 3 \\ -1 & 1 & 2 \end{bmatrix}$ (4) $\begin{bmatrix} 6 & -2 & 2 \\ -3 & 3 & 4 \\ 9 & -3 & 4 \end{bmatrix}$

(5) $\begin{bmatrix} 2 & 0 & -1 & 1 \\ 0 & -2 & 0 & 2 \\ -2 & 0 & 4 & -1 \\ 0 & -1 & 0 & 2 \end{bmatrix}$ (6) $\begin{bmatrix} 1 & 4 & 1 & 0 \\ 0 & 0 & 0 & 0 \\ -1 & -4 & 1 & 0 \\ 1 & 4 & 0 & 3 \end{bmatrix}$

2. 행렬 $A = \begin{bmatrix} -2 & -1 & 0 \\ 2 & -5 & 2 \\ 0 & 6 & 10 \end{bmatrix} = \begin{bmatrix} -1 & 0 & 0 \\ 1 & 2 & 0 \\ 0 & -2 & 3 \end{bmatrix} \begin{bmatrix} 2 & 1 & 0 \\ 0 & -3 & 1 \\ 0 & 0 & 4 \end{bmatrix}$ 일 때,

(1) A의 LDU분해를 구하여라.

(2) b가 다음과 같이 주어졌을 때 연립방정식 $AX = \mathbf{b}$ 해를 예제 7의 방법으로 구하여라.

1) $\mathbf{b} = [-3 \quad -1 \quad 16]^T$

2) $\mathbf{b} = [-1 \quad 13 \quad 24]^T$

3. $A = \begin{bmatrix} 6 & 0 & -6 & 3 \\ 2 & -1 & -2 & 0 \\ 0 & 0 & -6 & 12 \\ 0 & 1 & 0 & 0 \end{bmatrix} = \begin{bmatrix} 3 & 0 & 0 & 0 \\ 1 & -1 & 0 & 0 \\ 0 & 0 & 2 & 0 \\ 0 & 1 & 0 & 1 \end{bmatrix} \begin{bmatrix} 2 & 0 & -2 & 1 \\ 0 & 1 & 0 & 1 \\ 0 & 0 & -3 & 6 \\ 0 & 0 & 0 & -1 \end{bmatrix}$ 일 때,

(1) A를 LDU분해하여라.

(2) b가 다음과 같이 주어졌을 때 연립방정식 $AX = \mathbf{b}$ 해를 예제 7의 방법으로 구하여라.

1) $\mathbf{b} = [9 \; 3 \; 12 \; -1]^T$

2) $\mathbf{b} = [-15 \; -5 \; -18 \quad 1]^T$

Chapter

02 행렬식

일반적인 $n \times n$인 경우의 행렬식은 복잡한 기호를 포함하여 이해하기 어려운 점이 있으므로 먼저 2×2와 3×3인 경우의 행렬식을 다룬다. 행렬식은 일차방정식을 푸는 데 효과적인 방법을 제시한다.

2.1 행렬식의 존재

귀납법을 이용하여 행렬식을 정의하고, 동시에 행렬식을 계산하는 공식을 도입하고자 한다.

2×2 행렬식

행렬

$$A = \begin{pmatrix} a & b \\ c & d \end{pmatrix}$$

를 체 K에서의 2×2 행렬이라 하면, A의 행렬식을 $ad - bc$로 정의한다. 또한 행렬식은 K의 원소가 된다. 이 행렬식을

$$\begin{vmatrix} a & b \\ c & d \end{vmatrix} = ad - bc$$

로 나타낸다.

예를 들어, 행렬

$$\begin{pmatrix} 2 & 1 \\ 3 & 4 \end{pmatrix}$$

의 행렬식은 $2 \times 4 - 1 \times 3 = 5$와 같고, 행렬

$$\begin{pmatrix} -2 & -1 \\ 1 & 5 \end{pmatrix}$$

의 행렬식은 $(-2) \times 5 - (-1) \times 1 = -9$와 같다.

행렬식은 행렬 A의 함수로 생각할 수도 있지만, 또한 A의 두 열의 함수로도 생각할 수 있다. 즉, 이 두 열을 A^1, A^2라 하면 행렬식은

$$D(A),\ Det(A),\ D(A^1,\ A^2)$$

등으로 나타낸다.

다음 성질은 행렬식에서 기본이 되는 성질로서 직접 계산하여 쉽게 보일 수 있다.

(i) 열벡터의 함수로서 행렬식은 선형이다. 즉

$$Det\begin{pmatrix} a & b+b' \\ c & d+d' \end{pmatrix} = Det\begin{pmatrix} a & b \\ c & d \end{pmatrix} + Det\begin{pmatrix} a & b' \\ c & d' \end{pmatrix}$$

이고

$$Det\begin{pmatrix} a & tb \\ c & td \end{pmatrix} = tDet\begin{pmatrix} a & b \\ c & d \end{pmatrix} \text{ (여기서 } t\text{는 수이다.)}$$

이다. 유사한 성질이 첫째 열에 대해서도 성립한다.
위의 성질은 다음과 같이 보일 수 있다.

$$a(d+d') - c(b+b') = ad - bc + ad' - b'c$$

가 바로 둘째 열의 합에 관한 성질이다.

(ii) 두 열이 같으면 행렬식은 0이다. 즉

$$Det\begin{pmatrix} a & a \\ c & c \end{pmatrix} = 0$$

이다. 이것은 간단한 계산 $ac - ac = 0$에서 보일 수 있다.

(iii) A가 단위행렬

$$A = \begin{pmatrix} 1 & 0 \\ 0 & 1 \end{pmatrix}$$

이면 $Det(A) = 1$이다.

(iv) 어떤 열의 상수배를 다른 열에 더하여도 행렬식의 값은 변하지 않는다. 즉 t를 수라 하면 행렬식

$$Det\begin{pmatrix} a+tb & b \\ c+td & d \end{pmatrix} = Det\begin{pmatrix} a & b \\ c & d \end{pmatrix}$$

이고, 또한 첫째 열의 상수배를 둘째 열에 더하여도 행렬식의 값은 변하지 않는다.

(v) 두 열을 교환하면 행렬식은 부호만 바뀐다. 즉

$$Det\begin{pmatrix} a & b \\ c & d \end{pmatrix} = -Det\begin{pmatrix} b & a \\ d & c \end{pmatrix}$$

이다.

(vi) A의 행렬식은 그 전치행렬의 행렬식과 같다. 즉

$$D(A) = D({}^tA)$$

이다. 이를 좀더 구체적으로 나타내면

$$Det\begin{pmatrix} a & b \\ c & d \end{pmatrix} = Det\begin{pmatrix} a & c \\ b & d \end{pmatrix}$$

이다.

3×3 행렬식

$$A = (a_{ij}) = \begin{pmatrix} a_{11} & a_{12} & a_{13} \\ a_{21} & a_{22} & a_{23} \\ a_{31} & a_{32} & a_{33} \end{pmatrix}$$

를 3×3 행렬이라 하자. A의 행렬식을 행에 관한 전개에 의하여, 특히 첫째 항에 대한 전개로 정의하면, 즉

$$Det(A) = a_{11}\begin{vmatrix} a_{22} & a_{23} \\ a_{32} & a_{33} \end{vmatrix} - a_{12}\begin{vmatrix} a_{21} & a_{23} \\ a_{31} & a_{33} \end{vmatrix} + a_{13}\begin{vmatrix} a_{21} & a_{22} \\ a_{31} & a_{32} \end{vmatrix} \qquad ①$$

$$= \begin{vmatrix} a_{11} & a_{12} & a_{13} \\ a_{21} & a_{22} & a_{23} \\ a_{31} & a_{32} & a_{33} \end{vmatrix}$$

로 정의한다. 또한 이 합을 다음과 같이 나타낼 수도 있다. A에서 i번째 행과 j번째 열을 제외한 행렬을 A_{ij}라 하면, 위의 $Det(A)$는

$$Det(A) = a_{11}Det(A_{11}) - a_{12}Det(A_{12}) + a_{13}Det(A_{13}) \qquad ②$$

로 나타낼 수 있다. 다시 말하면 각 항은 첫째 행의 한 원소와 그 원소를 포함하는 열과 첫째 행을 지워 없앰으로써 얻어지는 2×2 행렬의 행렬식과의 곱에 ②에서 보는 바와 같이 적당한 부호를 붙인 것으로 되어 있다.

예제 1 행렬 A를

$$A = \begin{pmatrix} 2 & 1 & 0 \\ 1 & 1 & 4 \\ -3 & 2 & 5 \end{pmatrix}$$

라 하자. 이때 행렬식 $Det(A)$를 구하여라.

풀이 $$A_{11}=\begin{pmatrix}1&4\\2&5\end{pmatrix},\ A_{12}=\begin{pmatrix}1&4\\-3&5\end{pmatrix},\ A_{13}=\begin{pmatrix}1&1\\-3&2\end{pmatrix}$$

이므로 ②에 의하여 A의 행렬식은

$$\begin{aligned}Det(A)&=2Det(A_{11})-1Det(A_{12})+0Det(A_{13})\\&=2(5-8)-1(5+12)+0\\&=-23\end{aligned}$$

이다. ■

3×3 행렬의 행렬식은 2×2와 마찬가지로 세 열의 함수로 생각할 수 있다. 즉, 3×3 행렬 A의 세 열을 A^1, A^2, A^3라 하면 행렬식은

$$D(A)=D(A^1,\ A^2,\ A^3)$$

으로 나타낸다.

3×3 행렬식은 다음의 성질들이 성립하고, 이것은 일반적인 경우에도 성립하므로 기술은 일반적인 경우로 하고 증명은 3×3 행렬식에서 한다.

정리 2.1.1 행렬식은 다음 성질을 만족한다.

(a) 각 열벡터의 함수로서 행렬식은 선형함수이다. 즉 j번째 열 A^j가 두 열벡터의 합이면, 예를 들어 $A^j=C+C'$이면

$$\begin{aligned}&Det(A^1,\ \cdots,\ C+C',\ \cdots,\ A^n)\\&\quad=Det(A^1,\ \cdots,\ C,\ \cdots,A^n)+Det(A^1,\ \cdots,\ C',\ \cdots,\ A^n)\end{aligned}$$

이고, 또한 t가 수이면

$$Det(A^1,\ \cdots,\ tA^j,\ \cdots,\ A^n)=tDet(A^1,\ \cdots,\ A^j,\ \cdots,\ A^n)$$

이 성립한다.

(b) 두 개의 인접한 열이 같으면, 즉 어떤 $j=1,\ \cdots,\ n-1$에 대해 $A^j=A^{j+1}$이면, 행렬식 $D(A)=0$이다.

(c) 단위행렬 I의 행렬식 $D(I)=1$이다.

증명 3×3 행렬식에 관하여 직접 계산함으로써 증명하자.

(a) 첫째 열이 두 열의 합이라고 하면, 즉

$$A^1=B+C\quad \text{또는}\quad \begin{pmatrix}a_{11}\\a_{21}\\a_{31}\end{pmatrix}=\begin{pmatrix}b_1\\b_2\\b_3\end{pmatrix}+\begin{pmatrix}c_1\\c_2\\c_3\end{pmatrix}$$

라 하자. ①의 각 항에 대입하여 정리하면, 각 항이 B와 C에 대응하는 두 항의 합으로 나누어진다. 즉

$$a_{11}\begin{vmatrix} a_{22} & a_{23} \\ a_{32} & a_{33} \end{vmatrix} = b_1\begin{vmatrix} a_{22} & a_{23} \\ a_{32} & a_{33} \end{vmatrix} + c_1\begin{vmatrix} a_{22} & a_{23} \\ a_{32} & a_{33} \end{vmatrix}$$

$$a_{12}\begin{vmatrix} b_2+c_2 & a_{23} \\ b_3+c_3 & a_{33} \end{vmatrix} = a_{12}\begin{vmatrix} b_2 & a_{23} \\ b_3 & a_{33} \end{vmatrix} + a_{12}\begin{vmatrix} c_2 & a_{23} \\ c_3 & a_{33} \end{vmatrix}$$

$$a_{13}\begin{vmatrix} b_2+c_2 & a_{22} \\ b_3+c_3 & a_{32} \end{vmatrix} = a_{13}\begin{vmatrix} b_2 & a_{22} \\ b_3 & a_{32} \end{vmatrix} + a_{13}\begin{vmatrix} c_2 & a_{22} \\ c_3 & a_{32} \end{vmatrix}$$

에서

$$D(B+C,\ A^2,\ A^3) = D(B,\ A^2,\ A^3) + D(C,\ A^2,\ A^3)$$

이다. 다른 열에 관한 증명도 이와 유사한 방법으로 보일 수 있다.
또한 t가 수이면

$$\begin{aligned} D(tA^1,\ A^2,\ A^3) &= ta_{11}\begin{vmatrix} a_{22} & a_{23} \\ a_{32} & a_{33} \end{vmatrix} - a_{12}\begin{vmatrix} ta_{21} & a_{23} \\ ta_{31} & a_{33} \end{vmatrix} + a_{13}\begin{vmatrix} ta_{21} & a_{22} \\ ta_{31} & a_{32} \end{vmatrix} \\ &= tD(A^1,\ A^2,\ A^3) \end{aligned}$$

이다. 왜냐하면 각 2×2 행렬식이 첫째 열에 관하여 선형이므로 둘째와 셋째 항에서 t를 앞으로 빼낼 수 있기 때문이다. 여기서도 다른 열에 관한 증명은 같은 방법으로 보일 수 있다.

(b) 인접한 두 열이 같으면 행렬식이 0이 되는 것은 ①에 직접 대입하여 계산하면 알 수 있다.

(c) 단위행렬의 행렬식 $D(I)=1$이 되는 것도 대입하여 계산하면 알 수 있다. ■

위의 증명에서 3×3 행렬식의 성질을 증명하기 위해서 2×2 행렬식의 성질이 이용되었음을 알 수 있다.

3×3 행렬식의 전개에서 첫째 행을 택한 특별한 이유는 없고, 다른 행 또는 열을 택하여도 전개할 수 있다. 예를 들어, 둘째 행을 택하여

$$\begin{aligned} &-a_{21}\begin{vmatrix} a_{12} & a_{13} \\ a_{32} & a_{33} \end{vmatrix} + a_{22}\begin{vmatrix} a_{11} & a_{13} \\ a_{31} & a_{33} \end{vmatrix} - a_{23}\begin{vmatrix} a_{11} & a_{12} \\ a_{31} & a_{32} \end{vmatrix} \\ &= -a_{21}Det(A_{21}) + a_{22}Det(A_{22}) - a_{23}Det(A_{23}) \end{aligned}$$

을 얻을 수도 있다. 여기서도 각 항은 둘째 행의 각 원소와 그 원소를 포함하는 열과 둘째 행을 지워 없앰으로써 얻어지는 2×2 행렬의 행렬식과의 곱에 위에서 적당한

부호를 붙인 것으로 되어 있다. 이 부호는 다음 양식에 따라 결정된다.

$$\begin{pmatrix} + & - & + \\ - & + & - \\ + & - & + \end{pmatrix}$$

3×3 행렬식은 임의의 행에 관하여 전개하고, 다시 그 합에 나타나는 2×2 행렬식을 전개하면 결국 다음과 같은 여섯 개의 항의 합이 된다는 것을 직접 계산하여 보일 수 있다.

$$D(A) = a_{11}a_{22}a_{33} - a_{11}a_{23}a_{32} - a_{12}a_{21}a_{33} + a_{12}a_{23}a_{31} + a_{13}a_{21}a_{32} - a_{13}a_{22}a_{31} \quad ③$$

또한 행렬식은 위와 같은 원리에 의해 열에 대하여 전개할 수도 있다. 예를 들어, 첫째 열에 관하여 전개하면

$$a_{11}\begin{vmatrix} a_{22} & a_{23} \\ a_{32} & a_{33} \end{vmatrix} - a_{21}\begin{vmatrix} a_{12} & a_{13} \\ a_{32} & a_{33} \end{vmatrix} + a_{31}\begin{vmatrix} a_{12} & a_{13} \\ a_{22} & a_{23} \end{vmatrix}$$

이고 이것을 전개하면 ③에서와 같은 여섯 개의 항의 합이 된다.

3×3 행렬식이 열의 함수로서 선형이므로 삼선형(tri-linear)이라고 할 수 있다. 이는 2×2 행렬식이 겹선형(bi-linear)인 것과 같은 맥락이다.

또한 다음과 같은 결과가 성립한다.

정리 2.1.2 $Det(A) = Det({}^tA)$이다.
즉 행렬의 행렬식은 그 행렬의 전치행렬의 행렬식과 같다.

증명 행렬의 전치행렬을 택하면 행과 열이 바뀌므로 행렬식의 행과 열에 대한 전개법칙에서 만족한다. ■

예제 2 행렬식

$$\begin{vmatrix} 3 & 1 & 0 \\ 1 & 5 & 2 \\ -1 & 2 & 4 \end{vmatrix}$$

을 셋째 열에 대하여 전개하여 계산하여라.

풀이 셋째 열에 대하여 전개하면

$$-2\begin{vmatrix} 3 & 1 \\ -1 & 2 \end{vmatrix} + 4\begin{vmatrix} 3 & 1 \\ 1 & 5 \end{vmatrix} = -2(6+1) + 4(15-1) = 42$$

이다. 또한 둘째 열에 대하여 전개해도

$$-1\begin{vmatrix} 1 & 2 \\ -1 & 4 \end{vmatrix}+5\begin{vmatrix} 3 & 0 \\ -1 & 4 \end{vmatrix}-2\begin{vmatrix} 3 & 0 \\ 1 & 2 \end{vmatrix}=42$$

로 같은 값을 얻음을 볼 수 있다. ■

$n \times n$ 행렬식

다음과 같은 n개의 열벡터로 이루어진 함수 F를 생각하자.

$$F: K^n \times \cdots \times K^n \to K, \text{ 여기서 } K\text{는 체}$$

F가 각 열에서 선형이면, 즉

$$F(A^1, \cdots, C+C', \cdots, A^n) = F(A^1, \cdots, C, \cdots, A^n) + F(A^1, \cdots, C', \cdots, A^n)$$

$$F(A^1, \cdots, tC, \cdots, A^n) = tF(A^1, \cdots C, \cdots, A^n)$$

을 만족할 때 F를 다선형사상(multi-linear map)이라 한다.

다시 말하면 어떤 지수 j를 생각하고 $k \neq j$인 각 k들에 대해 A^k를 고정시키면 함수 $X^j \to F(A^1, \cdots, X^j, \cdots, A^n)$가 j번째 변수 X^j에 대해 선형임을 말한다.

또한 어떤 j에 대해 $A^j = A^{j+1}$이면

$$F(A^1, \cdots, A^j, A^j, \cdots, A^n) = 0$$

을 만족할 때, F를 교대함수(alternating function)라 한다.

교대함수는 정리 2.1.1의 행렬식의 두 번째 성질과 같다.

다음은 행렬식의 존재성에 관한 중요한 정리이다.

정리 2.1.3 $F(I) = 1$인 다선형 교대함수

$$F: K^n \times \cdots \times K^n \to K$$

가 존재한다.

증명 $n = 2$와 $n = 3$인 경우의 존재성은 앞에서 증명하였다.
일반적인 $n \times n$ 행렬식의 존재성은 귀납법으로 증명한다.
$(n-1) \times (n-1)$ 행렬식이 정의되었다고 가정하자. i, j를 1부터 n 사이의 정수라 하고, $n \times n$ 행렬 A에서 i번째 행과 j번째 열을 제외한 $(n-1) \times (n-1)$ 행렬을 A_{ij}로 나타내자.
$n \times n$ 행렬의 행렬식을 $(n-1) \times (n-1)$ 행렬의 행렬식으로 나타내자. i를 $1 \leq i \leq n$인 정수라 하고

$$D(A) = (-1)^{i+1} a_{i1} Det(A_{i1}) + \cdots + (-1)^{i+n} a_{in} Det(A_{in})$$

라 정의하자.

이 합은 다음과 같이 설명할 수 있다. i번째 행의 각 원소마다 그에 대응하는 항이 하나씩 위의 합에 나타나 있다. 그 항은 그 원소에 + 또는 −를 곱한 값에, A에서 i번째 행과 그 원소가 속한 열을 제외하여 얻어지는 행렬의 행렬식을 곱한 것이다. 부호 + 또는 −는 다음과 같은 모양에 따라 주어진다.

$$\begin{pmatrix} + & - & + & - & \cdots \\ - & + & - & + & \cdots \\ + & - & + & - & \cdots \\ & & \cdots & & \end{pmatrix}$$

이 합을 i번째 행에 관한 행렬식의 전개라고 한다. 또한 이러한 함수 D가 $D(I) = 1$인 다선형 교대함수임을 보이자. 즉 정리 2.1.1의 행렬식의 성질 (a), (b), (c)를 만족함을 보인다.

$$D(A) = \sum_{j=1}^{n} (-1)^{i+j} a_{ij} Det(A_{ij}) \qquad ④$$

로 나타내자.

1. 이제 D를 k번째 열의 함수로 생각하고,

$$(-1)^{i+j} a_{ij} Det(A_{ij})$$

를 생각하자. $j \neq k$이면 a_{ij}는 k번째 열과는 상관이 없고 $Det(A_{ij})$는 k번째 열에 대하여 선형이다. $j = k$이면 a_{ij}는 k번째 열에 대하여 선형이고 $Det(A_{ij})$는 k번째 열과는 상관이 없다. 어느 경우든 간에 위의 항은 k번째 열에 대하여 선형임을 알 수 있다.

$D(A)$는 이러한 항들의 합이므로 k번째 열에 대하여 선형이다.

2. A의 인접한 두 열이 같다고 하자. 즉 $A^k = A^{k+1}$이라 하고, j를 k나 $k+1$이 아닌 지수라 하자. 그러면 A_{ij}는 인접한 두 열이 같게 되므로 행렬식 $Det(A_{ij}) = 0$이다.

그러므로 지수 j가 $j \neq k$이고 $j \neq k+1$일 때 남은 두 항은

$$(-1)^{i+k} a_{ik} Det(A_{ik}) + (-1)^{i+k+1} a_{i(k+1)} Det(A_{i(k+1)}) \qquad ⑤$$

이다. 두 행렬 A_{ik}와 $A_{i(k+1)}$은 가정 $A^k = A^{k+1}$에 의하여 같은 행렬이고, 또한 $a_{ik} = a_{i(k+1)}$이다. ⑤에서 위의 합은 0임을 알 수 있다.

3. A를 단위행렬이라고 하면, $a_{ij} = \begin{cases} 1 : i = j \\ 0 : i \neq j \end{cases}$ 이고 각 A_{ij}는 $(n-1)\times(n-1)$ 단위행렬이다.

④에서 0이 안되는 유일한 항은

$$(-1)^{i+i} a_{ii} Det(A_{ii})$$

이고 이 값은 1과 같다. ■

정리 2.1.2에 의하여 다음 정리도 성립함을 알 수 있다.

정리 2.1.4 행렬식은 행과 열에 관한 전개를 만족한다. $n \times n$ 행렬 $A = (a_{ij})$의 임의의 열 A^j에 대하여

$$D(A) = (-1)^{1+j} a_{1j} Det(A_{1j}) + \cdots + (-1)^{n+j} a_{nj} Det(A_{nj})$$

가 성립한다.

연습문제 2.1

1. 다음을 계산하여라.

(1) $\begin{vmatrix} 2 & 1 & 2 \\ 4 & 1 & 1 \\ 0 & 3 & -1 \end{vmatrix}$

(2) $\begin{vmatrix} \cos\theta & -\sin\theta \\ \sin\theta & \cos\theta \end{vmatrix}$

(3) $\begin{vmatrix} 3 & 1 & 1 \\ 8 & 7 & 7 \\ 2 & 5 & 5 \end{vmatrix}$

(4) $\begin{vmatrix} 2 & 0 & 0 \\ 1 & 1 & 0 \\ 8 & 5 & 7 \end{vmatrix}$

(5) $\begin{vmatrix} 5 & 0 & 0 \\ 0 & 3 & 0 \\ 0 & 0 & 9 \end{vmatrix}$

(6) $\begin{vmatrix} 1 & 0 & 0 \\ 2 & 1 & 2 \\ -1 & 1 & 7 \end{vmatrix}$

2. 다음을 증명하여라.

(1) $D(kA)=k^3D(A)$이다. 여기서 k는 수이고, A는 3×3 행렬이다.

(2) $D(kA)=k^nD(A)$이다. 여기서 k는 수이고, A는 $n\times n$ 행렬이다.

2.2 행렬식의 성질과 크래머 법칙

행렬식을 효율적으로 계산하기 위해서는 2.1절에서 다룬 정리 2.1.1의 성질 3개 외에 추가적인 성질이 필요하다.

정리 2.2.1 $n \times n$ 행렬식은 추가적으로 다음 성질을 만족한다.

(a) 인접한 두 열을 바꾸면 행렬식은 부호만 바뀐다. 즉 j가 $1 \le j \le n$인 정수이면

$$D(\cdots,\ A^j,\ A^{j+1},\ \cdots) = -D(\cdots,\ A^{j+1},\ A^j,\ \cdots)$$

이다.

(b) 행렬 A에서 두 열 A^i, A^j가 같고 $i \ne j$이면 $D(A)=0$이다.

(c) i, j가 $1 \le i,\ j \le n$이고 $i \ne j$인 정수라고 하자. i번째 열과 j번째 열을 교환하면 행렬식은 부호만 바뀐다. 즉

$$D(\cdots,\ A^i,\ \cdots,\ A^j,\ \cdots) = -D(\cdots,\ A^j,\ \cdots,\ A^i,\ \cdots)$$

이다.

(d) 어떤 열의 스칼라배를 다른 열에 더하여도 행렬식의 값은 변하지 않는다.

증명 (a) 행렬 A에서 j번째 열과 $(j+1)$번째 열을 $A^j + A^{j+1}$로 바꾸어 넣으면 인접한 두 열이 같으므로 정리 2.1.1의 성질 (b)에 의하여

$$D(\cdots,\ A^j + A^{j+1},\ A^j + A^{j+1},\ \cdots) = 0$$

이다. 이제 정리 2.1.1의 성질 (a)인 선형성을 이용하여 전개하면

$$D(\cdots,\ A^j,\ A^j,\ \cdots) + D(\cdots,\ A^j,\ A^{j+1},\ \cdots) + D(\cdots,\ A^{j+1},\ A^j,\ \cdots) + D(\cdots,\ A^{j+1},\ A^{j+1},\ \cdots) = 0$$

이고 성질 (b)를 이용하면 네 개의 항 중 두 항이 0이 되므로

$$D(\cdots,\ A^j,\ A^{j+1},\ \cdots) + D(\cdots,\ A^{j+1},\ A^j,\ \cdots) = 0$$

이다.

(b) 행렬 A의 두 열이 같으면 인접한 두 열을 교환하는 것을 계속 반복하여 인접한 두 열이 같은 행렬로 만들 수 있다. 매번 인접한 열을 교환할 때마다 행렬식은 정리 2.2.1의 성질 (a)에 의해서 부호만 바뀌므로 행렬식이 0이냐 아니냐에는 영향을 주지 않는다. 그러므로 정리 2.1.1의 성질 (b)에 의하여 두 열이 같으면

$D(A)=0$이다.

(c) 정리 2.2.1의 성질 (b)에 의하여

$$D(\cdots,\ A^i+A^j,\ \cdots,\ A^i+A^j,\ \cdots)=0$$

이고, 선형성에 의하여 전개하면 쉽게 보일 수 있다.

(d) 서로 다른 두 열을 생각하자. 즉 $k\neq j$에 대해 k번째 열 A^k와 j번째 열 A^j를 생각하고, t를 수라 하자.

이제 k번째 열 A^k에 tA^j를 더한 다음의 행렬식을 생각하면

$$\begin{aligned} D(\cdots,\ A^k+tA^j,\ \cdots) &= D(\cdots,\ A^k,\ \cdots)+D(\cdots,\ tA^j,\ \cdots) \\ &= D(\cdots,\ A^k,\ \cdots)+tD(\cdots,\ A^j,\ \cdots) \end{aligned}$$

에서 $k\neq j$이므로 우변의 행렬식 $D(\cdots,\ A^j,\ \cdots)$은 A^j가 k번째 열에도 있고 j번째 열에도 있으므로 같은 열을 두 개 갖는다. 그러므로 $D(\cdots,\ A^j,\ \cdots)=0$이다. 따라서

$$D(\cdots,\ A^k+tA^j,\ \cdots)=D(\cdots,\ A^k,\ \cdots)$$

이다. ■

위의 성질을 이용하면 행렬식을 좀더 효과적으로 계산할 수 있다. 또한 정리 2.1.2의 $Det(A)=Det({}^tA)$에 의하여 행렬식의 성질은 행과 열에 대하여 모두 이용할 수 있다. 행렬식의 값을 계산할 때는 전개하기를 원하는 행과 열의 성분들이 한 성분만 남기고 모두 0이 되도록 한 후에 전개하는 것이 편리하다.

예제 3 행렬식

$$\begin{vmatrix} 1 & 1 & 5 \\ 2 & 6 & 2 \\ 3 & -6 & 9 \end{vmatrix}$$

을 계산하여라.

풀이 첫째 행에 −2를 곱하여 둘째 행에 더하고, 첫째 행에 −3를 곱하여 셋째 행에 더하여 계산하면

$$\begin{vmatrix} 1 & 1 & 5 \\ 0 & 4 & -8 \\ 0 & -9 & -6 \end{vmatrix}$$

이 되고, 이제 첫째 열에 관하여 전개하면

$$\begin{vmatrix} 4 & -8 \\ -9 & -6 \end{vmatrix} = -24 - 72 = -96$$

이다. ■

예제 4 행렬식

$$\begin{vmatrix} 1 & 1 & -2 & 4 \\ 0 & 1 & 1 & 3 \\ 2 & -1 & 1 & 0 \\ 3 & 1 & 2 & 5 \end{vmatrix}$$

을 계산하여라.

풀이 첫째 행에 −2를 곱하여 셋째 행에 더하고, 첫째 행에 −3을 곱하여 넷째 행에 더하여 계산하면

$$\begin{vmatrix} 1 & 1 & -2 & 4 \\ 0 & 1 & 1 & 3 \\ 0 & -3 & 5 & -8 \\ 0 & -2 & 8 & -7 \end{vmatrix}$$

이 되고, 이것을 첫째 열에 관하여 전개하면

$$\begin{vmatrix} 1 & 1 & 3 \\ -3 & 5 & -8 \\ -2 & 8 & -7 \end{vmatrix}$$

이 된다. 예제 3에서와 같이 첫째 행에 3을 곱하여 둘째 행에 더하고, 첫째 행에 2를 곱하여 셋째 행에 더하여 계산하면

$$\begin{vmatrix} 1 & 1 & 3 \\ 0 & 8 & 1 \\ 0 & 10 & -1 \end{vmatrix}$$

이 되고, 이것을 첫째 열에 관하여 전개하면

$$\begin{vmatrix} 8 & 1 \\ 10 & -1 \end{vmatrix} = -8 - 10 = -18$$

이다. ■

행렬식의 성질을 이용하면 일차 연립방정식의 해를 구하는 데 이용할 수 있다.

정리 2.2.2 (크래머 법칙) 일차 연립방정식

$$a_{11}x_1 + a_{12}x_2 + \cdots + a_{1n}x_n = b_1$$

$$a_{21}x_1 + a_{22}x_2 + \cdots + a_{2n}x_n = b_2$$

$$\vdots \qquad \vdots \qquad \vdots$$

$$a_{n1}x_1 + a_{n2}x_2 + \cdots + a_{nn}x_n = b_n$$

에서 계수행렬을 $A=(a_{ij})$라 하고, $X=\begin{pmatrix} x_1 \\ x_2 \\ \vdots \\ x_n \end{pmatrix}$, $B=\begin{pmatrix} b_1 \\ b_2 \\ \vdots \\ b_n \end{pmatrix}$이라 하면 위의 연립방정식은 $AX=B$로 나타낼 수 있다. 이때 $Det(A) \neq 0$이면 이 연립방정식의 해는

$$x_j = \frac{D(A^1, \cdots, B, \cdots, A^n)}{D(A^1, \cdots, A^n)} \quad (j=1, \cdots, n)$$

를 갖는다. 여기서 분자의 B는 A^j 대신 j번째 열에 나타나 있다. 즉

$$x_j = \frac{\begin{vmatrix} a_{11} \cdots b_1 \cdots a_{1n} \\ a_{21} \cdots b_2 \cdots a_{2n} \\ \vdots \quad\quad \vdots \quad\quad \vdots \\ a_{n1} \cdots b_n \cdots a_{nn} \end{vmatrix}}{\begin{vmatrix} a_{11} \cdots a_{1j} \cdots a_{1n} \\ a_{21} \cdots a_{2j} \cdots a_{2n} \\ \vdots \quad\quad \vdots \quad\quad \vdots \\ a_{n1} \cdots a_{nj} \cdots a_{nn} \end{vmatrix}}$$

이다.

증명 A의 j번째 열을 B로 바꿔놓은 행렬식은

$$D(A^1, \cdots, B, \cdots, A^n) = D(A^1, \cdots, x_1A^1 + \cdots + x_nA^n, \cdots, A^n)$$

이다. 이제 행렬식의 선형성에 대한 성질을 이용하여 전개하면

$$\begin{aligned} & D(A^1, \cdots x_1A^1, \cdots, A^n) + \cdots + D(A^1, \cdots, x_jA^j, \cdots, A^n) + \cdots \\ & + D(A^1, \cdots, x_nA^n, \cdots, A^n) = x_1D(A^1, \cdots, A^1, \cdots, A^n) + \cdots \\ & + x_jD(A^1, \cdots, A^j, \cdots, A^n) + \cdots + x_nD(A^1, \cdots, A^n, \cdots, A^n) \end{aligned}$$

이 된다. 이 합에서 j번째 항을 제외한 모든 항에서는 두 열벡터가 같게 되므로 j번째 항을 제외한 모든 항은 0이 된다. 즉

$$D(A^1, \cdots, B, \cdots, A^n) = x_jD(A^1, \cdots, A^j, \cdots, A^n)$$

와 같다. 이것을 x_j에 대하여 풀면 정리 2.2.2의 결과를 얻는다. ■

예제 5 크래머 법칙을 이용하여 다음 연립방정식을 풀어라.

$$\begin{aligned} x + 2y + \ z &= 5 \\ 2x + 2y + \ z &= 6 \\ x + 2y + 3z &= 9 \end{aligned}$$

풀이 계수행렬을 $A=\begin{pmatrix}1&2&1\\2&2&1\\1&2&3\end{pmatrix}$라 하면 $Det(A)=-4$이다. 크래머 법칙에 의하여

$$x=\frac{\begin{vmatrix}5&2&1\\6&2&1\\9&2&3\end{vmatrix}}{Det(A)}=\frac{-4}{-4}=1,\quad y=\frac{\begin{vmatrix}1&5&1\\2&6&1\\1&9&3\end{vmatrix}}{Det(A)}=\frac{-4}{-4}=1,\quad z=\frac{\begin{vmatrix}1&2&5\\2&2&6\\1&2&9\end{vmatrix}}{Det(A)}=\frac{-8}{-4}=2$$

이다. ■

예제 6 크래머 법칙을 이용하여 다음 동차 연립방정식을 풀어라.

$$x+2y+\ z=0$$

$$2x+2y+\ z=0$$

$$x+2y+3z=0$$

풀이 크래머 법칙에 의하여 해를 구하면 각각의 미지수 x, y, z에서 분자의 행렬식은 모두가 0인 열을 포함하고 있으므로 그 값은 0이다. 따라서 구하는 해는

$$x=y=z=0$$

이다. ■

연습문제 2.2

1. 다음 연립방정식을 크래머 법칙을 이용하여 풀어라.

(1)
$$\begin{aligned} x+2y+z&=5 \\ 2x+2y+z&=6 \\ x+2y+3z&=9 \end{aligned}$$

(2)
$$\begin{aligned} x+\qquad 2z&=6 \\ -3x+4y+6z&=30 \\ -x-2y+3z&=8 \end{aligned}$$

(3)
$$\begin{aligned} x-y-z-w&=0 \\ -x-y+z+w&=2 \\ x+y-z+w&=1 \\ x+y+z+w&=1 \end{aligned}$$

2. 다음 행렬식의 값을 구하여라.

(1) $\begin{vmatrix} 1 & 1 & 1 \\ a & b & c \\ a^2 & b^2 & c^2 \end{vmatrix}$

(2) $\begin{vmatrix} 1 & 1 & 1 & 1 \\ a & b & c & d \\ a^3 & b^3 & c^3 & d^3 \\ a^2 & b^2 & c^2 & d^2 \end{vmatrix}$

2.3 치환

행렬식은 정사각행렬을 대응시킨 함수로 생각할 수 있다. 이러한 행렬식을 이번에는 치환을 이용하여 정의해보기 위해서 먼저 치환에 대하여 알아보자.

> **정의 2.3.1** 자연수의 집합 $J=\{1, \cdots, n\}$의 **치환**(또는 순열)이란 J에서 J로의 일대일 대응함수 σ이다.

치환 $\sigma=\begin{pmatrix} 1 & 2 & \cdots & n \\ \sigma(1) & \sigma(2) & \cdots & \sigma(n) \end{pmatrix}$를 간단히 $(\sigma(1)\ \sigma(2)\ \cdots\ \sigma(n))$으로 나타낸다. 치환이란 1, 2, $\cdots$, n의 숫자를 일렬로 배열하는 것을 의미하며, n개의 서로 다른 물건을 일렬로 배열하는 방법은 모두 $n!$가지이므로 J의 치환의 개수는 모두 $n!$이다.

예제 1 집합 $\{1\}$의 치환은 (1)이므로 하나이고, 집합 $\{1,2\}$의 치환은 $(1\ 2)$, $(2\ 1)$로 두 개다. 집합 $\{1, 2, 3\}$의 치환은 $(1\ 2\ 3)$, $(2\ 3\ 1)$, $(3\ 1\ 2)$, $(1\ 3\ 2)$, $(2\ 1\ 3)$, $(3\ 2\ 1)$로 6개이다. ■

> **정의 2.3.2** 치환에서 두 수를 서로 바꾸고 나머지는 그대로 고정하는 치환을 **호환**(transposition)이라 한다.

호환 τ의 역은 원래의 호환과 일치하므로 $\tau^2=id$(항등)이다.

> **정리 2.3.3** $J=\{1, \cdots, n\}$의 임의의 치환은 호환의 곱으로 나타낼 수 있다.

증명 n에 대한 귀납법으로 증명하자.

㉠ $n=1$인 경우는 자명하다.

㉡ $n>1$인 경우에는 $n-1$에 대하여 성립한다고 가정하자.

σ가 J의 치환이고, $\sigma(n)=k$라고 하자. $k \neq n$이면 τ를 $\tau(k)=n$, $\tau(n)=k$인 J의 호환이라 하고, $k=n$이면 $\tau=id$(항등)이라고 하자. 그러면 $\tau\sigma$는

$$\tau\sigma(n)=\tau(k)=n$$

인 치환이 된다. 즉 $\tau\sigma$는 n을 고정시키므로 $\{1, \cdots, n-1\}$의 치환으로 생각할

수 있고, 가정(귀납법)에 의하여

$$\tau\sigma = \tau_1 \cdots \tau_s$$

가 되는 $\{1, \cdots, n-1\}$의 호환 $\tau_1, \cdots, \tau_s$가 존재한다. 따라서

$$\sigma = \tau^{-1}\tau_1 \cdots \tau_s = \tau\tau_1 \cdots \tau_s$$

이므로 증명된다. ■

예제 2 집합 $\{1, 2, 3\}$의 하나의 치환 σ를

$$\sigma = \begin{pmatrix} 1 & 2 & 3 \\ 2 & 1 & 3 \end{pmatrix}$$

으로 나타낼 수 있다. 즉 $\sigma(1) = 2$, $\sigma(2) = 1$, $\sigma(3) = 3$인 치환이다.
이 치환 σ는 두 수 1과 2가 바뀌고 나머지 3은 고정되므로 하나의 호환이다. ■

예제 3 치환

$$\sigma = \begin{pmatrix} 1 & 2 & 3 \\ 3 & 1 & 2 \end{pmatrix}$$

를 호환의 곱으로 나타내어라.

풀이 τ를 1과 2를 서로 바꾸고 3을 고정하는 호환이라고 하면

$$\tau\sigma = \begin{pmatrix} 1 & 2 & 3 \\ 3 & 2 & 1 \end{pmatrix}$$

가 되고 이것은 2가 고정되고 1과 3이 바뀐 호환이므로 이것을 τ'이라고 하자. 그러면 $\tau\sigma = \tau'$에서 $\tau^{-1} = \tau$이므로

$$\sigma = \tau^{-1}\tau' = \tau\tau'$$

으로 두 개의 호환의 곱으로 나타낼 수 있다. ■

예제 4 치환

$$\sigma = \begin{pmatrix} 1 & 2 & 3 & 4 \\ 3 & 1 & 4 & 2 \end{pmatrix}$$

를 호환의 곱으로 나타내어라.

풀이 τ_1을 1과 2를 서로 바꾸고 3과 4를 고정시키는 호환이라 하면

$$\tau_1\sigma = \begin{pmatrix} 1 & 2 & 3 & 4 \\ 3 & 2 & 4 & 1 \end{pmatrix}$$

이다. τ_2를 3과 4를 서로 바꾸고 1과 2를 고정시키는 호환이라 하면

$$\tau_2\tau_1\sigma = \begin{pmatrix} 1 & 2 & 3 & 4 \\ 4 & 2 & 3 & 1 \end{pmatrix}$$

이 되고 이것은 1과 4가 바뀌고, 2와 3은 고정시킨 호환이 되므로 이를 τ_3라고 하자. 그러면 $\tau_2\tau_1\sigma = \tau_3$에서

$$\sigma = (\tau_2\tau_1)^{-1}\tau_3 = \tau_1^{-1}\tau_2^{-1}\tau_3 = \tau_1\tau_2\tau_3$$

로 세 개의 호환의 곱으로 나타낼 수 있다. ■

정리 2.3.4 $J=\{1, \cdots, n\}$의 각 치환 σ에 대하여 부호 +1 또는 −1을 대응할 수 있고 이 부호를 $sgn(\sigma)$로 나타내고 (즉 $sgn : J \to \{1, -1\}$), 다음의 성질을 만족한다.

(a) $D(A^{\sigma(1)}, \cdots, A^{\sigma(n)}) = sgn(\sigma)D(A^1, \cdots, A^n)$

(b) τ가 호환이면, $sgn(\tau) = -1$이다.

(c) ϵ, σ가 $J=\{1, \cdots, n\}$의 치환이면, $sgn(\epsilon\sigma) = sgn(\epsilon)sgn(\sigma)$이다.

증명 (a) $(A^{\sigma(1)}, \cdots, A^{\sigma(n)})$은 단지 $A=(A^1, \cdots, A^n)$의 순서를 달리한 것이므로

$$D(A^{\sigma(1)}, \cdots, A^{\sigma(n)}) = \pm D(A^1, \cdots, A^n)$$

이고 부호 + 또는 −는 치환 σ에 의하여 결정된다. 실제로 호환을 거듭 시행하여 $(A^{\sigma(1)}, \cdots, A^{\sigma(n)})$을 $A=(A^1, \cdots, A^n)$으로 되돌릴 수 있고, 이때 호환은 행렬식의 부호만 바꾼다. 그러므로

$$D(A^{\sigma(1)}, \cdots, A^{\sigma(n)}) = sgn(\sigma)D(A^1, \cdots, A^n)$$

이 성립한다.

(b) τ가 호환이면, 정리 2.2.1의 (c)에 의하여 성립한다.

(c) ϵ, σ가 $J=\{1, \cdots, n\}$의 치환이라고 하자. $A^{\epsilon(j)} = B^j$ $(j=1, \cdots, n)$로 놓으면

$$D(A^{\epsilon\sigma(1)}, \cdots, A^{\epsilon\sigma(n)}) = sgn(\epsilon\sigma)D(A^1, \cdots, A^n) \quad ①$$

이고, 한편으로는

$$\begin{aligned} D(A^{\epsilon\sigma(1)}, \cdots, A^{\epsilon\sigma(n)}) &= D(B^{\sigma(1)}, \cdots, B^{\sigma(n)}) \quad ② \\ &= sgn(\sigma)D(B^1, \cdots, B^n) \\ &= sgn(\sigma)D(A^{\epsilon(1)}, \cdots, A^{\epsilon(n)}) \\ &= sgn(\sigma)sgn(\epsilon)D(A^1, \cdots, A^n) \end{aligned}$$

이다. ①과 ②에 의하여

$$sgn(\epsilon\sigma) = sgn(\epsilon)\, sgn(\sigma)$$

이다. ■

정리 2.3.5 $J = \{1, \cdots, n\}$의 치환 σ가 호환의 곱

$$\sigma = \tau_1 \cdots \tau_s \text{ (여기서 각 } \tau_i \text{는 호환이다)}$$

으로 나타낸다면,

$$sgn(\sigma) = \begin{cases} +1 : s\text{는 짝수} \\ -1 : s\text{는 홀수} \end{cases}$$

이다.

증명 정리 2.3.4의 (b)와 (c)에 의하여

$$sgn(\sigma) = sgn(\tau_1 \cdots \tau_s) = (-1)^s$$

이므로 s가 짝수 또는 홀수냐에 따라서 $sgn(\sigma)$가 +1 또는 −1이 된다. ■

정리 2.3.6 σ가 $J = \{1, \cdots, n\}$의 치환이면 $sgn(\sigma) = sgn(\sigma^{-1})$이다.

증명 $\sigma\sigma^{-1} = id$ (항등)이므로

$$1 = sgn(id) = sgn(\sigma\sigma^{-1}) = sgn(\sigma)\, sgn(\sigma^{-1})$$

에서 $sgn(\sigma)$와 $sgn(\sigma^{-1})$은 모두 +1 또는 −1이다. ■

정의 2.3.7 $J = \{1, \cdots, n\}$의 치환 σ는 다음과 같이 **우치환**과 **기치환**으로 정의할 수 있다.

$$\begin{cases} sgn(\sigma) = +1 \text{이면, } \sigma\text{는 우치환} \\ sgn(\sigma) = -1 \text{이면, } \sigma\text{는 기치환} \end{cases}$$

정리 2.3.4의 (b)에 의하여 모든 호환은 기치환임을 알 수 있다.

예제 5 다음 치환의 부호를 결정하여라.

(1) $\sigma = \begin{pmatrix} 1 & 2 & 3 \\ 3 & 1 & 2 \end{pmatrix}$ (2) $\epsilon = \begin{pmatrix} 1 & 2 & 3 & 4 \\ 3 & 1 & 4 & 2 \end{pmatrix}$ (3) $\sigma = (6\ 1\ 3\ 4\ 5\ 2)$

풀이 (1) 예제 3에 의하여

$$\sigma = \tau\tau'$$

으로 두 개의 호환의 곱으로 나타낼 수 있으므로

$$sgn(\sigma) = 1$$

이다.

(2) 예제 4에 의하여

$$\sigma = \tau_1\tau_2\tau_3$$

으로 세 개의 호환의 곱으로 나타낼 수 있으므로

$$sgn(\sigma) = -1$$

이다.

(3) τ_1을 1과 2를 서로 바꾸고 나머지는 고정하는 호환이라 하면

$$\tau_1\sigma = (6\ 2\ 3\ 4\ 5\ 1)$$

로 1과 6이 서로 바뀌고 나머지는 고정된 하나의 호환 τ_2이므로

$$\tau_1\sigma = \tau_2$$

이다. 따라서

$$\sigma = \tau_1^{-1}\tau_2 = \tau_1\tau_2$$

으로 두 개의 호환의 곱으로 나타낼 수 있으므로

$$sgn(\sigma) = 1$$

이다. ■

예제 6 {1, 2, 3}의 치환들을 우치환과 기치환으로 분류하여라.

풀이 우치환: (1 2 3), (2 3 1), (3 1 2)
기치환: (1 3 2), (2 1 3), (3 2 1) ■

이제 2.1절에서 다루었던 행렬식의 성질을 만족하는 임의의 함수 D에 대하여 일반적인 경우의 행렬식의 표현을 치환을 이용하여 나타내보자.

먼저 2×2인 경우를 생각해보자.

$$A = \begin{pmatrix} a & b \\ c & d \end{pmatrix}$$

를 2×2 행렬이라 하고, $A^1 = \begin{pmatrix} a \\ c \end{pmatrix}$, $A^2 = \begin{pmatrix} b \\ d \end{pmatrix}$를 A의 열벡터, $E^1 = \begin{pmatrix} 1 \\ 0 \end{pmatrix}$, $E^2 = \begin{pmatrix} 0 \\ 1 \end{pmatrix}$를 단위벡터라 하면

$$A^1 = aE^1 + cE^2,\ A^2 = bE^1 + dE^2$$

로 나타낼 수 있다. 이제 행렬식의 성질을 이용하여 $D(A)$를 나타내면

$$\begin{aligned} D(A) &= D(A^1,\ A^2) = D(aE^1 + cE^2,\ bE^1 + dE^2) \\ &= abD(E^1,\ E^1) + adD(E^1,\ E^2) + bcD(E^2,\ E^1) + cdD(E^2,\ E^2) \\ &= ad - bc \end{aligned}$$

이다.

일반적인 경우에도 유사하게 보일 수 있다.

정리 2.3.8 $C^1,\ \cdots,\ C^n$을 n차원 공간의 벡터, $B = (b_{ij})$는 $n \times n$ 행렬,

$$\begin{aligned} A^1 &= b_{11}C^1 + \cdots + b_{n1}C^n \\ &\ \ \vdots \qquad\quad \vdots \qquad\quad \vdots \\ A^n &= b_{1n}C^1 + \cdots + b_{nn}C^n \end{aligned}$$

이면,

$$D(A^1,\ \cdots,\ A^n) = \sum_{\sigma} sgn(\sigma) b_{\sigma(1)1} \cdots b_{\sigma(n)n} D(C^1,\ \cdots,\ C^n)$$

이다. 여기서 합은 $J = \{1,\ \cdots,\ n\}$의 모든 치환 σ에 대한 합이다.

증명 먼저

$$D(A^1,\ \cdots,\ A^n) = D(b_{11}C^1 + \cdots + b_{n1}C^n,\ \cdots,\ b_{1n}C^1 + \cdots + b_{nn}C^n)$$

을 각 열에 대한 선형성을 이용하고, $\sigma(1),\ \cdots,\ \sigma(n)$이 각각 $1,\ \cdots,\ n$ 사이의 정수를 나타내므로

$$D(A^1,\ \cdots,\ A^n) = \sum_{\sigma} b_{\sigma(1)1} \cdots b_{\sigma(n)n} D(C^{\sigma(1)},\ \cdots,\ C^{\sigma(n)})$$

으로 나타낼 수 있다. 만일 치환 σ가 1과 n 사이의 서로 다른 $i,\ j$에 같은 정수를 대응시키면 우변의 행렬식은 두 열이 같으므로 0이 된다. 또한 정리 2.3.4의 (a)에 의하여

$$D(C^{\sigma(1)},\ \cdots,\ C^{\sigma(n)}) = sgn(\sigma) D(C^1,\ \cdots,\ C^n)$$

이므로 원하는 결과를 얻는다. ■

정리 2.3.9 행렬식은 정리 2.1.1의 성질 (a), (b), (c)에 의하여 유일하게 결정된다. $A=(a_{ij})$이면 행렬식 $D(A)$는

$$D(A^1,\ \cdots,\ A^n)=\sum_{\sigma} sgn(\sigma)\, a_{\sigma(1)1}\cdots\ a_{\sigma(n)n} \quad ③$$

이고, 여기서 합은 $J=\{1,\cdots,n\}$의 모든 치환 σ에 대한 합이다.

증명 앞의 정리 2.3.8에서 C^i를 i번째 성분이 1인 단위벡터 $C^i=E^i$라 하고 $b_{ij}=a_{ij}$라 하면 가정에 의하여 $D(E^1,\ \cdots,\ E^n)=1$이므로 ③을 만족한다. ■

이제 치환을 이용한 행렬식의 표현 ③을 이용하여 주어진 행렬식을 구해보자.

예제 7 2×2 행렬 $A=\begin{pmatrix} a_{11} & a_{12} \\ a_{21} & a_{22} \end{pmatrix}$의 행렬식 $Det(A)$를 구하여라.

풀이 집합 $\{1,\ 2\}$의 치환은 $\sigma_1=(1\ 2)$, $\sigma_2=(2\ 1)$이고, 또한 $sgn(\sigma_1)=1$, $sgn(\sigma_2)=-1$이다. 행렬식의 정의에 의하여

$$\begin{aligned} Det(A) &= sgn(\sigma_1)a_{\sigma_1(1)1}a_{\sigma_1(2)2}+sgn(\sigma_2)a_{\sigma_2(1)1}a_{\sigma_2(2)2} \\ &= a_{11}a_{22}-a_{12}a_{21} \end{aligned}$$

이다. ■

2.1절에서와 같은 결과임을 알 수 있다.

예제 8 3×3 행렬 $A=\begin{pmatrix} a_{11} & a_{12} & a_{13} \\ a_{21} & a_{22} & a_{23} \\ a_{31} & a_{23} & a_{33} \end{pmatrix}$의 행렬식 $Det(A)$를 구하여라.

풀이 행렬 A의 크기가 3×3이므로 집합 $\{1,\ 2,\ 3\}$의 치환을 구하면

$$\sigma_1=(1\,2\,3),\ \sigma_2=(2\,3\,1),\ \sigma_3=(3\,1\,2),$$
$$\sigma_4=(1\,3\,2),\ \sigma_5=(2\,1\,3),\ \sigma_6=(3\,2\,1)$$

로 6개이다. 또한 각 치환의 부호를 조사해보면

$$\begin{aligned} sgn(\sigma_1)=sgn(\sigma_2)=sgn(\sigma_3)=+1 \\ sgn(\sigma_4)=sgn(\sigma_5)=sgn(\sigma_6)=-1 \end{aligned}$$

이다. 이제 행렬식의 정의에 의하여

$$Det(A)=sgn(\sigma_1)a_{\sigma_1(1)1}a_{\sigma_1(2)2}a_{\sigma_1(3)3}+sgn(\sigma_2)a_{\sigma_2(1)1}a_{\sigma_2(2)2}a_{\sigma_2(3)3}+\cdots$$

$$+sgn(\sigma_6)a_{\sigma_6(1)1}a_{\sigma_6(2)2}a_{\sigma_6(3)3}$$
$$=a_{11}a_{22}a_{33}+a_{12}a_{23}a_{31}+a_{13}a_{21}a_{32}-a_{11}a_{23}a_{32}-a_{12}a_{21}a_{33}-a_{13}a_{22}a_{31}$$

이다. ■

또한 두 행렬의 곱과 역행렬의 행렬식에 관한 다음의 정리가 성립한다.

정리 2.3.10 (a) $D(AB)=D(A)D(B)$이다. 여기서 A, B는 $n\times n$ 행렬이다.
(b) $D(A^{-1})=\dfrac{1}{D(A)}$

증명 (a) $A=(a_{ij})$, $B=(b_{ij})$와 $AB=C$라고 하고 C^k를 C의 k번째 열이라고 하면

$$C^k=b_{1k}A^1+\cdots+b_{nk}A^n$$

이다. 따라서 정리 2.3.8과 정리 2.3.9에 의하여

$$\begin{aligned}D(AB)&=D(C^1,\ \cdots,\ C^n)\\&=D(b_{11}A^1+\cdots+b_{n1}A^n,\ \cdots,\ b_{1n}A^1+\cdots+b_{nn}A^n)\\&=\sum_\sigma b_{\sigma(1)1}\cdots b_{\sigma(n)n}D(A^{\sigma(1)},\ \cdots,\ A^{\sigma(n)})\\&=\sum_\sigma sgn(\sigma)b_{\sigma(1)1}\cdots b_{\sigma(n)n}D(A^1,\ \cdots,\ A^n)\\&=D(B)D(A)\end{aligned}$$

이다.

(b) $I=AA^{-1}$이므로 (a)에 의하여

$$1=D(I)=D(AA^{-1})=D(A)D(A^{-1})$$

이 성립한다. ■

이제 2.1절에서 다룬 행과 열에 관한 행렬식의 전개에서의 다음의 결과를 치환을 이용하여 증명하자.

정리 2.3.11 $D(A)=D({}^tA)$이다. 여기서 A는 정사각행렬이다.

증명 정리 2.3.9의 ③에 의하여

$$D(A^1,\ \cdots,\ A^n)=\sum_\sigma sgn(\sigma)a_{\sigma(1)1}\cdots a_{\sigma(n)n}$$

이다. σ가 $J=\{1, \cdots, n\}$의 치환이고 $\sigma(j)=k$이면 $\sigma^{-1}(k)=j$이므로

$$a_{\sigma(j)j}=a_{k\sigma^{-1}(k)}$$

로 나타낼 수 있다. 따라서 곱

$$a_{\sigma(1)1}\cdots a_{\sigma(n)n}=a_{1\sigma^{-1}(1)}\cdots a_{n\sigma^{-1}(n)}$$

으로 쓸 수 있고, 정리 2.3.6에 의하여

$$\begin{aligned} D(A^1, \cdots, A^n) &= \sum_{\sigma} sgn(\sigma)\, a_{\sigma(1)1}\cdots a_{\sigma(n)n} \\ &= \sum_{\sigma} sgn(\sigma^{-1})\, a_{1\sigma^{-1}(1)}\cdots a_{n\sigma^{-1}(n)} \end{aligned}$$

이다. 이 합에서 각 항은 하나의 치환 σ에 대응하고, 각 치환은 그 역치환을 유일하게 결정하므로 결국은 이 합이 모든 치환 σ^{-1}에 대한 것이다.
따라서 이 합은

$$\sum_{\sigma} sgn(\sigma)\, a_{1\sigma(1)}\cdots a_{n\sigma(n)}$$

과 같으므로 증명된다. ■

연습문제 2.3

1. 다음 치환의 부호를 결정하여라.

(1) $\begin{pmatrix} 1 & 2 & 3 \\ 3 & 1 & 2 \end{pmatrix}$ (2) $(2\ 3\ 1)$

(3) $\begin{pmatrix} 1 & 2 & 3 \\ 3 & 2 & 1 \end{pmatrix}$ (4) $\begin{pmatrix} 1 & 2 & 3 & 4 \\ 2 & 3 & 1 & 4 \end{pmatrix}$

(5) $(3\ 2\ 4\ 1)$ (6) $(3\ 1\ 4\ 2)$

(7) $(2\ 4\ 1\ 3)$

2. $\{1,\ 2,\ 3,\ 4\}$의 치환들을 우치환과 기치환으로 분류하여라.

3. $\{1,\ \cdots,\ n\}$의 우치환 개수와 기치환 개수가 같음을 보여라.

4. 다음 행렬식의 값을 구하여라.

(1) $\begin{vmatrix} 1 & 2 \\ -8 & -3 \end{vmatrix}$ (2) $\begin{vmatrix} 1 & -2 & 7 \\ 3 & 5 & 1 \\ 4 & 3 & 8 \end{vmatrix}$

(3) $\begin{vmatrix} -3 & 5 & 1 \\ 1 & 0 & -2 \\ 0 & 3 & 0 \end{vmatrix}$ (4) $\begin{vmatrix} 1 & 0 & 1 & 0 \\ 2 & 1 & 0 & -1 \\ 3 & 0 & 1 & 1 \\ 4 & 0 & 1 & 1 \end{vmatrix}$

(5) $\begin{vmatrix} a & a^4 & a^7 \\ a^3 & a^6 & a^9 \\ a^2 & a^5 & a^8 \end{vmatrix}$ (6) $\begin{vmatrix} k & -3 & 9 \\ 1 & k^2 & 3 \\ 2 & 4 & k+1 \end{vmatrix}$

5. 행렬식의 성질을 이용하여 다음을 보여라.

(1) $\begin{vmatrix} 1 & 1 & 1 \\ c & a & b \\ \dfrac{1}{ab} & \dfrac{1}{bc} & \dfrac{1}{ac} \end{vmatrix} = 0$ (2) $\begin{vmatrix} a & b & c \\ d & e & f \\ g & h & i \end{vmatrix} = \begin{vmatrix} a & -b & c \\ -d & e & -f \\ g & -h & i \end{vmatrix}$

2.4 역행렬

1장에서 주어진 행렬의 역행렬에 대하여 생각해보았다. 여기서는 행렬식을 이용하여 역행렬을 구하는 일반적인 공식을 유도해보자.

정의 2.4.1 A를 $n \times n$ 행렬이라 하고, $AB = BA = I$인 $n \times n$ 행렬 B가 존재하면 이때 A를 가역행렬이라 한다. 또한 B를 A의 **역행렬**이라 하고 $B = A^{-1}$로 나타낸다.

정리 2.4.2 A의 역행렬이 존재하면 유일하다.

증명 B와 C가 A의 역행렬이라 하자. 그러면 $AB = BA = I = CA = AC$이고

$$B = BI = B(AC) = (BA)C = IC = C$$

임을 알 수 있다. ■

정의 2.4.3 행렬식 $D(A) \neq 0$(또는 역행렬을 갖는 행렬A)인 정사각행렬 A를 정칙(regular)이라 한다.

정리 2.4.4 $A = (a_{ij})$가 $n \times n$ 행렬이고, $D(A) \neq 0$이면 이때 A는 가역이다. 또한

$$A^{-1} = (b_{ij}), \text{ 여기서 } b_{ij} = \frac{D(A^1, \cdots, E^j, \cdots, A^n)}{D(A)}$$

E^j는 j번째 단위 열벡터이고, 분자의 E^j는 i번째 열에 나타난다.

증명 ㉠ $X = (x_{ij})$가 $n \times n$ 행렬이면 $AX = I$에서 성분 x_{ij}를 구하자.

행렬의 곱에 대한 정의에 의하여 각 j에 대하여

$$E^j = x_{1j}A^1 + \cdots + x_{nj}A^n$$

을 푼다. 크래머 법칙에 의하여 이 연립방정식을 풀면

$$x_{ij} = \frac{D(A^1, \cdots, E^j, \cdots, A^n)}{D(A)}$$

이다.

㉡ 또한 $XA=I$임을 보인다.

정리 2.3.11에서 $0 \neq D(A)=D({}^tA)$이므로 ㉠에 의하여 ${}^tAY=I$인 행렬 Y를 구할 수 있다. 여기서 전치행렬을 취하면 ${}^tYA=I$이고

$$I={}^tYIA={}^tY(AX)A={}^tYA(XA)=I(XA)=XA$$

이므로 X는 A의 역행렬이다. ■

정리 2.4.4에서 b_{ij}를 다시 쓰면

$$b_{ij}=\frac{\begin{vmatrix} a_{11} & \cdots & 0 & \cdots & a_{1n} \\ \vdots & & \vdots & & \vdots \\ a_{j1} & \cdots & 1 & \cdots & a_{jn} \\ \vdots & & \vdots & & \vdots \\ a_{n1} & \cdots & 0 & \cdots & a_{nn} \end{vmatrix}}{D(A)}$$

이고, 분자를 i번째 열에 관해서 전개하면 한 항을 빼고 모두 0이 되므로 b_{ij}의 분자를 $D(A)$의 부분행렬식으로 나타낼 수 있다. 즉

$$b_{ij}=\frac{(-1)^{i+j}D(A_{ji})}{D(A)}$$

(여기서 A_{ji}는 j번째 행과 i번째 열을 제외하고 얻은 $(n-1)\times(n-1)$ 행렬이다.) 이므로

$$A^{-1}={}^t\left(\frac{(-1)^{i+j}D(A_{ij})}{D(A)}\right)$$

이다.

예제 1 다음 행렬의 역행렬을 구하여라.

(1) $A=\begin{pmatrix} 3 & -1 \\ 1 & 4 \end{pmatrix}$ (2) $B=\begin{pmatrix} 1 & 0 & 1 \\ -1 & 3 & 0 \\ 1 & 0 & 2 \end{pmatrix}$ (3) $C=\begin{pmatrix} 3 & 2 & -1 \\ 1 & 6 & 3 \\ 2 & -4 & 0 \end{pmatrix}$

풀이 (1) 정리 2.4.4에 의하여

$$D(A)=13,\ D(A_{11})=4,\ D(A_{12})=1,$$
$$D(A_{21})=-1,\ D(A_{22})=3$$

이므로

$$A^{-1} = {}^t\!\left(\frac{(-1)^{i+j}D(A_{ij})}{D(A)}\right) = \frac{1}{13}\,{}^t\!\begin{pmatrix} 4 & -1 \\ 1 & 3 \end{pmatrix} = \frac{1}{13}\begin{pmatrix} 4 & 1 \\ -1 & 3 \end{pmatrix}$$

이다.

(2) 정리 2.4.4에 의하여

$$D(B) = 3,\ \ D(B_{11}) = 6,\ \ D(B_{12}) = -2,\ \ D(B_{13}) = -3$$

$$D(B_{21}) = 0,\ \ D(B_{22}) = 1,\ \ D(B_{23}) = 0$$

$$D(B_{31}) = -3,\ \ D(B_{32}) = 1,\ \ D(B_{33}) = 3$$

이므로

$$B^{-1} = {}^t\!\left(\frac{(-1)^{i+j}D(B_{ij})}{D(B)}\right) = \frac{1}{3}\,{}^t\!\begin{pmatrix} 6 & -(-2) & -3 \\ 0 & 1 & 0 \\ -3 & -1 & 3 \end{pmatrix} = \begin{pmatrix} 2 & 0 & -1 \\ \frac{2}{3} & \frac{1}{3} & -\frac{1}{3} \\ -1 & 0 & 1 \end{pmatrix}$$

이다.

(3) 정리 2.4.4에 의하여

$$D(C) = 64,\ \ D(C_{11}) = 12,\ \ D(C_{12}) = -6,\ \ D(C_{13}) = -16$$

$$D(C_{21}) = -4,\ \ D(C_{22}) = 2,\ \ D(C_{23}) = -16$$

$$D(C_{31}) = 12,\ \ D(C_{32}) = 10,\ \ D(C_{33}) = 16$$

이므로

$$C^{-1} = {}^t\!\left(\frac{(-1)^{i+j}D(C_{ij})}{D(C)}\right) = \frac{1}{64}\,{}^t\!\begin{pmatrix} 12 & 6 & -16 \\ 4 & 2 & 16 \\ 12 & -10 & 16 \end{pmatrix} = \frac{1}{64}\begin{pmatrix} 12 & 4 & 12 \\ 6 & 2 & -10 \\ -16 & 16 & 16 \end{pmatrix}$$

이다. ■

연습문제 2.4

1. 다음 행렬의 역행렬을 구하여라.

(1) $A=\begin{pmatrix} 1 & 0 & 1 \\ -1 & 3 & 0 \\ 1 & 0 & 2 \end{pmatrix}$ (2) $B=\begin{pmatrix} a & b \\ c & d \end{pmatrix}$

(3) $C=\begin{pmatrix} 1 & 2 & 0 \\ 4 & -1 & 9 \\ -1 & 3 & 5 \end{pmatrix}$

2. 다음 행렬이 역행렬을 갖기 위한 k의 값을 구하여라.

(1) $A=\begin{pmatrix} 1 & 2 & 4 \\ k & 3 & 2 \\ 3 & 1 & 6 \end{pmatrix}$ (2) $B=\begin{pmatrix} k-3 & -2 \\ -2 & k-2 \end{pmatrix}$

3. 다음을 증명하여라.

(1) 두 정사각행렬 A, B가 가역인 행렬 X에 대하여 $A=X^{-1}BX$를 만족하면

$$D(A)=D(B)$$

이다.

(2) 정사각행렬 A가 $A^2=A$이면, $D(A)=0$ 또는 $D(A)=1$이다.

2.5 행렬식의 응용

이 절에서는 행렬식을 이용하여 직선의 방정식을 표현하고, 삼각형의 넓이를 나타내 보자.

예제 1 서로 다른 두 점 $P(a_1, b_1)$, $Q(a_2, b_2)$를 지나는 직선의 방정식은

$$\begin{vmatrix} x & y & 1 \\ a_1 & b_1 & 1 \\ a_2 & b_2 & 1 \end{vmatrix} = 0 \qquad ①$$

으로 나타낼 수 있다.

풀이 ①에 $x = a_1$, $y = b_1$ 또는 $x = a_2$, $y = b_2$를 대입하면 임의의 두 행이 같으면 행렬식의 값은 0인 성질에 의하여 성립한다. 또한 ①을 1행에 관하여 전개하면

$$x\begin{vmatrix} b_1 & 1 \\ b_2 & 1 \end{vmatrix} - y\begin{vmatrix} a_1 & 1 \\ a_2 & 1 \end{vmatrix} + 1\begin{vmatrix} a_1 & b_1 \\ a_2 & b_2 \end{vmatrix} = 0$$

이므로 주어진 두 점을 지나는 직선의 방정식이 된다. ■

예제 2 세 점 $P(a_1, b_1)$, $Q(a_2, b_2)$, $R(a_3, b_3)$이 동일직선상에 있기 위한 필요충분조건은

$$\begin{vmatrix} a_1 & b_1 & 1 \\ a_2 & b_2 & 1 \\ a_3 & b_3 & 1 \end{vmatrix} = 0$$

이다.

풀이 두 점 $Q(a_2, b_2)$, $R(a_3, b_3)$을 지나는 직선의 방정식은 ①에 의해

$$\begin{vmatrix} x & y & 1 \\ a_2 & b_2 & 1 \\ a_3 & b_3 & 1 \end{vmatrix} = 0$$

이고, 여기에 $P(a_1, b_1)$를 대입하여 정리하면

$$\begin{vmatrix} a_1 & b_1 & 1 \\ a_2 & b_2 & 1 \\ a_3 & b_3 & 1 \end{vmatrix} = 0$$

이므로 만족함을 알 수 있다. ■

예제 3 동일직선상에 있지 않은 세 점 $P(a_1,\ b_1,\ c_1)$, $Q(a_2,\ b_2,\ c_2)$, $R(a_3,\ b_3,\ c_3)$을 지나는 평면의 방정식은

$$\begin{vmatrix} x & y & z & 1 \\ a_1 & b_1 & c_1 & 1 \\ a_2 & b_2 & c_2 & 1 \\ a_3 & b_3 & c_3 & 1 \end{vmatrix} = 0$$

으로 나타낼 수 있다.

풀이 1과 같은 방법으로 보일 수 있다. ■

예제 4 원점과 다른 두 점 $P(a_1,\ b_1)$, $Q(a_2,\ b_2)$로 만들어지는 삼각형의 넓이가 $\frac{1}{2}\begin{vmatrix} a_1 & a_2 \\ b_1 & b_2 \end{vmatrix}$임을 이용하면, 서로 다른 세 점 $P(a_1,\ b_1)$, $Q(a_2,\ b_2)$, $R(a_3,\ b_3)$을 지나는 삼각형의 넓이는

$$\frac{1}{2}\begin{vmatrix} 1 & 1 & 1 \\ a_1 & a_2 & a_3 \\ b_1 & b_2 & b_3 \end{vmatrix}$$

이다.

풀이 원점과 서로 다른 두 점 $(a_2 - a_1,\ b_2 - b_1)$, $(a_3 - a_1,\ b_3 - b_1)$을 지나는 삼각형의 넓이는 주어진 조건에 의하여

$$\frac{1}{2}\begin{vmatrix} a_2 - a_1 & a_3 - a_1 \\ b_2 - b_1 & b_3 - b_1 \end{vmatrix}$$

이고, 이 넓이는 서로 다른 세 점 $P(a_1,\ b_1)$, $Q(a_2,\ b_2)$, $R(a_3,\ b_3)$을 지나는 삼각형을 점 $P(a_1,\ b_1)$를 원점으로 평행이동한 삼각형의 넓이이고 값은

$$\frac{1}{2}\begin{vmatrix} 1 & 1 & 1 \\ a_1 & a_2 & a_3 \\ b_1 & b_2 & b_3 \end{vmatrix}$$

을 1행에 관하여 전개한 행렬식의 값과 같다. ■

연습문제 2.5

1. 행렬식을 이용하여 다음을 구하여라.

   (1) 꼭짓점 (2, 2), (3, 7), (4, 5)를 가지는 삼각형의 넓이

   (2) 두 점 (−1, 11), (2, −10)을 지나는 직선의 방정식

2. 행렬 $A = \begin{pmatrix} -1 & 2 & 1 \\ 1 & -2 & 0 \\ 0 & 1 & -2 \end{pmatrix}$의 열벡터에 의하여 결정되는 평행육면체의 부피를 구하여라.

3. 다음을 구하여라.

   (1) 원점에서 점 (4, 3)과 (7, 5)를 잇는 두 변으로 이루어진 평행사변형의 넓이

   (2) 세 개의 벡터 (1, 0, 4), (0, −2, 20), (3, 1, −1)에 의하여 만들어지는 평행육면체의 부피

Chapter

03 벡터

3.1 $\mathbb{R}^3$에서의 벡터

3.2 $\mathbb{R}^n$의 벡터와 내적

3.3 벡터의 외적

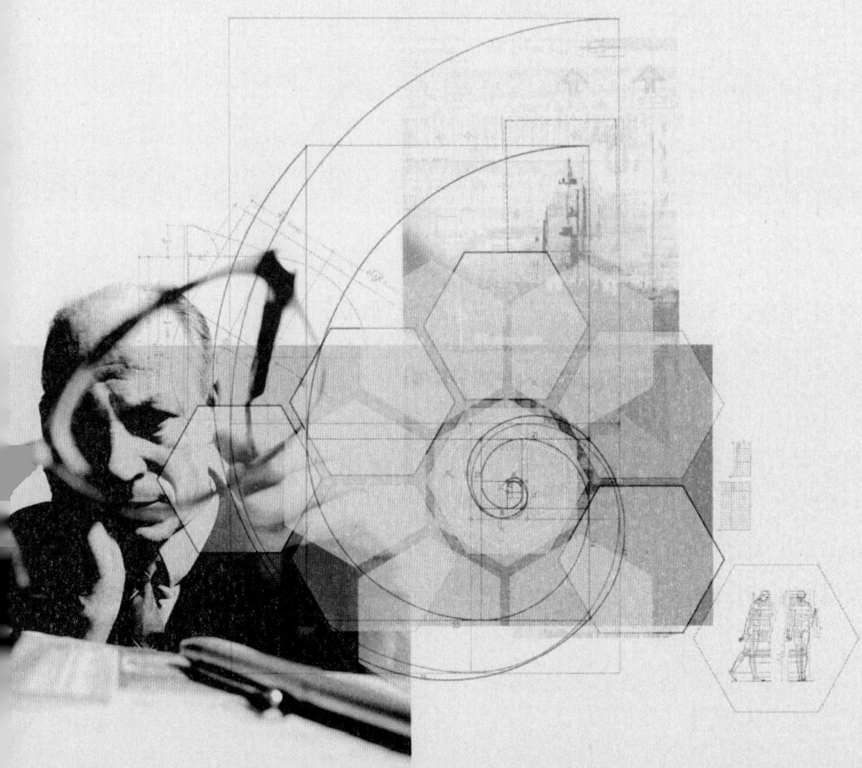

3.1 $\mathbb{R}^3$에서의 벡터

우리들이 일상에서 사용하는 물리적인 양 중에는 길이, 넓이, 질량, 온도와 같이 그 양의 크기만 주어지면 완전히 표시되는 것들이 있다. 이와 같은 양을 **스칼라**(scalar)라 한다. 또한 크기뿐만 아니라 그 방향까지 지정해야만 표현할 수 있는 무리적인 양이 있는데, 이러한 물리적인 양을 **벡터**(vector)라 한다. 예를 들어, 바람의 이동은 주어진 바람의 속력과 방향으로 나타내는데, 풍속과 풍향은 풍속도라 불리는 하나의 벡터를 이룬다. 또 다른 벡터로는 힘, 속도 등이 있다. 벡터는 $\mathbf{a}$, $\mathbf{k}$, $\mathbf{v}$, $\mathbf{w}$, $\mathbf{x}$, $\cdots$와 같은 소문자의 고딕활자를 이용하여 표현하고, 스칼라는 벡터와 구별하여 단지 a, b, c, d, $\cdots$ 등의 보통의 소문자로 나타내며 특별한 언급이 없는 한 모든 스칼라는 실수로 생각한다.

벡터는 기하학적으로 2차원, 3차원 공간의 유향선분 또는 화살표로 표현할 수 있다. 이때 유향선분의 화살표에 의하여 그 벡터의 방향을 지정하고, 그 길이로 크기를 나타낸다. 이 경우 유향선분의 출발점, 즉 화살표의 꼬리를 **시작점**(initial point)이라 하고, 유향선분이 끝나는 점을 **끝점**(terminal point)이라 한다.

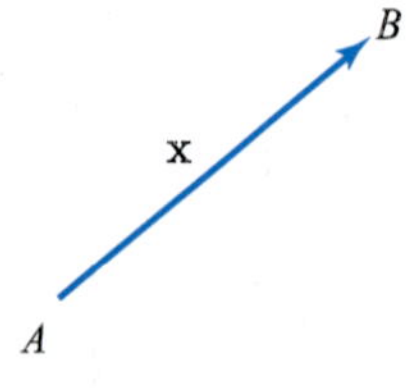

(a)

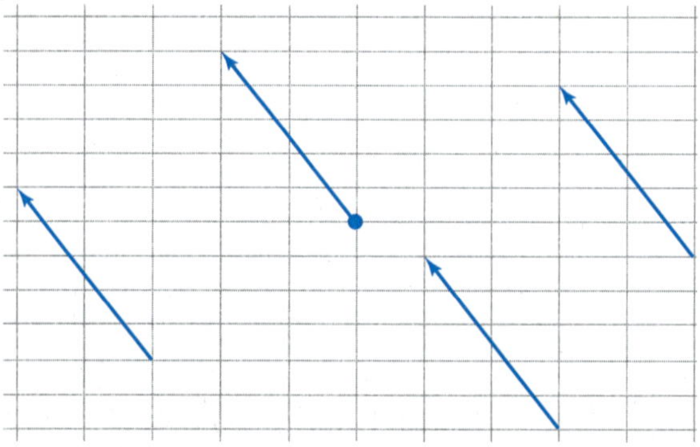

(b)

그림 3.1

그림 3.1(a)와 같이 $\mathbf{x}$를 시작점이 A이고, 끝점이 B인 벡터라 하면

$$\mathbf{x} = \overrightarrow{\mathrm{AB}}$$

로 나타낸다. 벡터는 크기와 방향에 의해서만 정의되므로 그림 3.1(b)와 같이 방향과 크기가 각각 같은 벡터는 시작점에 관계없이 모두 동일시한다. 즉, 한 벡터를 평행이동하여 얻은 벡터는 모두 같은 것으로 여기며, 두 벡터 $\mathbf{x}$와 $\mathbf{y}$가 같을 때, $\mathbf{x} = \mathbf{y}$로 나타낸다. 이러한 벡터들을 서로 **동치**라 한다.

그런데 위와 같이 방향과 크기가 같게 주어진 네 벡터가 실제로 같은 벡터인지 아닌지 아는 것은 그림만 봐서는 쉽지 않다. 그래서 벡터를 좀더 정확하게 표현하기 위하여 직교좌표계를 도입하여 그 위에 벡터를 표현한다.

예를 들어 다음 그림과 같이 $\mathbf{v}$는 좌표평면 $\mathbb{R}^2$에서 시작점이 원점이고 끝점의 좌표가 (v_1, v_2)인 벡터라고 하자.

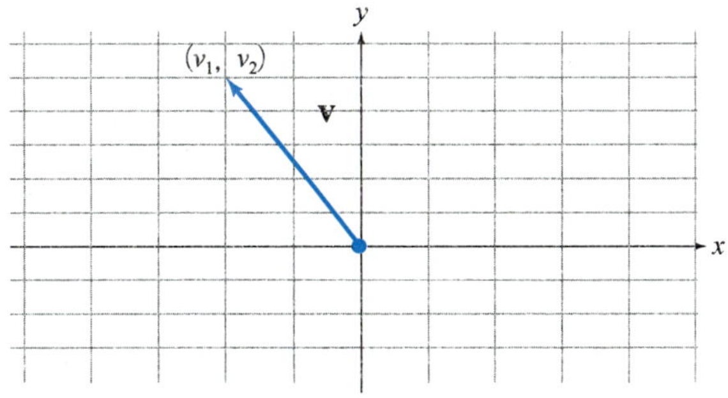

그림 3.2

이때 이 벡터의 끝점의 좌표 (v_1, v_2)에서 v_1과 v_2를 $\mathbf{v}$의 성분(components)이라 하고, 벡터 $\mathbf{v}$를 다음과 같이 나타낸다.

$$\mathbf{v} = (v_1,\ v_2)$$

평면에서와 마찬가지로 공간에서도 벡터를 생각할 수 있다.

좌표평면 $\mathbb{R}^2$에서 한 점을 나타낼 때는 순서쌍 $(x,\ y)$로 나타내듯이 좌표공간 $\mathbb{R}^3$에서 한 점을 나타낼 때도 세 수의 순서조 $(x,\ y,\ z)$로 나타낸다. 다음 그림과 같이 벡터 $\mathbf{v}$는 좌표공간에서 시작점이 원점이고 끝점의 좌표가 (v_1, v_2, v_3)라고 하자.

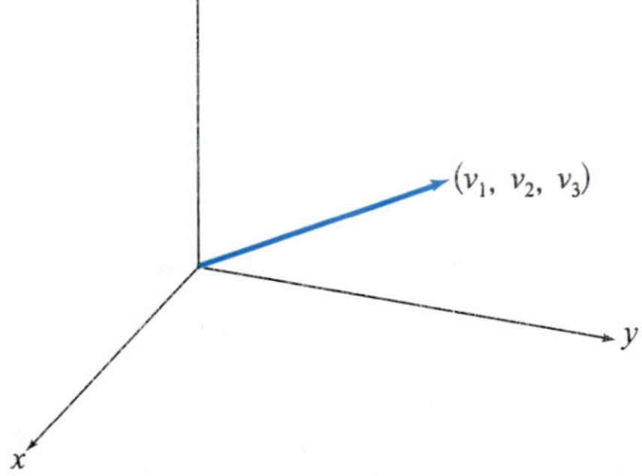

그림 3.3

그러면 좌표평면에서와 마찬가지로 $(v_1,\ v_2,\ v_3)$에서 $v_1,\ v_2,\ v_3$를 벡터 $\mathbf{v}$의 성분이라고 하고 다음과 같이 나타낸다.

$$\mathbf{v} = (v_1,\ v_2,\ v_3)$$

종종 우리는 평면이나 공간에서 시작점이 원점이 아닌 벡터를 다룰 때가 있다.

예를 들어 좌표평면 $\mathbb{R}^2$에서 벡터 $\mathbf{v} = (v_1,\ v_2)$의 시작점이 원점에서 $\mathrm{A}(x_1,\ y_1)$로 바뀐 경우를 생각해보자. 시작점이 원점에서 $\mathrm{A}(x_1,\ y_1)$로 바뀌었다는 것은 이 벡터의 첫 번째 성분 v_1이 오른쪽 또는 왼쪽으로 x_1의 절댓값만큼 움직였다는 것이고, 두 번째 성분 v_2이 위 또는 아래로 y_1의 절댓값만큼 움직였다는 것을 나타낸다. 즉, 벡터 $\mathbf{v}$의 시작점이 원점 (0, 0)에서 $\mathrm{A}(x_1,\ y_1)$로 움직였으므로 끝점을 B라 하면 B는 다음과 같다.

$$\mathrm{B}(v_1 + x_1,\ v_2 + y_1) = \mathrm{B}(x_2,\ y_2)$$

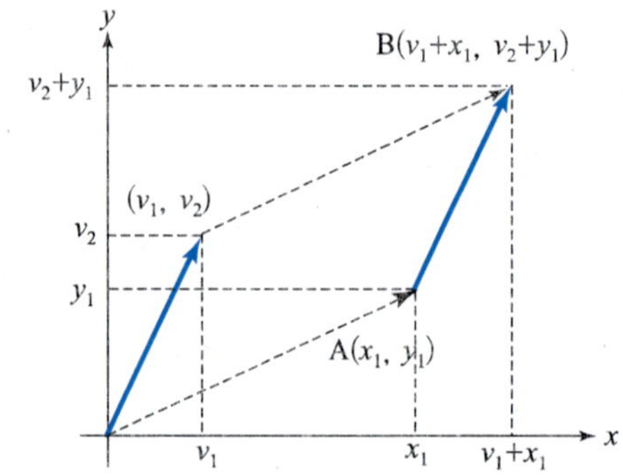

그림 3.4

마찬가지로 공간좌표 $\mathbb{R}^3$에서 벡터 $\mathbf{v} = (v_1,\ v_2,\ v_3)$의 시작점이 원점에서 $\mathrm{A}(x_1,\ y_1,\ z_1)$로 바뀐 경우, 이 벡터의 끝점은 다음과 같다.

$$\mathrm{B}(v_1 + x_1,\ v_2 + y_1,\ v_3 + z_1) = \mathrm{B}(x_2,\ y_2,\ z_2)$$

이것을 바꾸어 말하면, 좌표평면 위에 두 점 $\mathrm{A}(x_1,\ y_1)$, $\mathrm{B}(x_2,\ y_2)$가 주어졌을 때 점 A를 시작점으로 하고 점 B를 끝점으로 하는 벡터는 다음과 같다는 것이다.

$$\mathbf{v} = \overrightarrow{\mathrm{AB}} = (x_2 - x_1,\ y_2 - y_1)$$

마찬가지로 좌표공간에서 두 점 $\mathrm{A}(x_1,\ y_1,\ z_1)$, $\mathrm{B}(x_2,\ y_2,\ z_2)$가 주어졌을 때 점 A를 시작점으로 하고 점 B를 끝점으로 하는 벡터는 다음과 같다는 것이다.

$$\overrightarrow{\mathrm{AB}}=(x_2-x_1,\ y_2-y_1,\ z_2-z_1)$$

예제 1 좌표공간 $\mathbb{R}^3$ 위의 점 A(4, −2, 9)를 시작점으로 하고, 점 B(−7, 0, 6)을 끝점으로 하는 벡터를 구하고, 좌표공간에 나타내어라.

풀이 주어진 두 점 A(4, −2, 9), B(−7, 0, 6)에 대하여, 점 A를 시작점으로 하고 점 B를 끝점으로 하는 벡터는 다음과 같다.

$$\begin{aligned}\mathbf{v}&=(-7-4,\ 0-(-2),\ 6-9)\\&=(-11,\ 2,-3)\end{aligned}$$

이 벡터는 다음 그림과 같이 나타낼 수 있다.

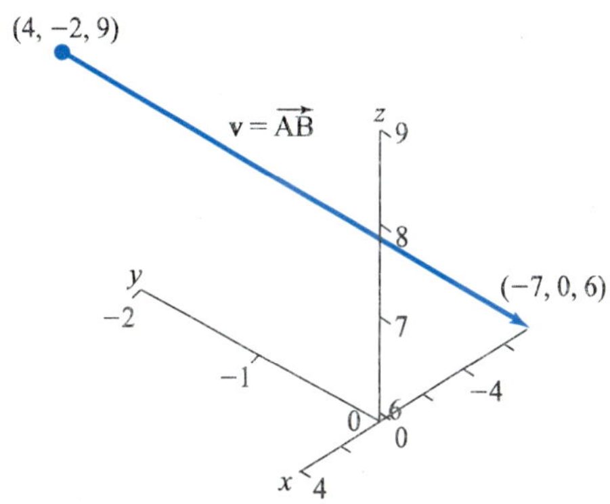

그림 3.5

■

이제 벡터의 연산에 대하여 알아보자. 벡터의 연산에 대하여 알아보기 전에 먼저 벡터의 연산에서 매우 중요한 두 벡터에 대하여 알아보자.

크기가 0인 벡터를 **영벡터**(zero vector)라 하고 **0**으로 표시한다. 또 **v**가 영이 아닌 벡터일 때, 다음 그림과 같이 **v**와 크기가 같고 방향이 반대인 벡터를 **v**의 **음벡터**(negative vector)라 하고 −**v**로 나타낸다.

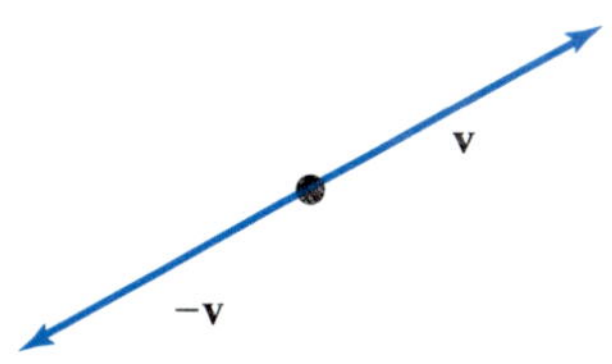

그림 3.6

벡터의 연산에서 두 벡터의 덧셈은 다음과 같이 정의한다.

> **정의 3.1.1** 임의의 두 벡터 $\mathbf{v}$, $\mathbf{w}$의 합(sum)은 $\mathbf{v}+\mathbf{w}$로 나타낸다. 이때, $\mathbf{w}$의 시작점은 $\mathbf{v}$의 끝점과 일치시킨다. 그러면 두 벡터를 더한 벡터 $\mathbf{v}+\mathbf{w}$의 시작점은 $\mathbf{v}$의 시작점이고, 끝점은 $\mathbf{w}$의 끝점이 된다.

다음 그림은 좌표평면에서 두 벡터 $\mathbf{v}=(v_1,\ v_2)$, $\mathbf{w}=(w_1,\ w_2)$의 덧셈을 세 가지 방법으로 나타낸 것이다.

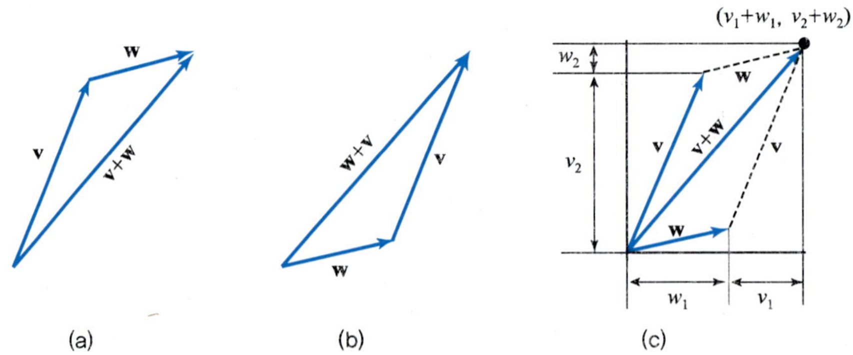

그림 3.7

그림 3.7의 (a)는 두 벡터의 덧셈과 정확하게 일치하는 것으로 먼저 벡터 $\mathbf{v}$를 그리고 $\mathbf{v}$의 끝점을 시작점으로 하여 벡터 $\mathbf{w}$를 그린다. 그리고 $\mathbf{v}$의 시작점에서 $\mathbf{w}$의 끝점으로 화살표를 그린 결과가 두 벡터의 합벡터이다.

그림 3.7의 (b)는 $\mathbf{w}+\mathbf{v}$이다. 그런데 그 결과 벡터가 그림 (a)에서 구한 벡터와 정확하게 일치한다. 따라서 다음을 알 수 있다.

$$\mathbf{v}+\mathbf{w}=\mathbf{w}+\mathbf{v}$$

그림 3.7의 (c)는 두 벡터의 합을 좌표평면 위에서 그린 것이다. 이것으로부터 두 벡터의 합은 두 벡터의 성분의 각각의 합과 같음을 알 수 있다. 즉, 다음이 성립한다.

$$\mathbf{v}+\mathbf{w}=(v_1+w_1,\ v_2+w_2)$$

마찬가지로 좌표공간에서 두 벡터 $\mathbf{v}=(v_1,\ v_2,\ v_3)$, $\mathbf{w}=(w_1,\ w_2,\ w_3)$의 합은 다음과 같다.

$$\mathbf{v}+\mathbf{w}=(v_1+w_1,\ v_2+w_2,\ v_3+w_3)$$

이것으로부터 한 벡터와 음벡터의 합을 다음과 같이 정의할 수 있다.

정의 3.1.2 두 벡터 $\mathbf{v}$, $\mathbf{w}$에 대하여 $\mathbf{v}$에서 $\mathbf{w}$를 뺀 **차**(difference)는 $\mathbf{v}-\mathbf{w}$로 나타낸다. 즉, 다음이 성립한다.

$$\mathbf{v}-\mathbf{w}=\mathbf{v}+(-\mathbf{w})$$

두 벡터의 차는 다음과 같이 그림으로 나타낼 수 있다.

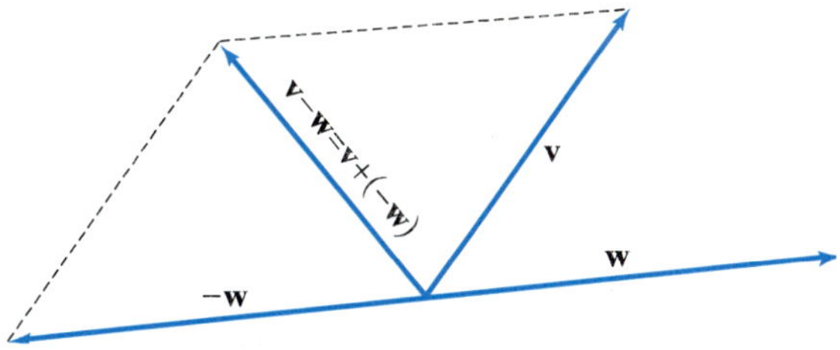

그림 3.8

두 벡터의 합과 마찬가지로 두 벡터의 차를 평면과 공간에서 벡터의 성분으로 나타내면 각각 다음과 같다.

$$\mathbf{v}-\mathbf{w}=(v_1-w_1,\ v_2-w_2)$$
$$\mathbf{v}-\mathbf{w}=(v_1-w_1,\ v_2-w_2,\ v_3-w_3)$$

이제 벡터의 스칼라곱에 대하여 알아보자.

정의 3.1.3 스칼라 c에 대하여 $c\mathbf{v}$를 c에 의한 $\mathbf{v}$의 **스칼라배**(scalar multiplication)라 한다. 이때 $c\mathbf{v}$는 $c>0$이면 $\mathbf{v}$와 방향이 같으며 크기는 c배하여 얻는 벡터이고, $c<0$ 이면 $\mathbf{v}$와 방향이 반대이면서 크기는 $|c|$배하여 얻는 벡터이다.

예를 들어 다음 그림은 벡터 $\mathbf{v}$의 스칼라배를 나타낸 것이다.

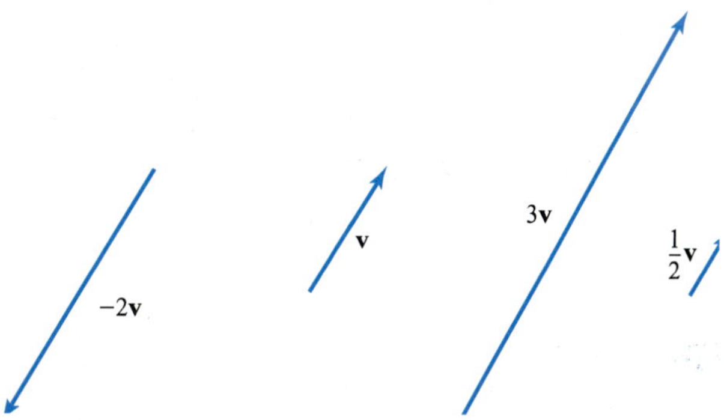

그림 3.9

그림 3.9로부터 벡터 $\mathbf{v}$의 영 아닌 스칼라배한 벡터는 모두 $\mathbf{v}$에 평행한 것임을 알 수 있다. 바꾸어 말하면 두 벡터 $\mathbf{v}$, $\mathbf{w}$가 평행한 벡터라면 $\mathbf{v} = c\mathbf{w}$를 만족하는 영 아닌 스칼라 c가 존재한다는 것을 알 수 있다.

좌표평면과 좌표공간에서 스칼라 배는 다음과 같이 각 성분에 스칼라배를 곱한 결과이다.

$$c\mathbf{v} = (cv_1,\ cv_2) \text{ 또는 } c\mathbf{v} = (cv_1,\ cv_2,\ cv_3)$$

이 사실로부터 좌표평면 $\mathbb{R}^2$ 위의 벡터 $\mathbf{v} = (v_1,\ v_2)$의 음벡터 $-\mathbf{v}$는 다음과 같이 나타낼 수 있다.

$$-\mathbf{v} = (-v_1,\ -v_2)$$

좌표공간 $\mathbb{R}^3$ 위의 벡터 $\mathbf{v} = (v_1,\ v_2,\ v_3)$의 음벡터 $-\mathbf{v}$도 마찬가지로 다음과 같이 나타낼 수 있다.

$$-\mathbf{v} = (-v_1,\ -v_2,\ -v_3)$$

지금까지 알아본 벡터의 연산에 대하여 다음 정리가 성립한다. 이 정리의 증명은 어렵지 않으므로 연습문제로 남긴다.

정리 3.1.4 스칼라 c, k와 좌표평면 $\mathbb{R}^2$나 좌표공간 $\mathbb{R}^3$ 위의 세 벡터 $\mathbf{u}$, $\mathbf{v}$, $\mathbf{w}$에 대하여 다음이 성립한다.

(a) $\mathbf{u}+\mathbf{v} = \mathbf{v}+\mathbf{u}$

(b) $\mathbf{u}+(\mathbf{v}+\mathbf{w}) = (\mathbf{u}+\mathbf{v})+\mathbf{w}$

(c) $\mathbf{u}+\mathbf{0} = \mathbf{0}+\mathbf{u} = \mathbf{u}$

(d) $\mathbf{u}-\mathbf{u} = \mathbf{u}+(-\mathbf{u}) = \mathbf{0}$

(e) $1\mathbf{u} = \mathbf{u}$

(f) $(ck)\mathbf{u} = c(k\mathbf{u}) = k(c\mathbf{u})$

(g) $(c+k)\mathbf{u} = c\mathbf{u}+k\mathbf{u}$

(h) $c(\mathbf{u}+\mathbf{v}) = c\mathbf{u}+c\mathbf{v}$

이 절에서 마지막으로 알아볼 것은 평면이나 공간에서 주어진 벡터의 크기를 구하는 것이다.

정의 3.1.5 벡터 $\mathbf{v}$의 크기를 **노름**(norm)이라고 하고 $\|\mathbf{v}\|$로 나타낸다. 특히 $\mathbf{v} = (v_1,\ v_2)$이면

$$\| \mathbf{v} \| = \sqrt{v_1^2 + v_2^2}$$

이고, $\mathbf{v} = (v_1,\ v_2, v_3)$이면

$$\| \mathbf{v} \| = \sqrt{v_1^2 + v_2^2 + v_3^2}$$

이다.

좌표평면 $\mathbb{R}^2$ 위의 벡터 $\mathbf{v} = (v_1,\ v_2)$의 노름은 피타고라스 정리를 이용하여 다음 그림과 같이 쉽게 얻을 수 있다.

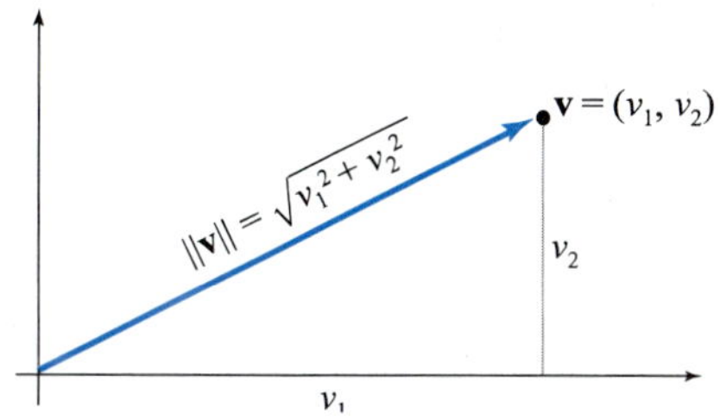

그림 3.10

마찬가지로 좌표공간 $\mathbb{R}^3$ 위의 벡터에 대하여도 피타고라스 정리를 이용하면 벡터의 노름을 쉽게 구할 수 있다.

또한 이 사실로부터 벡터 $\mathbf{v} = (v_1, v_2, v_3)$에 적당한 스칼라 c를 곱한 벡터 $c\mathbf{v} = (cv_1,\ cv_2,\ cv_3)$의 노름은 다음과 같음을 알 수 있다. 즉 $\| c\mathbf{v} \| = |c| \| \mathbf{v} \|$임을 알 수 있다.

$$\begin{aligned} \| c\mathbf{v} \| &= \sqrt{(cv_1)^2 + (cv_2)^2 + (cv_3)^2} = \sqrt{c^2(v_1^2 + v_2^2 + v_3^2)} \\ &= |c| \sqrt{v_1^2 + v_2^2 + v_3^2} = |c| \| \mathbf{v} \| \end{aligned}$$

특히 $\| \mathbf{u} \| = 1$과 같이 노름이 1인 벡터를 **단위벡터**(unit vector)라고 한다.

예제 2 벡터 $\mathbf{x} = (3,\ -2,\ -1)$과 두 점 $P(2,\ -4,\ -1)$, $Q(-1,\ 5,\ -3)$에 대하여

$$\begin{aligned} \| \mathbf{x} \| &= \sqrt{3^2 + (-2)^2 + (-1)^2} = \sqrt{14}, \\ \| \overrightarrow{PQ} \| &= \sqrt{(-1-2)^2 + (5+4)^2 + (-3+1)^2} \\ &= \sqrt{94} \end{aligned}$$

이다. ■

이제 노름이 0인 벡터는 어떤 벡터인지 알아보자.

정리 3.1.6 좌표평면 $\mathbb{R}^2$ 또는 좌표공간 $\mathbb{R}^3$ 위의 벡터 $\mathbf{v}$에 대하여 $\|\mathbf{v}\| \geq 0$이다. 특히 $\|\mathbf{v}\| = 0$일 필요충분조건은 $\mathbf{v} = \mathbf{0}$이다.

증명 벡터의 노름은 벡터의 각 성분의 제곱의 합으로 구한다. 그리고 실수의 제곱은 0보다 크거나 같기 때문에 벡터 $\mathbf{v}$에 대하여

$$\|\mathbf{v}\| \geq 0$$

이다.

이제 정리에서 주어진 필요충분조건을 좌표평면의 경우만 보이자. 하지만 공간의 경우도 평면의 경우와 마찬가지로 증명할 수 있다.

먼저 벡터 $\mathbf{v} = (v_1,\ v_2)$의 노름이 $\|\mathbf{v}\| = 0$이라 가정하면

$$\|\mathbf{v}\| = \sqrt{v_1^2 + v_2^2} = 0 \quad \Rightarrow \quad v_1^2 + v_2^2 = 0$$

이다. 그런데 실수를 제곱하면 항상 0보다 크거나 같기 때문에 두 수 v_1, v_2는 0일 수밖에 없다. 즉,

$$v_1 = 0\ ,\ v_2 = 0 \quad \Rightarrow \quad \mathbf{v} = (v_1,\ v_2) = (0,\ 0) = \mathbf{0}$$

이다. 따라서 $\|\mathbf{v}\| = 0$이면 $\mathbf{v} = \mathbf{0}$이다.

역으로, $\mathbf{v} = \mathbf{0}$이라고 하자. 그러면 $\mathbf{v} = (0,\ 0)$이므로

$$\|\mathbf{v}\| = \sqrt{0^2 + 0^2} = 0$$

이다. 따라서 $\|\mathbf{v}\| = 0$일 필요충분조건은 $\mathbf{v} = \mathbf{0}$이다. ■

정리 3.1.7 좌표평면 $\mathbb{R}^2$ 또는 좌표공간 $\mathbb{R}^3$ 위의 영벡터가 아닌 벡터 $\mathbf{v}$에 대하여 $\mathbf{u} = \dfrac{1}{\|\mathbf{v}\|}\mathbf{v}$라 하면 $\mathbf{u}$는 단위벡터이다.

증명 영벡터가 아닌 벡터 $\mathbf{v}$에 대하여 $\|\mathbf{v}\|$는 노름이므로 정리 3.1.6에 의하여 $\|\mathbf{v}\| > 0$이다.

이제 $\mathbf{u} = \dfrac{1}{\|\mathbf{v}\|}\mathbf{v}$의 노름 $\|\mathbf{u}\| = \left\| \dfrac{1}{\|\mathbf{v}\|}\mathbf{v} \right\|$을 구해보자.

$$\|\mathbf{u}\| = \left\| \frac{1}{\|\mathbf{v}\|}\mathbf{v} \right\| = \left| \frac{1}{\|\mathbf{v}\|} \right| \|\mathbf{v}\| = \frac{1}{\|\mathbf{v}\|} \|\mathbf{v}\| = 1$$

이므로 $\mathbf{u}$는 단위벡터이다. ■

정리 3.1.7로부터 영벡터가 아닌 벡터로부터 항상 단위벡터를 얻을 수 있다는 것을 알 수 있다. 즉 $\mathbf{v} \neq \mathbf{0}$ 에 대하여 벡터 $\mathbf{u} = \frac{1}{\|\mathbf{v}\|}\mathbf{v}$는 $\mathbf{v}$와 방향이 같고 크기가 1인 단위벡터이다.

연습문제 3.1

[1~6] 다음에 주어진 벡터 $\mathbf{x}$를 좌표공간 $\mathbb{R}^2$와 $\mathbb{R}^3$에 각각 유향선분으로 나타내어라.

1. $\mathbf{x} = (3,\ 0)$
2. $\mathbf{x} = (1,\ -3)$
3. $\mathbf{x} = (2,\ -2,\ -1)$
4. $\mathbf{x} = (-1,\ -1,\ 3)$
5. $\mathbf{x} = \begin{bmatrix} 3 \\ -1 \end{bmatrix}$
6. $\mathbf{x} = \begin{bmatrix} -4 \\ 3 \\ 2 \end{bmatrix}$

[7~10] 두 점 P, Q가 다음과 같을 때, 시작점을 P, 끝점을 Q로 하는 벡터를 구하여라.

7. $P(1,\ 2,\ 3)$, $Q(-2,\ 1,\ 1)$
8. $P(-1,\ 1,\ 0)$, $Q(2,\ -4,\ -5)$
9. $P(a,\ -b,\ 2)$, $Q(a,\ b,\ c)$
10. $P(x,\ y,\ z)$, $Q(a,\ b,\ c)$

11. 문제 7~10에서 구한 벡터의 크기를 각각 구하여라.

[12~15] 두 벡터 $\mathbf{x}$, $\mathbf{y}$에 대하여 $\mathbf{x}+\mathbf{y}$와 $2\mathbf{x}-\mathbf{y}$를 각각 구하여라.

12. $\mathbf{x} = (2,\ 1,\ -3)$, $\mathbf{y} = (2,\ 2,\ 0)$
13. $\mathbf{x} = (-4,\ 6,\ -2)$, $\mathbf{y} = (-3,\ 4,\ 7)$
14. $\mathbf{x} = \begin{bmatrix} 3 \\ -2 \\ 0 \end{bmatrix}$, $\mathbf{y} = \begin{bmatrix} 0 \\ -1 \\ 2 \end{bmatrix}$
15. $\mathbf{x} = \begin{bmatrix} \sqrt{3} \\ 1 \\ 2 \end{bmatrix}$, $\mathbf{y} = \begin{bmatrix} 4 \\ -4 \\ 6 \end{bmatrix}$

16. 정리 3.1.4를 증명하여라.
17. $\mathbf{u}$와 $\mathbf{v}$가 아래 그림에 나타난 것과 같을 때 $\mathbf{u}$, $\mathbf{v}$, $\mathbf{u}+\mathbf{v}$, $\mathbf{u}-\mathbf{v}$의 성분을 구하여라.

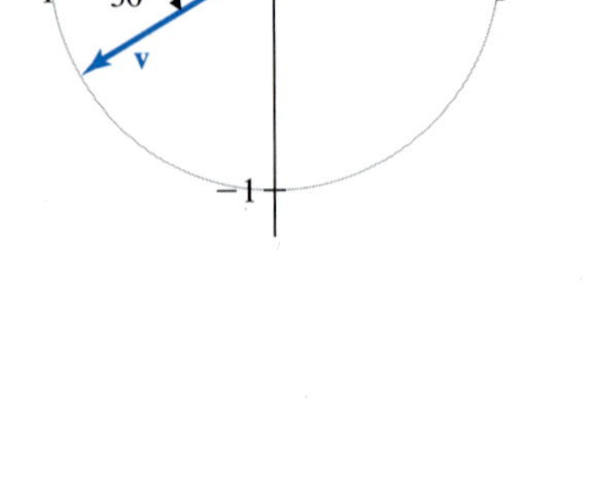

18. 아래 그림에서, A, B, C, D, E, F는 원점이 중심인 정육각형의 꼭짓점들이다.

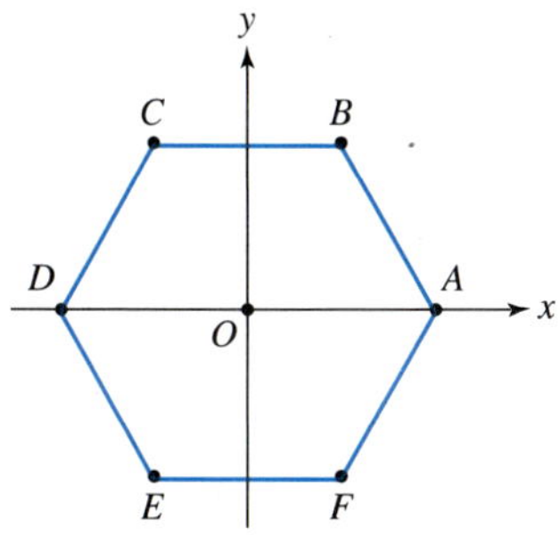

다음 각 벡터들을 $\mathbf{a}=\overrightarrow{\mathrm{OA}}$ 와 $\mathbf{b}=\overrightarrow{\mathrm{OB}}$ 로 나타내어라.

(1) $\overrightarrow{\mathrm{AB}}$

(2) $\overrightarrow{\mathrm{BC}}$

(3) $\overrightarrow{\mathrm{AD}}$

(4) $\overrightarrow{\mathrm{CF}}$

(5) $\overrightarrow{\mathrm{AC}}$

(6) $\overrightarrow{\mathrm{BC}}+\overrightarrow{\mathrm{DE}}+\overrightarrow{\mathrm{FA}}$

3.2 $\mathbb{R}^n$의 벡터와 내적

좌표평면 $\mathbb{R}^2$ 위의 점 P는 두 실수의 순서쌍 (x_1, x_2)를 써서 표시할 수가 있다. 좌표공간 $\mathbb{R}^3$ 내의 점 P는 3.1절에서 본 바와 같이 $\mathbb{R}^2$에 z축을 하나 더 추가함으로써 세 실수의 순서조 (x_1, x_2, x_3)를 써서 표시할 수 있다. 이와 같은 생각을 일반화하여 4개의 실수의 순서조 (x_1, x_2, x_3, x_4)는 그림으로 나타낼 수는 없지만 $\mathbb{R}^4$ 공간의 점을 표시한다고 생각하는 것은 공간개념의 자연스러운 하나의 확장이라 하겠다. n개의 실수의 순서쌍 $(x_1, \cdots, x_n)$ 을 n**차원 벡터**라 하고 $\mathbf{x}=(x_1, x_2, \cdots, x_n)$ 또는 $n\times 1$ 행렬 $\mathbf{x}=\begin{bmatrix} x_1 \\ x_2 \\ \vdots \\ x_n \end{bmatrix}$으로 나타낸다. 이때 실수 $x_1, x_2, \cdots, x_n$을 $\mathbf{x}$의 **성분**이라 한다.

실수 성분을 가지는 n차원 벡터 전체의 집합을 $\mathbb{R}^n$으로 나타낸다. 즉

$$\mathbb{R}^n = \{(x_1, x_2, \cdots, x_n) \mid x_i \in \mathbb{R}, \ i=1, 2, \cdots, n\}.$$

$\mathbb{R}^n$의 벡터

$$\mathbf{x}=\begin{bmatrix} x_1 \\ x_2 \\ \vdots \\ x_n \end{bmatrix}, \quad \mathbf{y}=\begin{bmatrix} y_1 \\ y_2 \\ \vdots \\ y_n \end{bmatrix}$$

에 대하여 $x_i = y_i (i=1, 2, \cdots, n)$이면 $\mathbf{x}=\mathbf{y}$라고 한다. 또한 $\mathbb{R}^n$의 벡터에 대해서도 벡터의 합과 스칼라배를 $\mathbb{R}^3$의 벡터의 경우와 마찬가지로 다음과 같이 정의한다.

정의 3.2.1 $\mathbb{R}^n$의 벡터

$$\mathbf{x}=\begin{bmatrix} x_1 \\ x_2 \\ \vdots \\ x_n \end{bmatrix}, \quad \mathbf{y}=\begin{bmatrix} y_1 \\ y_2 \\ \vdots \\ y_n \end{bmatrix}$$

와 스칼라 k에 대하여, 두 벡터의 합 $\mathbf{x}+\mathbf{y}$와 k에 의한 $\mathbf{x}$의 스칼라배 $k\mathbf{x}$를 각각 다음과 같이 정의한다.

$$\mathbf{x}+\mathbf{y}=\begin{bmatrix} x_1+y_1 \\ x_2+y_2 \\ \vdots \\ x_n+y_n \end{bmatrix}, \quad k\mathbf{x}=\begin{bmatrix} kx_1 \\ kx_2 \\ \vdots \\ kx_n \end{bmatrix}$$

$\mathbb{R}^n$에서 모든 성분이 0인 벡터를 **영벡터**라 하고 $\mathbf{0}$으로 나타낸다. 그러면 임의의 벡터 $\mathbf{x} \in \mathbb{R}^n$에 대하여

$$\mathbf{x} + \mathbf{0} = \mathbf{x}, \quad \mathbf{x} + (-\mathbf{x}) = \mathbf{0}$$

이 성립함을 쉽게 알 수 있다. 여기서 $-\mathbf{x}$는

$$-\mathbf{x} = \begin{bmatrix} -x_1 \\ -x_2 \\ \vdots \\ -x_n \end{bmatrix}$$

로 정의되며 $\mathbf{x}$의 **음벡터**라 한다.

예제 1 $\mathbb{R}^4$의 벡터

$$\mathbf{x} = \begin{bmatrix} 1 \\ 2 \\ 3 \\ 4 \end{bmatrix}, \ \mathbf{y} = \begin{bmatrix} 2 \\ 4 \\ 1 \\ 0 \end{bmatrix}$$

에 대하여 다음이 성립함을 쉽게 알 수 있다.

$$\mathbf{x} + \mathbf{y} = \begin{bmatrix} 1+2 \\ 2+4 \\ 3+1 \\ 4+0 \end{bmatrix} = \begin{bmatrix} 3 \\ 6 \\ 4 \\ 4 \end{bmatrix}$$

$$(-2)\mathbf{x} = (-2)\begin{bmatrix} 1 \\ 2 \\ 3 \\ 4 \end{bmatrix} = \begin{bmatrix} -2 \\ -4 \\ -6 \\ -8 \end{bmatrix}$$

$$\mathbf{x} - \mathbf{y} = \begin{bmatrix} 1-2 \\ 2-4 \\ 3-1 \\ 4-0 \end{bmatrix} = \begin{bmatrix} -1 \\ -2 \\ 2 \\ 4 \end{bmatrix}$$

■

벡터의 연산에 관한 정의와 실수의 성질로부터 다음의 기본성질이 성립함을 쉽게 알 수 있다.

정리 3.2.2 (**$\mathbb{R}^n$ 벡터의 기본성질**) $\mathbb{R}^n$의 벡터 $\mathbf{x}$, $\mathbf{y}$, $\mathbf{z}$와 실수 h, k에 대하여 다음이 성립한다.

(a) $\mathbf{x} + \mathbf{y} = \mathbf{y} + \mathbf{x}$

(b) $(\mathbf{x} + \mathbf{y}) + \mathbf{z} = \mathbf{x} + (\mathbf{y} + \mathbf{z})$

(c) $\mathbf{x}+\mathbf{0}=\mathbf{x}=\mathbf{0}+\mathbf{x}$

(d) $\mathbf{x}+(-\mathbf{x})=\mathbf{0}=(-\mathbf{x})+\mathbf{x}$

(e) $k(\mathbf{x}+\mathbf{y})=k\mathbf{x}+k\mathbf{y}$

(f) $(h+k)\mathbf{x}=h\mathbf{x}+k\mathbf{x}$

(g) $(hk)\mathbf{x}=h(k\mathbf{x})$

(h) $1\mathbf{x}=\mathbf{x}$

증명 여기서는 (f)만을 증명하고 나머지는 연습문제로 남긴다.

$$\mathbf{x}=\begin{bmatrix} x_1 \\ x_2 \\ \vdots \\ x_n \end{bmatrix}$$

이라 하면 다음이 성립한다.

$$\begin{aligned}(h+k)\mathbf{x} &= (h+k)\begin{bmatrix} x_1 \\ x_2 \\ \vdots \\ x_n \end{bmatrix} = \begin{bmatrix} (h+k)x_1 \\ (h+k)x_2 \\ \vdots \\ (h+k)x_n \end{bmatrix} = \begin{bmatrix} hx_1+kx_1 \\ hx_2+kx_2 \\ \vdots \\ hx_n+kx_n \end{bmatrix} \\ &= \begin{bmatrix} hx_1 \\ hx_2 \\ \vdots \\ hx_n \end{bmatrix} + \begin{bmatrix} kx_1 \\ kx_2 \\ \vdots \\ kx_n \end{bmatrix} = h\begin{bmatrix} x_1 \\ x_2 \\ \vdots \\ x_n \end{bmatrix} + k\begin{bmatrix} x_1 \\ x_2 \\ \vdots \\ x_n \end{bmatrix} \\ &= h\mathbf{x}+k\mathbf{x}\end{aligned}$$

■

3.1절에서 이미 공부한 벡터 $\mathbf{u}=(x, y)\in\mathbb{R}^2$, $\mathbf{v}=(x, y, z)\in\mathbb{R}^3$의 크기는 $\|\mathbf{u}\|=\sqrt{x^2+y^2}$와 $\|\mathbf{v}\|=\sqrt{x^2+y^2+z^2}$임을 알고 있다. 이것을 자연스럽게 n차원으로 확장할 수 있다.

정의 3.2.3 임의의 벡터 $\mathbf{x}=(x_1, x_2, \cdots, x_n)\in\mathbb{R}^n$의 **노름(크기)**은 다음과 같이 정의한다.

$$\|\mathbf{x}\|=\sqrt{x_1^2+x_2^2+\cdots+x_n^2}$$

노름의 정의에 의하면, 임의의 벡터 $\mathbf{x}\in\mathbb{R}^n$와 스칼라 k에 대하여

$$\|\mathbf{x}\|\geq 0,\ \|k\mathbf{x}\|=|k|\,\|\mathbf{x}\|$$

이고

$$\|\mathbf{x}\| = 0 \;\Leftrightarrow\; \mathbf{x} = \mathbf{0}$$

이 성립함을 알 수 있다.

또한, $\mathbf{x} \neq \mathbf{0}$에 대하여 $\mathbf{x}$와 방향이 같고 크기가 1인 벡터 $\mathbf{u}$를 $\mathbf{x}$ 방향의 단위벡터(unit vector)라고 한다. 그런데

$$\left\| \frac{\mathbf{x}}{\|\mathbf{x}\|} \right\| = \frac{1}{\|\mathbf{x}\|}\|\mathbf{x}\| = 1$$

이므로 $\mathbf{u} = \dfrac{\mathbf{x}}{\|\mathbf{x}\|}$이다.

특히 $\mathbb{R}^3$의 단위벡터 중에서 세 벡터

$$\mathbf{i} = (1,\ 0,\ 0),\ \mathbf{j} = (0,\ 1,\ 0),\ \mathbf{k} = (0,\ 0,\ 1)$$

을 $\mathbb{R}^3$의 표준단위벡터라고 한다. 이때

$$\begin{aligned}\mathbf{x} = (x_1,\ x_2,\ x_3) &= x_1(1,\ 0,\ 0) + x_2(0,\ 1,\ 0) + x_3(0,\ 0,\ 1)\\ &= x_1\mathbf{i} + x_2\mathbf{j} + x_3\mathbf{k}\end{aligned}$$

이므로, $\mathbb{R}^3$의 임의의 벡터 $\mathbf{x} = (x_1,\ x_2,\ x_3)$는 단위벡터 $\mathbf{i}$, $\mathbf{j}$, $\mathbf{k}$로 표시할 수 있다.

예제 2 다음 $\mathbb{R}^5$의 두 벡터 $\mathbf{x} = (0,\ -1,\ 2,\ -2,\ 4)$, $\mathbf{y} = (1,\ 2,\ 1,\ 0,\ 1)$의 노름을 구하고, $\mathbf{x}$와 $\mathbf{y}$ 방향의 단위벡터를 각각 구하여라.

풀이 $\|\mathbf{x}\| = \sqrt{0^2 + (-1)^2 + 2^2 + (-2)^2 + 4^2} = 5$이므로 $\mathbf{x}$ 방향의 단위벡터를 $\mathbf{u}$라 하면

$$\mathbf{u} = \frac{\mathbf{x}}{\|\mathbf{x}\|} = \frac{\mathbf{x}}{5} = \left(0,\ -\frac{1}{5},\ \frac{2}{5},\ -\frac{2}{5},\ \frac{4}{5}\right).$$

또한, $\|\mathbf{y}\| = \sqrt{1^2 + 2^2 + 1^2 + 0^2 + 1^2} = \sqrt{7}$ 이므로 $\mathbf{y}$ 방향의 단위벡터를 $\mathbf{v}$라 하면

$$\mathbf{v} = \frac{\mathbf{y}}{\|\mathbf{y}\|} = \left(\frac{1}{\sqrt{7}},\ \frac{2}{\sqrt{7}},\ \frac{1}{\sqrt{7}},\ 0,\ \frac{1}{\sqrt{7}}\right)$$

이다. ■

$\mathbb{R}^3$에서 $\mathbf{0}$ 아닌 두 벡터 $\mathbf{x} = (x_1,\ x_2,\ x_3)$와 $\mathbf{y} = (y_1,\ y_2,\ y_3)$ 사이의 각을 θ $(0 \leq \theta \leq \pi)$라 하면 코사인 제2법칙으로부터

$$\|\mathbf{x} - \mathbf{y}\|^2 = \|\mathbf{x}\|^2 + \|\mathbf{y}\|^2 - 2\|\mathbf{x}\|\,\|\mathbf{y}\|\cos\theta$$

이고,

$$\begin{aligned}\|\mathbf{x}-\mathbf{y}\|^2 &= (x_1-y_1)^2+(x_2-y_2)^2+(x_3-y_3)^2\\ &= x_1^2+x_2^2+x_3^2+\ y_1^2+y_2^2+y_3^2-2(x_1y_1+x_2y_2+x_3y_3)\\ &= \|\mathbf{x}\|^2+\|\mathbf{y}\|^2-2(x_1y_1+x_2y_2+x_3y_3)\end{aligned}$$

이므로

$$\cos\theta=\frac{x_1y_1+x_2y_2+x_3y_3}{\|\mathbf{x}\|\,\|\mathbf{y}\|} \qquad ①$$

임을 알 수 있다.

길이, 거리, 각에 대한 벡터적인 의미는 두 벡터의 스칼라적의 표현을 사용하여 나타낼 수 있다.

> **정의 3.2.4** $\mathbb{R}^3$의 두 벡터 $\mathbf{x}=(x_1,\ x_2,\ x_3)$, $\mathbf{y}=(y_1,\ y_2,\ y_3)$에 대하여
>
> $$\mathbf{x}\bullet\mathbf{y}=<\mathbf{x},\mathbf{y}>=\ x_1y_1+x_2y_2+x_3y_3$$
>
> 를 $\mathbf{x}$와 $\mathbf{y}$의 **내적**(inner product) 또는 **스칼라적**(scalar product)이라 한다.

내적 $\mathbf{u}\bullet\mathbf{v}$는 $\mathbf{u}$와 $\mathbf{v}$에 대응하는 성분들의 곱의 합이다. 우리가 정의한 이 '곱셈'은 두 가지 점에서 중요하다. 첫 번째로, $\mathbf{u}$와 $\mathbf{v}$는 반드시 같은 개수의 성분들을 가지고 있어야 한다. 두 번째로, 스칼라적 $\mathbf{u}\bullet\mathbf{v}$는 다른 벡터가 아닌 숫자이다. 이는 왜 $\mathbf{u}\bullet\mathbf{v}$가 $\mathbf{u}$와 $\mathbf{v}$의 스칼라적이라고 하는지에 대한 이유가 된다.

위 정의와 식 ①부터 0 아닌 두 벡터 $\mathbf{x}$, $\mathbf{y}$에 대하여 다음이 성립한다.

$$\cos\theta=\frac{\mathbf{x}\bullet\mathbf{y}}{\|\mathbf{x}\|\,\|\mathbf{y}\|}\quad \text{또는}\quad \mathbf{x}\bullet\mathbf{y}=\|\mathbf{x}\|\,\|\mathbf{y}\|\cos\theta$$

이 표현에서 알 수 있듯이 벡터의 내적을 이용하여 두 벡터 사이의 각 θ를 구할 수 있다. $\theta=\frac{\pi}{2}$ 이면 $\mathbf{x}$와 $\mathbf{y}$는 **직교한다**(orthogonal)고 하며, $\theta=0$ 이거나 $\theta=\pi$ 이면 $\mathbf{x}$와 $\mathbf{y}$는 **평행하다**(parallel)고 한다. 즉

$$\mathbf{x}\text{와 }\mathbf{y}\text{는 직교한다.} \Leftrightarrow \mathbf{x}\bullet\mathbf{y}=0$$
$$\mathbf{x}\text{와 }\mathbf{y}\text{는 평행하다.} \Leftrightarrow \mathbf{x}=k\mathbf{y}\text{인 } k\in\mathbb{R}\text{ 가 존재한다.}$$

영벡터는 모든 벡터와 직교하며 또한 평행하다고 할 수 있다. 특히 내적의 정의로부터 $\mathbf{x}=\mathbf{y}$이면

$$\mathbf{x} \cdot \mathbf{x} = x_1^2 + x_2^2 + x_3^2 = \| \mathbf{x} \|^2$$

이므로

$$\| \mathbf{x} \| = \sqrt{\mathbf{x} \cdot \mathbf{x}}$$

임을 알 수 있다.

예제 3 $\mathbf{x}=(-1,\ 2,\ 2)$, $\mathbf{y}=(-1,\ 1,\ 0)$, $\mathbf{z}=(4,\ 1,\ 1)$에 대하여 $\mathbf{x}$와 $\mathbf{y}$ 사이의 각 θ를 구하고, $\mathbf{x}$와 $\mathbf{z}$가 직교함을 보여라.

풀이

$$\mathbf{x} \cdot \mathbf{y} = (-1)\cdot(-1)+2\cdot 1+2\cdot 0=3$$

$$\|\mathbf{x}\| = \sqrt{(-1)^2+2^2+2^2}=3$$

$$\|\mathbf{y}\| = \sqrt{(-1)^2+1^2+0^2}=\sqrt{2}$$

이다. 따라서

$$\cos\theta = \frac{\mathbf{x}\cdot\mathbf{y}}{\|\mathbf{x}\|\|\mathbf{y}\|} = \frac{1}{\sqrt{2}}$$

이므로 $\theta=45^\circ$ 이다. 또한

$$\mathbf{x} \cdot \mathbf{z} = (-1)\cdot 4+2\cdot 1+2\cdot 1=0$$

이므로 $\mathbf{x}$와 $\mathbf{z}$는 직교한다. ■

이제 일반적인 경우로 $\mathbb{R}^n$에서 벡터의 내적을 정의하자.

정의 3.2.5 $\mathbb{R}^n$의 두 벡터 $\mathbf{x}=(x_1,\ x_2,\ \cdots,\ x_n)$, $\mathbf{y}=(y_1,\ y_2,\ \cdots,\ y_n)$에 대하여

$$\mathbf{x} \cdot \mathbf{y} = x_1y_1 + x_2y_2 + \cdots + x_ny_n$$

을 두 벡터 $\mathbf{x}$, $\mathbf{y}$의 내적이라고 한다.

임의의 두 벡터 $\mathbf{x}=(x_1,\ x_2,\ \cdots,\ x_n)$, $\mathbf{y}=(y_1,\ y_2,\ \cdots,\ y_n)\in\mathbb{R}^n$에 대하여 $\mathbf{x}$, $\mathbf{y}$의 내적 $\mathbf{x}\cdot\mathbf{y}$은 행렬의 곱을 이용하여 $\mathbf{x}\cdot\mathbf{y}=\mathbf{y}^T\mathbf{x}$로 나타내기도 한다. 또한

$$\begin{aligned}\mathbf{x} \cdot \mathbf{y} &= x_1y_1 + x_2y_2 + \cdots + x_ny_n \\ &= y_1x_1 + y_2x_2 + \cdots + y_nx_n \\ &= \mathbf{y} \cdot \mathbf{x}\end{aligned}$$

이다. 특히 $\mathbf{x} \cdot \mathbf{x} = \mathbf{x}^T\mathbf{x} = \|\mathbf{x}\|^2$ 이다.

예제 4 두 벡터 $\mathbf{x} = (0,\ -1,\ 2,\ 2,\ 4)$, $\mathbf{y} = (1,\ -2,\ -1,\ 0,\ 1)$의 내적을 구하여라.

풀이 $\mathbf{x} \cdot \mathbf{y} = 0 \cdot 1 + (-1) \cdot (-2) + 2 \cdot (-1) + 2 \cdot 0 + 4 \cdot 1$

$= 2 - 2 + 4$

$= 4$ ■

내적의 중요한 성질들은 다음과 같다.

정리 3.2.6 $\mathbb{R}^n$의 벡터 $\mathbf{x}$, $\mathbf{y}$, $\mathbf{z}$와 실수 k에 대하여 다음이 성립한다.

(a) $\mathbf{x} \cdot \mathbf{x} \geq 0$, $\mathbf{x} \cdot \mathbf{x} = 0 \iff \mathbf{x} = \mathbf{0}$

(b) $\mathbf{x} \cdot \mathbf{y} = \mathbf{y} \cdot \mathbf{x}$ (교환법칙)

(c) $(\mathbf{x}+\mathbf{y}) \cdot \mathbf{z} = \mathbf{x} \cdot \mathbf{z} + \mathbf{y} \cdot \mathbf{z}$ (분배법칙)

(d) $(k\mathbf{x}) \cdot \mathbf{y} = \mathbf{x} \cdot (k\mathbf{y}) = k(\mathbf{x} \cdot \mathbf{y})$

증명 (a), (b), (c)는 연습문제로 남기고 (d)만을 증명한다.

$\mathbb{R}^n$의 벡터 $\mathbf{x} = (x_1,\ x_2,\ \cdots,\ x_n)$, $\mathbf{y} = (y_1,\ y_2,\ \cdots,\ y_n)$에 대하여

$$(k\mathbf{x}) \cdot \mathbf{y} = (kx_1)y_1 + (kx_2)y_2 + \cdots + (kx_n)y_n$$

$$\mathbf{x} \cdot (k\mathbf{y}) = x_1(ky_1) + x_2(ky_2) + \cdots + x_n(ky_n)$$

$$k(\mathbf{x} \cdot \mathbf{y}) = k(x_1y_1) + k(x_2y_2) + \cdots + k(x_ny_n)$$

이므로 실수의 성질로부터 (d)가 성립한다. ■

다음은 선형대수에서 가장 중요한 부등식의 하나인 $\mathbb{R}^n$에서의 코시-슈바르츠 부등식이다.

정리 3.2.7 (코시-슈바르츠 부등식) 임의의 $\mathbf{x}$, $\mathbf{y} \in \mathbb{R}^n$에 대하여

$$|\mathbf{x} \cdot \mathbf{y}| \leq \|\mathbf{x}\|\,\|\mathbf{y}\|$$

이다. 단 등호는 $\mathbf{x}$, $\mathbf{y}$ 중 하나가 다른 것의 스칼라배일 때만 성립한다.

증명 $\mathbf{x} = \mathbf{0}$ 또는 $\mathbf{y} = \mathbf{0}$이면 좌변$= 0 =$우변이므로 위 정리는 성립한다. 따라서 $\mathbf{x} \neq \mathbf{0}$이고 $\mathbf{y} \neq \mathbf{0}$일 경우에 대하여 증명하면 충분하다. 임의의 실수 t에 대하여

$$(\mathbf{x}+t\mathbf{y}) \cdot (\mathbf{x}+t\mathbf{y}) \ge 0$$

즉

$$(\mathbf{y} \cdot \mathbf{y})t^2 + 2(\mathbf{x} \cdot \mathbf{y})t + \mathbf{x} \cdot \mathbf{x} \ge 0 \qquad ②$$

이므로 식 ②가 임의의 실수 t에 대하여 항상 성립하기 위해서는 판별식 D는 양이 아니어야 한다. 따라서

$$\begin{aligned} &D = (\mathbf{x} \cdot \mathbf{y})^2 - (\mathbf{x} \cdot \mathbf{x})(\mathbf{y} \cdot \mathbf{y}) \le 0 \\ &\Rightarrow (\mathbf{x} \cdot \mathbf{y})^2 \le (\mathbf{x} \cdot \mathbf{x})(\mathbf{y} \cdot \mathbf{y}) \\ &\Rightarrow |\, \mathbf{x} \cdot \mathbf{y} \,| \le \sqrt{\mathbf{x} \cdot \mathbf{x}}\,\sqrt{\mathbf{y} \cdot \mathbf{y}} = \|\mathbf{x}\|\,\|\mathbf{y}\| \end{aligned}$$

이다. 등호가 성립하는 것은 연습문제로 남긴다. ■

코시-슈바르츠 부등식은 $\mathbb{R}^2$, $\mathbb{R}^3$에서 두 벡터의 합의 크기에 관하여 성립하는 기하학적 성질이 일반적인 n차원에서도 성립한다는 것을 설명하는 것이다. 일반적으로 n차원에서도 다음과 같은 삼각부등식이 성립함을 알 수 있다.

정리 3.2.8 (삼각부등식 (Triangle Inequality)) 임의의 두 벡터 $\mathbf{x}$, $\mathbf{y} \in \mathbb{R}^n$에 대하여 다음이 성립한다.

$$\|\mathbf{x}+\mathbf{y}\| \le \|\mathbf{x}\| + \|\mathbf{y}\|$$

증명 두 벡터 $\mathbf{x}, \mathbf{y} \in \mathbb{R}^n$에 대하여

$$\begin{aligned} \|\mathbf{x}+\mathbf{y}\|^2 &= (\mathbf{x}+\mathbf{y}) \cdot (\mathbf{x}+\mathbf{y}) = \mathbf{x} \cdot \mathbf{x} + \mathbf{x} \cdot \mathbf{y} + \mathbf{y} \cdot \mathbf{x} + \mathbf{y} \cdot \mathbf{y} \\ &= \|\mathbf{x}\|^2 + \mathbf{x} \cdot \mathbf{y} + \mathbf{y} \cdot \mathbf{x} + \|\mathbf{y}\|^2 \end{aligned}$$

여기서 $\mathbf{x} \cdot \mathbf{y} + \mathbf{y} \cdot \mathbf{x} = 2(\mathbf{x} \cdot \mathbf{y}) \le 2\|\mathbf{x}\|\|\mathbf{y}\|$이므로 코시-슈바르츠 부등식에 의하여

$$\|\mathbf{x}+\mathbf{y}\|^2 \le \|\mathbf{x}\|^2 + 2\|\mathbf{x}\|\|\mathbf{y}\| + \|\mathbf{y}\|^2 = (\|\mathbf{x}\| + \|\mathbf{y}\|)^2$$

이므로

$$\|\mathbf{x}+\mathbf{y}\| \le \|\mathbf{x}\| + \|\mathbf{y}\|. \qquad ■$$

예제 5 두 벡터 $\mathbf{x}=(0,\ -1,\ 2,\ 2,\ 4)$, $\mathbf{y}=(1,\ -2,\ -1,\ 0,\ 1)$에 대하여 코시-슈바르츠 부등식과 삼각부등식이 성립함을 확인하여라.

풀이 $\|\mathbf{x}\|=\sqrt{25}=5$, $\|\mathbf{y}\|=\sqrt{7}$ 이다. 한편 $|\mathbf{x}\cdot\mathbf{y}|=4$ 이므로

$$|\mathbf{x}\cdot\mathbf{y}|=4\leq 5\cdot\sqrt{7}=\|\mathbf{x}\|\,\|\mathbf{y}\|$$

임을 알 수 있고,

$$\mathbf{x}+\mathbf{y}=(1,\ -3,\ 1,\ 2,\ 5)$$

이므로

$$\|\mathbf{x}+\mathbf{y}\|=\sqrt{40}\leq 5+\sqrt{7}=\|\mathbf{x}\|+\|\mathbf{y}\|.$$ ■

우리는 삼각부등식으로부터 또 다른 부등식을 유도할 수 있다. 즉

$$\|\mathbf{x}\|=\|(\mathbf{x}-\mathbf{y})+\mathbf{y}\|\leq\|\mathbf{x}-\mathbf{y}\|+\|\mathbf{y}\|\Rightarrow\|\mathbf{x}\|-\|\mathbf{y}\|\leq\|\mathbf{x}-\mathbf{y}\|$$

이고,

$$\|\mathbf{y}\|=\|(\mathbf{y}-\mathbf{x})+\mathbf{x}\|\leq\|\mathbf{y}-\mathbf{x}\|+\|\mathbf{x}\|\Rightarrow-(\|\mathbf{x}\|-\|\mathbf{y}\|)\leq\|\mathbf{x}-\mathbf{y}\|$$

이므로

$$\big|\|\mathbf{x}\|-\|\mathbf{y}\|\big|\leq\|\mathbf{x}-\mathbf{y}\|$$

임을 알 수 있다.

연습문제 3.2

[1~6] 다음 주어진 벡터들의 노름을 구하고, 주어진 벡터와 같은 방향을 갖는 단위벡터를 구하여라.

1. $\mathbf{u}=\begin{bmatrix}-1\\2\end{bmatrix}$

2. $\mathbf{u}=(3,\ -1,\ -2,\ 1,\ -2)$

3. $\mathbf{u}=\begin{bmatrix}1\\2\\3\end{bmatrix}$

4. $\mathbf{u}=(-2,\ 0,\ 1,\ -1,\ -1,\ -2)$

5. $\mathbf{u}=[1,\ \sqrt{2},\ \sqrt{3},\ 0]$

6. $\mathbf{v}=[4,\ -\sqrt{2},\ 0,\ -5]$

[7~10] 다음에 주어진 두 벡터들의 내적을 구하여라.

7. $\mathbf{u}=\begin{bmatrix}1\\2\\3\end{bmatrix},\ \mathbf{v}=\begin{bmatrix}2\\3\\1\end{bmatrix}$

8. $\mathbf{u}=(3,\ 1,\ 1,\ -1),\ \mathbf{v}=(0,\ 1,\ 1,-2)$

9. $\mathbf{u}=[1,\ \sqrt{2},\ \sqrt{3},\ 0],\ \mathbf{v}=[4,\ -\sqrt{2},\ 0,\ -5]$

10. $\mathbf{u}=\left(\frac{1}{\sqrt{2}},\ \frac{1}{\sqrt{2}},\ \frac{1}{\sqrt{2}},\ -1,\ 0,\ 1\right),\ \mathbf{v}=\left(-\frac{1}{\sqrt{2}},\ \frac{1}{\sqrt{2}},\ \frac{1}{\sqrt{2}},\ -1,\ 1,\ 1\right)$

[11~15] 다음에서 두 벡터 $\mathbf{x}$, $\mathbf{y}$ 사이의 각을 θ 라 할 때, θ 를 구하여라.

11. $\mathbf{u}=\begin{bmatrix}2\\-1\\1\end{bmatrix},\ \mathbf{v}=\begin{bmatrix}1\\-2\\-1\end{bmatrix}$

12. $\mathbf{u}=[5,\ 4,\ -3],\ \mathbf{v}=[1,\ -2,\ -1]$

13. $\mathbf{u}=[1,\ 2,\ 3,\ 4],\ \mathbf{v}=[5,\ 6,\ 7,\ 8]$

14. $\mathbf{u}=[1,\ 2,\ 3,\ 4],\ \mathbf{v}=[-3,\ 1,\ 2,\ -2]$

15. $\mathbf{u}=[0.9,\ 2.1,\ 1.2],\ \mathbf{v}=[-4.5,\ 2.6,\ -0.8]$

[16~17] 두 벡터 $\mathbf{x}=(2,\ 1,\ -2,\ -2)$, $\mathbf{y}=(1,\ -1,\ 1,\ -1)$에 대하여 다음에 답하여라.

16. 두 벡터 $\mathbf{x}$와 $\mathbf{y}$를 이용하여 코시-슈바르츠 부등식을 확인하여라.

17. 두 벡터 $\mathbf{x}$와 $\mathbf{y}$를 이용하여 삼각부등식을 확인하여라.

[18~19] 두 벡터가 수직이도록 하는 스칼라 k의 값을 모두 구하여라.

18. $\mathbf{u}=\begin{bmatrix}2\\3\end{bmatrix},\ \mathbf{v}=\begin{bmatrix}k+1\\k-1\end{bmatrix}$

19. $\mathbf{u}=\begin{bmatrix}1\\-1\\2\end{bmatrix},\ \mathbf{v}=\begin{bmatrix}k^2\\k\\-3\end{bmatrix}$

20. 다음의 세 점을 꼭짓점으로 갖는 삼각형은 직각삼각형인가?

$$P(1,\ 1,\ -1),\ Q(-3,\ 2,\ -2),\ R(2,\ 2,\ -4)$$

21. 정리 3.2.2 $\mathbb{R}^n$ 상의 벡터의 기본성질 (a)~(h)를 증명하여라.

22. 벡터 $\mathbf{z}$가 $\mathbf{x}$, $\mathbf{y}$와 각각 직교하면 $\mathbf{z}$는 벡터 $a\mathbf{x}+b\mathbf{y}\,(a,\ b\in\mathbb{R})$와 직교함을 증명하여라.

23. $\mathbb{R}^n$의 임의의 벡터 $\mathbf{x}$에 대하여 다음이 성립함을 증명하여라.

$$\mathbf{x}=(\mathbf{x}\cdot\mathbf{i})\mathbf{i}+(\mathbf{x}\cdot\mathbf{j})\mathbf{j}+(\mathbf{x}\cdot\mathbf{k})\mathbf{k}$$

24. $\mathbb{R}^n$의 벡터 $\mathbf{x}$, $\mathbf{y}$, $\mathbf{z}$와 실수 k에 대하여 다음이 성립함을 증명하여라.

(1) $\mathbf{x}\cdot\mathbf{x}\geq 0,\ \mathbf{x}\cdot\mathbf{x}=0 \ \Leftrightarrow\ \mathbf{x}=0$

(2) $\mathbf{x}\cdot\mathbf{y}=\mathbf{y}\cdot\mathbf{x}$

(3) $(\mathbf{x}+\mathbf{y})\cdot\mathbf{z}=\mathbf{x}\cdot\mathbf{z}+\mathbf{y}\cdot\mathbf{z}$

25. $\mathbf{x}\cdot\mathbf{y}=\frac{1}{4}\|\mathbf{x}+\mathbf{y}\|^2-\frac{1}{4}\|\mathbf{x}-\mathbf{y}\|^2$임을 증명하여라.

26. $\|\mathbf{x}+\mathbf{y}\|^2+\|\mathbf{x}-\mathbf{y}\|^2=2\|\mathbf{x}\|^2+2\|\mathbf{y}\|^2$임을 증명하여라.(평행사변형 정리)

3.3 벡터의 외적

기하학, 물리학, 공학 등에서 벡터를 응용할 때 종종 3차원 공간에서 주어진 두 벡터에 동시에 수직인 벡터를 구하여야 할 때가 있다. 이 절에서는 $\mathbb{R}^3$에서만 정의되는 이와 같은 벡터를 구성하는 벡터의 곱을 소개하기로 한다.

> **정의 3.3.1** $\mathbb{R}^3$의 벡터 $\mathbf{x}=(x_1, x_2, x_3)$, $\mathbf{y}=(y_1, y_2, y_3)$에 대하여
>
> $$\mathbf{x}\times\mathbf{y}=(x_2y_3-x_3y_2)\mathbf{i}+(x_3y_1-x_1y_3)\mathbf{j}+(x_1y_2-x_2y_1)\mathbf{k}$$
>
> 를 $\mathbf{x}$, $\mathbf{y}$의 **외적** 또는 **벡터적**(cross product)이라 한다.

두 벡터 $\mathbf{x}$, $\mathbf{y}$의 외적을 구할 때 $\mathbf{i}=(1, 0, 0)$, $\mathbf{j}=(0, 1, 0)$, $\mathbf{k}=(0, 0, 1)$을 실수와 같이 생각하여 다음과 같은 행렬식을 이용하면 편리하다.

$$\mathbf{x}\times\mathbf{y}=\begin{vmatrix}\mathbf{i} & \mathbf{j} & \mathbf{k}\\ x_1 & x_2 & x_3\\ y_1 & y_2 & y_3\end{vmatrix}$$

$$=\begin{vmatrix}x_2 & x_3\\ y_2 & y_3\end{vmatrix}\mathbf{i}-\begin{vmatrix}x_1 & x_3\\ y_1 & y_3\end{vmatrix}\mathbf{j}+\begin{vmatrix}x_1 & x_2\\ y_1 & y_2\end{vmatrix}\mathbf{k}$$

내적과 외적 사이에는 중요한 차이점이 있다. 내적은 두 벡터로부터 스칼라를 생성하지만 외적은 두 벡터로부터 새로운 벡터를 생성함을 알 수 있다.

예제 1 $\mathbf{x}=(1, 2, 3)$, $\mathbf{y}=(0, 2, -1)$에 대하여 $\mathbf{x}\times\mathbf{y}$, $\mathbf{x}\cdot\mathbf{y}$를 각각 구하여라.

풀이

$$\mathbf{x}\times\mathbf{y}=\begin{vmatrix}\mathbf{i} & \mathbf{j} & \mathbf{k}\\ 1 & 2 & 3\\ 0 & 2 & -1\end{vmatrix}$$

$$=(-2-6)\mathbf{i}-(-1+0)\mathbf{j}+(2-0)\mathbf{k}$$

$$=-8\mathbf{i}+\mathbf{j}+2\mathbf{k}$$

$$\mathbf{x}\cdot\mathbf{y}=1\cdot 0+2\cdot 2+3\cdot(-1)=1$$ ■

벡터의 외적에 관한 기본적인 계산규칙을 다음에 정리해 두기로 하고, 증명은 독자에게 맡긴다.

정리 3.3.2 $\mathbb{R}^3$의 세 벡터 $\mathbf{x}$, $\mathbf{y}$, $\mathbf{z}$와 임의의 스칼라 k에 대하여 다음이 성립한다.

(a) $\mathbf{x}\times\mathbf{y}=-\mathbf{y}\times\mathbf{x}$

(b) $\mathbf{x}\times(\mathbf{y}+\mathbf{z})=(\mathbf{x}\times\mathbf{y})+(\mathbf{x}\times\mathbf{z})$

(c) $(\mathbf{x}+\mathbf{y})\times\mathbf{z}=(\mathbf{x}\times\mathbf{z})+(\mathbf{y}\times\mathbf{z})$

(d) $k(\mathbf{x}\times\mathbf{y})=(k\mathbf{x})\times\mathbf{y}=\mathbf{x}\times(k\mathbf{y})$

(e) $\mathbf{x}\times\mathbf{0}=\mathbf{0}\times\mathbf{x}=\mathbf{0}$

(f) $\mathbf{x}\times\mathbf{x}=\mathbf{0}$

위의 정리로부터 $\mathbb{R}^3$의 표준단위벡터에 대하여 다음이 성립함을 알 수 있다.

$$\mathbf{i}\times\mathbf{i}=\mathbf{j}\times\mathbf{j}=\mathbf{k}\times\mathbf{k}=\mathbf{0}$$
$$\mathbf{i}\times\mathbf{j}=\mathbf{k},\ \mathbf{j}\times\mathbf{k}=\mathbf{i},\ \mathbf{k}\times\mathbf{i}=\mathbf{j}$$
$$\mathbf{j}\times\mathbf{i}=-\mathbf{k},\ \mathbf{k}\times\mathbf{j}=-\mathbf{i},\ \mathbf{i}\times\mathbf{k}=-\mathbf{j}$$

예제 2 $\mathbb{R}^3$의 두 벡터 $\mathbf{x}=3\mathbf{i}+\mathbf{k}$, $\mathbf{y}=\mathbf{i}+2\mathbf{j}-2\mathbf{k}$와 $\mathbf{z}=2\mathbf{i}-\mathbf{k}$에 대하여 정리 3.3.2의 (b)가 성립함을 확인하여라.

풀이 $\mathbf{y}+\mathbf{z}=3\mathbf{i}+2\mathbf{j}-3\mathbf{k}$이므로

$$\mathbf{x}\times(\mathbf{y}+\mathbf{z})=\begin{vmatrix}\mathbf{i}&\mathbf{j}&\mathbf{k}\\3&0&1\\3&2&-3\end{vmatrix}=-2\mathbf{i}+12\mathbf{j}+6\mathbf{k}$$

이고

$$\mathbf{x}\times\mathbf{y}=\begin{vmatrix}\mathbf{i}&\mathbf{j}&\mathbf{k}\\3&0&1\\1&2&-2\end{vmatrix}=-2\mathbf{i}+7\mathbf{j}+6\mathbf{k}\ ,\quad \mathbf{x}\times\mathbf{z}=\begin{vmatrix}\mathbf{i}&\mathbf{j}&\mathbf{k}\\3&0&1\\2&0&-1\end{vmatrix}=5\mathbf{j}$$

이므로 $\mathbf{x}\times(\mathbf{y}+\mathbf{z})=(\mathbf{x}\times\mathbf{y})+(\mathbf{x}\times\mathbf{z})$이다. ■

다음 정리는 내적과 외적 사이에 성립하는 몇 가지 중요한 관계들이다. 이 정리 중에서 (d)와 (e)의 증명은 연습문제로 남긴다.

정리 3.3.3 $\mathbb{R}^3$의 벡터 $\mathbf{x}$, $\mathbf{y}$, $\mathbf{z}$에 대하여 다음 등식이 성립한다.

(a) $\mathbf{x}\cdot(\mathbf{x}\times\mathbf{y})=0$

(b) $\mathbf{y}\cdot(\mathbf{x}\times\mathbf{y})=0$

(c) $\|\mathbf{x}\times\mathbf{y}\|^2=\|\mathbf{x}\|^2\|\mathbf{y}\|^2-(\mathbf{x}\cdot\mathbf{y})^2$

(d) $\mathbf{x}\times(\mathbf{y}\times\mathbf{z})=(\mathbf{x}\cdot\mathbf{z})\mathbf{y}-(\mathbf{x}\cdot\mathbf{y})\mathbf{z}$

(e) $(\mathbf{x}\times\mathbf{y})\times\mathbf{z}=(\mathbf{x}\cdot\mathbf{z})\mathbf{y}-(\mathbf{y}\cdot\mathbf{z})\mathbf{x}$

증명 (a) $\mathbf{x}=(x_1,\ x_2,\ x_3)$, $\mathbf{y}=(y_1,\ y_2,\ y_3)$라 하면 다음이 성립한다.

$$\begin{aligned}\mathbf{x}\cdot(\mathbf{x}\times\mathbf{y}) &= x_1(x_2y_3-x_3y_2)+x_2(x_2y_1-x_1y_3)+x_3(x_1y_2-x_2y_1)\\ &=0\end{aligned}$$

(b) (a)와 같은 방법으로 $\mathbf{y}\cdot(\mathbf{x}\times\mathbf{y})=0$임을 알 수 있다.

(c) $\|\mathbf{x}\times\mathbf{y}\|^2=(x_2y_3-x_3y_2)^2+(x_3y_1-x_1y_3)^2+(x_1y_2-x_2y_1)^2$이고

$$\|\mathbf{x}\|^2\|\mathbf{y}\|^2-(\mathbf{x}\cdot\mathbf{y})^2=(x_1^2+x_2^2+x_3^2)(y_1^2+y_2^2+y_3^2)-(x_1y_1+x_2y_2+x_3y_3)^2$$

이므로 두 식의 우변을 각각 전개하여 비교하면 일치하는 것을 알 수 있다. 따라서

$$\|\mathbf{x}\times\mathbf{y}\|^2=\|\mathbf{x}\|^2\|\mathbf{y}\|^2-(\mathbf{x}\cdot\mathbf{y})^2.$$ ■

예제 3 $\mathbb{R}^3$의 두 벡터 $\mathbf{x}=3\mathbf{i}+\mathbf{k}$, $\mathbf{y}=\mathbf{i}+2\mathbf{j}-2\mathbf{k}$와 $\mathbf{z}=2\mathbf{i}-\mathbf{k}$에 대하여 정리 3.3.3의 (d)가 성립함을 확인하여라.

풀이 $\mathbf{y}\times\mathbf{z}=-2\mathbf{i}-3\mathbf{j}-4\mathbf{k}$이므로

$$\mathbf{x}\times(\mathbf{y}\times\mathbf{z})=\begin{vmatrix}\mathbf{i} & \mathbf{j} & \mathbf{k}\\ 3 & 0 & 1\\ -2 & -3 & -4\end{vmatrix}=3\mathbf{i}+10\mathbf{j}-9\mathbf{k}$$

이고

$$(\mathbf{x}\cdot\mathbf{z})\mathbf{y}-(\mathbf{x}\cdot\mathbf{y})\mathbf{z}=5\mathbf{y}-\mathbf{z}=3\mathbf{i}+10\mathbf{j}-9\mathbf{k}$$

이므로 위 두 식으로부터 (d)가 성립함을 알 수 있다. ■

내적과 외적 사이에 성립하는 관계에 관한 정리 3.3.3의 (a)와 (b)로부터 $\mathbf{x}\times\mathbf{y}$는 두 벡터 $\mathbf{x}$와 $\mathbf{y}$에 동시에 직교함을 알 수 있다. 따라서 $\mathbf{x}$와 $\mathbf{y}$가 평행이 아니면 $\mathbf{x}\times\mathbf{y}$는 이 두 벡터가 결정하는 평면에 수직인 벡터이다. 이때 벡터 $\mathbf{x}\times\mathbf{y}$의 방향은 소위 **오른손법칙**(right hand rule)에 의하여 구할 수 있다. $\mathbf{x}$와 $\mathbf{y}$가 이루는 각을 θ라 하고, $\mathbf{x}$를 θ만큼 회전시켜서 $\mathbf{y}$에 포갤 수 있다고 하자. 이 경우 $\mathbf{x}$에서 $\mathbf{y}$로 향해 오른손을 꽉 쥐면 그 엄지손가락의 방향이 $\mathbf{x}\times\mathbf{y}$의 방향이라고 생각하면 된다.

또한 내적과 외적 사이에 성립하는 관계에 관한 정리 3.3.3의 (c)로부터 다음이 성립한다.

$$\|\mathbf{x}\times\mathbf{y}\|^2 = \|\mathbf{x}\|^2\|\mathbf{y}\|^2 - (\mathbf{x}\cdot\mathbf{y})^2$$
$$= \|\mathbf{x}\|^2\|\mathbf{y}\|^2 - \|\mathbf{x}\|^2\|\mathbf{y}\|^2\cos^2\theta$$
$$= \|\mathbf{x}\|^2\|\mathbf{y}\|^2(1-\cos^2\theta)$$
$$= \|\mathbf{x}\|^2\|\mathbf{y}\|^2\sin^2\theta$$

따라서

$$\|\mathbf{x}\times\mathbf{y}\| = \|\mathbf{x}\|\,\|\mathbf{y}\|\sin\theta$$

이므로 벡터 $\mathbf{x}\times\mathbf{y}$의 크기는 $\mathbf{x}$와 $\mathbf{y}$가 만드는 평행사변형의 넓이와 같다.

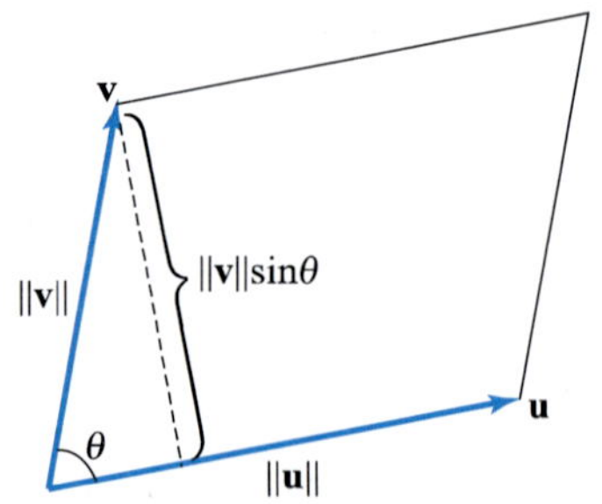

그림 3.11

예제 4 세 점 $P(2,\ 2,\ 0)$, $Q(-1,\ 0,\ 2)$, $R(0,\ 4,\ 3)$을 꼭짓점으로 갖는 삼각형의 넓이를 구하여라.

풀이 세 점을 꼭짓점으로 갖는 삼각형의 넓이 A는 벡터 $\overrightarrow{\mathrm{PQ}}$, $\overrightarrow{\mathrm{PR}}$가 만드는 평행사변형의 넓이의 반이다.

$$\overrightarrow{\mathrm{PQ}} = (-3,\ -2, 2),$$
$$\overrightarrow{PR} = (-2,\ 2,\ 3)$$

이므로

$$\overrightarrow{\mathrm{PQ}}\times\overrightarrow{\mathrm{PR}} = (-10,\ 5, -10).$$

따라서 삼각형의 넓이 A는 다음과 같다.

$$A = \frac{1}{2}\|\overrightarrow{\mathrm{PQ}}\times\overrightarrow{\mathrm{PR}}\| = \frac{15}{2}$$ ■

정의 3.3.4 $\mathbb{R}^3$의 세 벡터 $\mathbf{x}=(x_1,\ x_2,\ x_3)$, $\mathbf{y}=(y_1,\ y_2,\ y_3)$, $\mathbf{z}=(z_1,\ z_2,\ z_3)$에 대하여 $\mathbf{x}\cdot(\mathbf{y}\times\mathbf{z})$를 $\mathbf{x}$, $\mathbf{y}$와 $\mathbf{z}$의 **스칼라 삼중적**(scalar triple product)이라 한다.

세 벡터 $\mathbf{x}=(x_1,\ x_2,\ x_3)$, $\mathbf{y}=(y_1,\ y_2,\ y_3)$, $\mathbf{z}=(z_1,\ z_2,\ z_3)$의 스칼라 삼중적은 벡터의 외적의 정의에 의하여 다음과 같이 쉽게 구할 수 있다.

$$\begin{aligned}\mathbf{x}\cdot(\mathbf{y}\times\mathbf{z}) &= (x_1,\ x_2,\ x_3)\cdot\left(\begin{vmatrix} y_2 & y_3 \\ z_2 & z_3\end{vmatrix},\ \begin{vmatrix} y_1 & y_3 \\ z_1 & z_3\end{vmatrix},\ \begin{vmatrix} y_1 & y_2 \\ z_1 & z_2\end{vmatrix}\right) \\ &= \begin{vmatrix} x_1 & x_2 & x_3 \\ y_1 & y_2 & y_3 \\ z_1 & z_2 & z_3\end{vmatrix}\end{aligned}$$

벡터의 외적의 성질로부터 행렬

$$A=\begin{bmatrix} a_1 & a_2 \\ b_1 & b_2\end{bmatrix}$$

의 행렬식 $|A|$의 절댓값은 $\mathbb{R}^2$에서 두 벡터 $\mathbf{x}=(a_1,\ a_2)$, $\mathbf{y}=(b_1,\ b_2)$가 이루는 평행사변형의 넓이와 같음을 알 수 있다. 벡터의 차원을 피하기 위하여 $\mathbf{x}$, $\mathbf{y}$를 $\mathbb{R}^3$의 벡터라 하면 $\mathbf{x}=(a_1,\ a_2,\ 0)$, $\mathbf{y}=(b_1,\ b_2,\ 0)$과 같이 쓸 수 있고, 두 벡터의 외적은

$$\begin{aligned}\mathbf{x}\times\mathbf{y} &= \begin{vmatrix} \mathbf{i} & \mathbf{j} & \mathbf{k} \\ a_1 & a_2 & 0 \\ b_1 & b_2 & 0\end{vmatrix} \\ &= \begin{vmatrix} a_1 & a_2 \\ b_1 & b_2\end{vmatrix}\mathbf{k}\end{aligned}$$

이므로

$$\|\mathbf{x}\times\mathbf{y}\| = \left|\det\begin{bmatrix} a_1 & a_2 \\ b_1 & b_2\end{bmatrix}\right|$$

이다.

다음 정리는 3×3 행렬의 행렬식의 기하학적 해석을 제공하고 있다.

정리 3.3.5 $\mathbb{R}^3$의 벡터 $\mathbf{x}=(x_1,\ x_2,\ x_3)$, $\mathbf{y}=(y_1,\ y_2,\ y_3)$, $\mathbf{z}=(z_1,\ z_2,\ z_3)$가 만드는 평행육면체의 부피는 세 벡터의 삼중적의 절댓값과 같다.

증명 그림 3.12에서와 같이 $\mathbf{x}$, $\mathbf{y}$와 $\mathbf{z}$가 만드는 평행육면체의 밑면을 $\mathbf{x}$와 $\mathbf{y}$가 만드는 평행사변형이라 하자. 그러면 밑면의 넓이는 $\|\mathbf{x}\times\mathbf{y}\|$이고, $\mathbf{z}$와 $\mathbf{x}\times\mathbf{y}$ 사이의 각을 θ라 하면 $\mathbf{x}\times\mathbf{y}$는 밑면에 수직이므로 평행육면체의 높이는 $h=\|\mathbf{z}\||\cos\theta|$이다.

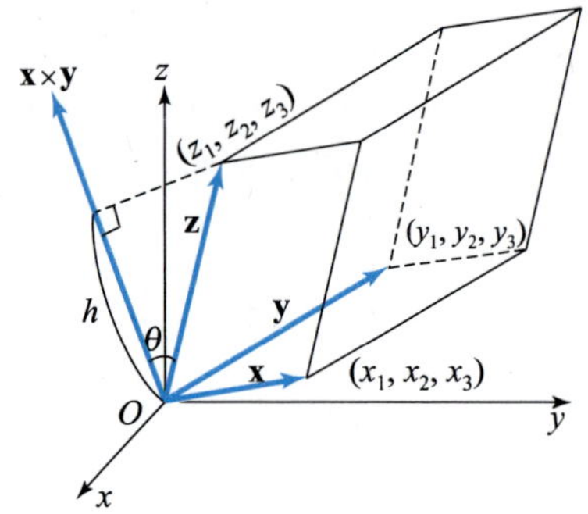

그림 3.12

따라서 부피 V는 다음과 같다.

$$V = \|\mathbf{x}\times\mathbf{y}\|\,\|\mathbf{z}\|\,|\cos\theta| = |(\mathbf{x}\times\mathbf{y})\cdot\mathbf{z}|$$

$$= \left|\det\begin{bmatrix} z_1 & z_2 & z_3 \\ x_1 & x_2 & x_3 \\ y_1 & y_2 & y_3 \end{bmatrix}\right|$$

즉, 평행육면체의 부피는 세 벡터의 삼중적의 절댓값과 같다. ■

예제 5 예제 4의 세 점 P, Q, R과 점 $S(4,\ -2\ -3)$에 대하여 선분 PQ, PR, PS를 이웃하는 세 변으로 하는 평행육면체의 부피 V를 구하여라.

풀이 $\mathbf{x}=\overrightarrow{\mathrm{PQ}}$, $\mathbf{y}=\overrightarrow{\mathrm{PR}}$, $\mathbf{z}=\overrightarrow{\mathrm{PS}}$라 하면

$$\mathbf{x}=(-3,\ -2, 2),\ \mathbf{y}=(-2,\ 2,\ 3),\ \mathbf{z}=(2,\ -4,\ 3)$$

이므로

$$(\mathbf{x}\times\mathbf{y})\cdot\mathbf{z} = \begin{vmatrix} -3 & -2 & 2 \\ -2 & 2 & 3 \\ 2 & -4 & 3 \end{vmatrix} = -70$$

이고, 따라서

$$V = |-70| = 70.$$ ■

연습문제 3.3

[1~4] $\mathbf{x}=(3,\ 2,\ -1)$, $\mathbf{y}=(0,\ 2,\ -3)$, $\mathbf{z}=(2,\ 6,\ 7)$일 때 다음을 계산하여라.

1. $\mathbf{x}\times\mathbf{y}$
2. $\mathbf{y}\times\mathbf{x}$
3. $\mathbf{x}\times(\mathbf{y}\times\mathbf{z})$
4. $(\mathbf{x}\times\mathbf{y})\times\mathbf{z}$

[5~8] 다음에서 두 벡터 $\mathbf{x}$, $\mathbf{y}$에 동시에 직교하는 벡터를 구하여라.

5. $\mathbf{x}=(-6,\ 4,\ 2)$, $\mathbf{y}=(3,\ 1,\ 5)$
6. $\mathbf{x}=(4,\ 3,\ -1)$, $\mathbf{y}=(2,\ 0,\ -2)$
7. $\mathbf{x}=(3,\ 1,\ 5)$, $\mathbf{y}=(6,\ 4,\ 2)$
8. $\mathbf{x}=(-2,\ 1,\ 5)$, $\mathbf{y}=(2,\ 0,\ -2)$

[9~12] 다음 $\mathbf{x}$와 $\mathbf{y}$가 만드는 평행사변형의 넓이를 구하여라.

9. $\mathbf{x}=(1,\ -1,\ 2)$, $\mathbf{y}=(0,\ 3,\ 1)$
10. $\mathbf{x}=(1,\ 3,\ 2)$, $\mathbf{y}=(3,1,\ 5)$
11. $\mathbf{x}=(6,\ -2,8)$, $\mathbf{y}=(3,-1,\ 4)$
12. $\mathbf{x}=(2,\ 3,\ 0)$, $\mathbf{y}=(-1,\ 2,\ -2)$

[13~16] 다음 세 점 P, Q, R을 꼭짓점으로 갖는 삼각형의 넓이를 구하여라.

13. $P(2,\ 6,\ -1)$, $Q(1,\ 1,\ 1)$, $R(4,\ 6,\ 2)$
14. $P(0,\ -3,\ 1)$, $Q(0,\ 0,\ 2)$, $R(2,\ 1,\ 3)$
15. $P(1,\ 2,\ 3)$, $Q(3,\ 2,\ -1)$, $R(4,\ 3,\ 0)$
16. $P(1,\ -6,\ 1)$, $Q(7,\ 2,\ 1)$, $R(-3,\ 2,\ 6)$

17. 위의 문제 13~16에 주어진 세 점과 점 $S(0,\ 1,\ 6)$에 대하여 선분 PQ, PR, PS를 이웃하는 세 변으로 하는 평행육면체의 부피를 구하여라.

[18~24] $\mathbf{x}\cdot(\mathbf{y}\times\mathbf{z})=3$일 때, 다음을 구하여라.

18. $\mathbf{x}\cdot(\mathbf{z}\times\mathbf{y})$
19. $(\mathbf{y}\times\mathbf{z})\cdot\mathbf{x}$
20. $\mathbf{z}\cdot(\mathbf{x}\times\mathbf{y})$
21. $\mathbf{y}\cdot(\mathbf{x}\times\mathbf{z})$
22. $(\mathbf{x}\times\mathbf{z})\cdot\mathbf{y}$
23. $\mathbf{y}\cdot(\mathbf{z}\times\mathbf{z})$
24. $(\mathbf{x}+\mathbf{y})\times(\mathbf{x}-\mathbf{y})$를 간단히 하여라.

[25~34] $\mathbb{R}^3$의 벡터 $\mathbf{x}$, $\mathbf{y}$, $\mathbf{z}$와 스칼라 k에 대하여 다음이 성립함을 보여라.

25. $\mathbf{x}\times\mathbf{y}=-\mathbf{y}\times\mathbf{x}$
26. $\mathbf{x}\times(\mathbf{y}+\mathbf{z})=(\mathbf{x}\times\mathbf{y})+(\mathbf{x}\times\mathbf{z})$
27. $(\mathbf{x}+\mathbf{y})\times\mathbf{z}=(\mathbf{x}\times\mathbf{z})+(\mathbf{y}\times\mathbf{z})$
28. $k(\mathbf{x}\times\mathbf{y})=(k\mathbf{x})\times\mathbf{y}=\mathbf{x}\times(k\mathbf{y})$
29. $\mathbf{x}\times 0=0\times\mathbf{x}=0$

30. $\mathbf{x}\times\mathbf{x}=0$

31. $\mathbf{x}\times(\mathbf{y}\times\mathbf{z})=(\mathbf{x}\cdot\mathbf{z})\mathbf{y}-(\mathbf{x}\cdot\mathbf{y})\mathbf{z}$

32. $(\mathbf{x}\times\mathbf{y})\times\mathbf{z}=(\mathbf{x}\cdot\mathbf{z})\mathbf{y}-(\mathbf{y}\cdot\mathbf{z})\mathbf{x}$

33. $(\mathbf{x}+k\mathbf{y})\times\mathbf{y}=\mathbf{x}\times\mathbf{y}$

34. $\mathbf{x}\cdot(\mathbf{y}\times\mathbf{z})=-(\mathbf{x}\times\mathbf{z})\cdot\mathbf{y}$

35. $\mathbb{R}^3$의 벡터 $\mathbf{x}$, $\mathbf{y}$에 대하여, $\mathbf{x}$와 $\mathbf{y}$가 평행일 필요충분조건은 $\mathbf{x}\times\mathbf{y}=\mathbf{0}$임을 보여라.

36. $\mathbf{x}$, $\mathbf{y}$, $\mathbf{z}$, $\mathbf{w}$가 동일 평면에 있으면 $(\mathbf{x}\times\mathbf{y})\times(\mathbf{z}\times\mathbf{w})=0$임을 증명하여라.

37. 다음을 증명하여라(Jacobi 항등식).

$$(\mathbf{x}\times\mathbf{y})\times\mathbf{z}+(\mathbf{y}\times\mathbf{z})\times\mathbf{x}+(\mathbf{z}\times\mathbf{x})\times\mathbf{y}=\mathbf{0}$$

Chapter

04 벡터공간

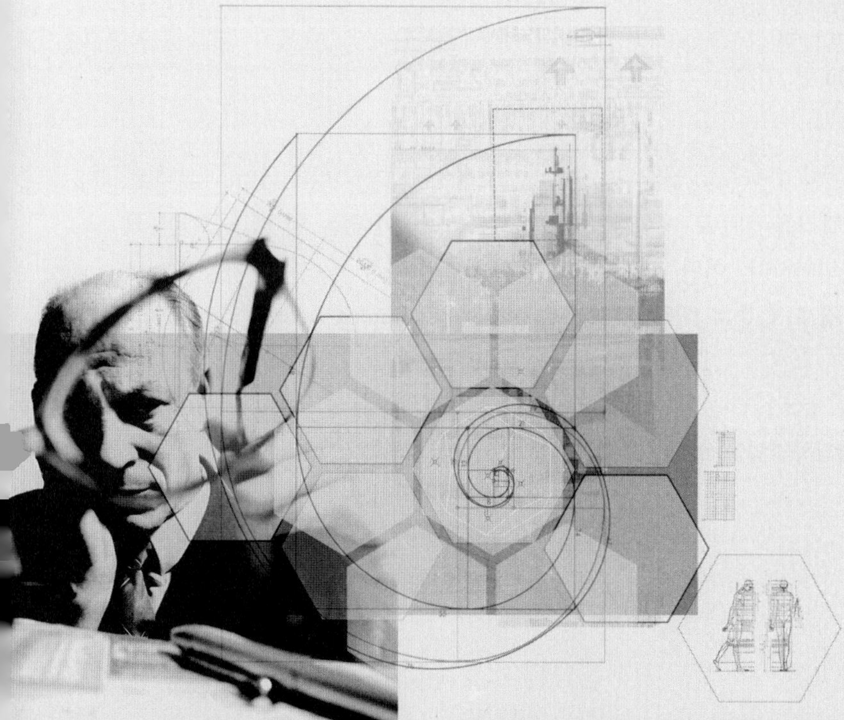

4.1 벡터공간

앞에서 우리는 $\mathbb{R}^n$을 정의하고, $\mathbb{R}^n$의 벡터에 대하여 성립하는 여러 가지 성질을 다루었다. 이제 벡터의 개념을 더욱 일반화하여 어떤 공리계를 주고 그 공리계를 만족하는 원소들의 집합을 벡터공간이라 하고, 그 집합의 원소를 벡터라 할 것이다. 벡터에 대한 이러한 추상적인 개념은 수학에 많이 이용되며 이러한 추상화는 현대수학의 특징 중 하나이다.

정의 4.1.1 (**벡터공간**(vector space)) V를 덧셈과 스칼라배로 불리는 두 연산이 정의된 공집합이 아닌 집합이라 하자. V의 임의의 두 원소 $\mathbf{u}$, $\mathbf{v}$에 대하여, $\mathbf{u}$와 $\mathbf{v}$의 덧셈은 $\mathbf{u}+\mathbf{v}$로 표시하고, V의 임의의 원소 $\mathbf{u}$와 스칼라 c에 대하여, c와 $\mathbf{u}$의 스칼라배는 $c\mathbf{u}$로 나타낸다. V의 임의의 원소 $\mathbf{u}$, $\mathbf{v}$, $\mathbf{w}$와 임의의 스칼라 c, d에 대하여, 다음 공리가 모두 만족될 때 V를 **벡터공간**(vector space)이라 하고 V에 속하는 원소를 **벡터**(vector)라고 한다.

(a) $\mathbf{u}+\mathbf{v}\in V$ (덧셈에 대한 닫힘성)

(b) $\mathbf{u}+\mathbf{v}=\mathbf{v}+\mathbf{u}$ (교환법칙)

(c) $(\mathbf{u}+\mathbf{v})+\mathbf{w}=\mathbf{u}+(\mathbf{v}+\mathbf{w})$ (결합법칙)

(d) V에 **영벡터**(zero vector)라 불리는 원소 $\mathbf{0}$이 존재하여, V의 모든 원소 $\mathbf{u}$에 대하여 $\mathbf{u}+\mathbf{0}=\mathbf{u}$이다.

(e) V의 임의의 원소 $\mathbf{u}$에 대하여, $\mathbf{u}+(-\mathbf{u})=\mathbf{0}$인 V의 원소 $-\mathbf{u}$가 존재한다.

(f) $c\mathbf{u}$는 V에 속한다. (스칼라배에 대한 닫힘성)

(g) $c(\mathbf{u}+\mathbf{v})=c\mathbf{u}+c\mathbf{v}$ (분배법칙)

(h) $(c+d)\mathbf{u}=c\mathbf{u}+d\mathbf{u}$ (분배법칙)

(i) $c(d\mathbf{u})=(cd)\mathbf{u}$

(j) $1\mathbf{u}=\mathbf{u}$

이 책에서는 스칼라를 실수로 제한했으므로 특별한 언급이 없는 한 벡터공간은 $\mathbb{R}$ 상의 벡터공간을 의미한다. 어떤 경우에는 스칼라를 실수에서 복소수로 확장하는 것이 필요한데, 이 경우 $\mathbb{C}$상의 벡터공간을 **복소벡터공간**(complex vector space)이라 부른다.

예제 1 다음은 $\mathbb{R}$ 상의 벡터공간임을 쉽게 알 수 있다.

(1) $\mathbb{R}^n$의 벡터

$$\mathbf{x}=\begin{bmatrix} x_1 \\ x_2 \\ \vdots \\ x_n \end{bmatrix}, \quad \mathbf{y}=\begin{bmatrix} y_1 \\ y_2 \\ \vdots \\ y_n \end{bmatrix}$$

와 스칼라 k에 대하여, 두 벡터의 합 $\mathbf{x}+\mathbf{y}$와 스칼라배 $k\mathbf{x}$를 각각

$$\text{(i)}\ \ \mathbf{x}+\mathbf{y}=\begin{bmatrix} x_1+y_1 \\ x_2+y_2 \\ \vdots \\ x_n+y_n \end{bmatrix} \qquad\qquad \text{(ii)}\ \ k\mathbf{x}=\begin{bmatrix} kx_1 \\ kx_2 \\ \vdots \\ kx_n \end{bmatrix}$$

와 같이 정의하면 $\mathbb{R}^n$은 이 연산에 관한 벡터공간임을 알 수 있다. 이 연산을 $\mathbb{R}^n$의 표준연산이라고 한다.

(2) 집합 P_n을 계수가 실수인 n차 이하의 다항식 전체의 집합이라 하자. 즉

$$P_n=\left\{a_0+a_1t+a_2t^2+\cdots+a_nt^n \mid a_0,\ a_1,\ \cdots,\ a_n\in\mathbb{R}\right\}$$

$$p(t)=a_0+a_1t+a_2t^2+\cdots+a_nt^n,$$

$$q(t)=b_0+b_1t+b_2t^2+\cdots+b_nt^n\in P_n$$

과 스칼라 $k\in\mathbb{R}$ 에 대하여 덧셈과 스칼라배를 각각

$$p(t)+q(t)=(a_0+b_0)+(a_1+b_1)t+\cdots+(a_n+b_n)t^n$$

$$kp(t)=(ka_0)+(ka_1)t+\cdots+(ka_n)t^n$$

과 같이 정의하면, P_n은 이 연산에 관하여 벡터공간이다.

(3) $M_{m,n}(\mathbb{R})$을 $m\times n$ 행렬 전체의 집합이라 하자. 이때 1.2절에서 정의된 행렬의 합과 스칼라배에 대하여 $M_{m,n}(\mathbb{R})$은 벡터공간이다.

(4) 집합 $V=\{\mathbf{0}\}$에서 스칼라 k에 대하여 덧셈과 스칼라배를 각각

$$\mathbf{0}+\mathbf{0}=\mathbf{0}, \qquad k\mathbf{0}=\mathbf{0}$$

과 같이 정의하면 V는 이 연산에 관하여 벡터공간이다. 이 벡터공간을 **영벡터공간** (zero vector space)이라 한다. ■

V를 벡터공간이라 할 때, 임의의 벡터 $\mathbf{x}\in V$와 스칼라 k에 대하여 다음이 성립함을 쉽게 알 수 있다.

$$0\mathbf{x}=\mathbf{0},\ \ k\mathbf{0}=\mathbf{0},\ \ (-1)\mathbf{x}=-\mathbf{x}$$

$$k\mathbf{x}=\mathbf{0} \Leftrightarrow k=0 \text{ 또는 } \mathbf{x}=\mathbf{0}$$

예제 2 집합 L_0, L_1을 각각 직선 $y=x$, $y=x+1$ 위의 점의 집합이라 하자. 즉

$$L_0=\left\{\begin{bmatrix}x\\y\end{bmatrix}\in\mathbb{R}^2 \mid \mathbf{x}-\mathbf{y}=0\right\},\ L_1=\left\{\begin{bmatrix}x\\y\end{bmatrix}\in\mathbb{R}^2 \mid \mathbf{x}-\mathbf{y}+1=0\right\}.$$

L_0, L_1에서의 덧셈과 스칼라배를 각각 위의 $\mathbb{R}^n\,(n=2)$에서와 같이 정의하면 이 연산에 관하여 L_0는 벡터공간이지만 L_1은 벡터공간이 아님을 보여라.

풀이 (i) 집합 L_0의 경우:

A : $\mathbf{x}=(x_1,\ x_2)$, $\mathbf{y}=(y_1,\ y_2)\in L_0$이면 $x_1-x_2=0$, $y_1-y_2=0$이고 $\mathbf{x}+\mathbf{y}=(x_1+y_1,\ x_2+y_2)$이다. 따라서

$$(x_1+y_1)-(x_2+y_2)=(x_1-x_2)+(y_1-y_2)=0$$

이므로 $\mathbf{x}+\mathbf{y}\in L_0$이다.

SM : $\mathbf{x}=(x_1,\ x_2)\in L_0$, $k\in\mathbb{R}$ 이면 $x_1-x_2=0$이고 $kx=(kx_1,\ kx_2)$이다. 따라서

$$kx_1-kx_2=k(x_1-x_2)=0$$

이므로 $k\mathbf{x}\in L_0$이다.

그리고 집합 L_0에서 나머지 여덟 개의 연산법칙이 성립하는 것은 쉽게 보일 수 있다. 따라서 L_0는 이 연산에 관하여 벡터공간이다. 이 경우에 벡터는 직선 $y=x$ 위에 있는 점이다.

(ii) 집합 L_1의 경우:

A : $\mathbf{x}=(x_1,\ x_2)$, $\mathbf{y}=(y_1,\ y_2)\in L_1$이면 $x_1-x_2+1=0$, $y_1-y_2+1=0$이고 $\mathbf{x}+\mathbf{y}=(x_1+y_1,\ x_2+y_2)$이다. 그런데

$$(x_1+y_1)-(x_2+y_2)+1=(x_1-x_2+1)+(y_1-y_2)=-1$$

이므로 $\mathbf{x}+\mathbf{y}\not\in L_1$이다.

따라서 L_1은 이 연산에 관하여 벡터공간이 아니다. ■

위의 예제 2에서 L_0는 벡터공간 $\mathbb{R}^2$의 부분집합이고 벡터공간이었다. 이와 같이 한 벡터공간이 또 다른 벡터공간을 포함할 수 있다. 즉, 한 집합에 대하여 그 부분집합을 생각할 수 있듯이 벡터공간에서도 부분공간이라고 부르는 특별한 부분집합을 생각할 수 있다.

> **정의 4.1.2** 벡터공간 V의 부분집합 $W(\neq\varnothing)$가 V에서 정의된 덧셈과 스칼라배에 관하여 그 자체로서 벡터공간을 이룰 때, W를 V의 **부분공간**(subspace)이라 한다.

일반적으로, 벡터공간 V의 부분집합 $W(\neq\varnothing)$가 부분공간임을 밝히기 위해서는

벡터공간이 되기 위한 열 가지 공리가 모두 성립한다는 것을 보여야 한다. 그러나 만일 W가 이미 벡터공간이라고 알려진 큰 집합 V의 부분집합이면 몇 가지 공리는 V로부터 유전되어 W에 대해서 증명할 필요가 없다. 다음 정리는 벡터공간 V에서 정의된 연산에 관하여 두 개의 기본법칙만 만족하면 부분집합 W가 V의 부분공간이 됨을 말해준다.

정리 4.1.3 $W(\neq \varnothing)$가 벡터공간 V의 부분집합일 때, W가 V의 부분공간이 되기 위한 필요충분조건은 다음의 두 가지 조건을 만족하는 것이다.

(a) $\mathbf{x},\ \mathbf{y} \in W \Rightarrow \mathbf{x}+\mathbf{y} \in W$

(b) $\mathbf{x} \in W,\ k \in \mathbb{R} \ \Rightarrow k\mathbf{x} \in W$

증명 조건 (a), (b)를 만족하므로 벡터공간이 되기 위한 여덟 가지 연산법칙이 W에서 성립함을 보이면 된다. W는 벡터공간 V의 부분집합이므로 연산법칙 (b), (c), (g)~(j)가 W에서도 성립한다. 또한 조건 (b)로부터 임의의 $\mathbf{x} \in W$에 대하여 $k=0$, $k=-1$이라 놓으면 각각

$$\mathbf{0} = 0\mathbf{x} \in W,\ \ \mathbf{x} = (-1)\mathbf{x} \in W$$

이므로 연산법칙 (d), (e)도 역시 W에서 성립한다. ■

예를 들어, V가 벡터공간일 때, $\{\mathbf{0}\}$과 V는 V의 부분공간이다. 실제로 예제 2에서 알 수 있듯이, $\mathbb{R}^2$의 부분공간은 $\{\mathbf{0}\}$, $\mathbb{R}^2$, 그리고 원점을 지나는 직선 이외에는 존재하지 않는다. 마찬가지 이유로 $\mathbb{R}^3$의 부분공간은 $\{\mathbf{0}\}$, $\mathbb{R}^3$, 원점을 지나는 직선, 원점을 지나는 평면 이외에는 존재하지 않는다. 이것의 증명은 연습문제로 남긴다.

예제 3 집합 $W=\left\{\begin{bmatrix} 0 & a & b \\ c & d & 0 \end{bmatrix} : a,\ b,\ c,\ d \in \mathbb{R}\right\}$는 통상적인 두 개의 연산을 갖는 벡터공간 $M_{2,3}$의 부분공간임을 보여라.

풀이 임의의

$$\mathbf{x} = \begin{bmatrix} 0 & a_1 & b_1 \\ c_1 & d_1 & 0 \end{bmatrix},\ \mathbf{y} = \begin{bmatrix} 0 & a_2 & b_2 \\ c_2 & d_2 & 0 \end{bmatrix} \in W,\ k \in \mathbb{R}$$

에 대하여 다음이 성립한다.

(a) $\mathbf{x}+\mathbf{y}=\begin{bmatrix} 0 & a_1+a_2 & b_1+b_2 \\ c_1+c_2 & d_1+d_2 & 0 \end{bmatrix} \in W$

(b) $k\mathbf{x}=\begin{bmatrix} 0 & ka_1 & kb_1 \\ kc_1 & kd_1 & 0 \end{bmatrix} \in W$

따라서 위의 정리에 의하여 W는 $M_{2,3}$의 부분공간이다. ■

예제 4 $\mathbb{R}$ 에서 정의된 모든 연속인 실함수의 집합을 $\mathscr{C}$라 하고, $\mathbb{R}$ 에서 정의된 모든 미분가능한 실함수의 집합을 $\mathscr{D}$라 하자. 그러면 $\mathscr{C}$와 $\mathscr{D}$는 둘 다 $\mathbb{R}$ 에서 정의된 모든 실함수로 이루어진 벡터공간 $\mathscr{F}$의 부분공간임을 보여라.

풀이 미분적분학의 정리로부터 임의의 두 연속인 실함수 f, g와 스칼라 c에 대하여 $f+g$와 cf도 연속임을 알고 있다. 따라서 $\mathscr{C}$는 덧셈과 스칼라배에 대하여 닫혀 있다. 이는 $\mathscr{C}$가 $\mathscr{F}$의 부분공간임을 의미한다. 또한, 임의의 두 미분가능한 실함수 f, g와 스칼라 c에 대하여, $f+g$와 cf도 미분가능한 실함수이다. 사실

$$(f+g)'=f'+g', \quad (cf)'=cf'$$

이다. 따라서 $\mathscr{D}$는 덧셈과 스칼라배에 대하여 닫혀 있다. 그러므로 $\mathscr{D}$는 $\mathscr{F}$의 부분공간이다. ■

임의의 $m\times n$ 행렬에 대하여도 부분공간을 생각할 수 있다. 즉, 임의의 $m\times n$ 행렬 A 에 대하여

$$C=\{A\mathbf{x} \mid \mathbf{x}\in\mathbb{R}^n\}$$

라 하면 $C\subset\mathbb{R}^m$ 이다. 또한, 임의의 두 벡터 $\mathbf{x}_1$, $\mathbf{x}_2\in\mathbb{R}^n$에 대하여 $\mathbf{x}_1+\mathbf{x}_2$, $k\mathbf{x}\in\mathbb{R}^n$이므로

$$A\mathbf{x}_1+A\mathbf{x}_2=A(\mathbf{x}_1+\mathbf{x}_2)\in C,$$
$$k(A\mathbf{x})=A(k\mathbf{x})\in C$$

이다. 따라서 C는 $\mathbb{R}^m$의 부분공간이다.

마찬가지로

$$R=\{A^T\mathbf{y} \mid \mathbf{y}\in\mathbb{R}^m\}$$

은 $\mathbb{R}^n$의 부분공간이다. $\mathbb{R}^m$의 부분공간 C와 $\mathbb{R}^n$의 부분공간 R 를 각각 행렬 A의 **열공간**(column space)과 **행공간**(row space)이라고 한다.

예제 5 벡터 $\mathbf{b}=(1,\ -9,\ -3)^T$ 는 행렬

$$A=\begin{bmatrix} -1 & 3 & 2 \\ 1 & 2 & -3 \\ 2 & 1 & -2 \end{bmatrix}$$

의 열공간의 원소임을 보여라.

풀이 주어진 벡터가 행렬 A의 열공간의 원소라면 다음을 만족한다.

$$x_1\begin{bmatrix}-1\\1\\2\end{bmatrix}+x_2\begin{bmatrix}3\\2\\1\end{bmatrix}+x_3\begin{bmatrix}2\\-3\\-2\end{bmatrix}=\begin{bmatrix}1\\-9\\-3\end{bmatrix}$$

따라서 $\mathbf{x}=(x_1,\ x_2,\ x_3)^T$일 때 $A\mathbf{x}=\mathbf{b}$이다. 이 연립방정식을 풀면

$$x_1=2,\ x_2=-1,\ x_3=3$$

을 얻는다. 즉

$$2\begin{bmatrix}-1\\1\\2\end{bmatrix}-\begin{bmatrix}3\\2\\1\end{bmatrix}+3\begin{bmatrix}2\\-3\\-2\end{bmatrix}=\begin{bmatrix}1\\-9\\-3\end{bmatrix}$$

이므로 $\mathbf{b}=(1,\ -9,\ -3)^T$는 행렬 A의 열공간의 원소이다. ■

예제 6 행렬 $A\in M_{m,n}$에 대하여 집합

$$W=\{\mathbf{x}\in\mathbb{R}^n \mid A\mathbf{x}=\mathbf{0}\}$$

은 벡터공간 $\mathbb{R}^n$의 부분공간임을 보여라.

풀이 $A\mathbf{0}=\mathbf{0}$이므로 $\mathbf{0}\in W$이다. 따라서 $W\neq\varnothing$이다. 이제 $\mathbf{x},\ \mathbf{y}\in W$와 $k\in R$에 대하여 $A\mathbf{x}=\mathbf{0}$, $A\mathbf{y}=\mathbf{0}$이므로

$$A(\mathbf{x}+\mathbf{y})=A\mathbf{x}+A\mathbf{y}=\mathbf{0}+\mathbf{0}=\mathbf{0}$$

$$A(k\mathbf{x})=k(A\mathbf{x})=k\mathbf{0}=\mathbf{0}$$

$$\therefore\ \mathbf{x}+\mathbf{y}\in W,\ k\mathbf{x}\in W$$

따라서 W는 $\mathbb{R}^n$의 부분공간이다. 이 부분공간 W를 $A\mathbf{x}=\mathbf{0}$의 **해공간**(solution space) 또는 A의 **영공간**(null space)이라 한다. ■

예제 7 V가 벡터공간일 때 $S=\{\mathbf{x}_1,\ \mathbf{x}_2,\ \cdots,\ \mathbf{x}_t\}\subseteq V$에 대하여

$$W=\{c_1\mathbf{x}_1+c_2\mathbf{x}_2+\cdots+c_t\mathbf{x}_t \mid c_1,\ c_2,\ \cdots,\ c_t\in\mathbb{R}\}$$

는 V의 부분공간임을 보여라.

풀이 $\mathbf{x},\ \mathbf{y}\in W$라 하면 적당한 $c_i,\ d_i\in\mathbb{R}\ (i=1,\ 2,\ \cdots,\ t)$에 대하여

$$\mathbf{x}=c_1\mathbf{x}_1+c_2\mathbf{x}_2+\cdots+c_t\mathbf{x}_t,\quad \mathbf{y}=d_1\mathbf{x}_1+d_2\mathbf{x}_2+\cdots+d_t\mathbf{x}_t$$

이므로 $k\in\mathbb{R}$에 대하여

$$\mathbf{x}+\mathbf{y}=(c_1+d_1)\mathbf{x}_1+(c_2+d_2)\mathbf{x}_2+\cdots+(c_t+d_t)\mathbf{x}_t$$

$$k\mathbf{x}=(kc_1)\mathbf{x}_1+(kc_2)\mathbf{x}_2+\cdots+(kc_t)\mathbf{x}_t$$

그런데 각 $i=1,\ 2,\ \cdots,\ t$에 대하여 $c_i+d_i \in \mathbb{R}$, $kc_i \in \mathbb{R}$ 이므로

$$\mathbf{x}+\mathbf{y} \in W, \quad k\mathbf{x} \in W$$

이다. 따라서 W는 V의 부분공간이다. ■

예제 8 $W=\left\{\begin{bmatrix} a & a+1 \\ 0 & b \end{bmatrix} \middle| a,\ b \in \mathbb{R}\right\}$는 $M_{2,\,2}$의 부분공간인가?

풀이 W에 속하는 모든 행렬은 $(1,\ 2)$ 성분과 $(1,\ 1)$ 성분의 차가 1인 성질을 가지고 있다. 그러나 영행렬

$$O=\begin{bmatrix} 0 & 0 \\ 0 & 0 \end{bmatrix}$$

는 이러한 성질을 만족하지 않는다. 따라서 영행렬이 W에 속하지 않으므로, W는 $M_{2,\,2}$의 부분공간이 아니다. ■

연습문제 4.1

[1~8] 주어진 집합에 대하여 벡터의 합과 스칼라배를 각각 다음과 같이 정의할 때, 이들 집합은 주어진 연산에 관하여 벡터공간인가?

1. $\mathbb{R}^2$: $\begin{bmatrix} x_1 \\ x_2 \end{bmatrix} + \begin{bmatrix} y_1 \\ y_2 \end{bmatrix} = \begin{bmatrix} x_1 + y_1 + a \\ x_2 + y_2 + a \end{bmatrix}$, $k\begin{bmatrix} x_1 \\ x_2 \end{bmatrix} = \begin{bmatrix} 3kx_1 \\ 3kx_2 \end{bmatrix}$

2. $\mathbb{R}^2$의 표준연산을 만족하는 $(x, 0)$꼴의 모든 순서쌍의 집합

3. $\mathbb{R}^2$의 표준연산을 만족하며 $y \geq 0$인 순서쌍 (x, y)의 집합

4. $\mathbb{R}^3$: $\begin{bmatrix} x_1 \\ x_2 \\ x_3 \end{bmatrix} + \begin{bmatrix} y_1 \\ y_2 \\ y_3 \end{bmatrix} = \begin{bmatrix} x_1 + y_1 \\ x_2 + y_2 \\ x_3 + y_3 \end{bmatrix}$, $k\begin{bmatrix} x \\ y \\ z \end{bmatrix} = \begin{bmatrix} x \\ ky \\ z \end{bmatrix}$

5. $\mathbb{R}^3$: $\begin{bmatrix} x_1 \\ x_2 \\ x_3 \end{bmatrix} + \begin{bmatrix} y_1 \\ y_2 \\ y_3 \end{bmatrix} = \begin{bmatrix} x_1 + y_1 + 1 \\ x_2 + y_2 - 2 \\ x_3 + y_3 + 3 \end{bmatrix}$, $k\begin{bmatrix} x \\ y \\ z \end{bmatrix} = \begin{bmatrix} kx \\ ky \\ kz \end{bmatrix}$

6. M_2: $\begin{bmatrix} a_1 & a_2 \\ a_3 & a_4 \end{bmatrix} + \begin{bmatrix} b_1 & b_2 \\ b_3 & b_4 \end{bmatrix} = \begin{bmatrix} a_1 + b_1 & a_2 + b_2 \\ a_3 + b_3 & a_4 + b_4 \end{bmatrix}$, $k\begin{bmatrix} a_1 & a_2 \\ a_3 & a_4 \end{bmatrix} = \begin{bmatrix} ka_1 & a_2 \\ a_3 & ka_4 \end{bmatrix}$

7. M_2: $\begin{bmatrix} a_1 & a_2 \\ a_3 & a_4 \end{bmatrix} + \begin{bmatrix} b_1 & b_2 \\ b_3 & b_4 \end{bmatrix} = \begin{bmatrix} a_1 b_1 & a_2 + b_2 \\ a_3 + b_3 & a_4 b_4 \end{bmatrix}$, $k\begin{bmatrix} a_1 & a_2 \\ a_3 & a_4 \end{bmatrix} = \begin{bmatrix} ka_1 & ka_2 \\ ka_3 & ka_4 \end{bmatrix}$

8. P_2: $(a_0 + a_1 x + a_2 x^2) + (b_0 + b_1 x + b_2 x^2) = a_0 b_0 + a_1 b_1 x + a_2 b_2 x^2$,
$k(a_0 + a_1 x + a_2 x^2) = ka_0 + ka_1 x + ka_2 x^2$

[9~14] $n > 2$ 일 때 벡터공간 $\mathbb{R}^n$의 부분공간인 것을 찾아라.

9. $\{\mathbf{x} = (x_1, x_2, \cdots, x_n) \mid x_1 = 0\}$

10. $\{\mathbf{x} = (x_1, x_2, \cdots, x_n) \mid x_i \geq 0, 1 \leq i \leq n\}$

11. $\{\mathbf{x} = (x_1, x_2, \cdots, x_n) \mid x_1 x_2 = 0\}$

12. $\left\{\mathbf{x} = (x_1, x_2, \cdots, x_n) \mid \sum_{i=1}^{n} x_i = 0\right\}$

13. $\left\{\mathbf{x} = (x_1, x_2, \cdots, x_n) \mid \sum_{i=1}^{n} x_i = 2\right\}$

14. $\left\{\mathbf{x} = \begin{bmatrix} x_1 \\ x_2 \\ \vdots \\ x_n \end{bmatrix} \mid A\mathbf{x} = \mathbf{b}, \mathrm{A}_{m \times n} \neq \mathbf{0}, \mathbf{b} \neq \mathbf{0}\right\}$

[15~19] 다음 중 $M_n(\mathbb{R})$의 부분공간인 것을 찾아라.

15. 대칭행렬 전체의 집합

16. 대각행렬 전체의 집합

17. 가역행렬 전체의 집합

18. 가역이 아닌 행렬 전체의 집합

19. 삼각행렬 전체의 집합

20. 스칼라 a, b에 대하여 $\mathbf{x} \neq \mathbf{0}$ 이고 $a\mathbf{x} = b\mathbf{x}$ 이면 $a = b$임을 보여라.

21. 벡터공간 V 에서 $\mathbf{x} \in V$와 스칼라 $k \in \mathbb{R}$ 에 대하여 다음이 성립함을 보여라.

$$k\mathbf{x} = \mathbf{x} \Leftrightarrow k = 1 \text{ 또는 } \mathbf{x} = \mathbf{0}$$

22. $\mathbb{R}^2$의 부분공간은 $\{\mathbf{0}\}$과 $\mathbb{R}^2$, 그리고 원점을 지나는 직선 이외에는 존재하지 않음을 보여라.

23. W_1, W_2가 벡터공간 V의 두 부분공간일 때, $W_1 \cap W_2$ 도 V의 부분공간이 됨을 보여라. 또 $W_1 \cup W_2$는 V의 부분공간인가?

4.2 일차독립과 일차종속

이 절에서는 벡터공간과 그의 부분공간의 구조를 이해하는 데 필요한 기본적인 개념을 소개한다.

먼저, 앞 절의 예제 7에서와 같이 집합 V가 벡터공간일 때 $\{\mathrm{x}_1, \mathrm{x}_2, \cdots, \mathrm{x}_k\} \subseteq V$에 대하여 $\mathbf{x} \in V$가

$$\mathbf{x} = c_1\mathrm{x}_1 + c_2\mathrm{x}_2 + \cdots + c_k\mathrm{x}_k, \quad (c_1, c_2, \cdots, c_k \in \mathbb{R})$$

의 꼴로 표시되면, $\mathbf{x}$를 $\mathbf{x}_1, \mathbf{x}_2, \cdots, \mathbf{x}_k$의 **일차결합**(linear combination)이라고 한다.

예제 1 $\mathbb{R}^3$의 모든 벡터는 $\mathbf{i}, \mathbf{j}, \mathbf{k}$의 일차결합임을 보여라.

풀이 $\mathbb{R}^3$의 임의의 벡터

$$\mathbf{v} = (a, b, c) = a(1, 0, 0) + b(0, 1, 0) + c(0, 0, 1) = a\mathbf{i} + b\mathbf{j} + c\mathbf{k}$$

이므로 $\mathbf{v}$는 $\mathbf{i}, \mathbf{j}, \mathbf{k}$의 일차결합이다. ■

예제 2 $\mathbb{R}^3$의 두 벡터 $\mathbf{u} = (1, 2, -1)$, $\mathbf{v} = (6, 4, 2)$에 대하여 $\mathbf{w} = (9, 2, 7)$은 $\mathbf{u}, \mathbf{v}$의 일차결합이지만 $\mathbf{x} = (4, -1, 8)$은 $\mathbf{u}, \mathbf{v}$의 일차결합이 아님을 보여라.

풀이 $\mathbf{w} = (9, 2, 7) = -3\mathbf{u} + 2\mathbf{v}$이므로 $\mathbf{w}$는 $\mathbf{u}, \mathbf{v}$의 일차결합이다. 한편, $\mathbf{x}$가 $\mathbf{u}, \mathbf{v}$의 일차결합이 되기 위해서는

$$\begin{aligned}\mathbf{x} = (4, -1, 8) &= c_1\mathbf{u} + c_2\mathbf{v} \\ &= c_1(1, 2, -1) + c_2(6, 4, 2) \\ &= (c_1 + 6c_2, 2c_1 + 4c_2, -c_1 + 2c_2)\end{aligned}$$

을 만족하는 스칼라 c_1, c_2가 존재해야만 한다. 그런데

$$\begin{aligned} c_1 + 6c_2 &= 4 \\ 2c_1 + 4c_2 &= -1 \\ -c_1 + 2c_2 &= 8 \end{aligned}$$

을 동시에 만족하는 c_1, c_2가 존재하지 않으므로 $\mathbf{x}$는 $\mathbf{u}, \mathbf{v}$의 일차결합이 아니다. ■

일반적으로, V가 벡터공간일 때 $S = \{\mathrm{x}_1, \mathrm{x}_2, \cdots, \mathrm{x}_t\} \subseteq V$에 대하여 S에 있는 k개 벡터의 일차결합 전체의 집합, 즉

$$W = \{c_1\mathrm{x}_1 + c_2\mathrm{x}_2 + \cdots + c_k\mathrm{x}_k \mid c_1, c_2, \cdots, c_k \in \mathbb{R}\}$$

는 V의 부분공간임은 이미 알고 있다. 따라서 우리는 다음 정의를 얻을 수 있다.

정의 4.2.1 V가 벡터공간일 때 $S = \{x_1, x_2, \cdots, x_t\} \subseteq V$에 대하여 S에 있는 k개 벡터의 일차결합 전체의 집합 W를 S에 의하여 **생성된**(spaned) V의 **부분공간**이라고 한다. 이때 집합 S는 W를 **생성한다**(span)고 하고, S를 W의 **생성집합**(spanning set)이라고 하며

$$W = \text{span}(S), \quad W = \text{span}\{\mathbf{x}_1, \mathbf{x}_2, \cdots, \mathbf{x}_k\} \text{ 또는 } W = < S >$$

로 나타낸다.

V에 있는 모든 벡터가 S에 있는 k개 벡터들의 일차결합이면 집합 S는 벡터공간 V를 생성한다. 즉

$$V = < S > = \{c_1\mathbf{x}_1 + c_2\mathbf{x}_2 + \cdots + c_k\mathbf{x}_k \mid c_1, c_2, \cdots, c_k \in \mathbb{R}\}$$

이다. 예를 들어, $\mathbb{R}^3$의 세 벡터

$$\mathbf{i} = (1, 0, 0), \ \mathbf{j} = (0, 1, 0), \ \mathbf{k} = (0, 0, 1)$$

에 대하여 $S = \{\mathbf{i}, \mathbf{j}, \mathbf{k}\}$라 하면 $\mathbb{R}^3$의 임의의 벡터 $\mathbf{x} = (x_1, x_2, x_3)$는 $\mathbf{i}, \mathbf{j}, \mathbf{k}$의 일차결합으로 표시되므로 S는 $\mathbb{R}^3$을 생성한다. 즉, $\mathbb{R}^3 = < S >$이다.

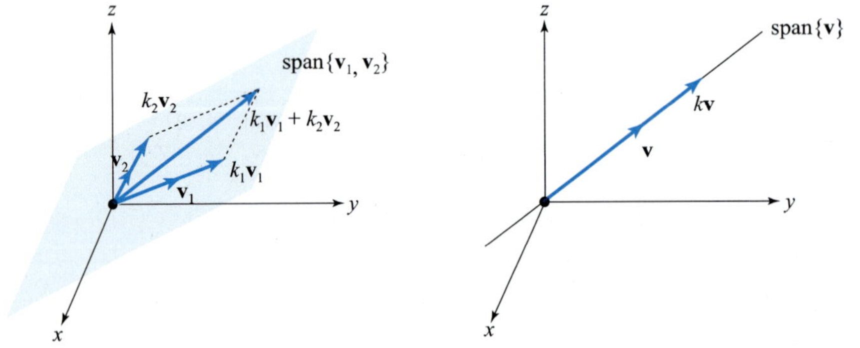

(a) $\text{span}\{\mathbf{v}_1, \mathbf{v}_2\}$는 원점을 지나며 $\mathbf{v}_1, \mathbf{v}_2$가 만드는 평면이다.

(b) $\text{span}\{\mathbf{v}\}$는 원점을 지나는 $\mathbf{v}$가 만드는 직선이다.

그림 4.1

위의 그림에서 보는 바와 같이 $\mathbf{v}_1, \mathbf{v}_2$가 같은 직선 위에 있지 않은 $\mathbb{R}^3$의 벡터라 하면, $\text{span}\{\mathbf{v}_1, \mathbf{v}_2\}$은 $\mathbf{v}_1, \mathbf{v}_2$가 만드는 평면이 된다(그림 (a)). 또한 $\mathbf{v}$가 $\mathbb{R}^2$ 또는 $\mathbb{R}^3$의 영이 아닌 벡터이면 $\text{span}\{\mathbf{v}\}$는 $\mathbf{v}$가 만드는 직선이다.

예제 3 벡터공간 $M_{2,2}$에서 span$\{A,\ B,\ C\}$를 구하여라. 여기서

$$A=\begin{bmatrix}1&1\\1&0\end{bmatrix},\ B=\begin{bmatrix}1&0\\0&1\end{bmatrix},\ C=\begin{bmatrix}0&1\\1&0\end{bmatrix}$$

이다.

풀이 행렬 A, B, C의 일차결합의 일반적인 형태는

$$\begin{aligned}cA+dB+eC&=c\begin{bmatrix}1&1\\1&0\end{bmatrix}+d\begin{bmatrix}1&0\\0&1\end{bmatrix}+e\begin{bmatrix}0&1\\1&0\end{bmatrix}\\&=\begin{bmatrix}c+d&c+e\\c+e&d\end{bmatrix}\end{aligned}$$

이다. 보는 바와 같이 이 행렬은 대칭행렬이다. 따라서 span$\{A,\ B,\ C\}$는 모든 2×2 대칭행렬로 이루어진 부분공간에 포함된다. 이제 2×2 대칭행렬은 span$\{A,\ B,\ C\}$에 속함을 보이자. 임의의 2×2 대칭행렬 $\begin{bmatrix}x&y\\y&z\end{bmatrix}$에 대하여, 다음 식

$$\begin{bmatrix}x&y\\y&z\end{bmatrix}=\begin{bmatrix}c+d&c+e\\c+e&d\end{bmatrix}$$

에서 좌우를 비교하여 c, d, e를 구하면, $c=x-z$, $d=z$이고 $e=-x+y+z$이다. 이는

$$\begin{bmatrix}x&y\\y&z\end{bmatrix}=(x-z)\begin{bmatrix}1&1\\1&0\end{bmatrix}+z\begin{bmatrix}1&0\\0&1\end{bmatrix}+(-x+y+z)\begin{bmatrix}0&1\\1&0\end{bmatrix}$$

임을 의미한다. 결과적으로, span$\{A,\ B,\ C\}$는 모든 2×2 대칭행렬로 이루어진 부분공간이다. ■

예제 4 $\mathbb{R}^3$의 세 벡터 $\mathbf{u}=(1,\ 1,\ 2)$, $\mathbf{v}=(1,\ 0,\ 1)$, $\mathbf{w}=(2,\ 1,\ 3)$에 대하여 span$\{\mathbf{u},\ \mathbf{v},\ \mathbf{w}\}\neq\mathbb{R}^3$임을 보여라.

풀이 $\mathbb{R}^3$의 임의의 벡터 $\mathbf{x}=(x_1,\ x_2,\ x_3)$에 대하여 $\mathbf{u}$, $\mathbf{v}$, $\mathbf{w}$의 일차결합

$$\begin{aligned}(x_1,\ x_2,\ x_3)&=c_1(1,\ 1,\ 2)+c_2(1,\ 0,\ 1)+c_3(2,\ 1,\ 3)\\&=(c_1+c_2+2c_3,\ c_1+c_3,\ 2c_1+c_2+3c_3)\end{aligned}$$

로부터

$$\begin{aligned}c_1+c_2+2c_3&=x_1\\c_1\qquad+c_3&=x_2\\2c_1+c_2+3c_3&=x_3\end{aligned}$$

을 얻을 수 있고 계수행렬식

$$\begin{vmatrix}1&1&2\\1&0&1\\2&1&3\end{vmatrix}=0$$

이므로 위의 연립방정식은 해를 갖지 않는다. 따라서 span$\{\mathbf{u},\ \mathbf{v},\ \mathbf{w}\}\neq\mathbb{R}^3$임을 알 수 있다. ■

정리 4.2.2 $V=\{\mathbf{v}_1, \mathbf{v}_2, \cdots, \mathbf{v}_r\}$와 $W=\{\mathbf{w}_1, \mathbf{w}_2, \cdots, \mathbf{w}_k\}$를 벡터공간 U의 두 벡터집합이라 하면

$$\text{span}\{\mathbf{v}_1, \mathbf{v}_2, \cdots, \mathbf{v}_r\}=\text{span}\{\mathbf{w}_1, \mathbf{w}_2, \cdots, \mathbf{w}_k\}$$

이기 위한 필요충분조건은 V의 각 벡터는 W에 속하는 벡터들의 일차결합이고, 또한 W의 각 벡터가 V에 속하는 벡터들의 일차결합이 되는 것이다.

$$\mathrm{e}_1=\begin{bmatrix}1\\0\\0\\\vdots\\0\end{bmatrix},\ \mathrm{e}_2=\begin{bmatrix}0\\1\\0\\\vdots\\0\end{bmatrix},\ \cdots,\ \mathrm{e}_n=\begin{bmatrix}0\\0\\\vdots\\0\\1\end{bmatrix}$$

을 $\mathbb{R}^n$의 **표준단위벡터**(standard unit vector)라고 한다. 이때 집합 $S=\{\mathrm{e}_1, \mathrm{e}_2, \cdots, \mathrm{e}_n\}$은 $\mathbb{R}^n$을 생성한다. 즉, $\mathbb{R}^n$의 임의의 벡터 $\mathbf{x}=(x_1, x_2, \cdots, x_n)^T$는

$$(x_1, x_2, \cdots, x_n)^T=x_1\mathrm{e}_1+x_2\mathrm{e}_2+\cdots+x_n\mathrm{e}_n$$

와 같이 $\mathrm{e}_1, \mathrm{e}_2, \cdots \mathrm{e}_n$의 일차결합으로 표시되므로 $\mathbb{R}^n=<S>$이다.

예제 5 $S=\left\{\mathrm{x}_1=\begin{bmatrix}1\\0\\1\end{bmatrix}, \mathrm{x}_2=\begin{bmatrix}-2\\1\\1\end{bmatrix}, \mathrm{x}_3=\begin{bmatrix}-1\\1\\2\end{bmatrix}\right\}$일 때, S는 $\mathbb{R}^3$를 생성하는가?

풀이 $\mathbb{R}^3$의 임의의 벡터 $\mathbf{x}=(x, y, z)$에 대하여

$$\mathbf{x}=c_1\mathrm{x}_1+c_2\mathrm{x}_2+c_3\mathrm{x}_3 \qquad (c_i\in\mathbf{R})$$

$$\Rightarrow\begin{bmatrix}x\\y\\z\end{bmatrix}=c_1\begin{bmatrix}1\\0\\1\end{bmatrix}+c_2\begin{bmatrix}-2\\1\\1\end{bmatrix}+c_3\begin{bmatrix}-1\\1\\2\end{bmatrix}$$

$$\Rightarrow\begin{cases}c_1-2c_2-c_3=x\\c_2+c_3=y\\c_1+c_2+2c_3=z\end{cases}$$

이므로, 이 문제는 위의 연립방정식에서 모든 x, y, z에 대하여 해 (c_1, c_2, c_3)가 존재하는지에 관한 문제로 바뀐다. 그런데 연립방정식의 계수행렬식이

$$\begin{vmatrix}1&-2&-1\\0&1&1\\1&1&2\end{vmatrix}=0$$

이므로 x, y, z가 모두 0이 아닐 때는 해가 존재하지 않을 수도 있다. 예를 들어 $\begin{bmatrix}x\\y\\z\end{bmatrix}=\begin{bmatrix}0\\1\\6\end{bmatrix}$

라 하면 해는 존재하지 않는다. 따라서 S는 $\mathbb{R}^3$를 생성하지 않는다. ■

앞에서 우리는 벡터공간 V의 임의의 벡터가 집합 $S=\{\mathbf{v}_1, \mathbf{v}_2, \cdots, \mathbf{v}_n\}$의 벡터들의 일차결합으로 표현될 수 있다면 집합 S는 주어진 벡터공간 V를 생성함을 알았다. 일반적으로 V의 어떤 벡터를 S의 벡터의 일차결합으로 표현하는 방법은 한 가지 이상 있을 수 있다. 이 절에서는 V의 각 벡터가 생성벡터의 일차결합으로 표현될 때, 반드시 한 가지 방법으로만 표현되는 조건에 관하여 다룬다.

벡터공간 V의 임의의 벡터들의 집합 $S=\{\mathbf{v}_1, \mathbf{v}_2, \cdots, \mathbf{v}_n\}$에 대하여 이 벡터들 사이의 관계를 생각해보자. 경우에 따라서 S의 한 벡터가 다른 벡터들의 일차결합으로 표시될 수도 있고 그렇지 않을 수도 있다. 예를 들어

$$S=\left\{\mathbf{v}_1=\begin{bmatrix}1\\-1\\2\end{bmatrix},\ \mathbf{v}_2=\begin{bmatrix}3\\0\\-1\end{bmatrix},\ \mathbf{v}_3=\begin{bmatrix}9\\-3\\4\end{bmatrix}\right\}$$

라 하면 세 번째 벡터는 나머지 두 벡터의 일차결합으로 표시된다. 즉, $\mathbf{v}_3=3\mathbf{v}_1+2\mathbf{v}_2$이므로

$$3\mathbf{v}_1+2\mathbf{v}_2-\mathbf{v}_3=0$$

와 같이 쓸 수 있다. 그러나 $\mathbb{R}^3$의 표준단위벡터의 집합

$$B=\left\{\mathrm{e}_1=\begin{bmatrix}1\\0\\0\end{bmatrix},\ \mathrm{e}_2=\begin{bmatrix}0\\1\\0\end{bmatrix},\ \mathrm{e}_3=\begin{bmatrix}0\\0\\1\end{bmatrix}\right\}$$

의 경우에는 어느 한 벡터가 다른 두 벡터의 일차결합으로 표시되지 않는다. 즉, 스칼라 $\alpha_1, \alpha_2, \alpha_3$에 대하여

$$\alpha_1\mathrm{e}_1+\alpha_2\mathrm{e}_2+\alpha_3\mathrm{e}_3=0$$

을 만족하는 경우는 $\alpha_1=\alpha_2=\alpha_3=0$ 이외에는 없다.

정의 4.2.3 집합 V를 벡터공간이라 하자. $S=\{\mathbf{x}_1, \mathbf{x}_2, \cdots, \mathbf{x}_k\}\subseteq V$에 대하여 벡터방정식

$$\alpha_1\mathbf{x}_1+\alpha_2\mathbf{x}_2+\cdots+\alpha_k\mathbf{x}_k=\mathbf{0} \quad (\alpha_1, \alpha_2, \cdots, \alpha_k\in\mathbb{R})$$

이 유일한 해

$$\alpha_1=\alpha_2=\cdots=\alpha_k=0$$

을 가지면 $\mathbf{x}_1$, $\mathbf{x}_2$, $\cdots$, $\mathbf{x}_k$(또는 집합 S)를 **일차독립**(linearly independent)이라 하고 $\mathbf{x}_1$, $\mathbf{x}_2$, $\cdots$, $\mathbf{x}_k$(또는 집합 S)가 일차독립이 아니면 **일차종속**(linearly dependent)이라고 한다. 즉

$$\alpha_1\mathbf{x}_1 + \alpha_2\mathbf{x}_2 + \cdots + \alpha_k\mathbf{x}_k = \mathbf{0}$$

을 만족하는 모두는 영이 아닌 스칼라 α_1, α_2, $\cdots$, α_k가 존재할 때, x_1, x_2, $\cdots$, x_k(또는 집합 S)를 일차종속이라 한다.

$\mathbb{R}^2$의 표준단위벡터 $\mathrm{e}_1 = (1,\ 0)$, $\mathrm{e}_2 = (0,\ 1)$와 α_1, $\alpha_2 \in \mathbb{R}$에 대하여

$$\alpha_1\mathrm{e}_1 + \alpha_2\mathrm{e}_2 = \mathbf{0}$$

을 만족하는 해는 $\alpha_1 = \alpha_2 = 0$이므로 $S = \{\mathrm{e}_1,\ \mathrm{e}_2\}$는 일차독립이다. 일반적으로 $\mathbb{R}^n$의 표준단위벡터의 집합 $S = \{\mathrm{e}_1,\ \mathrm{e}_2,\ \cdots,\ \mathrm{e}_n\}$은 일차독립이다.

또한 영벡터를 포함하는 집합 $T = \{\mathbf{v}_1,\ \mathbf{v}_2,\ \cdots,\ \mathbf{v}_r,\ \mathbf{0}\}$은 $k \neq 0$에 대하여

$$0\mathbf{v}_1 + 0\mathbf{v}_2 + \cdots + 0\mathbf{v}_r + k\mathbf{0} = \mathbf{0}$$

와 같이 쓸 수 있다. 따라서 모두는 영이 아닌 계수를 가지므로 집합 T는 일차종속이다.

예제 6 $\{1+x,\ x+x^2,\ 1+x^2\}$이 일차독립임을 보여라.

풀이 다음을 만족하는 스칼라 c_1, c_2, c_3를 생각하자.

$$c_1(1+x) + c_2(x+x^2) + c_3(1+x^2) = 0$$

이 식을 x의 차수별로 정리하면

$$(c_1+c_3) + (c_1+c_2)x + (c_2+c_3)x^2 = 0$$

이고, 양변의 x의 차수별 계수를 비교하여 다음의 연립방정식을 얻는다.

$$\begin{aligned} c_1 + \ c_3 &= 0 \\ c_1 + c_2 &= 0 \\ c_2 + c_3 &= 0 \end{aligned}$$

이 연립방정식의 유일한 해는 $c_1 = c_2 = c_3 = 0$이므로 $\{1+x,\ x+x^2,\ 1+x^2\}$은 일차독립이다. ■

예제 7 $\mathbb{R}^3$의 벡터 $\mathbf{x}_1 = (1,\ 2,\ 1)$, $\mathbf{x}_2 = (1,\ 0,\ 2)$, $\mathbf{x}_3 = (5,\ 6,\ 7)$에 대하여 $S = \{\mathbf{x}_1$ $\mathbf{x}_2$, $\mathbf{x}_3\}$는 일차종속임을 보여라.

풀이 임의의 α_1, α_2, $\alpha_3 \in \mathbb{R}$ 에 대하여

$$\alpha_1 \mathbf{x}_1 + \alpha_2 \mathbf{x}_2 + \alpha_3 \mathbf{x}_3 = \mathbf{0}$$

으로부터

$$\alpha_1(1,\ 2,\ 1) + \alpha_2(1,\ 0,\ 2) + \alpha_3(5,\ 6,\ 7) = (0,\ 0,\ 0)$$

임을 알 수 있고, 계수행렬식

$$\begin{vmatrix} 1 & 1 & 5 \\ 2 & 0 & 6 \\ 1 & 2 & 7 \end{vmatrix} = 0$$

이므로 이 동차 연립방정식은 무수히 많은 해를 갖는다. 즉, 모두는 영이 아닌 스칼라 α_1, α_2, α_3가 존재하므로 $S = \{\mathbf{x}_1,\ \mathbf{x}_2,\ \mathbf{x}_3\}$는 일차종속이다. 실제로

$$\mathbf{x}_3 = 3\mathbf{x}_1 + 2\mathbf{x}_2 \quad \Leftrightarrow \quad 3\mathbf{x}_1 + 2\mathbf{x}_2 - \mathbf{x}_3 = \mathbf{0}.$$ ■

이제 $\mathbb{R}^n$상의 n개의 벡터가 일차독립인지 아닌지를 쉽게 판별할 수 있는 중요한 정리를 소개한다.

정리 4.2.4 벡터공간 $\mathbb{R}^n$에서 n개의 벡터

$$\mathbf{x}_1 = \begin{bmatrix} x_{11} \\ x_{12} \\ \vdots \\ x_{1n} \end{bmatrix},\ \cdots,\ \mathbf{x}_n = \begin{bmatrix} x_{n1} \\ x_{n2} \\ \vdots \\ x_{nn} \end{bmatrix}$$

이 일차독립일 필요충분조건은 다음이 성립하는 것이다.

$$\Delta = \begin{vmatrix} x_{11} & x_{21} & \cdots & x_{n1} \\ x_{12} & x_{22} & \cdots & x_{n2} \\ & & \vdots & \\ x_{1n} & x_{2n} & \cdots & x_{nn} \end{vmatrix} \neq 0$$

증명 임의의 c_1, $\cdots$, $c_n \in \mathbb{R}$ 에 대하여

$$c_1 \mathbf{x}_1 + \cdots + c_n \mathbf{x}_n = \mathbf{0}$$

으로부터

$$c_1 \begin{bmatrix} x_{11} \\ x_{12} \\ \vdots \\ x_{1n} \end{bmatrix} + \cdots + c_n \begin{bmatrix} x_{n1} \\ x_{n2} \\ \vdots \\ x_{nn} \end{bmatrix} = \begin{bmatrix} c_1 x_{11} + \cdots + c_n x_{n1} \\ c_1 x_{12} + \cdots + c_n x_{n2} \\ \vdots \\ c_1 x_{1n} + \cdots + c_n x_{nn} \end{bmatrix} = \begin{bmatrix} 0 \\ 0 \\ \vdots \\ 0 \end{bmatrix}$$

이므로 연립방정식

$$c_1x_{11}+\cdots+c_nx_{n1}=0$$
$$c_1x_{12}+\cdots+c_nx_{n2}=0$$
$$\vdots \qquad\qquad \vdots$$
$$c_1x_{1n}+\cdots+c_nx_{nn}=0$$

을 얻는다. 그런데 이 연립방정식이 자명한 해

$$c_1=0,\ \cdots,\ c_n=0$$

을 갖기 위한 필요충분조건이 $\Delta \neq 0$이므로 $\mathbf{x}_1,\ \cdots,\ \mathbf{x}_n$이 일차독립일 필요충분조건은 $\Delta \neq 0$이다. ■

예제 8 $\mathbb{R}^3$의 벡터 $\mathbf{x}_1=(1,\ -2,\ 3)$, $\mathbf{x}_2=(-1,\ 0,\ -2)$, $\mathbf{x}_3=(1,\ 2,\ 0)$가 일차독립임을 보여라.

풀이

$$\Delta=\begin{vmatrix} 1 & -1 & 1 \\ -2 & 0 & 2 \\ 3 & -2 & 0 \end{vmatrix}=2\neq 0$$

이므로 $\mathbf{x}_1$, $\mathbf{x}_2$, $\mathbf{x}_3$는 일차독립이다. ■

다음 정리는 $\mathbb{R}^n$의 일차독립인 집합은 기껏해야 n개의 벡터로 이루어져 있음을 알려준다. 이 정리의 증명은 연습문제로 남긴다.

정리 4.2.5 $V=\{\mathbf{v}_1,\ \mathbf{v}_2,\ \cdots,\ \mathbf{v}_r\}$가 $\mathbb{R}^n$의 벡터집합일 때 $r>n$이면 V는 항상 일차종속이다.

증명

$$\begin{aligned} \mathbf{v}_1 &= (v_{11},\ v_{12},\ \cdots,\ v_{1n}) \\ \mathbf{v}_2 &= (v_{21},\ v_{22},\ \cdots,\ v_{2n}) \\ &\vdots \\ \mathbf{v}_r &= (v_{r1},\ v_{r2},\ \cdots,\ v_{rn}) \end{aligned}$$

이라 하고, 방정식

$$k_1\mathbf{v}_1+k_2\mathbf{v}_2+\cdots+k_r\mathbf{v}_r=0$$

을 생각하면, 연립방정식

$$\begin{aligned} k_1 v_{11} + k_2 v_{21} + \cdots + k_r v_{r1} &= 0 \\ k_1 v_{12} + k_2 v_{22} + \cdots + k_r v_{r2} &= 0 \\ &\vdots \\ k_1 v_{1n} + k_2 v_{2n} + \cdots + k_r v_{rn} &= 0 \end{aligned}$$

을 얻는다. 이것은 r개의 미지수 $k_1,\ k_2,\ \cdots,\ k_r$을 갖는 n개의 방정식으로 이루어진 동차 연립방정식이다. 그런데 $r > n$이므로 이 연립방정식은 항상 자명하지 않은 해를 갖는다. 따라서 $V = \{\mathbf{v}_1,\ \mathbf{v}_2,\ \cdots,\ \mathbf{v}_r\}$는 일차종속이다. ■

위의 정리로부터 우리는 $\mathbb{R}^3$의 벡터

$$\mathbf{x}_1 = (-1,\ 2,\ 0),\ \ \mathbf{x}_2 = (1,\ 0,\ 1),\ \ \mathbf{x}_3 = (1,\ 1,\ 1),\ \ \mathbf{x}_4 = (-1,\ 1,\ -1)$$

에 대하여 $S = \{\mathbf{x}_1,\ \mathbf{x}_2,\ \mathbf{x}_3,\ \mathbf{x}_4\}$가 일차종속임을 쉽게 알 수 있다. 또한

$$\mathbf{x}_3 = (1,\ 1,\ 1) = 0 \cdot \mathbf{x}_1 + 2 \cdot \mathbf{x}_2 + 1 \cdot \mathbf{x}_4$$

임을 알 수 있다.

정리 4.2.6 집합 V가 벡터공간일 때, $S = \{\mathbf{x}_1,\ \mathbf{x}_2,\ \cdots,\ \mathbf{x}_k\} \subseteq V$에 대하여 S가 일차종속일 필요충분조건은 S에 속하는 한 벡터가 나머지 벡터의 일차결합으로 표시되는 것이다.

증명 ($\Rightarrow$) S가 일차종속이면

$$c_1\mathbf{x}_1 + c_2\mathbf{x}_2 + \cdots + c_k\mathbf{x}_k = \mathbf{0}$$

을 만족하는 모두는 영이 아닌 스칼라 $c_1,\ c_2,\ \cdots,\ c_k$가 존재한다. 만일 $c_1 \neq 0$이면

$$\mathbf{x}_1 = \left(-\frac{c_2}{c_1}\right)\mathbf{x}_2 + \cdots + \left(-\frac{c_k}{c_1}\right)\mathbf{x}_k$$

이므로 $\mathbf{x}_1$은 S에 속하는 나머지 벡터들의 일차결합으로 표시된다.

($\Leftarrow$) 일반성을 잃지 않고

$$\mathbf{x}_1 = c_2\mathbf{x}_2 + \cdots + c_k\mathbf{x}_k$$

라 하면

$$(-1)\mathbf{x}_1 + c_2\mathbf{x}_2 + \cdots + c_k\mathbf{x}_k = \mathbf{0}$$

이고, $-1 \neq 0$이므로 S는 일차종속이다. ■

연습문제 4.2

[1~4] 다음을 $\mathbf{u}=(2,\ 1,\ 4)$, $\mathbf{v}=(1,\ -1,\ 3)$, $\mathbf{w}=(3,\ 2,\ 5)$의 일차결합으로 나타내어라.

1. $(-9,\ -7,\ -15)$
2. $(6,\ 11,\ 6)$
3. $(2,\ 4,\ 9)$
4. $(6,\ 6,\ 6)$

[5~6] M_2의 벡터 $\mathbf{x}=\begin{bmatrix} 4 & 2 \\ -1 & 6 \end{bmatrix}$을 주어진 다음에 벡터들의 일차결합으로 나타내어라.

5. $\mathbf{x}_1=\begin{bmatrix} 2 & 1 \\ -1 & 0 \end{bmatrix}$, $\mathbf{x}_2=\begin{bmatrix} 1 & -1 \\ 2 & 6 \end{bmatrix}$

6. $\mathbf{x}_1=\begin{bmatrix} 1 & 1 \\ 1 & -1 \end{bmatrix}$, $\mathbf{x}_2=\begin{bmatrix} 1 & 0 \\ 1 & 1 \end{bmatrix}$, $\mathbf{x}_3=\begin{bmatrix} 2 & 1 \\ 0 & 1 \end{bmatrix}$, $\mathbf{x}_4=\begin{bmatrix} 1 & 0 \\ 0 & 2 \end{bmatrix}$

[7~9] 다음을 $p_1(t)=4t^2+t+2$, $p_2(t)=3t^2-t+1$, $p_3(t)=5t^2+2t+3$의 일차결합으로 나타내어라.

7. $p(t)=-15t^2-7t-9$
8. $p(t)=6t^2+11t+6$
9. $p(t)=9t^2+8t+7$

[10~11] 다음 벡터공간에서 주어진 벡터들이 일차독립인지 일차종속인지를 결정하여라.

10. $\mathbb{R}^2$: $\mathbf{x}_1=(3,\ -2)$, $\mathbf{x}_2=(1,\ -4)$

11. $\mathbb{R}^3$: $\mathbf{x}_1=(1,\ -2,\ 0)$, $\mathbf{x}_2=(1,\ 3,\ -2)$, $\mathbf{x}_3=(0,\ -1,\ 1)$

12. $M_{2,3}$: $\mathbf{x}_1=\begin{bmatrix} 1 & 2 & -3 \\ 6 & -5 & 4 \end{bmatrix}$, $\mathbf{x}_2=\begin{bmatrix} 6 & -5 & 4 \\ 1 & 2 & -3 \end{bmatrix}$

13. M_2: $\mathbf{x}_1=\begin{bmatrix} 1 & 2 \\ 3 & 1 \end{bmatrix}$, $\mathbf{x}_2=\begin{bmatrix} 1 & -5 \\ -4 & 0 \end{bmatrix}$, $\mathbf{x}_3=\begin{bmatrix} 3 & -1 \\ 2 & 2 \end{bmatrix}$, $\mathbf{x}_4=\begin{bmatrix} 1 & 1 \\ 1 & 1 \end{bmatrix}$, $\mathbf{x}_5=\begin{bmatrix} 1 & 0 \\ 0 & 1 \end{bmatrix}$

14. P_3: $p_1(t)=t^3+4t^2-2t+3$, $p_2(t)=t^3+6t^2-t+4$,
$p_3(t)=3t^3+8t^2-8t+7$

15. M_2에서

$$S=\left\{\mathbf{x}_1=\begin{bmatrix} 1 & 0 \\ 0 & 0 \end{bmatrix},\ \mathbf{x}_2=\begin{bmatrix} 0 & 1 \\ 0 & 0 \end{bmatrix},\ \mathbf{x}_3=\begin{bmatrix} 0 & 0 \\ 1 & 0 \end{bmatrix},\ \mathbf{x}_4=\begin{bmatrix} 0 & 0 \\ 0 & 1 \end{bmatrix}\right\}$$

라고 할 때, S가 M_2를 생성함을 보여라.

16. 벡터공간 V의 임의의 벡터 $\mathbf{x}_1$, $\mathbf{x}_2$, $\mathbf{x}_3$에 대하여 다음 세 벡터는 항상 일차종속임을 밝혀라.

$$\mathbf{x}_1 - \mathbf{x}_2,\ \mathbf{x}_2 + \mathbf{x}_3,\ \mathbf{x}_1 + \mathbf{x}_3$$

17. 벡터공간 V에서 집합 S_1, S_2가 일차독립일 때, 다음이 성립함을 증명하여라.

(1) $S_1 \bigcap S_2$는 일차독립이다.

(2) $S_1 \bigcap S_2 = \varnothing$일 때 $S_1 \bigcup S_2$가 일차독립 $\Leftrightarrow$ $< S_1 > \bigcap < S_2 > = \{0\}$이다.

18. 삼각행렬 $T = [t_{ij}]$가 각각의 $i(i = 1,\ 2,\ \cdots,\ n)$에 대하여 $t_{ii} \neq 0$이면 T의 행벡터들의 집합과 열벡터들의 집합은 각각 일차독립임을 보여라.

19. 벡터공간 $\mathbb{R}^n$에서 $m(> n)$개의 벡터는 항상 일차종속임을 보여라.

20. $\{\mathbf{x}_1,\ \mathbf{x}_2,\ \cdots,\ \mathbf{x}_n\}$이 $\mathbb{R}^n$에서 일차독립이면 가역행렬 A에 대하여 $\{A\mathbf{x}_1,\ A\mathbf{x}_2,\ \cdots,\ A\mathbf{x}_n\}$도 일차독립임을 보여라.

21. V는 실가함수 전체의 집합이고, $S = \{f_1(x),\ f_2(x),\ \cdots,\ f_n(x)\}$는 $n-1$번 미분가능한 함수의 집합이다. 이때 다음과 같은 행렬을 **론스키 행렬**(Wronski matrix)이라고 한다.

$$W(x) = \begin{bmatrix} f_1(x) & f_2(x) & \cdots & f_n(x) \\ f'_1(x) & f'_2(x) & \cdots & f'_n(x) \\ \vdots & \vdots & \ddots & \vdots \\ f_1^{(n-1)}(x) & f_2^{(n-1)}(x) & \cdots & f_n^{(n-1)}(x) \end{bmatrix}$$

이 행렬에 대하여 $W(x_0)$가 가역이 되는 점 $x = x_0$가 적어도 하나 존재할 필요충분조건은 S가 일차독립일 때임을 보여라. (힌트: 예를 들어, 다항식의 집합 $P = \{1,\ x,\ x^2,\ \cdots,\ x^n\}$은 일차독립이다. 이때 론스키 행렬

$$W(x) = \begin{bmatrix} 1 & x & x^2 & \cdots & x^n \\ 0 & 1 & 2x & \cdots & nx^{n-1} \\ 0 & 0 & 2 & \cdots & n(n-1)x^{n-2} \\ \vdots & \vdots & \vdots & \ddots & \vdots \\ 0 & 0 & 0 & \cdots & n! \end{bmatrix}$$

은 삼각행렬이고, 주 대각성분은 모두 영이 아니다. 따라서 연습문제 18에 의하여 일차독립이다. 결국 임의의 x에 대하여 $W(x)$가 일차독립이고, 따라서 $P = \{1,\ x,\ x^2,\ \cdots,\ x^n\}$도 일차독립이다.)

22. 서로 다른 x_i $(i=1,\ 2,\ \cdots,\ m)$에 대하여 다음과 같이 정의되는 $m\times n$ 행렬을 **반데르몽드(Vandermonde) 행렬**이라고 한다.

$$V=\begin{bmatrix} 1 & x_1 & x_1^2 & \cdots & x_1^{n-1} \\ 1 & x_2 & x_2^2 & \cdots & x_2^{n-1} \\ \vdots & \vdots & \vdots & \cdots & \vdots \\ 1 & x_m & x_m^2 & \cdots & x_m^{n-1} \end{bmatrix}$$

이때, $n\le m$이면 V의 열벡터들은 일차독립임을 보여라.

4.3 기저와 차원

우리는 4.2절에서 벡터공간 V를 생성하는 집합 S에 대하여 알아보았다. 즉, V의 임의의 벡터가 S의 원소들의 일차결합으로 표시될 때, S는 벡터공간 V를 생성한다고 하였다. 그러나 생성집합은 불필요한 벡터를 포함하고 있을 수 있다.

예를 들어 $\mathbb{R}^2$의 부분집합 $L=\left\{\begin{bmatrix}x\\y\end{bmatrix}\in\mathbb{R}^2 \mid \frac{1}{2}x-y=0\right\}$은 벡터공간이고, 영 아닌 벡터 $\left\{\begin{bmatrix}2\\1\end{bmatrix}, \begin{bmatrix}4\\2\end{bmatrix}, \begin{bmatrix}8\\4\end{bmatrix}\right\}$에 의하여 생성된다. 그러나 사실 이 벡터공간 L을 생성하는 벡터는 단 하나면 충분하다. 즉,

$$\begin{aligned} L &= \mathrm{span}\left\{\begin{bmatrix}2\\1\end{bmatrix}, \begin{bmatrix}4\\2\end{bmatrix}, \begin{bmatrix}8\\4\end{bmatrix}\right\} \\ &= \mathrm{span}\left\{\begin{bmatrix}2\\1\end{bmatrix}\right\} \end{aligned}$$

마찬가지로 $\mathbb{R}^3$의 부분집합인 원점을 지나는 평면 P는 벡터공간이다. 이 벡터공간 P를 생성하는 벡터는 많이 있지만, P를 생성하는 데 필요한 가장 적은 수의 벡터는 일차독립인 두 개의 벡터이다.

일반적으로, 벡터공간 V를 생성하는 벡터의 집합 중에서 어떤 집합이 V를 생성하는 데 불필요한 벡터를 포함하고 있지 않을까? 이와 같은 생각으로부터 이 절에서는 벡터공간과 그의 부분공간의 구조를 이해하는 데 필요한 기본적인 개념인 기저와 차원을 소개한다.

정의 4.3.1 벡터공간 V에 대하여 다음 두 조건을 만족하는 집합 $B\,(\subseteq V)$를 V의 기저(bases)라 한다.

(a) B는 일차독립이다.

(b) $V=\mathrm{span}\{B\}$, 즉 B는 V를 생성한다.

기저는 2차원 공간과 3차원 공간에 있어서 좌표계의 일반화인 벡터공간이다. 다음 정리로부터 그 이유를 알 수 있다.

정리 4.3.2 $S=\{\mathbf{v}_1, \mathbf{v}_2, \cdots, \mathbf{v}_n\}$이 벡터공간 V의 기저이면 V에 속하는 모든 벡터는 $\mathbf{v}=c_1\mathbf{v}_1+c_2\mathbf{v}_2+\cdots+c_n\mathbf{v}_n$의 형태로 유일하게 표현된다.

증명 S가 V를 생성하므로 V의 모든 벡터는 S의 벡터들의 일차결합으로 표현된다. 따라서 표현의 유일성만 보이면 된다.

$$\mathbf{v} = c_1\mathbf{v}_1 + c_2\mathbf{v}_2 + \cdots + c_n\mathbf{v}_n$$

이고

$$\mathbf{v} = d_1\mathbf{v}_1 + d_2\mathbf{v}_2 + \cdots + d_n\mathbf{v}_n$$

이라 하자. 두 식의 차로부터

$$\mathbf{0} = (c_1 - d_1)\mathbf{v}_1 + (c_2 - d_2)\mathbf{v}_2 + \cdots + (c_n - d_n)\mathbf{v}_n$$

을 얻을 수 있고, S가 일차독립이므로

$$c_1 - d_1 = c_2 - d_2 = \cdots = c_n - d_n = 0$$

이 된다. 즉,

$$c_1 = d_1,\ c_2 = d_2, \cdots, c_n = d_n$$

이다. ■

$S = \{\mathbf{v}_1,\ \mathbf{v}_2,\ \cdots,\ \mathbf{v}_n\}$이 벡터공간 V의 기저이고

$$\mathbf{v} = c_1\mathbf{v}_1 + c_2\mathbf{v}_2 + \cdots + c_n\mathbf{v}_n$$

이 기저 S에 의한 $\mathbf{v}$의 표현일 때, 유일한 스칼라 $c_1,\ c_2,\ \cdots,\ c_n$을 기저 S에 관한 $\mathbf{v}$의 (상대)**좌표**(coordinate of $\mathbf{v}$ relative to S)라 하고

$$(\mathbf{v})_s = (c_1,\ c_2, \cdots,\ c_n)$$

으로 나타낸다.

우리가 자주 사용하는 몇 가지 중요한 벡터공간의 기저들을 소개하면 다음과 같다.

예제 1 (1) $\mathbb{R}^n$의 표준단위벡터의 집합 $S = \{\mathbf{e}_1,\ \mathbf{e}_2,\ \cdots,\ \mathbf{e}_n\}$은 일차독립이고 $\mathbb{R}^n = < S >$이므로 S는 $\mathbb{R}^n$의 기저이다. 이 기저를 $\mathbb{R}^n$의 **표준기저**(standard basis)라고 한다. 또한, $\mathbb{R}^n$의 임의의 벡터 $\mathbf{v} = (v_1,\ v_2,\ \cdots,\ v_n)$은

$$\mathbf{v} = v_1\mathbf{e}_1 + v_2\mathbf{e}_2 + \cdots + v_n\mathbf{e}_n$$

으로 표현되므로 표준기저에 관한 $\mathbf{v}=(v_1,\ v_2,\ \cdots,\ v_n)$의 좌표는

$$(\mathbf{v})_s=(v_1,\ v_2,\ \cdots,\ v_n)$$

이다. 즉, $\mathbf{v}=(\mathbf{v})_s$ 임을 알 수 있다.

(2) 벡터공간 P_n에서 $S=\{1,\ x,\ x^2,\ \cdots,\ x^n\}$은 일차독립이고 $P_n=<S>$이므로 S는 P_n의 기저이다. 이 기저를 P_n의 **표준기저**라고 한다.

(3) 벡터공간 $M_{m,n}$에서 $E_{i,j}\in M_{m,n}$을 $(i,\ j)$ 성분만 1이고 나머지 성분은 모두 0인 행렬이라 하자. 그러면

$$S=\{E_{ij}\mid 1\le i\le m,\ 1\le j\le n\}$$

은 일차독립이고 $M_{m,n}=<S>$이므로 S는 $M_{m,n}$의 기저이다. 이 기저를 행렬공간 $M_{m,n}$의 표준기저라 한다. ■

일반적으로 벡터와 그 벡터의 좌표벡터가 일치하는 것은 아니다.

예제 2 $\mathbb{R}^3$의 벡터

$$\mathbf{x}_1=\begin{bmatrix}1\\2\\1\end{bmatrix},\ \mathbf{x}_2=\begin{bmatrix}2\\9\\0\end{bmatrix},\ \mathbf{x}_3=\begin{bmatrix}3\\3\\4\end{bmatrix}$$

에 대하여

(1) $S=\{\mathbf{x}_1,\ \mathbf{x}_2,\ \mathbf{x}_3\}$는 $\mathbb{R}^3$의 기저임을 보여라.

(2) S에 관한 $\mathbf{v}=(5,\ -1,\ 9)$의 좌표벡터를 구하여라.

(3) S에 관한 좌표벡터가 $(\mathbf{v})_s=(-1,\ 3,\ 2)$ 일 때, $\mathbb{R}^3$의 벡터 $\mathbf{v}$를 구하여라.

풀이 (1) $\Delta=\begin{vmatrix}1&2&3\\2&9&3\\1&0&4\end{vmatrix}=-1\neq 0$ 이므로 S는 일차독립이다. 이제 S가 $\mathbb{R}^3$을 생성함을 보이자. $\mathbb{R}^3$의 임의의 벡터 $\mathbf{x}=\begin{bmatrix}x\\y\\z\end{bmatrix}$에 대하여,

$$\mathbf{x}=c_1\mathbf{x}_1+c_2\mathbf{x}_2+c_3\mathbf{x}_3,\ (c_i\in\mathbb{R})$$

라 하면

$$\begin{bmatrix}x\\y\\z\end{bmatrix}=c_1\begin{bmatrix}1\\2\\1\end{bmatrix}+c_2\begin{bmatrix}2\\9\\0\end{bmatrix}+c_3\begin{bmatrix}3\\3\\4\end{bmatrix}$$

$$= \begin{bmatrix} c_1 + 2c_2 + 3c_3 \\ 2c_1 + 9c_2 + 3c_3 \\ c_1 + 4c_3 \end{bmatrix}$$

이므로 c_1, c_2, c_3에 관한 연립방정식

$$\begin{aligned} c_1 + 2c_2 + 3c_3 &= x \\ 2c_1 + 9c_2 + 3c_3 &= y \\ c_1 \quad + 4c_3 &= z \end{aligned} \qquad ㉠$$

를 얻는다. 따라서 S가 $\mathbb{R}^3$를 생성함을 보이려면 위 연립방정식 ㉠이 x, y, z에 관계없이 항상 해를 가짐을 보이면 된다. 그런데 연립방정식 ㉠의 계수행렬은 가역행렬이므로 항상 해를 갖는다. 따라서 S는 $\mathbb{R}^3$를 생성한다. 그러므로 S는 $\mathbb{R}^3$의 기저이다.

(2) $(5,\ -1,\ 9) = c_1(1,\ 2,\ 1) + c_2(2,\ 9,\ 0) + c_3(3,\ 3,\ 4)$로부터

$$\begin{aligned} c_1 + 2c_2 + 3c_3 &= 5 \\ 2c_1 + 9c_2 + 3c_3 &= -1 \\ c_1 \qquad + 4c_3 &= 9 \end{aligned}$$

을 얻을 수 있고, 연립방정식을 풀면 $c_1 = 1$, $c_2 = -1$, $c_3 = 2$임을 알 수 있다. 따라서

$$(\mathbf{v})_s = (1,\ -1,\ 2)$$

이다.

(3) $(\mathbf{v})_s$의 정의로부터

$$\begin{aligned} \mathbf{v} &= (-1)\mathbf{v}_1 + 3\mathbf{v}_2 + 2\mathbf{v}_3 \\ &= (-1)(1,\ 2,\ 1) + 3(2,\ 9,\ 0) + 2(3,\ 3,\ 4) \\ &= (11,\ 31,\ 7) \end{aligned}$$

이다. ■

앞에서 $\{\mathbf{e}_1,\ \mathbf{e}_2,\ \mathbf{e}_3\}$은 $\mathbb{R}^3$의 표준기저이고, 예제 1로부터

$$\left\{ \begin{bmatrix} 1 \\ 2 \\ 1 \end{bmatrix},\ \begin{bmatrix} 2 \\ 9 \\ 0 \end{bmatrix},\ \begin{bmatrix} 3 \\ 3 \\ 4 \end{bmatrix} \right\}$$

도 $\mathbb{R}^3$의 기저임을 알았다. 더욱이 임의의 스칼라 $c \neq 0$에 대하여 $\{c\mathbf{e}_1,\ \mathbf{e}_2,\ \mathbf{e}_3\}$도 $\mathbb{R}^3$의 기저임을 알 수 있다. 즉 임의의 벡터공간의 기저는 무수히 많다는 것을 알 수 있다.

이제 벡터공간 V의 무수히 많은 기저들 사이에 어떤 관계가 있는지 알아보자.

정리 4.3.3 집합 $S=\{\mathbf{x}_1,\ \mathbf{x}_2,\ \cdots,\ \mathbf{x}_n\}$이 벡터공간 V의 기저일 때, V의 $r(>n)$개의 벡터의 집합 $T=\{\mathbf{y}_1,\ \mathbf{y}_2,\ \cdots,\ \mathbf{y}_r\}$는 항상 일차종속이다. 따라서 T가 일차독립이면 $r \le n$이다.

증명 S가 벡터공간 V의 기저이므로 $T=\{\mathbf{y}_1,\ \mathbf{y}_2,\ \cdots,\ \mathbf{y}_r\}$에 속하는 모든 벡터는 $\mathbf{x}_1,\ \mathbf{x}_2,\ \cdots,\ \mathbf{x}_n$의 일차결합으로 표시된다. 즉 $a_{ij} \in \mathbb{R}$ 에 대하여

$$\begin{aligned}\mathbf{y}_j &= a_{1j}\mathbf{x}_1 + a_{2j}\mathbf{x}_2 + \cdots + a_{nj}\mathbf{x}_n \\ &= \sum_{i=1}^{n} a_{ij}\mathbf{x}_i, \qquad (j=1,\ 2,\ \cdots,\ r)\end{aligned} \tag{㉠}$$

이제 임의의 $c_1,\ c_2,\ \cdots,\ c_r \in \mathbb{R}$ 에 대하여

$$c_1\mathbf{y}_1 + c_2\mathbf{y}_2 + \cdots + c_r\mathbf{y}_r = \sum_{j=1}^{r} c_j\mathbf{y}_j = \mathbf{0}$$

이라 하면 식 ㉠로부터 다음을 얻는다.

$$\sum_{j=1}^{r} c_j\left(\sum_{i=1}^{n} a_{ij}\mathbf{x}_i\right) = \sum_{i=1}^{n}\left(\sum_{j=1}^{r} a_{ij}c_j\right)\mathbf{x}_i = \mathbf{0}$$

따라서 $\mathbf{x}_1,\ \mathbf{x}_2,\ \cdots,\ \mathbf{x}_n$이 일차독립이므로

$$\sum_{j=1}^{r} a_{ij}c_j = 0, \qquad (i=1,\ 2,\ \cdots,\ n)$$

즉, 다음 연립방정식을 얻는다.

$$\begin{aligned} a_{11}c_1 + \cdots + a_{1r}c_r &= 0 \\ a_{21}c_1 + \cdots + a_{2r}c_r &= 0 \\ \vdots \qquad\quad & \ \ \vdots \\ a_{n1}c_1 + \cdots + a_{nr}c_r &= 0 \end{aligned} \tag{㉡}$$

식 ㉡은 r개의 미지수 $c_1,\ c_2,\ \cdots,\ c_r$를 갖고 n개의 식으로 된 동차 연립방정식이다. 그런데 $r>n$이므로 동차 연립방정식 ㉡은 자명하지 않은 해를 갖는다. 따라서 T는 일차종속이다. ■

정리 4.3.4 집합 V가 n차원 벡터공간일 때, n개의 벡터들의 집합

$$S = \{\mathbf{x}_1,\ \mathbf{x}_2,\ \cdots,\ \mathbf{x}_n\} \subseteq V$$

에 대해서 다음이 성립한다.
(a) S가 일차독립이면 S는 V의 기저이다.
(b) $\mathrm{span}\{S\} = V$이면 S는 V의 기저이다.

증명 (a) V가 n차원의 벡터공간이므로 임의의 벡터 $\mathrm{x} \in V$에 대하여 $\{\mathbf{x}_1,\ \mathbf{x}_2,\ \cdots,\ \mathbf{x}_n,\ \mathbf{x}\}$는 기저와 일차종속에 관한 정리에 의하여 일차종속이다. 따라서

$$c_1\mathbf{x}_1 + c_2\mathbf{x}_2 + \cdots + c_n\mathbf{x}_n + c_{n+1}\mathbf{x} = 0 \qquad ㉠$$

을 만족하는 모두는 영 아닌 스칼라 $c_1,\ c_2,\ \cdots,\ c_n,\ c_{n+1}$이 존재한다.
만일 $c_{n+1} = 0$이라면 S가 일차종속이 되어 모순이므로 $c_{n+1} \neq 0$이다. 따라서 식 ㉠을 x에 관하여 풀면

$$\mathbf{x} = \alpha_1\mathbf{x}_1 + \alpha_2\mathbf{x}_2 + \cdots + \alpha_n\mathbf{x}_n, \quad \left(\alpha_i = -\frac{c_i}{c_{n+1}},\ i = 1,\ 2, \cdots,\ n\right)$$

이므로 $\mathrm{span}\{S\} = V$이다. 그러므로 S가 일차독립이면 S는 V의 기저가 된다.
(b) S가 일차종속이면 4.2절의 일차종속에 관한 정리에 의하여

$$\mathbf{x}_j = d_1\mathbf{x}_1 + d_2\mathbf{x}_2 + \cdots + d_{j-1}\mathbf{x}_{j-1} + d_{j+1}\mathbf{x}_{j+1} + \cdots + d_n\mathbf{x}_n$$

인 $j(1 \leq j \leq n)$가 존재한다. 따라서

$$S_1 = \{\mathbf{x}_1,\ \mathbf{x}_2,\ \cdots,\ \mathbf{x}_{j-1},\ \mathbf{x}_{j+1},\ \cdots,\ \mathbf{x}_n\}$$

이라 하면 S_1도 V를 생성한다. S_1이 일차독립이면 S_1은 V의 기저이다. S_1이 일차종속이면 위와 같은 방법으로 $V = \langle S_2 \rangle$인 집합 S_2를 얻는다. S가 유한집합이므로 이러한 과정을 계속하면 일차독립이면서 V를 생성하는 S의 부분집합 T를 찾을 수 있다. 이 T가 바로 V의 한 기저인데, 이것은 모순이므로 S는 일차독립이고 V의 기저가 된다. ■

정리 4.3.5 집합 $S = \{\mathbf{x}_1,\ \mathbf{x}_2,\ \cdots,\ \mathbf{x}_n\}$과 $T = \{\mathbf{y}_1,\ \mathbf{y}_2,\ \cdots,\ \mathbf{y}_m\}$이 벡터공간 V의 기저이면 $n = m$이다.

증명 S와 T는 V의 기저이므로 모두 일차독립이다. 따라서 정리 4.3.3에 의하여 $m \leq n$이고, 또한 $n \leq m$이므로 $n = m$이다. ■

위의 정리에 의하여 임의의 벡터공간 V의 각 기저에 속하는 벡터의 개수는 항상 같다는 것을 알 수 있다. 이 사실을 이용하여 벡터공간의 차원을 다음과 같이 정의한다.

> **정의 4.3.6** 집합 B가 벡터공간 V의 기저일 때, B에 속하는 벡터의 개수를 V의 **차원**(dimension)이라고 하며, $\dim V$로 나타낸다.

벡터공간의 차원이 유한일 때 이 벡터공간을 **유한차원 벡터공간**(finite dimensional vector space)이라 하고, 그렇지 않은 경우에는 **무한차원 벡터공간**(infinite dimensional vector space)이라고 한다.

예제 3 (1) $S=\{\mathbf{e}_1, \mathbf{e}_2, \cdots, \mathbf{e}_n\}$가 $\mathbb{R}^n$의 표준기저이므로 $\dim \mathbb{R}^n = n$이다.

(2) $S=\{1, x, x^2, \cdots, x^n\}$가 벡터공간 P_n의 표준기저이므로 $\dim P_n = n+1$이다.

(3) 벡터공간 $M_{m,n}$의 기저는 $S=\{E_{ij} \mid 1 \le i \le m,\ 1 \le j \le n\}$이고 $|S| = mn$이므로 $\dim M_{m,n} = mn$이다.

예제 4 세 벡터의 집합 $\left\{\begin{bmatrix}1\\2\\3\end{bmatrix}, \begin{bmatrix}-2\\1\\0\end{bmatrix}, \begin{bmatrix}1\\0\\1\end{bmatrix}\right\}$은 $\mathbb{R}^3$의 기저임을 보여라.

풀이 $\dim \mathbb{R}^3 = 3$ 이므로 위의 정리에 의하여 세 개의 벡터가 일차독립임을 보이면 충분하다. 그런데

$$\begin{vmatrix}1 & -2 & 1\\ 2 & 1 & 0\\ 3 & 0 & 1\end{vmatrix} = 2 \neq 0$$

이므로 세 개의 벡터는 일차독립이다. 따라서 $\left\{\begin{bmatrix}1\\2\\3\end{bmatrix}, \begin{bmatrix}-2\\1\\0\end{bmatrix}, \begin{bmatrix}1\\0\\1\end{bmatrix}\right\}$은 $\mathbb{R}^3$의 기저이다. ■

예제 5 $S=\{t+1,\ t-1,\ t^2+t-1\}$은 P_2의 기저인가?

풀이 임의의 $c_1, c_2, c_3 \in \mathbb{R}$ 에 대하여

$$c_1(t+1)+c_2(t-1)+c_3(t^2+t-1)=0$$

이라 하면

$$c_3t^2+(c_1+c_2+c_3)t+(c_1-c_2-c_3)=0$$

이므로

$$c_3=0,\ c_1+c_2+c_3=0,\ c_1-c_2-c_3=0$$

즉,

$$c_1 = c_2 = c_3 = 0$$

이다. 따라서 S는 일차독립이다. 그런데 $\dim P_2 = 3$이므로 집합 S는 P_2의 기저이다. ■

정리 4.3.7 S를 벡터공간 V의 공집합이 아닌 부분집합이라 하자.

(a) S가 일차독립이고 $\mathbf{v}$가 $\text{span}(S)$에 속하지 않는 V의 벡터일 때, $\mathbf{v}$를 S에 추가하여 얻어진 집합은 일차독립이다.

(b) $\mathbf{v}$가 S에 속하는 벡터로서 S에 속하는 나머지 벡터들의 일차결합으로 표현될 수 있고, S에서 $\mathbf{v}$를 제거하여 만든 집합을 $S-\{\mathbf{v}\}$라 하면

$$\text{span}(S) = \text{span}(S-\{\mathbf{v}\})$$

이다.

증명 (1) $S=\{\mathbf{v}_1,\ \mathbf{v}_2,\ \cdots,\ \mathbf{v}_n\}$이고, $\mathbf{v}$를 $\text{span}(S)$에 속하지 않는 V의 벡터라 하자. 우리는 $S' = \{\mathbf{v}_1,\ \mathbf{v}_2,\ \cdots,\ \mathbf{v}_n,\ \mathbf{v}\}$가 일차독립임을 보이면 된다.

$$c_1\mathbf{v}_1 + c_2\mathbf{v}_2 + \cdots + c_n\mathbf{v}_n + c_{n+1}\mathbf{v} = 0$$

이고, $c_{n+1} \neq 0$이라 하면

$$\mathbf{v} = -\frac{c_1}{c_{n+1}}\mathbf{v}_1 - \frac{c_2}{c_{n+1}}\mathbf{v}_2 - \cdots - \frac{c_n}{c_{n+1}}\mathbf{v}_n$$

이므로 $\mathbf{v}$가 $\text{span}(S)$에 속하게 되어 가정에 모순이다. 따라서 $c_{n+1} = 0$이어야만 하고

$$c_1\mathbf{v}_1 + c_2\mathbf{v}_2 + \cdots + c_n\mathbf{v}_n = 0$$

이 된다. 그런데 $S=\{\mathbf{v}_1,\ \mathbf{v}_2,\ \cdots,\ \mathbf{v}_n\}$가 일차독립이므로

$$c_1 = c_2 = \cdots = c_n = 0$$

이어야 하고, $S' = \{\mathbf{v}_1,\ \mathbf{v}_2,\ \cdots,\ \mathbf{v}_n,\ \mathbf{v}\}$가 일차독립임을 알 수 있다.

(2) $S = \{\mathbf{v}_1,\ \mathbf{v}_2,\ \cdots,\ \mathbf{v}_n,\ \mathbf{v}\}$를 V에 속하는 벡터집합이라 하고, 특별히 $\mathbf{v}$가 $\mathbf{v}_1,\ \mathbf{v}_2,\ \cdots,\ \mathbf{v}_n$의 일차결합, 즉

$$\mathbf{v} = c_1\mathbf{v}_1 + c_2\mathbf{v}_2 + \cdots + c_n\mathbf{v}_n \quad ㉠$$

이라 하자. 이제 $\text{span}(S)$의 임의의 원소 $\mathbf{w}$가 $\{\mathbf{v}_1,\ \mathbf{v}_2,\ \cdots,\ \mathbf{v}_n\}$의 일차결합으로 표현됨을 보이면 된다. $\mathbf{w}$가 $\text{span}(S)$의 원소이면

$$\mathbf{w} = c_1\mathbf{v}_1 + c_2\mathbf{v}_2 + \cdots + c_n\mathbf{v}_n + c_{n+1}\mathbf{v}$$

이고, ㉠을 대입하면

$$\begin{aligned}\mathbf{w} &= c_1\mathbf{v}_1 + c_2\mathbf{v}_2 + \cdots + c_n\mathbf{v}_n + c_{n+1}(c_1\mathbf{v}_1 + c_2\mathbf{v}_2 + \cdots + c_n\mathbf{v}_n) \\ &= c_1(1 + c_{n+1})\mathbf{v}_1 + c_2(1 + c_{n+1})\mathbf{v}_2 + \cdots + c_n(1 + c_{n+1})\mathbf{v}_n\end{aligned}$$

이므로 $\mathbf{w}$는 $\{\mathbf{v}_1, \mathbf{v}_2, \cdots, \mathbf{v}_n\}$의 일차결합으로 표현된다. ■

다음 정리는 유한차원 벡터공간 V에 대하여 V를 생성하는 모든 집합은 V의 기저를 포함하고, V에 속하는 모든 일차독립인 집합은 V에 대한 어떤 기저의 부분집합임을 말해준다.

정리 4.3.8 S를 유한차원 벡터공간 V의 벡터집합이라 하자.

(a) S가 V를 생성하지만 V의 기저가 아니면 S의 적당한 벡터를 제거하여 V의 기저를 만들 수 있다.

(b) S가 V의 기저가 아닌 일차독립인 집합이면 S에 적당한 벡터를 추가하여 V의 기저를 만들 수 있다.

증명 (a) S가 V를 생성하지만 V의 기저가 아니라 하면 S는 일차종속이므로 S의 어떤 벡터 $\mathbf{v}$는 S에 속하는 나머지 벡터들의 일차결합으로 표현될 수 있다. 따라서 정리 4.3.7(b)에 의하여 $\mathrm{span}(S - \{\mathbf{v}\}) = V$이다. 만일 $S - \{\mathbf{v}\}$가 일차독립이면 $S - \{\mathbf{v}\}$가 V의 기저가 되어 증명은 끝난다. 그런데 만일 $S - \{\mathbf{v}\}$가 일차종속이면 같은 방법으로 $S - \{\mathbf{v}\}$에서 어떤 적당한 원소를 제거하여 역시 V를 생성하는 집합을 만들 수 있다. 이와 같은 방법으로 벡터를 계속 제거해가면 결국에는 일차독립이고 V를 생성하는 S의 벡터집합을 얻을 수 있으며, 이와 같은 S의 벡터집합이 V의 기저가 된다.

(b) $\dim(V) = n$이라 하자. S가 V의 기저가 아닌 일차독립인 집합이면 $\mathrm{span}(S) \neq V$이므로 $\mathrm{span}(S)$에 속하지 않는 V의 어떤 벡터 $\mathbf{v}$가 존재한다. 따라서 정리 4.3.7(a)에 의해 $\mathbf{v}$를 S에 추가하여 만든 집합 S' 역시 일차독립이다. 만일 $\mathrm{span}(S') = V$이면 S'이 V의 기저가 되어 증명은 끝난다. 만일 $\mathrm{span}(S') \neq V$이면 적당한 V의 벡터를 S'에 추가하여 일차독립인 집합을 만들 수 있다. 이와 같은 방법으로 벡터를 계속 추가해가면 결국에는 V의 n개의 일차독립인 벡터를 갖는 집합을 얻을 수 있으며, 이 벡터집합이 V의 기저가 된다. ■

연습문제 4.3

[1~3] 다음에 주어진 집합 S가 $\mathbb{R}^2$의 기저인지를 판정하여라.

1. $S=\{(2,\ 1),\ (0, 1)\}$
2. $S=\{(1,\ 4),\ (8,\ 7)\}$
3. $S=\{(0,\ 0),\ (2,\ -1)\}$

[4~7] 다음에 주어진 집합 S가 $\mathbb{R}^3$의 기저인지를 판정하여라.

4. $S=\{(0,\ 1,\ -2),\ (3,\ 0, 1)\}$
5. $S=\{(1,\ 1,\ 0),\ (1,\ 0,\ 1),\ (1,\ -1,\ 1)\}$
6. $S=\{(1,\ -2,\ -1),\ (2,\ -1,\ 3),\ (0,\ 2,\ 1)\}$
7. $S=\{(2,\ 0,\ -1),\ (2,\ 1,\ 1),\ (3,\ -1,\ 2),\ (2,\ -1,\ 0)\}$

[8~10] 다음에 주어진 집합 S가 M_2의 기저인지를 판정하여라.

8. $S=\left\{\begin{bmatrix}1&1\\0&1\end{bmatrix},\ \begin{bmatrix}1&0\\1&1\end{bmatrix},\ \begin{bmatrix}1&1\\1&0\end{bmatrix}\right\}$
9. $S=\left\{\begin{bmatrix}1&0\\0&1\end{bmatrix},\ \begin{bmatrix}0&0\\1&1\end{bmatrix},\ \begin{bmatrix}1&1\\0&0\end{bmatrix},\ \begin{bmatrix}0&1\\1&1\end{bmatrix}\right\}$
10. $S=\left\{\begin{bmatrix}2&4\\2&-4\end{bmatrix},\ \begin{bmatrix}0&-2\\-2&0\end{bmatrix}\right\}$

[11~14] 다음에 주어진 집합 S가 P_2의 기저인지를 판정하여라.

11. $S=\{t^2-t+1,\ 2t^2-1\}$
12. $S=\{1,\ 2t+1,\ t^2-t+1\}$
13. $S=\{t^2+1,\ t^2-t+1,\ t^2-2t+1\}$
14. $S=\{2t^2+1,\ t^2-2t+3,\ t^2-t+3,\ t-1\}$

[15~18] 다음에 주어진 $\mathbb{R}^3$의 부분공간 W의 기저와 차원을 결정하여라.

15. 평면 $W=\{(x,\ y,\ z)|x+y+z=0\}$
16. 평면 $W=\{(x,\ y,\ z)|x-2z=0\}$
17. 직선 $W=\{(x,\ y,\ z)|x=t,\ y=2t,\ z=3t\}$
18. 직선 $W=\{(x,\ y,\ z)|x=t,\ y=-2t,\ z=4t\}$

19. $(a^2,\ 0,\ 1),\ (0,\ a,\ 2),\ (1,\ 0,\ 1)$이 $\mathbb{R}^3$의 기저가 되는 a의 값을 모두 구하여라.

20. 두 벡터 $(1,\ 0,\ 1,\ 0)$과 $(0,\ 1,\ -1,\ 0)$을 포함하는 $\mathbb{R}^4$의 기저를 구하여라.

21. 3차의 대각행렬 전체의 집합은 M_3의 부분공간이다. 이 부분공간의 기저를 구하여라.

22. $a_1 = 0$이고 $a_0 + a_1 t + a_2 t^2$인 다항식 전체가 만드는 P_2의 부분공간의 차원을 구하여라.

23. 집합 $S = \{1,\ t,\ t^2,\ \cdots,\ t^n\}$은 P_n의 기저임을 보여라.

24. $S = \{E_{ij} | 1 \le i \le m,\ 1 \le j \le n\}$은 M_{mn}의 기저임을 보여라.

25. 집합 $S = \{\mathbf{x}_1,\ \mathbf{x}_2,\ \cdots,\ \mathbf{x}_n\}$을 $\mathbb{R}^n$의 기저라 할 때, A가 n차의 가역행렬이면 $\{A\mathbf{x}_1,\ A\mathbf{x}_2,\ \cdots,\ A\mathbf{x}_n\}$도 $\mathbb{R}^n$의 기저임을 증명하여라.

26. $\mathbb{R}^n$의 모든 부분공간은 항상 기저를 갖는다. 그 이유를 말하여라.

27. 벡터공간 V의 한 기저가 $\{\mathbf{v}_1,\ \mathbf{v}_2,\ \mathbf{v}_3\}$일 때,

$$\{\mathbf{v}_1,\ \mathbf{v}_1 + \mathbf{v}_2,\ \mathbf{v}_1 + \mathbf{v}_2 + \mathbf{v}_3\}$$

도 V의 기저가 됨을 보여라.

4.4 행렬의 계수

4.1절에서 우리는 행렬 A의 행공간과 열공간을 소개하였다. 이제 행렬 A에 대하여 A의 행공간과 열공간의 차원에 대하여 알아보자.

정의 4.4.1 $m \times n$ 행렬 A의 행공간의 차원을 A의 **행계수**(row rank), 열공간의 차원을 A의 **열계수**(column rank)라 하고, 각각 $r(A)$, $c(A)$로 나타낸다. 즉

$$\dim R(A) = r(A), \quad \dim C(A) = c(A).$$

우리는 이미 동차 일차 연립방정식 $A\mathbf{x} = \mathbf{0}$와 $B\mathbf{x} = \mathbf{0}$의 계수행렬 A와 B가 행동치이면 두 연립방정식의 해가 같다는 것을 알고 있다. 이제 기본행연산에 의하여 얻어지는 행동치인 두 행렬에 대한 행공간의 성질을 알아보자.

정리 4.4.2 두 행렬 A, B가 행동치이면 이들은 같은 행공간을 갖는다.

증명 두 행렬 A, B가 행동치이면 B는 A, B에 기본행연산을 유한 번 시행하여 얻어지므로 B의 각 행은 A의 행들의 일차결합이다. 따라서 B의 행공간은 A, B의 행공간의 부분집합이다.

마찬가지로 A는 B에 기본행연산을 유한 번 시행하여 얻어지므로, A, B의 행공간은 B의 행공간의 부분집합이다. 따라서 A, B는 같은 행공간을 갖는다.

A의 열공간은 A^T의 행공간이므로 열공간에 대하여도 위의 정리가 성립한다. 즉 A, B가 행동치이면 A, B는 같은 열공간을 갖는다. ■

정리 4.4.2로부터 행렬 A의 RREF에 나타나는 영 아닌 행벡터는 A의 행공간을 생성함을 알 수 있다. 그런데 RREF에 나타나는 영 아닌 행벡터는 일차독립이므로 행공간의 기저를 이룬다. 이 사실을 이용하면 $\mathbb{R}^n$의 벡터들에 의해서 생성된 부분공간의 기저와 차원을 쉽게 구할 수 있다.

예제 1 집합 S가 다음과 같을 때, $\mathbb{R}^5$의 부분공간 $W = \text{span}(S)$의 기저와 차원을 구하여라.

$$S = \{(1,\ 2,\ 1,\ 3,\ 2),\ (3,\ 4,\ 9,\ 0,\ 7),\ (2,\ 3,\ 5,\ 1,\ 8),\ (2,\ 2,\ 8,\ -3,\ 5)\}$$

풀이 W는 S에 있는 벡터를 행으로 갖는 행렬

$$A=\begin{bmatrix}1&2&1&3&2\\3&4&9&0&7\\2&3&5&1&8\\2&2&8&-3&5\end{bmatrix}$$

의 행공간과 같으므로 A의 RREF

$$B=\begin{bmatrix}1&0&7&0&-39\\0&1&-3&0&31\\0&0&0&1&-7\\0&0&0&0&0\end{bmatrix}$$

의 행공간과 같다. 따라서 B의 영 아닌 행벡터의 집합

$$\{(1,\ 0,\ 7,\ 0,\ -39),\ (0,\ 1,\ -3,\ 0,\ 31),\ (0,\ 0,\ 0,\ 1,\ -7)\}$$

은 $W=\text{span}(S)$의 기저이고, $\dim W=3$이다. ■

예제 2 다음 행렬 A의 열공간의 기저와 차원을 구하여라.

$$A=\begin{bmatrix}1&2&1&3&2\\3&4&9&0&7\\2&3&5&1&8\\2&2&8&-3&5\end{bmatrix}$$

풀이 A의 열공간은

$$A^T=\begin{bmatrix}1&3&2&2\\2&4&3&2\\1&9&5&8\\3&0&1&-3\\2&7&8&5\end{bmatrix}$$

의 행공간과 같으므로, A^T의 RREF

$$B=\begin{bmatrix}1&0&0&-1\\0&1&0&1\\0&0&1&0\\0&0&0&0\\0&0&0&0\end{bmatrix}$$

의 행공간과 같다. 따라서

$$S=\left\{\begin{bmatrix}1\\0\\0\\-1\end{bmatrix},\ \begin{bmatrix}0\\1\\0\\1\end{bmatrix},\ \begin{bmatrix}0\\0\\1\\0\end{bmatrix}\right\}$$

은 A의 열공간의 기저이고, 차원은 3이다. ■

예제 1, 2로부터 행렬 A의 행계수와 열계수는 같음을 알 수 있다. 일반적으로 실수성분을 갖는 임의의 행렬에 대해서도 행계수와 열계수가 같다.

정리 4.4.3 임의의 행렬 $A \in M_{m,n}$에 대하여 A의 행계수와 열계수는 같다.

증명 $m \times n$ 행렬 A의 행공간과 열공간이 같은 차원을 가짐을 보이면 된다. 행렬 A가 행계수 k를 가진다면, 이것은 기약 행사다리꼴이 정확히 k개의 영이 아닌 벡터 $\mathbf{a}_1$, $\mathbf{a}_2$, $\cdots$, $\mathbf{a}_m$을 가진다는 것을 의미한다. 정리 4.4.2에 의하여 행렬 A와 기약 행사다리꼴은 같은 행공간을 가지므로, 행벡터 $\mathbf{r}_1$, $\mathbf{r}_2$, $\cdots$, $\mathbf{r}_k$는 기약 행사다리꼴의 행벡터들의 일차결합으로 표현될 수 있다.

$$\begin{aligned}\mathbf{a}_1 &= c_{11}\mathbf{r}_1 + c_{12}\mathbf{r}_2 + \cdots + c_{1k}\mathbf{r}_k \\ \mathbf{a}_2 &= c_{21}\mathbf{r}_1 + c_{22}\mathbf{r}_2 + \cdots + c_{2k}\mathbf{r}_k \\ &\vdots \\ \mathbf{a}_m &= c_{m1}\mathbf{r}_1 + c_{m2}\mathbf{r}_2 + \cdots + c_{mk}\mathbf{r}_k\end{aligned} \qquad ㉠$$

다음에 각 방정식의 양변에 대응되는 성분들을 등식으로 바꾸어 보자. $\mathbf{a}_i$의 j의 성분을 a_{ij}라 하고 $\mathbf{r}_i$의 j의 성분을 r_{ij}라 하자. 그러면 식 ㉠에서 양변의 j번째 성분들 사이의 관계는 다음과 같다.

$$\begin{bmatrix} a_{1j} \\ a_{2j} \\ \vdots \\ a_{mj} \end{bmatrix} = r_{1j}\begin{bmatrix} c_{11} \\ c_{21} \\ \vdots \\ c_{m1} \end{bmatrix} + r_{2j}\begin{bmatrix} c_{12} \\ c_{22} \\ \vdots \\ c_{m2} \end{bmatrix} + \cdots + r_{kj}\begin{bmatrix} c_{1k} \\ c_{2k} \\ \vdots \\ c_{mk} \end{bmatrix}$$

이 일차 연립방정식의 좌변이 행렬 A의 j번째 열벡터이므로, 일차 연립방정식의 우변의 k열벡터들이 행렬 A의 열공간을 생성하는 것을 보였다. 그러므로 행렬 A의 열공간의 차원은 기껏해야 k이다. 즉

$$\dim C(A) \le \dim R(A). \qquad ㉡$$

이로부터

$$\dim C(A^T) \le \dim R(A^T)$$

또는

$$\dim R(A) \le \dim C(A) \qquad ㉢$$

가 성립한다. 식 ㉡과 ㉢으로부터 $\dim R(A) = \dim C(A)$이다. ■

정리 4.4.3으로부터 행렬의 행계수와 열계수가 같음을 보았다. 따라서 다음을 정의할 수 있다.

정의 4.4.4 행렬 A의 행공간이나 열공간의 차원을 간단히 A의 **계수**(rank)라 하고

$$\text{rank}(A)$$

로 나타낸다.

예제 3 다음 행렬의 계수를 구하여라.

$$A=\begin{bmatrix}1&2&3&9\\2&-1&1&8\\3&0&-1&3\end{bmatrix}$$

풀이 계수를 구하기 위하여 주어진 행렬을 RREF로 변형하자.

$$A=\begin{bmatrix}1&2&3&9\\2&-1&1&8\\3&0&-1&3\end{bmatrix}\to\begin{bmatrix}1&2&3&9\\0&-5&-5&-10\\0&-6&-10&-24\end{bmatrix}$$

$$\to\begin{bmatrix}1&2&3&9\\0&1&1&2\\0&-6&-10&-24\end{bmatrix}\to\begin{bmatrix}1&2&3&9\\0&1&1&2\\0&0&-4&-12\end{bmatrix}$$

$$\to\begin{bmatrix}1&2&3&9\\0&1&1&2\\0&0&1&3\end{bmatrix}\to\begin{bmatrix}1&0&0&-2\\0&1&0&-1\\0&0&1&3\end{bmatrix}=\text{RREF}(A)$$

따라서 RREF(A)의 행공간의 기저가 $(1,\ 0,\ 0,\ -2)$, $(0,\ 1,\ 0,\ -1)$, $(0,\ 0,\ 1,\ 3)$이므로 이것은 A의 기저이다. 따라서 A의 계수는 RREF(A)의 계수와 같은 3이다. 즉,

$$\text{rank}(A)=\text{rank}(\text{RREF}(A))=3.$$

■

4.1절에서 동차 연립방정식의 해공간을 알아보았다. $m\times n$ 행렬 A에 대하여 동차 일차 연립방정식 $A\mathbf{x}=0$의 해공간의 차원을 A의 **퇴화차수**(nullity)라 하고 nullity(A)로 표기한다. 이제 이 일차 연립방정식 $A\mathbf{x}=0$의 해공간의 기저와 A의 퇴화차수를 구해보자.

동차 연립방정식 $A\mathbf{x}=0$의 첨가행렬 $[A\ \vdots\ 0]$의 RREF를 $[B\ \vdots\ 0]$라 하고, 이때 행렬 B는 첫 행부터 $r(1\le r\le n)$개의 영 아닌 행을 갖는다고 하자. 먼저 $r=n$이라 하면 $A\mathbf{x}=0$의 해는 $\mathbf{x}=0$만을 갖는다. 따라서 해공간은 영공간이고 차원은 0이다. 이제 $r<n$이라 하면

$$
[B \vdots \mathbf{0}] = \begin{bmatrix} 1 & 0 & 0 & \cdots & 0 & b_{1r+1} & \cdots & b_{1n} & \vdots & 0 \\ 0 & 1 & 0 & \cdots & 0 & b_{2r+1} & \cdots & b_{2n} & \vdots & 0 \\ \vdots & \vdots & \ddots & & \vdots & \vdots & & \vdots & \vdots & \vdots \\ 0 & 0 & 0 & \cdots & 1 & b_{rr+1} & \cdots & b_{rn} & \vdots & 0 \\ 0 & 0 & 0 & \cdots & 0 & 0 & \cdots & 0 & \vdots & 0 \\ \vdots & \vdots & \vdots & & \vdots & \vdots & & \vdots & \vdots & \vdots \\ 0 & 0 & 0 & \cdots & 0 & 0 & \cdots & 0 & \vdots & 0 \end{bmatrix}
$$

라 가정할 수 있으므로 연립방정식은 다음과 동치이다.

$$
\begin{aligned}
x_1 &= -b_{1r+1}x_{r+1} - b_{1r+2}x_{r+2} - \cdots - b_{1n}x_n \\
x_2 &= -b_{2r+1}x_{r+1} - b_{2r+2}x_{r+2} - \cdots - b_{2n}x_n \\
&\vdots \\
x_r &= -b_{rr+1}x_{r+1} - b_{rr+2}x_{r+2} - \cdots - b_{rn}x_n
\end{aligned}
$$

따라서 $n-r$개의 임의의 실수 $s_1, \cdots, s_{n-r}$에 대하여

$$
x_{r+1} = s_1, \cdots, x_n = s_{n-r}
$$

이라 하면, 식 $A\mathbf{x} = \mathbf{0}$의 일반해는 다음과 같다.

$$
\mathbf{x} = \begin{bmatrix} x_1 \\ x_2 \\ \vdots \\ x_r \\ x_{r+1} \\ x_{r+2} \\ x_{r+3} \\ \vdots \\ x_n \end{bmatrix} = s_1 \begin{bmatrix} -b_{1r+1} \\ -b_{2r+1} \\ \vdots \\ -b_{rr+1} \\ 1 \\ 0 \\ 0 \\ \vdots \\ 0 \end{bmatrix} + s_2 \begin{bmatrix} -b_{1r+2} \\ -b_{2r+2} \\ \vdots \\ -b_{rr+2} \\ 0 \\ 1 \\ 0 \\ \vdots \\ 0 \end{bmatrix} + \cdots + s_{n-r} \begin{bmatrix} -b_{1n} \\ -b_{2n} \\ \vdots \\ -b_{rn} \\ 0 \\ 0 \\ \vdots \\ 0 \\ 1 \end{bmatrix}
$$

여기서 $s_1, \cdots, s_{n-r}$이 임의의 실수이므로

$$
\mathbf{x}_1 = \begin{bmatrix} -b_{1r+1} \\ -b_{2r+1} \\ \vdots \\ -b_{rr+1} \\ 1 \\ 0 \\ 0 \\ \vdots \\ 0 \end{bmatrix}, \quad \mathbf{x}_2 = \begin{bmatrix} -b_{1r+2} \\ -b_{2r+2} \\ \vdots \\ -b_{rr+2} \\ 0 \\ 1 \\ 0 \\ \vdots \\ 0 \end{bmatrix}, \quad \cdots, \quad \mathbf{x}_{n-r} = \begin{bmatrix} -b_{1n} \\ -b_{2n} \\ \vdots \\ -b_{rn} \\ 0 \\ 0 \\ \vdots \\ 0 \\ 1 \end{bmatrix}
$$

도 식 $A\mathbf{x} = \mathbf{0}$의 해이다. 따라서 임의의 해는

$$
\mathbf{x} = s_1\mathbf{x}_1 + s_2\mathbf{x}_2 + \cdots + s_{n-r}\mathbf{x}_{n-r}
$$

로 나타내어지므로 $S=\{\mathbf{x}_1,\ \mathbf{x}_2,\ \cdots,\ \mathbf{x}_{n-r}\}$은 $A\mathbf{x}=\mathbf{0}$의 해공간을 생성한다. 또 S가 일차독립임은 쉽게 알 수 있다. 따라서 S는 이 해공간의 기저이고 해공간의 차원은 $n-r$이다.

일반적으로 행렬 $A\in M_{m,n}$에 대하여 $A\mathrm{x}=\mathbf{0}$의 해공간의 차원은 A의 RREF(B)가 r개의 영 아닌 행을 가질 때 $n-r$임을 알았다. 따라서 rank(A)와 nullity(A) 사이에는 다음과 같은 관계가 있음을 알 수 있다.

정리 4.4.5 임의의 행렬 $A\in M_{m,n}$에 대하여 다음이 성립한다.

$$\text{rank}(A)+\text{nullity}(A)=n$$

예제 4 다음 동차 연립방정식의 해공간의 기저와 차원을 구하고 rank-nullity 정리를 이용하여 계수행렬의 계수를 구하여라.

$$\begin{aligned}
-x_1+2x_2\qquad\ \ +4x_4+5x_5-3x_6&=0\\
3x_1-7x_2+2x_3\qquad\ \ +\ x_5+4x_6&=0\\
2x_1-5x_2+2x_3+4x_4+6x_5+\ x_6&=0\\
4x_1-9x_2+2x_3-4x_4-4x_5+7x_6&=0
\end{aligned}$$

풀이 먼저 연립방정식의 첨가행렬

$$[A\ \vdots\ \mathbf{0}]=\begin{bmatrix}-1&2&0&4&5&-3&:&0\\3&-7&2&0&1&4&:&0\\2&-5&2&4&6&1&:&0\\4&-9&2&-4&-4&7&:&0\end{bmatrix}$$

의 RREF를 구하면 다음과 같다.

$$[B\ \vdots\ \mathbf{0}]=\begin{bmatrix}1&0&-4&-28&-37&13&:&0\\0&1&-2&-12&-16&5&:&0\\0&0&0&0&0&0&:&0\\0&0&0&0&0&0&:&0\end{bmatrix}$$

따라서 rank$(A)=2$이고 nullity$(A)=6-2=4$이다. 한편, A의 RREF로부터

$$\begin{aligned}
x_1&=4x_3+28x_4+37x_5-13x_6\\
x_2&=2x_3+12x_4+16x_5-\ 5x_6
\end{aligned}$$

이다. 즉 임의의 실수 $r,\ s,\ t,\ u$에 대하여 $x_3=r,\ x_4=s,\ x_5=t,\ x_6=u$라 하면 일반해는

$$\mathbf{x}=\begin{bmatrix}x_1\\x_2\\x_3\\x_4\\x_5\\x_6\end{bmatrix}=r\begin{bmatrix}4\\2\\1\\0\\0\\0\end{bmatrix}+s\begin{bmatrix}28\\12\\0\\1\\0\\0\end{bmatrix}+t\begin{bmatrix}37\\16\\0\\0\\1\\0\end{bmatrix}+u\begin{bmatrix}-13\\-5\\0\\0\\0\\1\end{bmatrix}$$

이므로 해공간의 기저와 차원은 각각 다음과 같다.

$$S=\{(4,\ 2,\ 1,\ 0,\ 0,\ 0),\ (28,\ 12,\ 0,\ 1,\ 0,\ 0),\ (37,\ 16,\ 0,\ 0,\ 1,\ 0),\ (-13,\ -5,\ 0,\ 0,\ 0,\ 1)\}$$

■

다음 정리는 비동차 일차 연립방정식 $A\mathbf{x}=\mathbf{b}$에 관한 해의 존재성과 행렬 A의 계수 사이의 관계이다.

정리 4.4.6 일차 연립방정식 $A\mathbf{x}=\mathbf{b}$가 해를 가질 필요충분조건은 다음과 같다.

$$\operatorname{rank}(A)=\operatorname{rank}[A\ \vdots\ \mathbf{b}]$$

증명 행렬 A, $\mathbf{x}$, $\mathbf{b}$를 각각

$$A=[a_{ij}]\in M_{m,n},\quad \mathbf{x}=\begin{bmatrix}x_1\\x_2\\\vdots\\x_n\end{bmatrix},\quad \mathbf{b}=\begin{bmatrix}b_1\\b_2\\\vdots\\b_m\end{bmatrix}$$

이라 하면 연립방정식 $A\mathbf{x}=\mathbf{b}$는

$$x_1\begin{bmatrix}a_{11}\\a_{21}\\\vdots\\a_{m1}\end{bmatrix}+x_2\begin{bmatrix}a_{12}\\a_{22}\\\vdots\\a_{m2}\end{bmatrix}+\cdots+x_n\begin{bmatrix}a_{1n}\\a_{2n}\\\vdots\\a_{mn}\end{bmatrix}=\begin{bmatrix}b_1\\b_2\\\vdots\\b_m\end{bmatrix} \qquad ㉠$$

과 동치이므로 다음이 성립한다.

$A\mathbf{x}=\mathbf{b}$의 해가 존재한다. $\Leftrightarrow$ 방정식 ㉠을 만족하는 $x_1,\ x_2,\ \cdots,\ x_n$이 존재한다.
$\Leftrightarrow$ $\mathbf{b}$는 A의 열벡터의 일차결합이다.
$\Leftrightarrow$ $\mathbf{b}$는 A의 열공간의 원소이다.
$\Leftrightarrow$ $\operatorname{rank}(A)=\operatorname{rank}[A\ \vdots\ \mathbf{b}]$. ■

예제 5 다음 일차 연립방정식의 해가 존재하는지 확인하여라.

$$\begin{aligned} -3x_1+7x_2-\ x_3+\ x_4&=-3\\ -x_1+2x_2+3x_3-2x_4&=\ 4\\ 2x_1-5x_2+4x_3-3x_4&=\ 7\\ -3x_1+6x_2+9x_3-6x_4&=-1 \end{aligned}$$

풀이 일차 연립방정식의 계수행렬 A의 계수를 구하면

$$A\rightarrow\begin{bmatrix}-3&7&-1&1\\-1&2&3&-2\\2&-5&4&-3\\-3&6&9&-6\end{bmatrix}\rightarrow\begin{bmatrix}1&-2&-3&2\\-3&7&-1&1\\2&-5&4&-3\\-3&6&9&-6\end{bmatrix}\rightarrow\begin{bmatrix}1&0&-23&16\\0&1&-10&7\\0&0&0&0\\0&0&0&0\end{bmatrix}$$

이므로 $\text{rank}(A)=2$이다. 그런데 첨가행렬의 계수를 구해보면

$$[A:\mathbf{b}]\rightarrow\begin{bmatrix}-3&7&-1&1&-3\\-1&2&3&-2&4\\2&-5&4&-3&7\\-3&6&9&-6&-1\end{bmatrix}\rightarrow\left[\begin{array}{cccc:c}1&0&-23&16&0\\0&1&-10&7&0\\0&0&0&0&1\\0&0&0&0&0\end{array}\right]$$

이므로 $\text{rank}[A:\mathbf{b}]=3$이다. 즉, $\text{rank}(A)\neq\text{rank}[A:\mathbf{b}]$이므로 이 일차 연립방정식은 해가 존재하지 않는다. ■

이제까지 공부한 n차의 정사각행렬의 행렬식과 계수와 관련된 중요한 정리를 다음과 같이 요약하며 이 절을 마친다. 이 정리의 증명은 연습문제로 남긴다.

정리 4.4.7 행렬 A가 n차의 정사각행렬일 때 다음은 동치이다.

(a) $\text{rank}(A)=n$

(b) $\text{nullity}(A)=0$

(c) A의 모든 행(열)벡터는 $\mathbb{R}^n$에서 일차독립이다.

(d) $A\mathbf{x}=\mathbf{0}$은 자명한 해 $\mathbf{x}=\mathbf{0}$만을 갖는다.

(e) $A\mathbf{x}=\mathbf{b}$는 모든 $n\times 1$ 행렬 $\mathbf{b}$에 대하여 유일한 해를 갖는다.

(f) A는 I_n과 행동치이다.

(g) A는 가역이다.

(h) $\det(A)\neq 0$

연습문제 4.4

[1~6] 다음 행렬의 행공간의 기저와 차원을 구하여라.

1. $A=\begin{bmatrix}3&3\\1&-6\end{bmatrix}$

2. $A=\begin{bmatrix}4&0&-1\\0&-1&4\\3&6&2\end{bmatrix}$

3. $A=\begin{bmatrix}4&0&-1&2\\0&-1&4&4\\3&-2&6&2\end{bmatrix}$

4. $A=\begin{bmatrix}1&4&0&-1\\0&1&-1&4\\3&0&6&2\\2&-2&2&1\end{bmatrix}$

5. $A=\begin{bmatrix}2&1&-2&3&7\\2&0&-2&4&8\\3&4&-3&2&8\\-2&-7&4&1&-5\end{bmatrix}$

6. $A=\begin{bmatrix}1&-1&-1&1&1\\1&1&-1&1&1\\-1&1&-1&1&1\\-1&-1&1&1&-1\\1&1&1&1&-1\end{bmatrix}$

[7~10] 다음 행렬의 행공간과 열공간의 기저를 말하여라.

7. $\begin{bmatrix}1&0&1\\0&0&1\\0&0&0\end{bmatrix}$

8. $\begin{bmatrix}1&0&1\\0&1&2\\0&0&1\end{bmatrix}$

9. $\begin{bmatrix}1&3&2&0\\0&1&1&0\\0&0&0&1\\0&0&0&0\end{bmatrix}$

10. $\begin{bmatrix}1&2&3&4\\0&1&3&0\\0&0&1&2\\0&0&0&1\\0&0&0&0\end{bmatrix}$

[11~12] 다음에 주어진 동차 연립방정식의 해공간의 기저와 차원을 구하여라.

11. $\begin{bmatrix}1&2&1\\-1&0&3\\1&5&7\end{bmatrix}\begin{bmatrix}x_1\\x_2\\x_3\end{bmatrix}=\begin{bmatrix}0\\0\\0\end{bmatrix}$

12. $\begin{bmatrix}1&1&2&0\\2&4&2&4\\2&1&5&-2\end{bmatrix}\begin{bmatrix}x_1\\x_2\\x_3\\x_4\end{bmatrix}=\begin{bmatrix}0\\0\\0\end{bmatrix}$

[13~16] 다음에 주어진 행렬 A 의 영공간의 기저와 퇴화차수를 구하여라.

13. $A=\begin{bmatrix}1&0&2\\1&2&5\\-5&3&4\end{bmatrix}$

14. $A=\begin{bmatrix}-1&-2&2\\1&1&2\\5&8&1\\4&5&5\end{bmatrix}$

15. $A=\begin{bmatrix}1&2&3&-1\\1&1&-1&1\\3&4&1&1\\2&3&2&0\end{bmatrix}$

16. $A=\begin{bmatrix}-2&-7&4&1&-5\\2&0&-2&4&8\\2&1&-2&3&7\\3&4&-3&2&8\end{bmatrix}$

17. 다음 일차 연립방정식이 해를 갖기 위한 k의 값을 구하여라.

$$\begin{aligned} x_1+2x_2-\ 4x_3+3x_4 &= -1 \\ 2x_1-3x_2+13x_3-8x_4 &= 5 \\ 3x_1-\ x_2+\ 9x_3-5x_4 &= k \end{aligned}$$

18. rank(A^TA)=rank(A)=rank(AA^T)임을 다음 행렬을 이용하여 확인하여라.

$$A=\begin{bmatrix} 1 & 3 & 1 & -4 \\ -1 & -3 & 1 & 0 \\ 2 & 6 & 2 & -8 \end{bmatrix}$$

19. 다음에 주어진 행렬의 계수가 1 또는 2가 되는 x와 y의 값이 존재하는지 확인하여라. 존재한다면 이들의 값을 구하여라.

$$\begin{bmatrix} 1 & 0 & 0 \\ 0 & x-2 & 2 \\ 0 & y-1 & x+2 \\ 0 & 0 & 3 \end{bmatrix}$$

20. $S=\{\mathbf{x}_1,\ \mathbf{x}_2,\ \cdots,\ \mathbf{x}_k\}$은 $A\mathbf{x}=\mathbf{0}$의 해집합의 부분집합일 때, $<S>$에 속하는 모든 벡터는 $A\mathbf{x}=\mathbf{0}$의 해임을 보여라.

21. 동차 일차 연립방정식 $A\mathbf{x}=\mathbf{0}$의 계수행렬 A가 성분이 모두 0인 열을 갖는다면 $A\mathbf{x}=\mathbf{0}$는 자명하지 않은 해를 가짐을 보여라.

22. A는 영 아닌 3×3 행렬이고, $A\mathbf{x}=\mathbf{0}$가 자명하지 않은 해를 갖는다면 nullity$(A)=1$ 또는 2임을 보여라.

4.5 좌표벡터와 추이행렬

유한차원 벡터공간에서 기저의 개념은 좌표계의 개념과 밀접한 관계가 있다. 이 절에서는 벡터공간의 한 기저가 주어질 때, 이 기저에 관한 벡터의 좌표벡터를 소개하고 이 기저에 관한 좌표벡터를 다른 기저로 변환하여 표현하는 것에 대하여 알아본다.

우리는 이미 4.3절에서 좌표벡터의 개념을 간단히 살펴본 바 있는데, 본 절에서 좀 더 자세히 알아보도록 하자. $S=\{\mathbf{u}_1,\ \mathbf{u}_2,\ \cdots,\ \mathbf{u}_n\}$를 n 차원 벡터공간 $\mathbb{R}^n$의 기저라고 하자. S가 기저이므로 임의의 $\mathbf{v}\in\mathbb{R}^n$에 대하여

$$\mathbf{v}=c_1\mathbf{u}_1+c_2\mathbf{u}_2+\cdots+c_n\mathbf{u}_n$$

을 만족하는 스칼라 $c_i\ (i=1,\ 2,\ \cdots,\ n)$가 존재한다. 특히,

$$\mathbf{v}=c_1\mathbf{u}_1+c_2\mathbf{u}_2+\cdots+c_n\mathbf{u}_{\mathrm{n}}=d_1\mathbf{u}_1+d_2\mathbf{u}_2+\cdots+d_n\mathbf{u}_n$$

이라면

$$\mathbf{0}=(c_1-d_1)\mathbf{u}_1+(c_2-d_2)\mathbf{u}_2+\cdots+(c_n-d_n)\mathbf{u}_n$$

이고 $\mathbf{u}_1,\ \mathbf{u}_2,\ \cdots,\ \mathbf{u}_n$가 일차독립이므로 $c_i-d_i=0$, 즉 $c_i=d_i$이다. 그러므로 $c_i\ (i=1,\ 2,\ \cdots,\ n)$는 유일하게 존재한다.

정의 4.5.1 $S=\{\mathbf{u}_1,\ \mathbf{u}_2,\ \cdots,\ \mathbf{u}_n\}$를 n 차원 벡터공간 $\mathbb{R}^n$의 기저라고 하자. 임의의 $\mathbf{v}\in\mathbb{R}^n$에 대하여

$$\mathbf{v}=c_1\mathbf{u}_1+c_2\mathbf{u}_2+\cdots+c_n\mathbf{u}_n$$

일 때 계수 $c_i\ (i=1,\ 2,\ \cdots,\ n)$를 **기저 S에 관한 $\mathbf{v}$의 좌표**라고 하고, $\mathbb{R}^n$의 벡터 $[\mathbf{v}]_B=(c_1,\ c_2,\ \cdots,\ c_n)^T$를 **기저 S에 관한 $\mathbf{v}$의 좌표벡터**(coordinate vector)라 한다.

좌표벡터에서는 기저 $S=\{\mathbf{u}_1,\ \mathbf{u}_2,\ \cdots,\ \mathbf{u}_n\}$의 원소들의 순서가 특히 중요하다. 즉, 기저 S의 원소들의 순서가 바뀌면 좌표벡터도 바뀐다. 예를 들어, $\mathbb{R}^3$의 벡터 $\mathbf{v}=\begin{bmatrix}2\\-3\\5\end{bmatrix}$의 표준기저 $B=\{\mathbf{e}_1,\mathbf{e}_2,\mathbf{e}_3\}$에 관한 좌표벡터를 구하면

$$\mathbf{v} = \begin{bmatrix} 2 \\ -3 \\ 5 \end{bmatrix} = 2\mathbf{e}_1 - 3\mathbf{e}_2 + 5\mathbf{e}_3$$

이므로 $[\mathbf{v}]_B = \begin{bmatrix} 2 \\ -3 \\ 5 \end{bmatrix}$ 이다. 그러나 B의 원소의 순서를 바꾸어

$$B' = \{\mathbf{u}_1 = \mathbf{e}_1, \mathbf{u}_2 = \mathbf{e}_3, \mathbf{u}_3 = \mathbf{e}_2\}$$

라 하면

$$\mathbf{v} = \begin{bmatrix} 2 \\ -3 \\ 5 \end{bmatrix} = 2\mathbf{u}_1 + 5\mathbf{u}_3 - 3\mathbf{u}_2$$

이므로 $[\mathbf{v}]_{B'} = \begin{bmatrix} 2 \\ 5 \\ -3 \end{bmatrix}$ 이다. 즉, $[\mathbf{v}]_B \neq [\mathbf{v}]_{B'}$. 따라서 기저의 순서가 바뀌면 좌표벡터도 바뀜을 알 수 있다.

일반적으로 기저 S에 대한 좌표벡터를 구하는 방법은 다음과 같다. 일반적으로 좌표벡터를 구하는 것은 일차 연립방정식을 풀이하는 것이다. 기저 S를 행렬로 표현하여

$$[S] = [\mathbf{u}_1 \mathbf{u}_2 \cdots \mathbf{u}_n]$$

라 하자. 그러면 $\mathbf{v} \in \mathbb{R}^n$에 대하여

$$\begin{aligned} \mathbf{v} &= c_1\mathbf{u}_1 + c_2\mathbf{u}_2 + \cdots + c_n\mathbf{u}_n \\ &= [S]\begin{bmatrix} c_1 \\ \vdots \\ c_n \end{bmatrix} = [S]\,[\mathbf{v}]_S \end{aligned}$$

이다. 그런데 S가 기저이고 $[S]$가 $n \times n$ 행렬이므로 $[S]$의 역행렬이 존재한다. 따라서

$$[\mathbf{v}]_S = [S]^{-1}\mathbf{v}$$

이다. 특히 $\mathbb{R}^n$의 표준기저 $B = \{\mathbf{e}_1, \mathbf{e}_2, \cdots, \mathbf{e}_n\}$에 관한 $\mathbf{v} = \begin{bmatrix} c_1 \\ c_2 \\ \vdots \\ c_n \end{bmatrix}$의 좌표벡터는

$$[\mathbf{v}]_B = \begin{bmatrix} c_1 \\ c_2 \\ \vdots \\ c_n \end{bmatrix}$$

이다. 이것을 $\mathbf{v}$의 **표준좌표**(standard coordinate)라고 한다.

예제 1 $\mathbb{R}^3$의 기저 $S=\{\mathbf{x}_1=(1,\ 1,\ 0),\ \mathbf{x}_2=(1,\ 1,\ 1),\ \mathbf{x}_3=(0,\ 1,\ -1)\}$에 관한 $\mathbf{x}=(2,\ 3,\ 1)$의 좌표벡터 $[\mathbf{x}]_S$를 구하여라.

풀이

$$\begin{aligned}\mathbf{x}&=(2,\ 3,\ 1)\\&=c_1\mathbf{x}_1+c_2\mathbf{x}_2+c_3\mathbf{x}_3 \quad (c_i\in\mathbb{R})\\&=c_1(1,\ 1,\ 0)+c_2(1,\ 1,\ 1)+c_3(0,\ 1,\ -1)\end{aligned}$$

이므로

$$\begin{aligned}c_1+c_2\quad\ &=2\\c_1+c_2+c_3&=3\\c_2-c_3&=1\end{aligned}$$

이고, 이 일차 연립방정식을 풀면

$$c_1=0,\ c_2=2,\ c_3=1$$

이므로

$$[\mathbf{x}]_S=\begin{bmatrix}0\\2\\1\end{bmatrix}$$

이다. ■

예제 2 벡터공간 $\mathbb{R}^2$의 두 기저

$$S=\{(1,\ 0),\ (0,\ 1)\},\quad T=\{(1,\ 1),\ (1,\ -1)\}$$

에 대하여, S와 T에 관한 $\mathbf{x}=(5,\ -2)$의 좌표벡터 $[\mathbf{x}]_S$와 $[\mathbf{x}]_T$를 각각 구하여라.

풀이 1. $\mathbf{x}=(5,\ -2)=5(1,\ 0)+(-2)(0,\ 1)$이므로 $[\mathbf{x}]_S=\begin{bmatrix}5\\-2\end{bmatrix}$이다.

2. $\mathbf{x}=(5,\ -2)=c_1(1,\ 1)+c_2(1,\ -1) \quad (c_i\in\mathbb{R})$

$=(c_1+c_2,\ c_1-c_2)$

이므로 $c_1=\dfrac{3}{2}$, $c_2=\dfrac{7}{2}$이다. 따라서

$$[\mathbf{x}]_T=\begin{bmatrix}\frac{3}{2}\\\frac{7}{2}\end{bmatrix}$$

이다. ■

$S=\{\mathbf{v}_1,\ \mathbf{v}_2,\ \cdots,\ \mathbf{v}_n\}$가 n차원 벡터공간 $\mathbb{R}^n$의 기저라 하면 $\mathbb{R}^n$의 벡터 $\mathbf{x},\ \mathbf{y}$는

$$\mathbf{x}=\sum_{i=1}^{n}a_i\mathbf{v}_i,\quad \mathbf{y}=\sum_{i=1}^{n}b_i\mathbf{v}_i\qquad (a_i,\ b_i\in\mathbb{R})$$

로 유일하게 표현되므로

$$[\mathbf{x}]_S=\begin{bmatrix}a_1\\a_2\\\vdots\\a_n\end{bmatrix},\qquad [\mathbf{y}]_S=\begin{bmatrix}b_1\\b_2\\\vdots\\b_n\end{bmatrix}$$

이다. 또한

$$\mathbf{x}+\mathbf{y}=\sum_{i=1}^{n}(a_i+b_i)\mathbf{v}_i$$

이므로

$$[\mathbf{x}+\mathbf{y}]_S=\begin{bmatrix}a_1+b_1\\a_2+b_2\\\vdots\\a_n+b_n\end{bmatrix}=\begin{bmatrix}a_1\\a_2\\\vdots\\a_n\end{bmatrix}+\begin{bmatrix}b_1\\b_2\\\vdots\\b_n\end{bmatrix}=[\mathbf{x}]_S+[\mathbf{y}]_S.$$

마찬가지로, 스칼라 c에 대하여 $[c\mathbf{x}]_S=c[\mathbf{x}]_S$임을 알 수 있다.

일반적으로 집합 S가 n차원 벡터공간 $\mathbb{R}^n$의 기저일 때 $\mathbf{v}_i\in\mathbb{R}^n,\ c_i\in\mathbb{R}\ (i=1,\ 2,\ \cdots,\ n)$에 대하여 다음이 성립한다.

$$[c_1\mathbf{v}_1+c_2\mathbf{v}_2+\cdots+c_n\mathbf{v}_n]_S=c_1[\mathbf{v}_1]_S+c_2[\mathbf{v}_2]_S+\cdots+c_n[\mathbf{v}_n]_S$$

이제 두 집합 $S=\{\mathbf{x}_1,\ \mathbf{x}_2,\ \cdots,\ \mathbf{x}_n\}$, $T=\{\mathbf{y}_1,\ \mathbf{y}_2,\ \cdots,\ \mathbf{y}_n\}$을 n차원 벡터공간 $\mathbb{R}^n$의 서로 다른 기저라 하자. 이때 S와 T에 관한 $\mathbf{x}\in\mathbb{R}^n$의 좌표벡터 $[\mathbf{x}]_S$와 $[\mathbf{x}]_T$ 사이의 관계를 생각해보자.

$$\mathbf{x}=c_1\mathbf{y}_1+c_2\mathbf{y}_2+\cdots+c_n\mathbf{y}_n\qquad (c_i\in\mathbb{R})$$

이라 하면 T에 관한 $\mathbf{x}\in V$의 좌표벡터 $[\mathbf{x}]_T$는

$$[\mathbf{x}]_T=\begin{bmatrix}c_1\\c_2\\\vdots\\c_n\end{bmatrix}$$

이다. 또 S에 관한 $\mathbf{x} \in \mathbb{R}^n$의 좌표벡터 $[\mathbf{x}]_S$는 다음과 같이 나타낼 수 있다.

$$\begin{aligned}[\mathbf{x}]_S &= [c_1\mathbf{y}_1 + c_2\mathbf{y}_2 + \cdots + c_n\mathbf{y}_n]_S \\ &= c_1[\mathbf{y}_1]_S + c_2[\mathbf{y}_2]_S + \cdots + c_n[\mathbf{y}_n]_S\end{aligned}$$

여기서 S에 관한 $\mathbf{y}_j$의 좌표벡터를

$$[\mathbf{y}_j]_S = \begin{bmatrix} p_{1j} \\ p_{2j} \\ \vdots \\ p_{nj} \end{bmatrix}$$

라 하고

$$\begin{aligned}P &= [[\mathbf{y}_1]_S [\mathbf{y}_2]_S \cdots [\mathbf{y}_n]_S] \\ &= \begin{bmatrix} p_{11} & p_{12} & \cdots & p_{1n} \\ p_{21} & p_{22} & \cdots & p_{2n} \\ \vdots & \vdots & & \vdots \\ p_{n1} & p_{n2} & \cdots & p_{nn} \end{bmatrix}\end{aligned}$$

이라 하면 다음이 성립한다.

$$\begin{aligned}[\mathbf{x}]_S &= c_1\begin{bmatrix} p_{11} \\ p_{21} \\ \vdots \\ p_{n1} \end{bmatrix} + c_2\begin{bmatrix} p_{12} \\ p_{22} \\ \vdots \\ p_{n2} \end{bmatrix} + \cdots + c_n\begin{bmatrix} p_{1n} \\ p_{2n} \\ \vdots \\ p_{nn} \end{bmatrix} \\ &= \begin{bmatrix} p_{11} & p_{12} & \cdots & p_{1n} \\ p_{21} & p_{22} & \cdots & p_{2n} \\ \vdots & \vdots & & \vdots \\ p_{n1} & p_{n2} & \cdots & p_{nn} \end{bmatrix}\begin{bmatrix} c_1 \\ c_2 \\ \vdots \\ c_n \end{bmatrix} = P[\mathbf{x}]_T\end{aligned}$$

즉,

$$[\mathbf{x}]_S = P[\mathbf{x}]_T \qquad ①$$

이다. 식 ①에서 행렬 P는 $[\mathbf{x}]_T$를 $[\mathbf{x}]_S$로 변환시키는 역할을 한다. 이때 행렬

$$P = [[\mathbf{y}_1]_S [\mathbf{y}_2]_S \cdots [\mathbf{y}_n]_S]$$

를 기저 T에서 기저 S로의 **추이행렬**(transition matrix)이라 한다. 행렬 P를 $P = P_{T \to S} = [I]_T^S$와 같이 표현하기도 한다.

예제 3 $\mathbb{R}^3$의 벡터

$$\mathbf{x}_1 = (1,\ 2,\ 0),\ \mathbf{x}_2 = (1,\ 1,\ 1),\ \mathbf{x}_3 = (2,\ 0,\ 1)$$
$$\mathbf{y}_1 = (4,\ -1,\ 3),\ \mathbf{y}_2 = (5,\ 5,\ 2),\ \mathbf{y}_3 = (6,\ 3,\ 3)$$

에 대하여 $\mathbb{R}^3$의 두 기저를

$$S = \{\mathbf{x}_1,\ \mathbf{x}_2,\ \mathbf{x}_3\}, \qquad T = \{\mathbf{y}_1,\ \mathbf{y}_2,\ \mathbf{y}_3\}$$

라 하자. 이때 기저 T에서 기저 S로의 추이행렬 P를 구하여라.

풀이 기저 T에서 기저 S로의 추이행렬 P는

$$P = [[\mathbf{y}_1]_S [\mathbf{y}_2]_S \cdots [\mathbf{y}_n]_S]$$

이므로 기저 S에 관한 $\mathbf{y}_1,\ \mathbf{y}_2,\ \mathbf{y}_3$의 좌표벡터를 각각 구한다.

$$\begin{aligned} a_1\mathbf{x}_1 + a_2\mathbf{x}_2 + a_3\mathbf{x}_3 &= \mathbf{y}_1 \qquad (a_i \in \mathbb{R}) \\ b_1\mathbf{x}_1 + b_2\mathbf{x}_2 + b_3\mathbf{x}_3 &= \mathbf{y}_2 \qquad (b_i \in \mathbb{R}) \\ c_1\mathbf{x}_1 + c_2\mathbf{x}_2 + c_3\mathbf{x}_3 &= \mathbf{y}_3 \qquad (c_i \in \mathbb{R}) \end{aligned}$$

라 하면, 다음과 같은 세 개의 연립방정식

$$\begin{aligned} a_1 + a_2 + 2a_3 &= 4 \\ 2a_1 + a_2 \quad\quad &= -1 \\ a_2 + a_3 &= 3 \end{aligned}$$

$$\begin{aligned} b_1 + b_2 + 2b_3 &= 5 \\ 2b_1 + b_2 \quad\quad &= 5 \\ b_2 + b_3 &= 2 \end{aligned}$$

$$\begin{aligned} c_1 + c_2 + 2c_3 &= 6 \\ 2c_1 + c_2 \quad\quad &= 3 \\ c_2 + c_3 &= 3 \end{aligned}$$

은 모두 계수행렬로

$$A = \begin{bmatrix} 1 & 1 & 2 \\ 2 & 1 & 0 \\ 0 & 1 & 1 \end{bmatrix}$$

을 갖는다. 따라서 행렬

$$[A \ \vdots\ \mathbf{y}_1 \ \vdots\ \mathbf{y}_2 \ \vdots\ \mathbf{y}_3]$$

를 RREF로 변환함으로써 $a_i,\ b_i,\ c_i\,(i = 1,\ 2,\ 3)$를 구할 수 있다.

$$A = \left[\begin{array}{ccc:c:c:c} 1 & 1 & 2 & 4 & 5 & 6 \\ 2 & 1 & 0 & -1 & 5 & 3 \\ 0 & 1 & 1 & 3 & 2 & 3 \end{array}\right]$$

의 RREF는

$$B = \left[\begin{array}{ccc:c:c:c} 1 & 0 & 0 & -1 & 2 & 1 \\ 0 & 1 & 0 & 1 & 1 & 1 \\ 0 & 0 & 1 & 2 & 1 & 2 \end{array}\right]$$

이므로 기저 T 에서 기저 S로의 추이행렬은 다음과 같다.

$$P=\begin{bmatrix} -1 & 2 & 1 \\ 1 & 1 & 1 \\ 2 & 1 & 2 \end{bmatrix}$$

■

정리 4.5.2 두 집합 S, T를 n차원 벡터공간 $\mathbb{R}^n$의 서로 다른 기저라 하고 P를 기저 T 에서 기저 S로의 추이행렬이라 하자. 그러면 P 는 가역이고 P^{-1}는 기저 S 에서 기저 T 로의 추이행렬이다.

증명 먼저 P가 가역임을 증명하기 위하여 동차 일차 연립방정식 $P[\mathbf{x}]_T=\mathbf{0}$이 자명한 해만을 가짐을 보이면 된다.

$\mathbb{R}^n$의 임의의 벡터 $\mathbf{x}$에 대하여 $P[\mathbf{x}]_T=[\mathbf{x}]_S$이므로 $P[\mathbf{x}]_T=\mathbf{0}$이라 하면 $\mathbf{x}=\mathbf{0}$이다. 그리고 T가 일차독립이므로 $[\mathbf{x}]_T=\mathbf{0}$이다. 따라서 P는 가역이다. 이제 $P[\mathbf{x}]_T=[\mathbf{x}]_S$의 양변에 P^{-1}를 곱하면

$$[\mathbf{x}]_T=P^{-1}[\mathbf{x}]_S$$

이므로 P^{-1}는 기저 S에서 기저 T 로의 추이행렬이다. ■

예제 4 예제 3에 있는 $\mathbb{R}^3$의 두 기저 S, T 에 대하여 다음을 구하여라.

(1) 기저 S에서 기저 T로의 추이행렬 Q

(2) $[\mathbf{x}]_S=\begin{bmatrix} 1 \\ -1 \\ 1 \end{bmatrix}$일 때, 좌표벡터 $[\mathbf{x}]_T$

풀이 (1) 기저 T 에서 기저 S로의 추이행렬은

$$P=\begin{bmatrix} -1 & 2 & 1 \\ 1 & 1 & 1 \\ 2 & 1 & 2 \end{bmatrix}$$

이므로 위의 정리에 의하여

$$Q=P^{-1}=-\frac{1}{2}\begin{bmatrix} 1 & -3 & 1 \\ 0 & -4 & 2 \\ -1 & 5 & -3 \end{bmatrix}$$

이다.

(2) $$[\mathbf{x}]_T=Q[\mathbf{x}]_S=-\frac{1}{2}\begin{bmatrix} 1 & -3 & 1 \\ 0 & -4 & 2 \\ -1 & 5 & -3 \end{bmatrix}\begin{bmatrix} 1 \\ -1 \\ 1 \end{bmatrix}=\begin{bmatrix} -\frac{5}{2} \\ -3 \\ \frac{9}{2} \end{bmatrix}$$

■

연습문제 4.5

[1~2] 주어진 벡터공간 V 의 기저 B에 관한 $\mathbf{x}$의 좌표벡터 $[\mathbf{x}]_B$ 를 구하여라.

1. $V=\mathbb{R}^2,\ B=\{(1,\ 0),\ (0,\ 1)\},\ \mathbf{x}=(3,\ -2)$
2. $V=\mathbb{R}^3,\ B=\{(1,\ 0,\ 0),\ (0,\ 1,\ 0),\ (0,\ 0,\ 1)\},\ \mathbf{x}=(-1,\ 3,\ 2)$

[3~4] 주어진 벡터공간 V 의 기저 S 에 관한 $\mathbf{x}$의 좌표벡터 $[\mathbf{x}]_S$ 를 구하여라.

3. $V=\mathbb{R}^2,\ S=\{(-1,\ 1),\ (1,\ -2)\},\ \mathbf{x}=(-2,\ 3)$
4. $V=\mathbb{R}^3,\ S=\{(1,\ -2,\ 1),\ (-1,\ 0,\ 1),\ (0,\ 1,\ 0)\},\ \mathbf{x}=(2,\ -1,\ 3)$

[5~6] 주어진 벡터공간 V 의 직교기저 S 에 관한 $\mathbf{x}$의 좌표벡터 $[\mathbf{x}]_S$ 를 구하여라.

5. $V=\mathbb{R}^2,\ S=\{(1,\ -1),\ (1,\ 1)\},\ \mathbf{x}=(2,\ 4)$
6. $V=\mathbb{R}^3,\ S=\{(1,\ -1,\ 0),\ (1,\ 1,\ 1),\ (1,\ 1,\ -2)\},\ \mathbf{x}=(2,\ -3,\ -1)$

[7~8] 다음에 주어진 벡터공간 V 의 정규직교기저 S 에 관한 $\mathbf{x}$의 좌표벡터 $[\mathbf{x}]_S$ 를 구하여라.

7. $V=\mathbb{R}^2,\ S=\left\{\left(\frac{1}{\sqrt{2}},\ -\frac{1}{\sqrt{2}}\right),\ \left(\frac{1}{\sqrt{2}},\ \frac{1}{\sqrt{2}}\right)\right\},\ \mathbf{x}=(3,\ 7)$
8. $V=\mathbb{R}^3,\ S=\left\{\left(\frac{2}{3},\ -\frac{2}{3},\ \frac{1}{3}\right),\ \left(\frac{2}{3},\ \frac{1}{3},\ -\frac{2}{3}\right),\ \left(\frac{1}{3},\ \frac{2}{3},\ \frac{2}{3}\right)\right\},\ \mathbf{x}=(-1,\ 0,\ 2)$

9. $\mathbb{R}^2$의 두 기저 $S=\{(1,\ 0),\ (0,\ 1)\},\ T=\{(2,\ 1),\ (3,\ -4)\}$와 벡터 $\mathbf{x}=(5,\ -3)$, $\mathbf{y}=(3,\ -5)$에 대하여 다음을 구하여라.
   (1) 기저 T 에 관한 $\mathbf{x}$, $\mathbf{y}$의 좌표벡터
   (2) 기저 T 에서 기저 S 로의 추이행렬 P
   (3) 기저 S 에 관한 $\mathbf{x}$, $\mathbf{y}$의 좌표벡터
   (4) 기저 S 에서 기저 T 로의 추이행렬 Q

10. $\mathbb{R}^2$의 두 기저 $S=\{(0,\ 1),\ (1,\ 2)\},\ T=\{(1,\ 1),\ (2,\ 3)\}$와 벡터 $\mathbf{x}=(5,\ 4)$, $\mathbf{y}=(1,\ 5)$에 대하여 다음을 구하여라.
   (1) 기저 T 에 관한 $\mathbf{x}$, $\mathbf{y}$의 좌표벡터
   (2) 기저 T 에서 기저 S 로의 추이행렬 P
   (3) 기저 S 에 관한 $\mathbf{x}$, $\mathbf{y}$의 좌표벡터
   (4) 기저 S 에서 기저 T 로의 추이행렬 Q

11. S_1, S_2, S_3는 $\mathbb{R}^2$의 기저들이고

$$P_{S_1 \to S_2} = \begin{bmatrix} 3 & 1 \\ 5 & 2 \end{bmatrix}, \quad P_{S_2 \to S_3} = \begin{bmatrix} 7 & 2 \\ 4 & -1 \end{bmatrix}$$

이면, $P_{S_3 \to S_1}$을 구하여라.

12. 다음 행렬을 생각하자.

$$P = \begin{bmatrix} 1 & 1 & 0 \\ 1 & 0 & 2 \\ 0 & 2 & 1 \end{bmatrix}$$

(1) 행렬 P는 어떤 기저 S에서 $\mathbb{R}^3$의 표준기저 $B = \{\mathbf{e}_1, \mathbf{e}_2, \mathbf{e}_3\}$으로의 추이행렬인가?

(2) 행렬 P는 표준기저 $B = \{\mathbf{e}_1, \mathbf{e}_2, \mathbf{e}_3\}$에서 $\mathbb{R}^3$에 대한 어떤 기저 S로의 추이행렬인가?

13. 집합 $S = \{\mathbf{v}_1, \mathbf{v}_2, \cdots, \mathbf{v}_n\}$가 n차원 벡터공간 V의 기저일 때, $\mathbf{x}_i \in V$, $c_i \in \mathbb{R}$ $(i = 1, 2, \cdots, n)$에 대하여 다음이 성립함을 보여라.

$$[c_1\mathbf{x}_1 + c_2\mathbf{x}_2 + \cdots + c_n\mathbf{x}_n]_S = c_1[\mathbf{x}_1]_S + c_2[\mathbf{x}_2]_S + \cdots + c_n[\mathbf{x}_n]_S$$

14. $S = \{\mathbf{x}_1, \mathbf{x}_2, \cdots, \mathbf{x}_n\}$이 n차원 벡터공간 $\mathbb{R}^n$의 기저일 때, 임의의 두 벡터 $\mathbf{x}$, $\mathbf{y} \in \mathbb{R}^n$에 대하여 $\mathbf{x} = \mathbf{y}$일 필요충분조건은 $[\mathbf{x}]_S = [\mathbf{y}]_S$임을 보여라.

4.6 Gram-Schmidt의 정규직교화과정

이제 $\mathbb{R}^n$의 부분공간의 기저 중에서 표준기저처럼 서로 직교하며 크기가 1인 기저를 찾는 방법에 대하여 알아보자.

정의 4.6.1 $\mathbb{R}^n$의 벡터 $\mathbf{x}_1,\ \mathbf{x}_2,\ \cdots,\ \mathbf{x}_k$에 대하여 $S=\{\mathbf{x}_1,\ \mathbf{x}_2,\ \cdots,\ \mathbf{x}_k\}$라 하자. 이 때 S의 서로 다른 어느 두 벡터도 모두 직교하면 S를 **직교집합**(orthogonal set)이라 한다. 특히, 직교집합 S에 속하는 벡터가 모두 단위 벡터일 때 S를 **정규직교집합**(orthonormal set)이라고 한다.

예제 1 $\mathbb{R}^3$의 벡터 $\mathbf{u}_1=(0,\ 1,\ 0),\ \mathbf{u}_2=(1,\ 0,\ 1),\ \mathbf{u}_3=(1,\ 0,\ -1)$에 대하여

$$<\mathbf{u}_1, \mathbf{u}_2>=<\mathbf{u}_1, \mathbf{u}_3>=<\mathbf{u}_2, \mathbf{u}_3>=0$$

이므로 $S=\{\mathbf{u}_1,\ \mathbf{u}_2,\ \mathbf{u}_3\}$는 직교집합이다. 한편, $\|\mathbf{u}_1\|=1,\ \|\mathbf{u}_2\|=\sqrt{2},\ \|\mathbf{u}_3\|=\sqrt{2}$이므로 $\mathbf{u}_1,\ \mathbf{u}_2,\ \mathbf{u}_3$를 정규화하면

$$\mathbf{v}_1=\frac{\mathbf{u}_1}{\|\mathbf{u}_1\|}=(0,\ 1,\ 0),\ \mathbf{v}_2=\frac{\mathbf{u}_2}{\|\mathbf{u}_2\|}=\left(\frac{1}{\sqrt{2}},\ 0,\ \frac{1}{\sqrt{2}}\right),$$

$$\mathbf{v}_3=\frac{\mathbf{u}_3}{\|\mathbf{u}_3\|}=\left(\frac{1}{\sqrt{2}},\ 0,\ -\frac{1}{\sqrt{2}}\right)$$

이다. 따라서 $\{\mathbf{v}_1,\ \mathbf{v}_2,\ \mathbf{v}_3\}$은 정규직교집합이다. ■

정의 4.6.2 $\mathbb{R}^n$의 기저 S가 직교집합이면 **직교기저**(orthogonal basis), 정규직교집합이면 **정규직교기저**(orthonormal basis)라고 한다.

예제 2 집합 $S=\left\{\mathbf{u}_1=\begin{bmatrix}1\\-1\\0\end{bmatrix},\ \mathbf{u}_2=\begin{bmatrix}1\\1\\1\end{bmatrix},\ \mathbf{u}_3=\begin{bmatrix}-1\\-1\\2\end{bmatrix}\right\}$의 원소들은 서로 직교한다. 즉, $i\neq j$에 대하여 $\mathbf{u}_i\cdot\mathbf{u}_j=0$ 이다. 그러나 S 의 각 원소의 크기가 1이 아니므로 S는 정규직교집합이 아니다. 하지만 각 벡터를 그 벡터의 크기로 나누어주면 크기가 각각 1인 벡터가 되므로 정규직교집합을 만들 수 있다. 즉, $\|\mathbf{u}_1\|=\sqrt{2}$, $\|\mathbf{u}_2\|=\sqrt{3}$, $\|\mathbf{u}_3\|=\sqrt{6}$ 이므로

$$S' = \left\{ \frac{1}{\sqrt{2}}\mathbf{u}_1,\ \frac{1}{\sqrt{3}}\mathbf{u}_2,\ \frac{1}{\sqrt{6}}\mathbf{u}_3 \right\}$$

은 서로 직교하고 크기가 1이므로 정규직교집합이다. 따라서 S'는 $\mathbb{R}^3$의 정규직교기저이다. ■

$\mathbb{R}^n$의 표준기저 $B = \{\mathbf{e}_1,\ \mathbf{e}_2,\ \cdots, \mathbf{e}_n\}$는 가장 잘 알려진 정규직교기저이다. 특히 $\mathbb{R}^2$와 $\mathbb{R}^3$에서 정규직교기저는 아래 그림에서 보는 바와 같이 각각 축 방향의 단위 벡터이다.

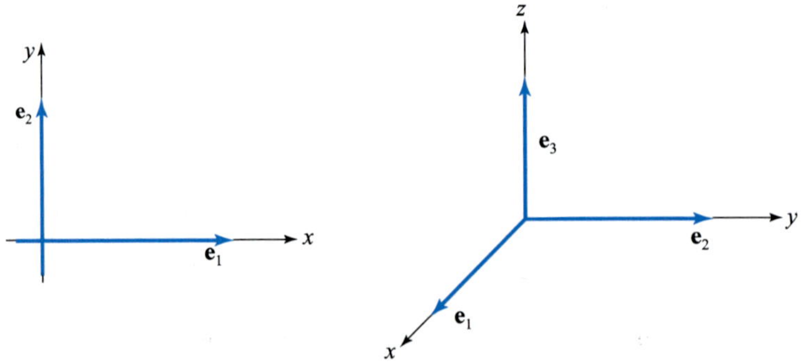

그림 4.2 $\mathbb{R}^2$와 $\mathbb{R}^3$에서 정규직교기저

또한, $\mathbb{R}^n$의 표준기저 B에 대하여 임의의 $\mathbf{x} \in \mathbb{R}^n$은

$$\mathbf{x} = [\mathbf{x}]_B = \begin{bmatrix} x_1 \\ x_2 \\ \vdots \\ x_n \end{bmatrix} \Leftrightarrow \mathbf{x} = x_1\mathbf{e}_1 + x_2\mathbf{e}_2 + \cdots + x_n\mathbf{e}_n$$

이다.

일반적으로 n개의 벡터의 집합 $S = \{\mathbf{u}_1,\ \mathbf{u}_2, \cdots,\ \mathbf{u}_n\}$이 $\mathbb{R}^n$의 기저이면 $\mathbb{R}^n$의 임의의 벡터 $\mathbf{x}$는 다음과 같이 유일하게 표시된다는 것은 잘 알고 있는 사실이다.

$$\mathbf{x} = c_1\mathbf{u}_1 + c_2\mathbf{u}_2 + \cdots + c_n\mathbf{u}_n \quad (c_i \in \mathbb{R})$$

이때 $c_1,\ c_2,\ \cdots,\ c_n$을 구하려면 n개의 미지수를 갖는 연립방정식을 풀어야 한다. 그러나 S가 $\mathbb{R}^n$의 정규직교기저이면 $i \neq j$일 때, $\mathbf{u}_i \cdot \mathbf{u}_j = 0$임을 이용하여 $c_1,\ c_2,\ \cdots,\ c_n$을 쉽게 구할 수 있다.

정리 4.6.3 $S=\{\mathbf{u}_1, \mathbf{u}_2, \cdots, \mathbf{u}_n\}$가 $\mathbb{R}^n$의 정규직교기저이면 $\mathbb{R}^n$의 임의의 벡터 $\mathbf{x}$는 다음과 같이 표현된다.

$$\mathbf{x}=c_1\mathbf{u}_1+c_2\mathbf{u}_2+\cdots+c_n\mathbf{u}_n$$

여기서 $c_i=\mathbf{u}_i\cdot\mathbf{x}\,(i=1, 2, \cdots, n)$이다.

증명 S가 $\mathbb{R}^n$의 기저이므로 임의의 벡터 $\mathbf{x}\in\mathbb{R}^n$은

$$\mathbf{x}=c_1\mathbf{u}_1+c_2\mathbf{u}_2+\cdots+c_n\mathbf{u}_n \quad (c_i\in\mathbb{R})$$

으로 표현되고, 각 $i\,(i=1, 2, \cdots, n)$에 대하여

$$\begin{aligned}\mathbf{x}\cdot\mathbf{u}_i&=(c_1\mathbf{u}_1+c_2\mathbf{u}_2+\cdots+c_n\mathbf{u}_n)\cdot\mathbf{u}_i\\&=c_1(\mathbf{u}_1\cdot\mathbf{u}_i)+c_2(\mathbf{u}_2\cdot\mathbf{u}_i)+\cdots+c_n(\mathbf{u}_n\cdot\mathbf{u}_i)\end{aligned}$$

이다. 그런데 S가 정규직교기저이므로

$$\mathbf{u}_i\cdot\mathbf{u}_j=\begin{cases}0 & (i\neq j)\\1 & (i=j)\end{cases}$$

이고, 따라서

$$c_i=\mathbf{u}_i\cdot\mathbf{x} \quad (i=1, 2, \cdots, n)$$

임을 알 수 있다. ■

예제 3 $\mathbf{x}=\begin{bmatrix}-1\\2\\1\end{bmatrix}$를 예제 2에 있는 $\mathbb{R}^3$의 정규직교기저

$$\left\{\mathbf{v}_1=\frac{1}{\sqrt{2}}\mathbf{u}_1,\ \mathbf{v}_2=\frac{1}{\sqrt{3}}\mathbf{u}_2,\ \mathbf{v}_3=\frac{1}{\sqrt{6}}\mathbf{u}_3\right\}$$

의 일차결합으로 표시하여라.

풀이 $\mathbf{x}=c_1\mathbf{v}_1+c_2\mathbf{v}_2+c_3\mathbf{v}_3$라 하면,

$$c_1=\mathbf{v}_1\cdot\mathbf{x}=\frac{-3}{\sqrt{2}},\quad c_2=\mathbf{v}_2\cdot\mathbf{x}=\frac{2}{\sqrt{3}},\quad c_3=\mathbf{v}_3\cdot\mathbf{x}=\frac{1}{\sqrt{6}}$$

이므로

$$\mathbf{x}=c_1\mathbf{v}_1+c_2\mathbf{v}_2+c_3\mathbf{v}_3=\frac{1}{2}\begin{bmatrix}-3\\3\\0\end{bmatrix}+\frac{1}{3}\begin{bmatrix}2\\2\\2\end{bmatrix}+\frac{1}{6}\begin{bmatrix}-1\\-1\\2\end{bmatrix}$$

이다. ■

정리 4.6.4 $\mathbb{R}^n$의 영이 아닌 벡터들의 집합 $S=\{\mathbf{x}_1, \mathbf{x}_2, \cdots, \mathbf{x}_k\}$가 직교집합이면 S는 일차독립이다.

증명 $S=\{\mathbf{x}_1, \mathbf{x}_2, \cdots, \mathbf{x}_k\}$를 직교집합이라 하고,

$$\mathbf{0}=\alpha_1\mathbf{x}_1+\alpha_2\mathbf{x}_2+\cdots+\alpha_k\mathbf{x}_k$$

이라 하자. 각각의 $i=1, 2, \cdots, k$에 대하여 다음이 성립한다.

$$\begin{aligned} 0 &= \mathbf{x}_i \cdot \mathbf{0} = \mathbf{x}_i \cdot (\alpha_1\mathbf{x}_1+\alpha_2\mathbf{x}_2+\cdots+\alpha_k\mathbf{x}_k) \\ &= \alpha_1(\mathbf{x}_i \cdot \mathbf{x}_1)+\cdots+\alpha_i(\mathbf{x}_i \cdot \mathbf{x}_i)+\cdots+\alpha_k(\mathbf{x}_i \cdot \mathbf{x}_k) \\ &= \alpha_i\|\mathbf{x}_i\|^2 \end{aligned}$$

그런데 $\mathbf{x}_i \neq \mathbf{0}$이므로 $\|\mathbf{x}_i\|^2 \neq 0$이다. 따라서 $\alpha_i=0$ $(i=1, 2, \cdots, k)$이고 S는 일차독립이다. ■

이제 $\mathbb{R}^n$의 정규직교기저를 만드는 방법에 대하여 알아보기 위하여 앞에서 공부했던 정사영의 개념을 다음과 같이 일반화하여 보자.

집합 $S=\{\mathbf{x}_1, \mathbf{x}_2, \cdots, \mathbf{x}_m\}$을 $\mathbb{R}^n$의 정규직교집합이고 W를 S에 의하여 생성된 $\mathbb{R}^n$의 부분공간이라 하자. 이때 $\mathbb{R}^n$의 임의의 벡터 $\mathbf{y}$에 대하여

$$\begin{aligned} &\mathbf{y}_1=(\mathbf{y}\cdot\mathbf{x}_1)\mathbf{x}_1+(\mathbf{y}\cdot\mathbf{x}_2)\mathbf{x}_2+\cdots+(\mathbf{y}\cdot\mathbf{x}_\mathrm{m})\mathbf{x}_\mathrm{m} \\ &\mathbf{y}_2=\mathbf{y}-\mathbf{y}_1 \end{aligned}$$

이라 하면, 각 $i, j=1, 2, \cdots, m$에 대하여

$$\mathbf{x}_\mathrm{i}\cdot\mathbf{x}_\mathrm{j}=\begin{cases} 0 & (\mathrm{i}\neq\mathrm{j}) \\ 1 & (\mathrm{i}=\mathrm{j}) \end{cases}$$

이므로

$$\mathbf{y}_2\cdot\mathbf{x}_1=0,\ \mathbf{y}_2\cdot\mathbf{x}_2=0,\ \cdots\ \ \mathbf{y}_2\cdot\mathbf{x}_m=0$$

이고, $\mathbf{w}\in W$는

$$\mathbf{w}=c_1\mathbf{x}_1+c_2\mathbf{x}_2+\cdots+c_m\mathbf{x}_m \qquad (c_i\in\mathbb{R})$$

이므로 $\mathbf{y}_2\cdot\mathbf{w}=0$이다. 따라서 $\mathbf{y}_2$는 W의 모든 벡터와 직교한다. 이때 $\mathbf{y}_1$을 W 위로의 직교정사영이라 하고 $\mathbf{y}_1=\mathrm{proj}_W\mathbf{y}$로 나타내며 $\mathbf{y}_2$를 W에 관한 $\mathbf{y}$의 직교성분이

라고 한다.

$\mathbb{R}^3$인 경우에 아래 그림을 참조하여라.

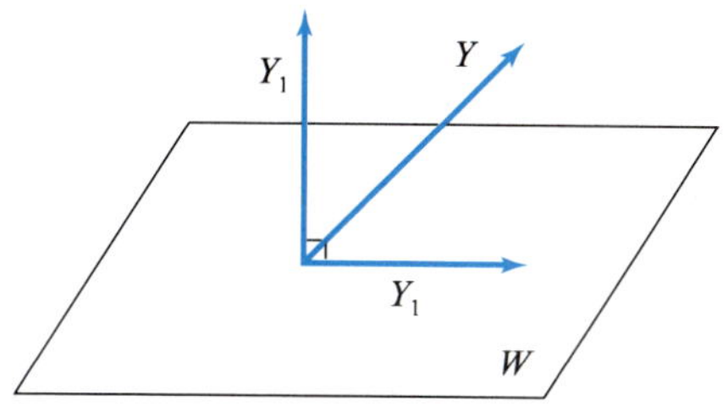

그림 4.3 $\mathbf{y}_1$을 W 위로의 직교정사영 $\mathbf{y}_1 = \mathrm{proj}_W \mathbf{y}$

예제 4 $\mathbb{R}^3$의 정규직교집합

$$S = \mathbf{x}_1 = \left\{ \begin{bmatrix} 0 \\ 1 \\ 0 \end{bmatrix} \right\}, \ \mathbf{x}_2 = \left\{ \begin{bmatrix} \frac{5}{13} \\ 0 \\ -\frac{12}{13} \end{bmatrix} \right\}$$

에 의하여 생성된 부분공간을 W라 하자. 벡터 $\mathbf{y} = \begin{bmatrix} 2 \\ 1 \\ 1 \end{bmatrix}$의 W 위로의 정사영과 W에 관한 $\mathbf{y}$의 직교성분을 구하여라.

풀이

$$\begin{aligned} \mathrm{proj}_W \mathbf{y} &= (\mathbf{y} \cdot \mathbf{x}_1)\mathbf{x}_1 + (\mathbf{y} \cdot \mathbf{x}_2)\mathbf{x}_2 \\ &= 1 \cdot \begin{bmatrix} 0 \\ 1 \\ 0 \end{bmatrix} + \left(-\frac{2}{13}\right) \begin{bmatrix} \frac{5}{13} \\ 0 \\ -\frac{12}{13} \end{bmatrix} = \begin{bmatrix} -\frac{10}{169} \\ 1 \\ \frac{24}{169} \end{bmatrix} \end{aligned}$$

또, W에 관한 $\mathbf{y}$의 직교성분은

$$\mathbf{y} - \mathrm{proj}_W \mathbf{y} = \begin{bmatrix} 2 \\ 1 \\ 1 \end{bmatrix} - \begin{bmatrix} -\frac{10}{169} \\ 1 \\ \frac{24}{169} \end{bmatrix} = \begin{bmatrix} \frac{353}{169} \\ 0 \\ \frac{11}{13} \end{bmatrix}$$

■

이제 $\mathbb{R}^n$의 임의의 기저를 정규직교기저로 만드는 방법인 Gram-Schmidt 정규직교화과정에 관하여 알아보자.

정리 4.6.5 (Gram-Schmidt 정규직교화과정) 집합 $S=\{\mathbf{x}_1,\ \mathbf{x}_2,\ \cdots,\ \mathbf{x}_n\}$을 $\mathbb{R}^n$의 임의의 기저라 하면, S로부터 얻어지는 $\mathbb{R}^n$의 정규직교기저가 존재한다.

증명 이 정리의 증명은 $\mathbb{R}^n$의 기저 $S=\{\mathbf{x}_1,\ \mathbf{x}_2,\ \cdots,\ \mathbf{x}_n\}$를 이용하여 $\mathbb{R}^n$의 한 정규직교기저를 만들면 된다.

먼저 $\mathbb{R}^n$의 기저 S로부터 정규직교집합 $T=\{\mathbf{y}_1,\ \mathbf{y}_2,\ \cdots,\ \mathbf{y}_n\}$을 다음 단계로 만든다.

단계 1 : $\mathbf{y}_1=\dfrac{\mathbf{x}_1}{\|\mathbf{x}_1\|}$이라 하면 $\|\mathbf{y}_1\|=1$이다.

단계 2 : $\mathbf{y}_1$에 의하여 생성되는 부분공간 W_1에 관한 $\mathbf{x}_2$의 직교성분을 구하여 $\mathbf{z}_2$라 하면

$$\mathbf{z}_2=\mathbf{x}_2-\mathrm{proj}_{W_1}\mathbf{x}_2=\mathbf{x}_2-(\mathbf{x}_2\cdot\mathbf{y}_1)\mathbf{y}_1.$$

이 된다. 다음으로 $\mathbf{y}_2=\dfrac{\mathbf{z}_2}{\|\mathbf{z}_2\|}$라 하면 $\mathbf{y}_2$는 $\mathbf{y}_1$과 직교하고 노름이 1이다.

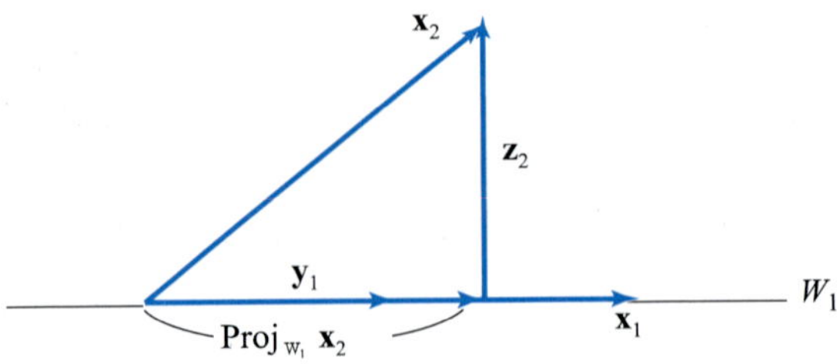

그림 4.4 부분공간 W_1에 관한 $\mathbf{x}_2$의 직교정사영 $\mathbf{y}_1$과 직교성분 $\mathbf{z}_2$

단계 3 : 먼저 $\mathbf{y}_1,\ \mathbf{y}_2$에 직교하는 벡터를 만들기 위하여 $\{\mathbf{y}_1,\ \mathbf{y}_2\}$에 의하여 생성되는 부분공간 W_2에 관한 $\mathbf{x}_3$의 직교성분을 $\mathbf{z}_3$라 하면

$$\begin{aligned}\mathbf{z}_3&=\mathbf{x}_3-\mathrm{proj}_{W_2}\mathbf{x}_3\\&=\mathbf{x}_3-(\mathbf{x}_3\cdot\mathbf{y}_1)\mathbf{y}_1-(\mathbf{x}_3\cdot\mathbf{y}_2)\mathbf{y}_2\end{aligned}$$

이 된다. 다음으로 $\mathbf{y}_3=\dfrac{\mathbf{z}_3}{\|\mathbf{z}_3\|}$라 하면 $\mathbf{y}_3$는 $\mathbf{y}_1,\ \mathbf{y}_2$와 각각 직교하면서 노름이 1이다.

단계 4 : 이와 같은 방법으로 $\mathbf{y}_4,\ \cdots,\ \mathbf{y}_n$을 모두 만들 수 있다. 즉,

$$\begin{aligned}\mathbf{z}_i &= \mathbf{x}_i - \operatorname{proj}_{W_{i-1}}\mathbf{x}_i \\ &= \mathbf{x}_i - (\mathbf{x}_i \cdot \mathbf{y}_1)\mathbf{y}_1 - (\mathbf{x}_i \cdot \mathbf{y}_2)\mathbf{y}_2 - \cdots - (\mathbf{x}_i \cdot \mathbf{y}_{i-1})\mathbf{y}_{i-1} \\ \mathbf{y}_i &= \frac{\mathbf{z}_i}{\|\mathbf{z}_i\|} \qquad (i = 4,\ 5,\ \cdots,\ n).\end{aligned}$$

$T = \{\mathbf{y}_1,\ \mathbf{y}_2,\ \cdots,\ \mathbf{y}_n\}$은 $\mathbb{R}^n$에서의 정규직교집합이고 일차독립이다. 따라서 T는 $\mathbb{R}^n$의 정규직교기저이다. ■

예제 5 $\mathbb{R}^3$의 기저 $S = \left\{\mathbf{x}_1 = \begin{bmatrix}1\\1\\0\end{bmatrix},\ \mathbf{x}_2 = \begin{bmatrix}0\\1\\2\end{bmatrix},\ \mathbf{x}_3 = \begin{bmatrix}1\\2\\1\end{bmatrix}\right\}$으로부터 $\mathbb{R}^3$의 정규직교기저 $T = \{\mathbf{y}_1,\ \mathbf{y}_2,\ \mathbf{y}_3\}$를 구하여라.

풀이 Gram-Schmidt 정규직교화과정으로부터 $\mathbf{y}_1$, $\mathbf{y}_2$, $\mathbf{y}_3$는 각각 다음과 같다.

$$\mathbf{y}_1 = \frac{\mathbf{x}_1}{\|\mathbf{x}_1\|} = \begin{bmatrix}\frac{1}{\sqrt{2}}\\ \frac{1}{\sqrt{2}}\\ 0\end{bmatrix}$$

$$\mathbf{z}_2 = \mathbf{x}_2 - \operatorname{proj}_{W_1}\mathbf{x}_2 = \mathbf{x}_2 - (\mathbf{x}_2 \cdot \mathbf{y}_1)\mathbf{y}_1 = \begin{bmatrix}-\frac{1}{2}\\ \frac{1}{2}\\ 2\end{bmatrix}$$ 이므로

$$\mathbf{y}_2 = \frac{\mathbf{z}_2}{\|\mathbf{z}_2\|} = \begin{bmatrix}-\frac{\sqrt{2}}{6}\\ \frac{\sqrt{2}}{6}\\ \frac{2\sqrt{2}}{3}\end{bmatrix}$$

이다. 한편,

$$\begin{aligned}\mathbf{z}_3 &= \mathbf{x}_3 - \operatorname{proj}_{W_2}\mathbf{x}_3 = \mathbf{x}_3 - (\mathbf{x}_3 \cdot \mathbf{y}_1)\mathbf{y}_1 - (\mathbf{x}_3 \cdot \mathbf{y}_2)\mathbf{y}_2 \\ &= \begin{bmatrix}1\\2\\1\end{bmatrix} - \frac{3}{\sqrt{2}}\begin{bmatrix}\frac{1}{\sqrt{2}}\\ \frac{1}{\sqrt{2}}\\ 0\end{bmatrix} - \frac{5\sqrt{2}}{6}\begin{bmatrix}-\frac{\sqrt{2}}{6}\\ \frac{\sqrt{2}}{6}\\ \frac{2\sqrt{2}}{3}\end{bmatrix} = \begin{bmatrix}-\frac{2}{9}\\ \frac{2}{9}\\ -\frac{1}{9}\end{bmatrix}\end{aligned}$$

$$\mathbf{y}_3 = \frac{\mathbf{z}_3}{\|\mathbf{z}_3\|} = \begin{bmatrix} -\frac{2}{3} \\ \frac{2}{3} \\ -\frac{1}{3} \end{bmatrix}$$

라 하면

$$T = \left\{ \begin{bmatrix} \frac{1}{\sqrt{2}} \\ \frac{1}{\sqrt{2}} \\ 0 \end{bmatrix}, \begin{bmatrix} -\frac{\sqrt{2}}{6} \\ \frac{\sqrt{2}}{6} \\ \frac{2\sqrt{2}}{3} \end{bmatrix}, \begin{bmatrix} -\frac{2}{3} \\ \frac{2}{3} \\ -\frac{1}{3} \end{bmatrix} \right\}$$

는 $\mathbb{R}^3$의 정규직교기저가 된다. ■

$\mathbb{R}^3$에서는 벡터의 외적으로도 임의의 기저를 정규직교화할 수 있다.

예제 6 $\mathbb{R}^3$의 기저 $S = \left\{ \mathbf{x}_1 = \begin{bmatrix} 1 \\ 1 \\ 0 \end{bmatrix}, \mathbf{x}_2 = \begin{bmatrix} 0 \\ 1 \\ 2 \end{bmatrix}, \mathbf{x}_3 = \begin{bmatrix} 1 \\ 2 \\ 1 \end{bmatrix} \right\}$로부터 $\mathbb{R}^3$의 정규직교기저 $T = \{\mathbf{y}_1, \mathbf{y}_2, \mathbf{y}_3\}$를 외적을 이용하여 구하여라.

풀이 먼저 $\mathbf{x}_1$와 $\mathbf{x}_2$에 수직인 벡터를 $\mathbf{z}_2$라 하고 외적을 이용하여 구하면 다음과 같다.

$$\mathbf{z}_2 = \mathbf{x}_1 \times \mathbf{x}_2 = \begin{vmatrix} \mathbf{i} & \mathbf{j} & \mathbf{k} \\ 1 & 1 & 0 \\ 0 & 1 & 2 \end{vmatrix} = (2,\ -2,\ 1)$$

다시 $\mathbf{x}_1$와 $\mathbf{z}_2$에 수직인 벡터를 $\mathbf{z}_3$이라 하고 외적을 이용하여 구하면 다음과 같다.

$$\mathbf{z}_3 = \mathbf{x}_1 \times \mathbf{z}_2 = \begin{vmatrix} \mathbf{i} & \mathbf{j} & \mathbf{k} \\ 1 & 1 & 0 \\ 2 & -2 & 1 \end{vmatrix} = (1,\ -1,\ -4)$$

따라서 구하는 정규직교기저는

$$\mathbf{y}_1 = \frac{\mathbf{x}_1}{\|\mathbf{x}_1\|} = \begin{bmatrix} \frac{1}{\sqrt{2}} \\ \frac{1}{\sqrt{2}} \\ 0 \end{bmatrix},\ \mathbf{y}_2 = \frac{\mathbf{z}_2}{\|\mathbf{z}_2\|} = \begin{bmatrix} \frac{2}{3} \\ \frac{-2}{3} \\ \frac{1}{3} \end{bmatrix},\ \mathbf{y}_3 = \frac{\mathbf{z}_3}{\|\mathbf{z}_3\|} = \begin{bmatrix} \frac{1}{\sqrt{18}} \\ \frac{-1}{\sqrt{18}} \\ \frac{4}{\sqrt{18}} \end{bmatrix}$$

이다. ■

연습문제 4.6

[1~4] 내적을 이용하여 주어진 두 벡터가 직교하는지 알아보아라.

1. $\mathbf{x}=\begin{bmatrix}1\\-3\\4\end{bmatrix},\ \mathbf{y}=\begin{bmatrix}-2\\2\\2\end{bmatrix}$

2. $\mathbf{x}=\begin{bmatrix}1\\1\\2\\-1\end{bmatrix},\ \mathbf{y}=\begin{bmatrix}0\\1\\-2\\1\end{bmatrix}$

3. $\mathbf{x}=\begin{bmatrix}1\\-2\\3\\4\end{bmatrix},\ \mathbf{y}=\begin{bmatrix}4\\2\\-1\\1\end{bmatrix}$

4. $\mathbf{x}=\begin{bmatrix}0\\0\\\vdots\\0\end{bmatrix},\ \mathbf{y}=\begin{bmatrix}y_1\\y_2\\\vdots\\y_n\end{bmatrix}$

5. $\mathbf{u}=(-2,\ 1)$에 수직인 단위벡터를 구하여라.

[6~7] 주어진 집합이 정규직교집합인지 아닌지 결정하여라.

6. $\left\{\left(\frac{2}{3},\ \frac{1}{3},\ -\frac{2}{3}\right),\ \left(\frac{2}{3},\ -\frac{2}{3},\ \frac{1}{3}\right),\ \left(\frac{1}{3},\ \frac{2}{3},\ \frac{2}{3}\right)\right\}$

7. $\left\{(0,\ 1,\ 0),\ \left(\frac{1}{\sqrt{2}},\ 0,\ -\frac{1}{\sqrt{2}}\right),\ \left(\frac{1}{\sqrt{3}},\ \frac{1}{\sqrt{3}},\ \frac{1}{\sqrt{3}}\right)\right\}$

8. 다음 집합이 직교집합이 되도록 실수 a, b의 값을 결정하여라.

$$\left\{\left(\frac{a}{\sqrt{2}},\ 0,\ \frac{1}{\sqrt{2}}\right),\ \left(1,\ \frac{1}{\sqrt{2}},\ -b\right)\right\}$$

[9~11] 주어진 세 벡터에 대하여 물음에 답하여라.

$$\left\{\mathbf{x}_1=\begin{bmatrix}1\\-1\\0\\2\end{bmatrix},\ \mathbf{x}_2=\begin{bmatrix}-1\\-1\\2\\0\end{bmatrix},\ \mathbf{x}_3=\begin{bmatrix}1\\1\\1\\0\end{bmatrix}\right\}$$

9. $\mathbb{R}^4$의 내적을 이용하여 주어진 세 개의 벡터가 서로 수직임을 확인하여라.

10. $\{\mathbf{x}_1,\ \mathbf{x}_2,\ \mathbf{x}_3,\ \mathbf{x}_4\}$가 서로 수직인 벡터가 되도록 영 아닌 벡터 $\mathbf{x}_4$를 구하여라.

11. 위의 10번에서 구한 직교집합 $\{\mathbf{x}_1,\ \mathbf{x}_2,\ \mathbf{x}_3,\ \mathbf{x}_4\}$을 정규직교집합으로 바꾸어라. 이들은 $\mathbb{R}^4$의 정규직교기저라고 할 수 있는가?

[12~15] 주어진 $\mathbb{R}^2$, $\mathbb{R}^3$의 기저를 정규직교기저로 변환하여라.

12. $\{(-1,\ 0),\ (1,\ 1)\}$

13. $\{(2,\ 5),\ (3,\ 2)\}$

14. $\{(1,\ -1,\ 0),\ (1,\ 1, -1),\ (1,\ -2,\ 1)\}$

15. $\{(1,\ 1,\ 1),\ (0,\ 1,\ 1),\ (0,\ 0,\ 1)\}$

16. $\{\mathbf{u}_1,\ \mathbf{u}_2,\ \cdots,\ \mathbf{u}_n\}$이 벡터공간 $\mathbb{R}^n$의 정규직교기저일 때, 임의의 $\mathbf{x}$, $\mathbf{y} \in \mathbb{R}^n$에 대하여

$$\mathbf{x} \cdot \mathbf{y} = \sum_{i=1}^{n} (\mathbf{x} \cdot \mathbf{u}_i)(\mathbf{u}_i \cdot \mathbf{y})$$

임을 보여라.

17. $\mathbb{R}^n$에서 $B = \{\mathbf{u}_1,\ \mathbf{u}_2,\ \cdots,\ \mathbf{u}_n\}$이 정규직교기저이고, $\mathbf{x} = \sum_{i}^{n} \xi_i \mathbf{u}_i$를 $\mathbf{x} \in V$의 푸리에 전개라고 하자. θ_i를 $\mathbf{u}_i$와 $\mathbf{x}$ 사이의 각이라고 할 때, $\xi_i = \|\mathbf{x}\| \cos\theta_i$임을 보여라.

Chapter

05

선형변환과 행렬

5.1 선형변환

4장에서 행렬들의 집합이 두 개의 연산에 의하여 벡터공간이라는 대수적 구조체로서 다시 태어나는 것을 보았다. 이 장에서는 임의의 벡터공간의 구조를 보존한다는 의미를 갖는 함수인 선형변환에 관하여 알아본다.

한 집합 A(정의역, domain)의 한 원소를 다른 집합 B(공변역, codomain)의 하나의 원소에 대응시키는 규칙을 **변환** 혹은 **사상**(transformation or map)이라고 한다. 예를 들어

$$A=\begin{bmatrix}1 & 0\\ 2 & -1\\ 3 & 4\end{bmatrix},\quad \mathbf{x}=\begin{bmatrix}1\\ -1\end{bmatrix}$$

이라 하면

$$A\mathbf{x}=\begin{bmatrix}1 & 0\\ 2 & -1\\ 3 & 4\end{bmatrix}\begin{bmatrix}1\\ -1\end{bmatrix}=\begin{bmatrix}1\\ 3\\ -1\end{bmatrix}$$

인데, 이것은 A가 $\mathbf{x}$를 $\mathbf{y}=\begin{bmatrix}1\\ 3\\ -1\end{bmatrix}$로 변환시킨다는 것을 보여준다.

이러한 변환을 더 일반적으로 살펴보면, 행렬방정식

$$\begin{bmatrix}1 & 0\\ 2 & -1\\ 3 & 4\end{bmatrix}\begin{bmatrix}x\\ y\end{bmatrix}=\begin{bmatrix}x\\ 2x-y\\ 3x+4y\end{bmatrix}$$

는 행렬 $A=\begin{bmatrix}1 & 0\\ 2 & -1\\ 3 & 4\end{bmatrix}$를 통해 $\mathbb{R}^2$에 속하는 임의의 벡터 $\begin{bmatrix}x\\ y\end{bmatrix}$가 $\mathbb{R}^3$에 속하는 벡터 $\begin{bmatrix}x\\ 2x-y\\ 3x+4y\end{bmatrix}$로 어떻게 변환하는가를 보여준다. 이 변환을 L로 표시하고

$$L\left(\begin{bmatrix}x\\ y\end{bmatrix}\right)=\begin{bmatrix}x\\ 2x-y\\ 3x+4y\end{bmatrix}$$

로 나타낸다.

$\mathbb{R}^n$에서 $\mathbb{R}^m$으로의 변환 L은 $\mathbb{R}^n$에 속하는 각각의 벡터 $\mathbf{x}$를 $\mathbb{R}^m$에 속하는 유일한 벡터 $L(\mathbf{x})$에 대응하는 규칙이다. L의 **정의역**(domain)은 $\mathbb{R}^n$이고 L의 **공변역**(codomain)

은 $\mathbb{R}^m$이다. 이를 $L : \mathbb{R}^n \to \mathbb{R}^m$으로 나타낸다. L의 정의역의 벡터 $\mathbf{x}$에 대해 공역의 벡터 $L(\mathbf{x})$를 L 아래에서 $\mathbf{x}$의 상(image)이라고 한다. 그리고 $\mathbf{x}$가 L의 정의역에 있을 때, 가능한 모든 상의 집합 $L(\mathbf{x})$를 L의 **치역**(range)이라고 한다.

위 예에서 L의 정의역은 $\mathbb{R}^2$이고 공역은 $\mathbb{R}^3$이며 $L : \mathbb{R}^2 \to \mathbb{R}^3$로 표현한다.

$\mathbf{x} = \begin{bmatrix} 1 \\ -1 \end{bmatrix}$의 상은 $\mathbf{y} = L(\mathbf{x}) = \begin{bmatrix} 1 \\ 3 \\ -1 \end{bmatrix}$이고 L의 치역은

$$L\begin{bmatrix} x \\ y \end{bmatrix} = \begin{bmatrix} x \\ 2x - y \\ 3x + 4y \end{bmatrix} = x\begin{bmatrix} 1 \\ 2 \\ 3 \end{bmatrix} + y\begin{bmatrix} 0 \\ -1 \\ 4 \end{bmatrix}$$

의 형태이며, 공변역은 $\mathbb{R}^3$에 속하는 벡터로 이루어지는데, 이는 A의 열벡터 $\begin{bmatrix} 1 \\ 2 \\ 3 \end{bmatrix}$과 $\begin{bmatrix} 0 \\ -1 \\ 4 \end{bmatrix}$의 모든 일차결합의 집합을 의미한다. 즉, L의 치역은 A의 열공간이며, 기하학적으로 L의 치역은 A의 열벡터에 의해 주어진 방향벡터를 갖는 $\mathbb{R}^3$의 원점을 지나는 평면을 의미한다.

정의 5.1.1 **선형변환**(linear transformation) V, W를 벡터공간이라 하자. 임의의 벡터 $\mathbf{x}$, $\mathbf{y} \in V$와 스칼라 k에 대하여 사상 $L: V \to W$가 다음 조건을 만족하면 L을 V에서 W로의 **선형변환**이라고 한다.

$$L(\mathbf{x} + \mathbf{y}) = L(\mathbf{x}) + L(\mathbf{y}), \quad L(k\mathbf{x}) = kL(\mathbf{x})$$

특히 V에서 V 자신으로의 선형변환 $L: V \to V$를 V 위의 **선형연산자**(linear operator)라고 한다.

선형변환 중에서 가장 쉽게 생각할 수 있는 것은 영변환과 항등변환이다. 즉 V와 W가 벡터공간일 때, 임의의 $\mathbf{v} \in V$에 대하여 $L : V \to W$를 $L(\mathbf{v}) = \mathbf{0}$으로 정의하면 $\mathbf{v}_1$, $\mathbf{v}_2 \in V$와 임의의 스칼라 k에 대하여

$$\begin{aligned} L(\mathbf{v}_1 + \mathbf{v}_2) &= \mathbf{0} = L(\mathbf{v}_1) + L(\mathbf{v}_2), \\ L(k\mathbf{v}) &= \mathbf{0} = kL(\mathbf{v}) \end{aligned}$$

이므로 L은 선형변환이다. 이 선형변환을 **영변환**(zero transformation)이라 한다.

또, V가 벡터공간일 때, 모든 $\mathbf{v} \in V$에 대하여 $L : V \to V$를 $L(\mathbf{v}) = \mathbf{v}$로 정의하면 L은 선형변환임을 쉽게 알 수 있다. 이 선형변환을 **항등변환**(identity transformation)이라고 한다.

선형변환의 정의로부터 임의의 벡터공간 V, W에 대하여 $L: V \to W$가 선형변환일 필요충분조건은 임의의 실수 k_1, k_2와 임의의 벡터 $\mathbf{v}_1$, $\mathbf{v}_2 \in V$에 대하여

$$L(k_1\mathbf{v}_1 + k_2\mathbf{v}_2) = k_1L(\mathbf{v}_1) + k_2L(\mathbf{v}_2)$$

임을 쉽게 알 수 있다.

예제 1 $L: \mathbb{R}^3 \to \mathbb{R}^2$을 다음과 같이 정의하면 L은 선형변환이 됨을 보여라.

$$L\begin{bmatrix} x \\ y \\ z \end{bmatrix} = \begin{bmatrix} 1 & 1 & -1 \\ 2 & 1 & -1 \end{bmatrix}\begin{bmatrix} x \\ y \\ z \end{bmatrix}$$

풀이 $\mathbb{R}^3$의 임의의 두 벡터 $\mathbf{u} = \begin{bmatrix} u_1 \\ u_2 \\ u_3 \end{bmatrix}$, $\mathbf{v} = \begin{bmatrix} v_1 \\ v_2 \\ v_3 \end{bmatrix}$와 임의의 스칼라 k_1, k_2에 대하여

$$\begin{aligned} L(k_1\mathbf{u} + k_2\mathbf{v}) &= \begin{bmatrix} 1 & 1 & -1 \\ 2 & 1 & -1 \end{bmatrix}\begin{bmatrix} k_1u_1 + k_2v_1 \\ k_1u_2 + k_2v_2 \\ k_1u_3 + k_2v_3 \end{bmatrix} \\ &= k_1\begin{bmatrix} 1 & 1 & -1 \\ 2 & 1 & -1 \end{bmatrix}\begin{bmatrix} u_1 \\ u_2 \\ u_3 \end{bmatrix} + k_2\begin{bmatrix} 1 & 1 & -1 \\ 2 & 1 & -1 \end{bmatrix}\begin{bmatrix} v_1 \\ v_2 \\ v_3 \end{bmatrix} \\ &= k_1L(\mathbf{u}) + k_2L(\mathbf{v}). \end{aligned}$$

따라서 L은 선형변환이다. ■

예제 2 $L: M_{22} \to \mathbb{R}$을 $L(A) = \det(A)$로 정의할 때 L은 선형변환이 아님을 보여라. 여기서 M_{mn}은 $m \times n$ 행렬의 집합이다.

풀이 적당한 반례를 들어 선형변환의 성질을 만족하지 않음을 보인다.
$A = \begin{bmatrix} 1 & 0 \\ 0 & 0 \end{bmatrix}$와 $B = \begin{bmatrix} 0 & 0 \\ 0 & 1 \end{bmatrix}$라 두면, $A + B = \begin{bmatrix} 1 & 0 \\ 0 & 1 \end{bmatrix}$이다. 그러면

$$L(A+B) = \det(A+B) = \begin{vmatrix} 1 & 0 \\ 0 & 1 \end{vmatrix} = 1$$

이고

$$L(A) + L(B) = \det A + \det B = \begin{vmatrix} 1 & 0 \\ 0 & 0 \end{vmatrix} + \begin{vmatrix} 0 & 0 \\ 0 & 1 \end{vmatrix} = 0 + 0 = 0$$

이다. 따라서 $L(A+B) \neq L(A) + L(B)$이므로, L는 선형변환이 아니다. ■

예제 3 $m \times n$ 행렬 A에 대하여 $L: \mathbb{R}^n \to \mathbb{R}^m$을 $L(\mathbf{x}) = A\mathbf{x}$라 정의하면 L은 선형변환임을 보여라.

풀이 임의의 두 벡터 $\mathbf{x}$, $\mathbf{y} \in \mathbb{R}^n$에 대하여

$$\begin{aligned} L(k_1\mathbf{x}+k_2\mathbf{y}) &= A(k_1\mathbf{x}+k_2\mathbf{y}) = k_1A\mathbf{x}+k_2A\mathbf{y} \\ &= k_1L(\mathbf{x})+k_2L(\mathbf{y}). \end{aligned}$$

따라서 L 은 선형변환이다. 이러한 선형변환을 **행렬변환**(matrix transformation)이라고 한다. ■

예제 3에서 보았듯이 A가 $m\times n$ 행렬일 때, 모든 $\mathbf{x} \in \mathbb{R}^n$에 대하여 $L(\mathbf{x}) = A\mathbf{x}$로 정의하면 $L: \mathbb{R}^n \to \mathbb{R}^m$은 선형변환이다.

예제 4 $L: \mathbb{R}^2 \to \mathbb{R}^2$는 각 점을 원점에 관하여 반시계방향으로 90° 회전시키는 변환이라고 하자. L이 선형변환임을 보여라.

풀이 그림으로부터 L은 점 (x, y)를 $(-y, x)$로 보내는 변환이다. 그러므로

$$L\begin{bmatrix} x \\ y \end{bmatrix} = \begin{bmatrix} -y \\ x \end{bmatrix} = x\begin{bmatrix} 0 \\ 1 \end{bmatrix} + y\begin{bmatrix} -1 \\ 0 \end{bmatrix} = \begin{bmatrix} 0 & -1 \\ 1 & 0 \end{bmatrix}\begin{bmatrix} x \\ y \end{bmatrix}$$

이고 L은 행렬변환이므로 선형변환이다. ■

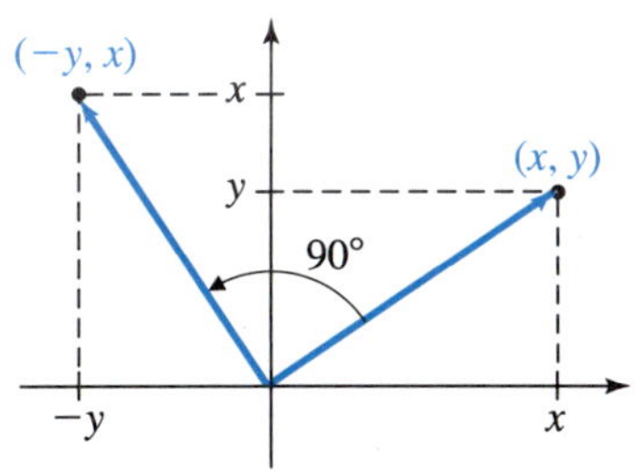

그림 5.1 회전변환

예제 5 $L: \mathbb{R}^3 \to \mathbb{R}^2$을 다음과 같이 정의하면 L은 선형변환임을 보여라.

$$L(x,\ y,\ z) = (x,\ y)$$

풀이 $\mathbb{R}^3$의 임의의 두 벡터 $\mathbf{v}_1 = (x_1,\ y_1,\ z_1)$, $\mathbf{v}_2 = (x_2,\ y_2,\ z_2)$와 임의의 스칼라 k에 대하여

(i) $L(\mathbf{v}_1+\mathbf{v}_2) = L(x_1+x_2,\ y_1+y_2,\ z_1+z_2) = (x_1+x_2,\ y_1+y_2)$
$\qquad = (x_1,\ y_1)+(x_2,\ y_2) = L(\mathbf{v}_1)+L(\mathbf{v}_2)$

(ii) $L(k\mathbf{v}) = L(kx,\ ky,\ kz) = (kx,\ ky) = k(x,\ y) = kL(\mathbf{v})$

이므로 L은 선형변환이다. 이러한 선형변환을 **정사영**(projection)이라 한다. ■

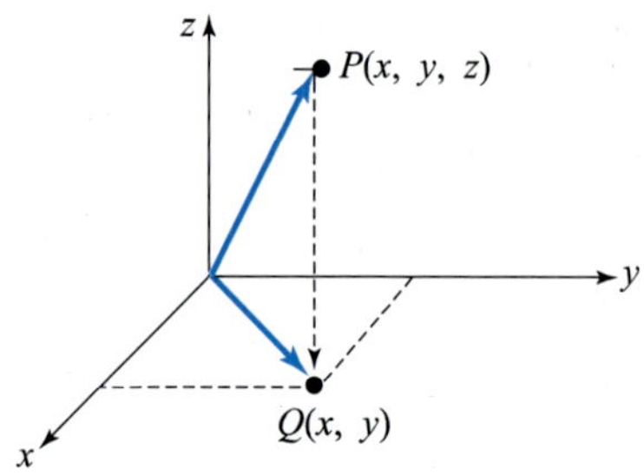

그림 5.2 정사영

예제 6 $L:\mathbb{R}^2 \to \mathbb{R}^2$는 그림 5.3과 같이 xy평면에서 도형을 원점을 중심으로 $30°$만큼 회전하는 변환이라고 하자. L은 선형변환임을 보여라.

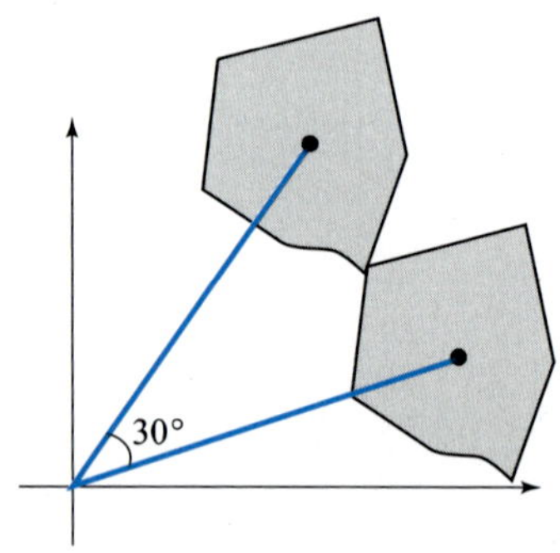

그림 5.3 회전변환

풀이 그림 5.3의 도형 위의 임의의 점을 $\mathbf{x}=\begin{bmatrix} x \\ y \end{bmatrix}$라 하자. r과 θ를 X의 극좌표, 회전변환된 점을 $\mathbf{x}'=\begin{bmatrix} x' \\ y' \end{bmatrix}$이라 하면

$$x' = r\cos\left(\theta+\frac{\pi}{6}\right) = r\cos\theta\cos\frac{\pi}{6} - r\sin\theta\sin\frac{\pi}{6} = \frac{\sqrt{3}}{2}x - \frac{1}{2}y,$$

$$y' = r\sin\left(\theta+\frac{\pi}{6}\right) = r\cos\theta\sin\frac{\pi}{6} - r\sin\theta\cos\frac{\pi}{6} = \frac{1}{2}x + \frac{\sqrt{3}}{2}y.$$

따라서 $L:\mathbb{R}^2 \to \mathbb{R}^2$를 $L(x, y) = (w_1, w_2)$라고 하면 L을 나타내는 식은

$$w_1 = \frac{\sqrt{3}}{2}x - \frac{1}{2}y,$$
$$w_2 = \frac{1}{2}x + \frac{\sqrt{3}}{2}y$$

이고 여기서 행렬

$$A = \begin{bmatrix} \frac{\sqrt{3}}{2} & -\frac{1}{2} \\ \frac{1}{2} & \frac{\sqrt{3}}{2} \end{bmatrix}$$

에 대해 $L(X) = AX$임을 볼 수 있다. ■

이제 선형변환의 합성에 대하여 알아보자.

정의 5.1.2 두 선형변환 $T: U \to V$, $S: V \to W$와 임의의 벡터 $\mathbf{u}$에 대하여, S와 T의 **합성변환**(composite transformation) $S \circ T$를 다음과 같이 정의한다.

$$(S \circ T)(\mathbf{u}) = S(T(\mathbf{u}))$$

여기서 $S \circ T$는 U에서 W로의 함수이다. 그리고 합성변환 $S \circ T$는 T의 치역이 S의 정의역에 포함되어야 의미가 있음을 주목하여라.

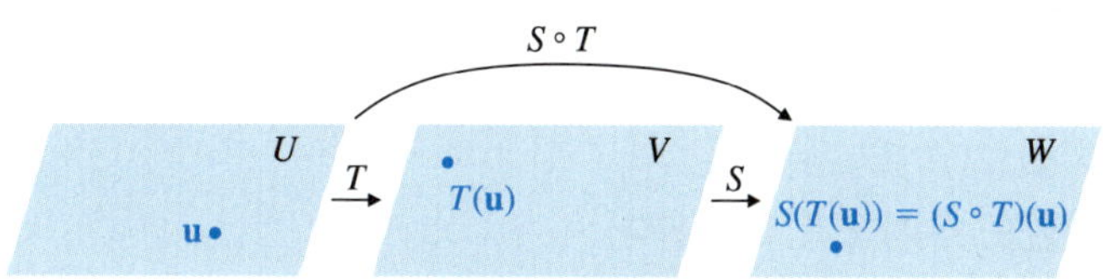

그림 5.4 선형변환의 합성

예제 7 $\mathscr{P}_n$을 n차 다항식으로 이루어진 벡터공간이라고 하자. 두 선형변환 $T: \mathbb{R}^2 \to \mathscr{P}_1$과 $S: \mathscr{P}_1 \to \mathscr{P}_2$를 $T\begin{bmatrix} a \\ b \end{bmatrix} = a + (a+b)x$, $S(p(x)) = xp(x)$와 같이 정의할 때

$$(S \circ T)\begin{bmatrix} 3 \\ -2 \end{bmatrix} \text{와 } (S \circ T)\begin{bmatrix} a \\ b \end{bmatrix}$$

를 구하여라.

풀이 합성변환의 정의에 의해

$$\begin{aligned}(S \circ T)\begin{bmatrix} 3 \\ -2 \end{bmatrix} &= S\left(T\begin{bmatrix} 3 \\ -2 \end{bmatrix}\right) = S(3 + (3-2)x) \\ &= S(3+x) = x(3+x) = 3x + x^2\end{aligned}$$

이고

$$\begin{aligned}(S \circ T)\begin{bmatrix} a \\ b \end{bmatrix} &= S\left(T\begin{bmatrix} a \\ b \end{bmatrix}\right) = S(a + (a+b)x) = x(a + (a+b)x) \\ &= ax + (a+b)x^2.\end{aligned}$$

■

정리 5.1.3 두 선형변환 $T: U \to V$, $S: V \to W$에 대하여, 합성변환 $S \circ T: U \to W$도 선형변환이다.

증명 U의 임의의 벡터 $\mathbf{u}$, $\mathbf{v}$와 임의의 스칼라 c에 대하여

$$\begin{aligned}(S \circ T)(\mathbf{u}+\mathbf{v}) &= S(T(\mathbf{u}+\mathbf{v})) \\ &= S(T(\mathbf{u})+T(\mathbf{v})) \\ &= S(T(\mathbf{u})+S(T(\mathbf{v})) \\ &= (S \circ T)(\mathbf{u})+(S \circ T)(\mathbf{v})\end{aligned}$$

이고

$$\begin{aligned}(S \circ T)(c\mathbf{u}) &= S(T(c\mathbf{u})) \\ &= S(cT(\mathbf{u})) \\ &= cS(T(\mathbf{u})) \\ &= c(S \circ T)(\mathbf{u})\end{aligned}$$

이다. 따라서 $S \circ T$는 선형변환이다. ■

역변환도 유사하게 정의된다.

정의 5.1.4 선형변환 $L: V \rightarrow W$에 대하여, 선형변환 $L': W \rightarrow V$가 존재하여

$$L' \circ L = I_V, \ L \circ L' = I_W$$

을 만족할 때, 선형변환 L를 **가역**(invertible)이라 하고 L'를 L의 **역변환**(inverse transformation)이라 한다.

예제 8 다음과 같이 정의된 두 선형변환 $L: \mathbb{R}^2 \rightarrow \mathscr{P}_1$과 $L': \mathscr{P}_1 \rightarrow \mathbb{R}^2$는 서로 역변환임을 보여라.

$$L\begin{bmatrix} a \\ b \end{bmatrix} = a+(a+b)x, \ L'(c+dx) = \begin{bmatrix} c \\ d-c \end{bmatrix}$$

풀이 정의에 의해

$$(L' \circ L)\begin{bmatrix} a \\ b \end{bmatrix} = L'\left(L\begin{bmatrix} a \\ b \end{bmatrix}\right) = L'(a+(a+b)x) = \begin{bmatrix} a \\ (a+b-a) \end{bmatrix} = \begin{bmatrix} a \\ b \end{bmatrix}$$

이고

$$\begin{aligned}(L' \circ L)(c+dx) = L(L'(c+dx)) = T\begin{bmatrix} c \\ d-c \end{bmatrix} &= c+(c+(d-c))x \\ &= c+dx\end{aligned}$$

이다. 따라서 $L' \circ L = I$이고 $L \circ L' = I$ 이다. 이는 L와 L'가 서로 역변환임을 보여준다. ■

연습문제 5.1

1. $L:\mathbb{R}^2 \to \mathbb{R}^2$를 $A=\begin{bmatrix}2 & -1\\ 3 & 4\end{bmatrix}$에 대응하는 행렬변환이라 하자. $\mathbf{u}=\begin{bmatrix}1\\2\end{bmatrix}$이고 $\mathbf{v}=\begin{bmatrix}3\\-2\end{bmatrix}$일 때, $L(\mathbf{u})$와 $L(\mathbf{v})$를 구하여라.

2. 다음 중 선형변환인 것을 찾아라.

(1) $L\begin{bmatrix}x\\y\end{bmatrix}=\begin{bmatrix}x+y\\x-y\end{bmatrix}$

(2) $L\begin{bmatrix}x\\y\\z\end{bmatrix}=\begin{bmatrix}x\\x+y\\x+y+z\end{bmatrix}$

(3) $L\begin{bmatrix}x\\y\\z\end{bmatrix}=\begin{bmatrix}x-y+z\\2x+y-3z\end{bmatrix}$

(4) $L\begin{bmatrix}x\\y\end{bmatrix}=\begin{bmatrix}x+2y\\-x\\3x-7y\end{bmatrix}$

(5) $L\begin{bmatrix}x\\y\end{bmatrix}=\begin{bmatrix}xy\\x+y\end{bmatrix}$

(6) $L\begin{bmatrix}x\\y\end{bmatrix}=\begin{bmatrix}x+1\\y-1\end{bmatrix}$

(7) $L\begin{bmatrix}x\\y\end{bmatrix}=\begin{bmatrix}y\\x^2\end{bmatrix}$

(8) $L\begin{bmatrix}x\\y\end{bmatrix}=\begin{bmatrix}|x|\\|y|\end{bmatrix}$

(9) $L\begin{bmatrix}a & b\\ c & d\end{bmatrix}=\begin{bmatrix}a+b & 0\\ 0 & c+d\end{bmatrix}$

(10) $L\begin{bmatrix}w & x\\ y & z\end{bmatrix}=\begin{bmatrix}w+x & 1\\ 0 & y-z\end{bmatrix}$

(11) $L: M_{nn} \to M_{nn}$, $L(A)=AB$, 여기서 B는 일정한 $n\times n$ 행렬이다.

(12) $L: M_{nn} \to M_{nn}$, $L(A)=AB-BA$, 여기서 B는 일정한 $n\times n$ 행렬이다.

(13) $L: M_{nn} \to \mathbb{R}$, $L(A)=tr(A)$

(14) $L: M_{nn} \to \mathbb{R}$, $L(A)=a_{11}a_{22}\cdots a_{nn}$

(15) $L: M_{nn} \to \mathbb{R}$, $L(A)=\mathrm{rank}(A)$

3. $L:\mathbb{R}^2 \to \mathscr{P}_2$를

$$L\begin{bmatrix}1\\1\end{bmatrix}=1-2x,\quad L\begin{bmatrix}3\\-1\end{bmatrix}=x+2x^2$$

를 만족하는 선형변환이라 할 때, $L\begin{bmatrix}-7\\9\end{bmatrix}$와 $L\begin{bmatrix}a\\b\end{bmatrix}$를 구하여라.

4. 다음에 정의된 각 사상은 선형변환이 아님을 보여라.

(1) $L:\mathbb{R} \to \mathbb{R}$이 $L(x)=2^x$로 정의될 때

(2) $L:\mathbb{R} \to \mathbb{R}$이 $L(x)=x+1$로 정의될 때

5. 두 선형변환 S: $\mathbb{R}^2 \to M_{22}$ 와 T: $\mathbb{R}^2 \to \mathbb{R}^{22}$를

$$S\begin{bmatrix} a \\ b \end{bmatrix} = \begin{bmatrix} a+b & b \\ 0 & a-b \end{bmatrix},\ T\begin{bmatrix} c \\ d \end{bmatrix} = \begin{bmatrix} 2c+d \\ -d \end{bmatrix}$$

로 정의할 때, $(S \circ T)\begin{bmatrix} 2 \\ 1 \end{bmatrix}$과 $(S \circ T)\begin{bmatrix} x \\ y \end{bmatrix}$를 구하여라. 그리고 $(T \circ S)\begin{bmatrix} x \\ y \end{bmatrix}$를 계산할 수 있으면 구하여라.

6. $L\begin{bmatrix} x \\ y \end{bmatrix} = \begin{bmatrix} 4x+y \\ 3x+y \end{bmatrix}$, $L'\begin{bmatrix} x \\ y \end{bmatrix} = \begin{bmatrix} x-y \\ -3x+4y \end{bmatrix}$으로 정의된 선형변환 $L,\ L'$: $\mathbb{R}^2 \to \mathbb{R}^2$이 서로 역변환임을 보여라.

7. 세 가지 형태의 기본행렬들은 다음 다섯 가지 형태의 2×2 행렬 중 하나로 나타난다.

$$\begin{bmatrix} k & 0 \\ 0 & 1 \end{bmatrix},\ \begin{bmatrix} 1 & 0 \\ 0 & k \end{bmatrix},\ \begin{bmatrix} 0 & 1 \\ 1 & 0 \end{bmatrix},\ \begin{bmatrix} 1 & k \\ 0 & 1 \end{bmatrix},\ \begin{bmatrix} 1 & 0 \\ k & 1 \end{bmatrix}$$

이 기본행렬들에 대응하는 $\mathbb{R}^2$에서 $\mathbb{R}^2$로의 행렬변환의 결과를 기하학적으로 설명하여라.

8. 벡터공간 W를 모든 실수 값 함수의 집합이라고 하자. V를 W의 부분집합으로 미분가능한 함수의 집합이라고 하면 $L: V \to W$, $L(f(x)) = f'(x)$는 선형변환임을 보여라.

9. 사상 $S : \mathbb{C}[a, b] \to \mathbb{R}$을 $S(f) = \int_a^b f(x)dx$로 정의하면 S는 선형변환임을 보여라.

5.2 선형변환의 성질

이 절에서는 앞으로 자주 이용할 선형변환의 몇 가지 기본적인 성질을 알아본다.

정의 5.2.1 (선형변환의 기본성질) V, W가 벡터공간이고 $L: V \to W$이 선형변환이라고 하면 다음이 성립한다.
(a) $L(\mathbf{0}) = \mathbf{0}$
(b) $L(\mathbf{v}_1 - \mathbf{v}_2) = L(\mathbf{v}_1) - L(\mathbf{v}_2)$

증명 (a) 임의의 벡터 $\mathbf{v} \in V$에 대하여 $0\mathbf{v} = \mathbf{0}$ 이므로

$$L(\mathbf{0}) = L(0\mathbf{v}) = 0L(\mathbf{v}) = \mathbf{0}.$$

(b)

$$\begin{aligned} L(\mathbf{v}_1 - \mathbf{v}_2) &= L(\mathbf{v}_1 + (-1)\mathbf{v}_2) \\ &= L(\mathbf{v}_1) + (-1)L(\mathbf{v}_2) \\ &= L(\mathbf{v}_1) - L(\mathbf{v}_2) \end{aligned}$$

■

정의 5.2.2 단사(injective 또는 1-1 사상) V, W가 벡터공간이고 $L: V \to W$이 선형변환이라 하자. 임의의 두 벡터 $\mathbf{v}_1$, $\mathbf{v}_2 \in V$에 대하여

$$\mathbf{v}_1 \neq \mathbf{v}_2 \Rightarrow L(\mathbf{v}_1) \neq L(\mathbf{v}_2)$$

일 때, L을 단사라고 한다.

위 정의의 대우로서 임의의 두 벡터 $\mathbf{v}_1$, $\mathbf{v}_2 \in V$에 대하여

$$L(\mathbf{v}_1) = L(\mathbf{v}_2) \Rightarrow \mathbf{v}_1 = \mathbf{v}_2$$

일 때, L은 단사이다. 이것은 실제로 주어진 선형변환이 단사임을 보일 때 많이 쓰인다.

예제 1 선형변환 $L: \mathbb{R}^2 \to \mathbb{R}^2$을 $L(x, y) = (x - y, x + 2y)$로 정의하면 L은 단사임을 보여라.

풀이 임의의 두 벡터 $\mathbf{v}_1 = (x_1, y_1)$, $\mathbf{v}_2 = (x_2, y_2)$에 대하여

$$L(\mathbf{v}_1) = L(\mathbf{v}_2)$$

라 하면,

$$x_1 - y_1 = x_2 - y_2$$
$$x_1 + 2y_1 = x_2 + 2y_2$$

이므로

$$x_1 = x_2,\ y_1 = y_2,\ \mathbf{v}_1 = \mathbf{v}_2$$

이다. 그러므로 L은 단사이다. ■

정의 5.2.3 핵(kernel) V, W가 벡터공간이고 $L: V \to W$이 선형변환일 때, L에 의한 상이 0인 V의 벡터 전체의 집합을 L의 핵이라 하고 $\ker L$로 나타낸다. 즉

$$\ker L = \{\mathbf{v} \in V \mid L(\mathbf{v}) = \mathbf{0}\}.$$

예제 2 $\mathbb{R}^4$에서 $\mathbb{R}^2$로의 선형변환 $L(x, y, z, w) = (x+y, z+w)$의 $\ker L$을 구하여라.

풀이 주어진 선형변환의 $\ker L$은 $L(\mathbf{x}) = \mathbf{0}$을 만족하는 $\mathbb{R}^4$의 벡터이다. 즉,

$$x + y = 0,$$
$$z + w = 0.$$

따라서 선형변환의 $\ker L$은 임의의 실수 r, s에 대하여 $(r, -r, s, -s)$꼴의 모든 벡터이다. 즉,

$$\ker L = \{(r, -r, s, -s) \in \mathbb{R}^4 \mid r, s \in \mathbb{R}\}$$ ■

다음 정리를 이용하면 선형변환 L이 단사인지 아닌지를 쉽게 판단할 수 있다.

정리 5.2.4 (단사일 조건) V, W가 벡터공간이고 $L: V \to W$이 선형변환일 때, L이 단사일 필요충분조건은 $\ker L = \{\mathbf{0}\}$이다.

증명 먼저 L이 단사이고, $\mathbf{x} \in \ker L$라면 $L(\mathbf{x}) = \mathbf{0} = L(\mathbf{0})$이므로 $\mathbf{x} = \mathbf{0}$이다. 즉 $\ker L = \{\mathbf{0}\}$이다.

역으로, $\ker L = \{\mathbf{0}\}$일 때 $L(\mathbf{x}) = L(\mathbf{y})$라 하면

$$\mathbf{0} = L(\mathbf{x}) - L(\mathbf{y}) = L(\mathbf{x} - \mathbf{y})$$

이므로 $\mathbf{x} - \mathbf{y} \in \ker L = \{\mathbf{0}\}$이다. 따라서 $\mathbf{x} = \mathbf{y}$이다. 즉 L은 단사이다. ■

위의 정리로부터 예제 1의 경우 주어진 선형변환이 단사이므로 $\ker L = \{\mathbf{0}\}$이지만, 예제 2의 선형변환 L은 단사가 아님을 알 수 있다.

정리 5.2.5 V, W가 벡터공간이고 $L: V \to W$이 선형변환일 때, $\ker L$은 V의 부분공간이다.

증명 임의의 두 벡터 $\mathbf{v}_1$, $\mathbf{v}_2 \in \ker L$와 스칼라 k에 대하여

$$\begin{aligned} L(\mathbf{v}_1 + \mathbf{v}_2) &= L(\mathbf{v}_1) + L(\mathbf{v}_2) \\ &= \mathbf{0} + \mathbf{0} = \mathbf{0} \end{aligned}$$

이므로 $\mathbf{v}_1 + \mathbf{v}_2 \in \ker L$이고,

$$L(k\mathbf{v}) = kL(\mathbf{v}) = k\mathbf{0} = \mathbf{0}$$

이므로 $k\mathbf{v} \in \ker L$이다. 따라서 $\ker L$은 V의 부분공간이다. ■

정의 5.2.6 **핵공간**(null space) 정리 5.2.5에서 주어진 공간을 **핵공간**이라고 한다.

예를 들어, 예제 2의 선형변환으로부터

$$\ker L = \{(r, -r, s, -s) | r, s \in \mathbb{R}\}$$

이고, 이것은 $\mathbb{R}^4$의 부분공간임을 알 수 있다. 좀더 일반적으로 A가 $m \times n$ 행렬일 때, 선형변환 $L: \mathbb{R}^n \to \mathbb{R}^m$을 $L(\mathbf{x}) = A\mathbf{x}$로 정의하면 $\ker L$은 동차 연립방정식 $A\mathrm{x} = \mathbf{0}$의 해공간이다.

정의 5.2.7 **치역**(range)과 **전사**(surjective) 또는 **위로의 사상**(onto) V, W가 벡터공간이고 $L: V \to W$가 선형변환일 때, $\mathbf{v} \in V$의 상 $L(\mathrm{v})$ 전체의 집합을 L의 **치역**이라 하고 $\mathrm{Im}L$로 나타낸다. 즉,

$$\mathrm{Im}L = \{L(\mathbf{v}) | \mathbf{v} \in V\}.$$

특히, $\mathrm{Im}L = W$이면 L을 **전사** 또는 **위로의 사상**이라고 한다.

예제 3 선형변환 $L(x, y) = (x - y, 0)$은 전사인지 확인하여라.

풀이 선형변환 $L(x, y) = (x - y, 0)$의 치역은

$$\begin{aligned} \mathrm{Im}L &= \{L(x, y) : (x, y) \in \mathbb{R}^2\} \\ &= \{(x - y, 0) : (x, y) \in \mathbb{R}^2\} \\ &= \{(a, 0) : a \in \mathbb{R}\} \end{aligned}$$

이다. 즉, L의 치역은 y성분이 0인 $\mathbb{R}^2$의 벡터 전체의 집합이다. 그리고 $\text{Im}L \neq \mathbb{R}^2$이므로 L은 전사가 아니다. ■

정리 5.2.8 V, W가 벡터공간이고 $L: V \rightarrow W$이 선형변환일 때, $\text{Im}L$은 W의 부분공간이다.

증명 $\text{Im}L$의 임의의 두 벡터 $\mathbf{w}_1$, $\mathbf{w}_2$에 대하여

$$L(\mathbf{v}_1) = \mathbf{w}_1, \quad L(\mathbf{v}_2) = \mathbf{w}_2$$

인 $\mathbf{v}_1$, $\mathbf{v}_2 \in V$가 존재하므로 임의의 스칼라 k에 대하여

$$\begin{aligned} \mathbf{w}_1 + \mathbf{w}_2 &= L(\mathbf{v}_1) + L(\mathbf{v}_2) \\ &= L(\mathbf{v}_1 + \mathbf{v}_2) \in \text{Im}L \\ k\mathbf{w}_1 &= kL(\mathbf{v}_1) \\ &= L(k\mathbf{v}_1) \in \text{Im}L \end{aligned}$$

이다. 따라서 $\text{Im}L$은 W의 부분공간이다. ■

정리 5.2.9 상공간(image space) 정리 5.2.8에서 주어진 공간을 상공간이라고 한다.

정리 5.2.8로부터 $m \times n$ 행렬 A에 대하여 선형변환 $L: \mathbb{R}^n \rightarrow \mathbb{R}^m$을 $L(\mathbf{x}) = A\mathbf{x}$로 정의하면 $\text{Im}L$은 행렬 A의 열공간임을 알 수 있다.

예제 4 선형변환 $L: \mathbb{R}^4 \rightarrow \mathbb{R}^3$가 다음과 같을 때, $\text{Im}L$의 기저를 구하여라.

$$L(x_1, x_2, x_3, x_4) = (x_1 + x_2, x_3 + x_4, x_1 + x_3)$$

풀이 정리 5.2.8로부터 $\text{Im}L$은 $\mathbb{R}^3$의 부분공간임을 알 수 있다. 또한

$$\begin{aligned} L(x_1, x_2, x_3, x_4) &= (x_1 + x_2, x_3 + x_4, x_1 + x_3) \\ &= x_1(1, 0, 1) + x_2(1, 0, 0) + x_3(0, 1, 1) + x_4(0, 1, 0) \end{aligned}$$

이므로, 네 벡터의 집합 $\{(1, 0, 1), (1, 0, 0), (0, 1, 1), (0, 1, 0)\}$이 $\text{Im}L$을 생성한다. 이 중에서 일차독립인 것을 찾으려면 주어진 벡터를 행벡터로 갖는 행렬의 RREF를 구하면 된다. 즉,

$$\begin{bmatrix}1&0&1\\1&0&0\\0&1&1\\0&1&0\end{bmatrix} \rightarrow \begin{bmatrix}1&0&0\\0&1&0\\0&0&1\\0&0&0\end{bmatrix}$$

따라서 $\text{Im}L$의 기저는 $\{(1, 0, 0), (0, 1, 0), (0, 0, 1)\}$이다. ■

정의 5.2.10 선형변환의 계수(rank)와 핵공간의 차원(nullity) V, W가 벡터공간이고 $L: V \rightarrow W$이 선형변환일 때, $\text{Im}L$의 차원을 L의 **계수**라 하고 $\text{rank}(L)$로 나타낸다. 또한 $\ker L$의 차원을 **핵공간의 차원**이라 하고 $\text{nullity}(L)$로 나타낸다. 즉,

$$\text{rank}(L) = \dim(\text{Im}L), \quad \text{nullity}(L) = \dim(\ker L).$$

위의 정의로부터 선형변환 $L(\mathbf{x}) = A\mathbf{x}$에 대하여 다음이 성립함을 알 수 있다.

$$\begin{aligned}\text{rank}(L) &= \dim(\text{Im}L)\\ &= A\text{의 열공간의 차원}\\ &= \dim R(A)\\ &= \text{rank}(A)\end{aligned}$$

또한 계수와 핵공간의 차원 사이에는 다음과 같은 관계가 있다.

정리 5.2.11 (rank-nullity 정리) n차원 벡터공간 V와 임의의 벡터공간 W에 대하여 $L: V \rightarrow W$가 선형변환일 때 다음이 성립한다.

$$\text{rank}(L) + \text{nullity}(L) = \dim(V) = n$$

증명 만일 $\text{Im}L = \{\mathbf{0}\}$이라면 $\ker L = V$이므로 위 정리는 명백히 성립한다. 이제 $\text{Im}L \neq \{\mathbf{0}\}$이라 하면 $\ker L \neq V$이고, $\text{nullity}(L) = r$라 놓으면 $r < n$이다. 집합 $\{\mathbf{v}_1, \mathbf{v}_2, \cdots, \mathbf{v}_r\}$를 $\ker L$의 기저라 하면 $\dim V = n$이므로

$$S = \{\mathbf{v}_1, \mathbf{v}_2, \cdots, \mathbf{v}_r, \mathbf{v}_{r+1}, \cdots, \mathbf{v}_n\}$$

이 V의 기저가 되는 $n-r$개의 벡터 $\{\mathbf{v}_{r+1}, \cdots, \mathbf{v}_n\}$이 존재한다. 이때

$$T = \{L(\mathbf{v}_{r+1}), \cdots, L(\mathbf{v}_n)\}$$

이 $\text{Im}L$의 기저임을 보이면

$$\text{rank}(L) = \dim(\text{Im}L) = n - r$$

이 되어 정리의 증명은 완성된다.

$\mathbf{w}$가 $\mathrm{Im}L$의 임의의 벡터라면 $\mathbf{w}=L(\mathbf{v})$인 벡터 $\mathbf{v}\in V$가 존재하고 S가 V의 기저이므로 적당한 스칼라 c_1, c_2, $\cdots$, c_n에 대하여

$$\mathbf{v}=c_1\mathbf{v}_1+\cdots+c_r\mathbf{v}_r+c_{r+1}\mathbf{v}_{r+1}+\cdots+c_n\mathbf{v}_n$$

이다. 그런데 $\mathbf{v}_1$, $\cdots$, $\mathbf{v}_r\in\ker L$이므로

$$L(\mathbf{v}_1)=\cdots=L(\mathbf{v}_r)=\mathbf{0}.$$

따라서

$$\begin{aligned}\mathrm{w}&=L(\mathbf{v})\\&=c_1L(\mathbf{v}_1)+\cdots+c_rL(\mathbf{v}_r)+c_{r+1}L(\mathbf{v}_{r+1})+\cdots+c_nL(\mathbf{v}_n)\\&=c_{r+1}L(\mathbf{v}_{r+1})+\cdots+c_nL(\mathbf{v}_n)\end{aligned}$$

이므로 T는 $\mathrm{Im}L$을 생성한다.

이제 T가 일차독립임을 보이자. L이 선형변환이므로 적당한 스칼라 k_{r+1}, $\cdots$, k_n에 대하여

$$\begin{aligned}&k_{r+1}L(\mathrm{v}_{r+1})+\cdots+k_nL(\mathrm{v}_n)=\mathbf{0}\\&\Rightarrow L(k_{r+1}\mathrm{v}_{r+1}+\cdots+\mathrm{k}_n\mathrm{v}_n)=\mathbf{0}\\&\Rightarrow k_{r+1}\mathrm{v}_{r+1}+\cdots+\mathrm{k}_n\mathrm{v}_n\in\ker L\end{aligned}$$

그런데 집합 $\{\mathbf{v}_1,\ \mathbf{v}_2,\ \cdots,\ \mathbf{v}_r\}$가 $\ker L$의 기저이므로 적당한 스칼라 k_1, k_2, $\cdots$, k_r에 대하여

$$\begin{aligned}&k_{r+1}\mathbf{v}_{r+1}+\cdots+k_n\mathbf{v}_n=k_1\mathbf{v}_1+\cdots+k_r\mathbf{v}_r\\&\Rightarrow k_1\mathbf{v}_1+\cdots+k_r\mathbf{v}_r-k_{r+1}\mathbf{v}_{r+1}-\cdots-k_n\mathbf{v}_n=\mathbf{0}\end{aligned}$$

이고, S는 일차독립이므로 $k_1=k_2=\cdots=k_n=0$이다.

$$\therefore\ k_{r+1}=\cdots=k_n=0$$

따라서 T는 일차독립이 되어 $\mathrm{Im}L$의 기저가 된다. ■

예제 5 선형변환 $L:\mathscr{P}_2\to\mathscr{P}_1$이

$$L(at^2+bt+c)=(a+2b)t+(b+c)$$

일 때, $\ker L$과 $\mathrm{Im}L$의 기저와 차원을 구하고, 위의 정리를 확인하여라.

풀이

$$L(at^2+bt+c)=(a+2b)t+(b+c)=0$$

이면 $at^2+bt+c\in\ker L$ 이다. 즉 $a+2b=0$, $b+c=0$이고, 따라서

$$\left\{\begin{bmatrix}2\\-1\\1\end{bmatrix}\right\}=\{2t^2-t+1\}$$

은 $\ker L$의 기저이므로 $\text{nullity}(L)=1$이다.
또한 $\text{Im}L$의 모든 벡터는 $(a+2b)t+(b+c)$의 꼴이므로 집합 $\{1,\ t\}$는 $\text{Im}L$을 생성하고 일차독립이다. 따라서 $\{1,\ t\}$은 $\text{Im}L$의 기저이고 $\text{rank}(L)=2$이다.
그러므로

$$\text{rank}(L)+\text{nullity}(L)=2+1=3=\dim\mathscr{P}_2$$

이 성립한다. ■

연습문제 5.2

1. 선형변환 $L: \mathbb{R}^2 \to \mathscr{P}_2$가

$$L\begin{bmatrix}1\\1\end{bmatrix}=2-3x+x^2,\ \ L\begin{bmatrix}2\\3\end{bmatrix}=1-x^2$$

일 때, $L\begin{bmatrix}-1\\2\end{bmatrix}$와 $L\begin{bmatrix}a\\b\end{bmatrix}$를 구하여라.

2. 선형변환 $L\begin{bmatrix}a & b\\c & d\end{bmatrix}=\begin{bmatrix}a & 0\\0 & d\end{bmatrix}$에 대하여

(1) 다음 중 어떠한 행렬이 $\ker(L)$에 속하는가?

(i) $\begin{bmatrix}1 & 2\\-1 & 3\end{bmatrix}$ (ii) $\begin{bmatrix}0 & 4\\2 & 0\end{bmatrix}$ (iii) $\begin{bmatrix}3 & 0\\0 & -3\end{bmatrix}$

(2) (1)에 있는 행렬 중 어떤 것이 $\mathrm{range}(L)$에 속하는가?

(3) $\ker(L)$와 $\mathrm{range}(L)$를 구하여라.

3. 다음과 같이 정의된 선형변환 L의 $\mathrm{nullity}(L)$와 $\mathrm{rank}(L)$ 중 하나를 구하여라. 그리고 계수정리를 이용하여 나머지도 구하여라.

(1) $L\begin{bmatrix}a & b\\c & d\end{bmatrix}=\begin{bmatrix}a-b\\c-d\end{bmatrix}$

(2) $L:\mathscr{P}_2 \to \mathbb{R}^2,\ L(p(x))=\begin{bmatrix}p(0)\\p(1)\end{bmatrix}$

(3) $L: M_{22} \to M_{22},\ L(A)=AB$, 단, $B=\begin{bmatrix}1 & -1\\-1 & 1\end{bmatrix}$

(4) $L: M_{22} \to M_{22},\ L(A)=AB-BA$, 단, $B=\begin{bmatrix}1 & -1\\-1 & 1\end{bmatrix}$

4. 다음의 각 선형변환에서 일대일 변환과 위로의 변환을 찾아보아라.

(1) $L: \mathbb{R}^2 \to \mathbb{R}^3,\ L\begin{bmatrix}x\\y\end{bmatrix}=\begin{bmatrix}2x\\x-y\\0\end{bmatrix}$

(2) $D:\mathscr{P}_3 \to \mathscr{P}_2,\ D(p(x))=p'(x)$

(3) $L: M_{22} \to M_{22},\ L(A)=A^T$

5. 선형변환 $L: M_{22} \to M_{22}$를 $L(A)=A^T$로 정의할 때, L의 핵과 치역을 구하여라.

6. W를 모든 2×2 대칭행렬로 이루어진 벡터공간이라 하고, 선형변환 $L: W\rightarrow \mathscr{P}_2$를 다음과 같이 정의할 때, $\text{nullity}(L)$와 $\text{rank}(L)$을 구하여라.

$$L\begin{bmatrix} a & b \\ b & c \end{bmatrix} = (a-b)+(b-c)x+(c-a)x^2$$

7. 선형변환 $L: \mathbb{R}^2 \rightarrow \mathscr{P}_1$을 다음과 같이 정의할 때, L이 일대일이고 위로의 변환임을 보여라.

$$L\begin{bmatrix} a \\ b \end{bmatrix} = a+(a+b)x$$

5.3 $\mathbb{R}^n$에서 $\mathbb{R}^m$로의 선형변환

5.1절에서 보았듯이 A가 $m\times n$ 행렬일 때, 모든 $\mathbf{x}\in\mathbb{R}^n$에 대하여 $L(\mathbf{x})=A\mathbf{x}$로 정의하면 $L:\mathbb{R}^n\to\mathbb{R}^m$은 선형변환이다. 이 절에서는 $\mathbb{R}^n$에서 $\mathbb{R}^m$로의 모든 선형변환은 행렬변환임을 보이고, 그의 표준행렬에 대하여 알아본다. 일반적으로 $L:\mathbb{R}^n\to\mathbb{R}^m$을 임의의 선형변환이라 할 때 $\mathbb{R}^n$의 표준기저 $\{\mathbf{e}_1,\ \mathbf{e}_2,\ \cdots,\ \mathbf{e}_n\}$에 대하여 $L(\mathbf{e}_1),\ L(\mathbf{e}_2),\ \cdots,\ L(\mathbf{e}_n)$은 각각 $m\times 1$ 행렬이므로 다음과 같이 쓸 수 있다.

$$L(\mathbf{e}_1)=\begin{bmatrix} a_{11}\\ a_{21}\\ \vdots\\ a_{m1}\end{bmatrix},\ L(\mathbf{e}_2)=\begin{bmatrix} a_{12}\\ a_{22}\\ \vdots\\ a_{m2}\end{bmatrix},\ \cdots,\ L(\mathbf{e}_n)=\begin{bmatrix} a_{1n}\\ a_{2n}\\ \vdots\\ a_{mn}\end{bmatrix}$$

모든 선형변환 $L:\mathbb{R}^n\to\mathbb{R}^m$은

$$\begin{aligned} L(\mathbf{x}) &= x_1L(\mathbf{e}_1)+x_2L(\mathbf{e}_2)+\cdots+x_nL(\mathbf{e}_n)\\ &= x_1\begin{bmatrix} a_{11}\\ a_{21}\\ \vdots\\ a_{m1}\end{bmatrix}+x_2\begin{bmatrix} a_{12}\\ a_{22}\\ \vdots\\ a_{m2}\end{bmatrix}+\cdots+x_n\begin{bmatrix} a_{1n}\\ a_{2n}\\ \vdots\\ a_{mn}\end{bmatrix}\\ &= \begin{bmatrix} a_{11}x_1+a_{12}x_2+\cdots+a_{1n}x_n\\ a_{21}x_1+a_{22}x_2+\cdots+a_{2n}x_n\\ \vdots\\ a_{m1}x_1+a_{m2}x_2+\cdots+a_{mn}x_n\end{bmatrix}\end{aligned}$$

의 형태로 표시할 수 있다. $L(\mathbf{e}_1),\ L(\mathbf{e}_2),\ \cdots,\ L(\mathbf{e}_n)$을 열벡터로 갖는 $m\times n$ 행렬을 A라 하면

$$A=[L(\mathbf{e}_1)\,L(\mathbf{e}_2)\ \cdots\ L(\mathbf{e}_n)]=\begin{bmatrix} a_{11} & a_{12} & \cdots & a_{1n}\\ a_{21} & a_{22} & \cdots & a_{2n}\\ \vdots & \vdots & \cdots & \vdots\\ a_{m1} & a_{m2} & \cdots & a_{mn}\end{bmatrix}$$

이며, 이 행렬 $A=[a_{ij}]$를 선형변환 L의 **표준행렬**(standard matrix)이라고 한다. 따라서 다음 정리가 성립한다.

정리 5.3.1 ($\mathbb{R}^n$에서 $\mathbb{R}^m$으로의 선형변환) $L: \mathbb{R}^n \to \mathbb{R}^m$이 선형변환이면 L의 표준행렬 A와 $\mathbf{x} \in \mathbb{R}^n$에 대하여 다음이 성립한다.

$$L(\mathbf{x}) = A\mathbf{x}$$

우선 $\mathbb{R}^2$에서 $\mathbb{R}^2$로의 선형변환 중 중요한 몇 가지에 대하여 기하학적 성질을 알아보자.

선형변환 $L: \mathbb{R}^2 \to \mathbb{R}^2$이 $L\begin{bmatrix} x \\ y \end{bmatrix} = \begin{bmatrix} ax+by \\ cx+dy \end{bmatrix}$로 정의될 때, L의 표준행렬을 알면 임의의 벡터 $\mathbf{x} = \begin{bmatrix} x \\ y \end{bmatrix}$가 L에 의하여 옮겨지는 상을 쉽게 찾을 수 있다. 즉, $L(\mathbf{x}) = A\mathbf{x}$이므로 그림 5.5에서 보듯이 $\mathbb{R}^2$상의 벡터 $\overrightarrow{OP} = \begin{bmatrix} x \\ y \end{bmatrix}$는 선형변환 L의 표준행렬 A에 의하여 다른 벡터 $\overrightarrow{OQ} = \begin{bmatrix} ax+by \\ cx+dy \end{bmatrix}$로 옮기는 결과이므로 행렬 A는 $\mathbb{R}^2$의 점 $P(x,\ y)$를 점 $Q(ax+by,\ cx+dy)$로 옮긴다고 생각할 수 있다.

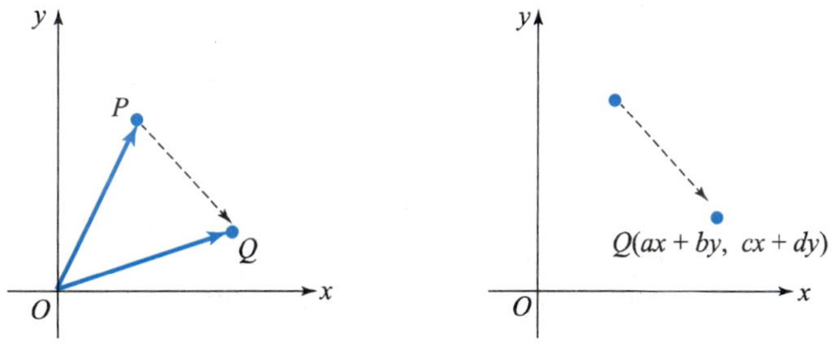

그림 5.5 $\mathbb{R}^2$에서 $\mathbb{R}^2$로의 선형변환

예제 1 $\mathbb{R}^2$의 점 $P(x,\ y)$를 다음에 관하여 대칭으로 옮기는 선형변환의 표준행렬 A를 각각 구하여라.

(1) x축　　(2) y축　　(3) 직선 $y = x$

풀이 (1) x축에 관한 대칭이동은

$$L\begin{bmatrix} x \\ y \end{bmatrix} = \begin{bmatrix} x \\ -y \end{bmatrix}$$

이므로

$$L\begin{bmatrix} 1 \\ 0 \end{bmatrix} = \begin{bmatrix} 1 \\ 0 \end{bmatrix},\ L\begin{bmatrix} 0 \\ 1 \end{bmatrix} = \begin{bmatrix} 0 \\ -1 \end{bmatrix}.$$

$$\therefore A = \begin{bmatrix} 1 & 0 \\ 0 & -1 \end{bmatrix}$$

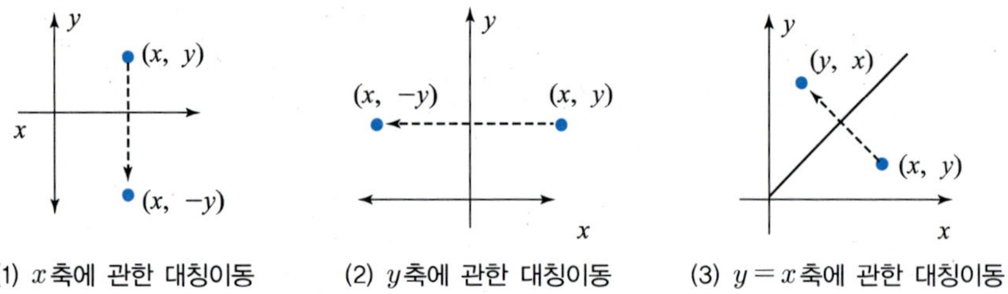

그림 5.6 대칭이동

(2) y축에 관한 대칭이동은

$$L\begin{bmatrix}x\\y\end{bmatrix}=\begin{bmatrix}-x\\y\end{bmatrix}$$

이므로

$$L\begin{bmatrix}1\\0\end{bmatrix}=\begin{bmatrix}-1\\0\end{bmatrix},\ L\begin{bmatrix}0\\1\end{bmatrix}=\begin{bmatrix}0\\1\end{bmatrix}.$$

$$\therefore\ A=\begin{bmatrix}-1&0\\0&1\end{bmatrix}$$

(3) $y=x$에 관한 대칭이동은

$$L\begin{bmatrix}x\\y\end{bmatrix}=\begin{bmatrix}y\\x\end{bmatrix}$$

이므로

$$L\begin{bmatrix}1\\0\end{bmatrix}=\begin{bmatrix}0\\1\end{bmatrix},\ L\begin{bmatrix}0\\1\end{bmatrix}=\begin{bmatrix}1\\0\end{bmatrix}.$$

$$\therefore\ A=\begin{bmatrix}0&1\\1&0\end{bmatrix}$$

■

예제 2 선형변환 $L:\mathbb{R}^4\to\mathbb{R}^3$이 다음과 같이 주어졌을 때, L을 행렬변환으로 표시하여라.

$$L\begin{bmatrix}x_1\\x_2\\x_3\\x_4\end{bmatrix}=\begin{bmatrix}2x_1-2x_2-x_3-3x_4\\2x_1+5x_2-2x_3+x_4\\5x_1-x_2+4x_3\end{bmatrix}$$

풀이 먼저 표준행렬을 구하면

$$L(\mathbf{e}_1)=\begin{bmatrix}2\\2\\5\end{bmatrix},\ L(\mathbf{e}_2)=\begin{bmatrix}-2\\5\\-1\end{bmatrix},\ L(\mathbf{e}_3)=\begin{bmatrix}-1\\-2\\4\end{bmatrix},\ L(\mathbf{e}_4)=\begin{bmatrix}-3\\1\\0\end{bmatrix}$$

이므로

$$A=\begin{bmatrix}2&-2&-1&-3\\2&5&-2&1\\5&-1&4&0\end{bmatrix}.$$

따라서

$$L\begin{bmatrix}x_1\\x_2\\x_3\\x_4\end{bmatrix}=\begin{bmatrix}2x_1-2x_2-x_3-3x_4\\2x_1+5x_2-2x_3+x_4\\5x_1-x_2+4x_3\end{bmatrix}=\begin{bmatrix}2&-2&-1&-3\\2&5&-2&1\\5&-1&4&0\end{bmatrix}\begin{bmatrix}x_1\\x_2\\x_3\\x_4\end{bmatrix}.$$ ■

예제 3 원점에 관해 반시계방향으로 θ만큼 벡터를 회전하는 것은 $\mathbb{R}^n$에서 $\mathbb{R}^n$으로의 선형변환이 됨을 보이고, 그 표준행렬을 구하여라.

풀이 원점에 관해 반시계방향으로 θ만큼 벡터를 회전하는 변환을 L_θ라고 할 때, L_θ가 선형변환임을 보이기 위하여 먼저 기하학적 의미를 살펴보자. $\mathbf{u}$, $\mathbf{v}$가 $\mathbb{R}^2$의 벡터이고 이들이 평행하지 않다면 그림 5.7(a)에서 보듯이 평행사변형 법칙에 의해 $\mathbf{u}+\mathbf{v}$를 얻는다. L_θ로 변환하면, 그림 5.7(b)에서와 같이 평행사변형 전체는 각 θ만큼 회전한다. 그러나 평행사변형 법칙에 의해 이 평행사변형의 대각선은 $L_\theta(\mathbf{u})+L_\theta(\mathbf{v})$가 되어야만 한다. 그러므로

$$L_\theta(\mathbf{u}+\mathbf{v})=L_\theta(\mathbf{u})+L_\theta(\mathbf{v})$$

이다.

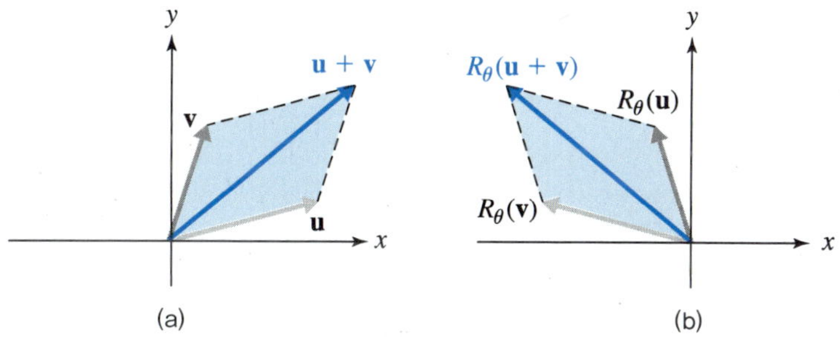

그림 5.7 평행사변형 법칙

같은 방법으로 $\mathbf{v}$와 $c\mathbf{v}$에 L_θ를 적용하면 그림 5.8에서와 같이 $L_\theta(\mathbf{v})$와 $L_\theta(c\mathbf{v})$를 얻는다. 회전은 길이에 영향을 주지 않으므로, $L_\theta(c\mathbf{v})=cL_\theta(\mathbf{v})$이다. $0<c<1$, $-1<c<0$와 $c<-1$인 각 경우에 대하여 그림을 그려보아라.

그러므로 L_θ는 선형변환이고 $\mathbb{R}^2$의 표준기저 벡터 $\mathbf{e}_1$, $\mathbf{e}_2$에 이를 적용하여 행렬을 구할 수 있다. 그림 5.9에서 보듯이 $L_\theta\begin{bmatrix}1\\0\end{bmatrix}=\begin{bmatrix}\cos\theta\\\sin\theta\end{bmatrix}$이다.

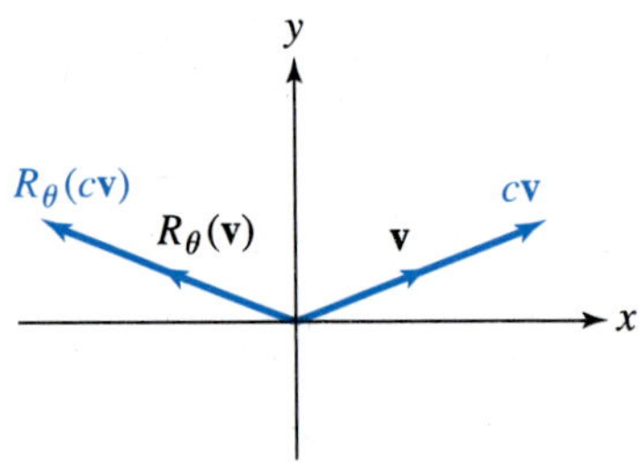

그림 5.8 $L_\theta(\mathbf{v})$와 $L_\theta(c\mathbf{v})$

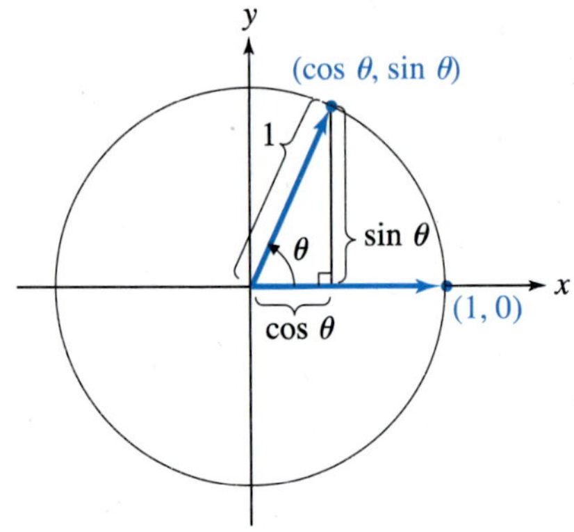

그림 5.9 $L_\theta\begin{bmatrix}1\\0\end{bmatrix}$

같은 방법으로 $L_\theta\begin{bmatrix}0\\1\end{bmatrix}$을 구할 수 있다. 그러나 이것은 $L_\theta\begin{bmatrix}0\\1\end{bmatrix}$은 $L_\theta\begin{bmatrix}1\\0\end{bmatrix}$에 반시계방향으로 수직이 되어야 한다는 사실을 이용하면 그림 5.10과 같이 $L_\theta\begin{bmatrix}0\\1\end{bmatrix}=\begin{bmatrix}-\sin\theta\\ \cos\theta\end{bmatrix}$임을 쉽게 알 수 있다.

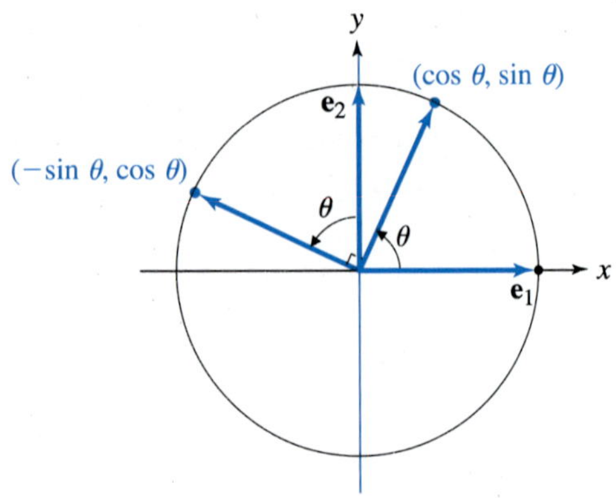

그림 5.10 $L_\theta\begin{bmatrix}0\\1\end{bmatrix}$

그러므로 L_θ의 표준행렬은 $\begin{bmatrix}\cos\theta & -\sin\theta\\ \sin\theta & \cos\theta\end{bmatrix}$이다. ■

예제 3의 결과는 임의의 회전에 대한 결과를 계산하는 데 사용될 수 있다. 예를 들어, 원점에 관하여 60°로 점 (2, −1)을 회전시킨다고 하자. 통상적으로 양의 각은 반시계방향으로의 회전이고 음의 각은 시계방향의 회전을 의미한다. $\cos 60° = 1/2$이고 $\sin 60° = \sqrt{3}/2$이므로

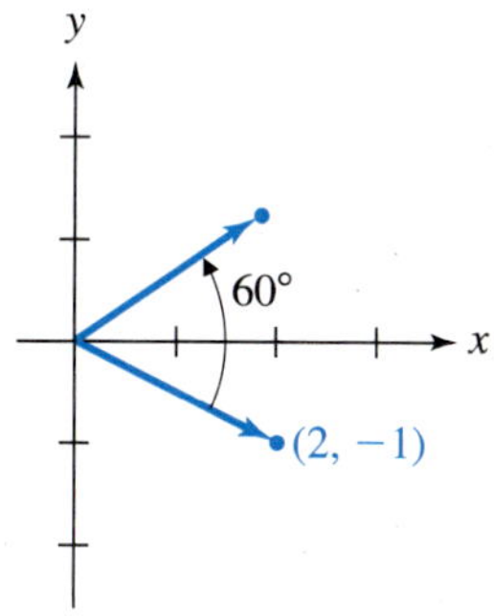

그림 5.11 60°회전

$$L_{60}\begin{bmatrix} 2 \\ -1 \end{bmatrix} = \begin{bmatrix} \cos 60° & -\sin 60° \\ \sin 60° & \cos 60° \end{bmatrix}\begin{bmatrix} 2 \\ -1 \end{bmatrix} = \begin{bmatrix} 1/2 & -\sqrt{3}/2 \\ \sqrt{3}/2 & 1/2 \end{bmatrix}\begin{bmatrix} 2 \\ -1 \end{bmatrix}$$
$$= \begin{bmatrix} (2+\sqrt{3})/2 \\ (2\sqrt{3}-1)/2 \end{bmatrix}$$

이다. 따라서 그림 5.11에서 보는 바와 같이 이 회전에 의한 점 $(2, -1)$의 상은 $((2+\sqrt{3})/2,\ (2\sqrt{3}-1)/2) \approx (1.87,\ 1.23)$이다.

$T: \mathbb{R}^m \to \mathbb{R}^n$과 $S: \mathbb{R}^n \to \mathbb{R}^p$가 선형변환이면 두 변환의 합성을 $S \circ T$로 표시했다. $S \circ T$가 의미를 갖도록 하기 위해서는 T의 공역과 S의 정의역이 일치되어야 하며, 합성변환 $S \circ T$는 T의 정의역에서 S의 공역으로의 사상이다. 선형변환과 행렬변환을 같은 것으로 가정하였으므로 $S \circ T$가 선형변환임을 보이기 위해서는 $S \circ T$가 행렬변환임을 보이는 것으로 충분하다. 즉 T의 공변역이 S의 정의역과 같으면

$$S \circ T(v) = S(T(v))$$

이며, 이때 행렬 B와 A가 각각 S와 T의 표준행렬이면

$$S \circ T(X) = S(T(X)) = B(AX) = (BA)X$$

이므로 S와 T의 표준행렬의 곱 BA가 $S \circ T$의 표준행렬이다.

예제 4 선형변환 $T: \mathbb{R}^2 \to \mathbb{R}^3$

$$T\begin{bmatrix} x_1 \\ x_2 \end{bmatrix} = \begin{bmatrix} x_1 \\ 2x_1 - x_2 \\ 3x_1 + 4x_2 \end{bmatrix} \text{와 } S\begin{bmatrix} y_1 \\ y_2 \\ y_3 \end{bmatrix} = \begin{bmatrix} 2y_1 + y_3 \\ 3y_2 - y_3 \\ y_1 - y_2 \\ y_1 + y_2 + y_3 \end{bmatrix}$$

로 주어진 선형변환 $S: \mathbb{R}^3 \to \mathbb{R}^4$를 생각하자. $S \circ T$의 표준행렬과 $S \circ T: \mathbb{R}^2 \to \mathbb{R}^4$를 구하여라.

풀이 두 선형변환의 표준행렬은

$$B=\begin{bmatrix}2 & 0 & 1\\0 & 3 & -1\\1 & -1 & 0\\1 & 1 & 1\end{bmatrix},\ A=\begin{bmatrix}1 & 0\\2 & -1\\3 & 4\end{bmatrix}$$

이고,

$$BA=\begin{bmatrix}2 & 0 & 1\\0 & 3 & -1\\1 & -1 & 0\\1 & 1 & 1\end{bmatrix}\begin{bmatrix}1 & 0\\2 & -1\\3 & 4\end{bmatrix}=\begin{bmatrix}5 & 4\\3 & -7\\-1 & 1\\6 & 3\end{bmatrix}$$

이므로

$$(S\circ T)\begin{bmatrix}x_1\\x_2\end{bmatrix}=\begin{bmatrix}5 & 4\\3 & -7\\-1 & 1\\6 & 3\end{bmatrix}\begin{bmatrix}x_1\\x_2\end{bmatrix}=\begin{bmatrix}5x_1+4x_2\\3x_1-7x_2\\-x_1+x_2\\6x_1+3x_2\end{bmatrix}$$

이다. ■

S와 T가 역변환일 경우 $BA=AB=I$ 이 성립한다. 이것은 B와 A가 서로 역행렬임을 알려준다. 그리고 선형변환 T가 가역이면, 표준행렬 A도 가역이고, 역행렬은 유일하므로 T의 역변환도 유일하다. 따라서 T의 역변환의 행렬은 A의 역행렬이라는 것을 알 수 있다.

예제 5 $\mathbb{R}^2$에서 원점에 관해 시계방향으로 60° 회전하는 표준행렬을 구하여라.

풀이 원점에 관해 반시계방향으로 60° 회전하는 행렬은

$$A=\begin{bmatrix}1/2 & -\sqrt{3}/2\\\sqrt{3}/2 & 1/2\end{bmatrix}$$

임을 앞에서 계산하였다. 한편, 시계방향으로 60° 회전하는 것은 반시계방향으로 60° 회전하는 변환의 역변환이므로

$$A^{-1}=\begin{bmatrix}1/2 & -\sqrt{3}/2\\\sqrt{3}/2 & 1/2\end{bmatrix}^{-1}=\begin{bmatrix}1/2 & \sqrt{3}/2\\-\sqrt{3}/2 & 1/2\end{bmatrix}$$

이다. ■

연습문제 5.3

1. 다음 중 선형변환의 표준행렬을 구하여라.

(1) $L\begin{bmatrix} x \\ y \end{bmatrix} = \begin{bmatrix} x+y \\ x-y \end{bmatrix}$

(2) $L\begin{bmatrix} x \\ y \\ z \end{bmatrix} = \begin{bmatrix} x \\ x+y \\ x+y+z \end{bmatrix}$

(3) $L\begin{bmatrix} x \\ y \\ z \end{bmatrix} = \begin{bmatrix} x-y+z \\ 2x+y-3z \end{bmatrix}$

(4) $L\begin{bmatrix} x \\ y \end{bmatrix} = \begin{bmatrix} x+2y \\ -x \\ 3x-7y \end{bmatrix}$

2. 다음에 주어진 $\mathbb{R}^2$에서 $\mathbb{R}^2$로의 선형변환의 표준행렬을 구하여라.

(1) 원점에 대하여 시계방향으로 30° 회전

(2) 직선 $y = 2x$ 위로의 사영

(3) 직선 $y = -x$ 위로의 사영

(4) 직선 $y = x$에 관하여 대칭

(5) 직선 $y = -x$에 관하여 대칭

3. 다음에 주어진 $\mathbb{R}^2$에서 $\mathbb{R}^2$로의 변환이 행렬변환임을 보임으로써 선형변환임을 보여라.

(1) F는 벡터를 y축에 관하여 대칭시킨다.

(2) R은 벡터를 원점에 대하여 반시계방향으로 45° 회전한다.

(3) D는 벡터를 x축으로 2만큼 y축으로 3만큼 늘인다.

(4) P는 벡터를 직선 $y = x$ 위로 사영한다.

4. 세 점 $(-1,\ 4)$, $(3,\ 1)$, $(2,\ 6)$을 꼭짓점으로 갖는 삼각형이 선형변환

$$L(\mathbf{x}) = A\mathbf{x} = \begin{bmatrix} 6 & -3 \\ -1 & 1 \end{bmatrix}\begin{bmatrix} x_1 \\ x_2 \end{bmatrix}$$

에 의하여 옮겨진 후의 삼각형 넓이를 구하여라.

5. 다음 선형변환에 대하여 $S \circ T$의 표준행렬을 구하여라.

(1) $T\begin{bmatrix} x_1 \\ x_2 \end{bmatrix} = \begin{bmatrix} x_1+2x_2 \\ -3x_1+x_2 \end{bmatrix}$, $S\begin{bmatrix} y_1 \\ y_2 \end{bmatrix} = \begin{bmatrix} y_1+3y_2 \\ y_1-y_2 \end{bmatrix}$

(2) $T\begin{bmatrix} x_1 \\ x_2 \end{bmatrix} = \begin{bmatrix} x_2 \\ -x_1 \end{bmatrix}$, $S\begin{bmatrix} y_1 \\ y_2 \end{bmatrix} = \begin{bmatrix} y_1+3y_2 \\ 2y_1+y_2 \\ y_1-y_2 \end{bmatrix}$

(3) $T\begin{bmatrix} x_1 \\ x_2 \\ x_3 \end{bmatrix} = \begin{bmatrix} x_1+x_2-x_3 \\ 2x_1-x_2+x_3 \end{bmatrix}$, $S\begin{bmatrix} y_1 \\ y_2 \end{bmatrix} = \begin{bmatrix} 4y_1-2y_2 \\ -y_1+y_2 \end{bmatrix}$

(4) $T\begin{bmatrix} x_1 \\ x_2 \\ x_3 \end{bmatrix} = \begin{bmatrix} x_1 + 2x_2 \\ 2x_2 - x_3 \end{bmatrix}$, $S\begin{bmatrix} y_1 \\ y_2 \end{bmatrix} = \begin{bmatrix} y_1 - y_2 \\ y_1 + y_2 \\ -y_1 + y_2 \end{bmatrix}$

(5) $T\begin{bmatrix} x_1 \\ x_2 \\ x_3 \end{bmatrix} = \begin{bmatrix} x_1 + x_2 \\ x_2 + x_3 \\ x_1 + x_3 \end{bmatrix}$, $S\begin{bmatrix} y_1 \\ y_2 \\ y_3 \end{bmatrix} = \begin{bmatrix} y_1 - y_2 \\ y_2 - y_3 \\ -y_1 + y_3 \end{bmatrix}$

6. 선형변환

$$L(\mathbf{x}) = A\mathbf{x} = \begin{bmatrix} 6 & -3 \\ -1 & 1 \end{bmatrix} \begin{bmatrix} x_1 \\ x_2 \end{bmatrix}$$

의 역변환의 표준행렬을 구하고, 이 역변환에 의한 세 점 $(-18,\ 5)$, $(15,\ -2)$, $(-6,\ 4)$의 상을 구하여라.

5.4 선형변환의 행렬과 닮음

5.3절에서 $\mathbb{R}^n$에서 $\mathbb{R}^m$으로의 모든 선형변환은 표준행렬을 이용하여 행렬변환으로 나타낼 수 있음을 보았다. 이 절에서는 좌표벡터와 추이행렬을 이용하여 일반적으로 임의의 n차원 벡터공간에서 m차원 벡터공간으로의 선형변환도 행렬변환으로 나타낼 수 있음을 알아본다.

n차원 벡터공간 V와 m차원 벡터공간 W의 순서기저를 각각 $S=\{\mathbf{x}_1, \cdots, \mathbf{x}_n\}$, $T=\{\mathbf{y}_1, \cdots, \mathbf{y}_m\}$이라 하고 $L : V \to W$를 선형변환이라 하자. 그러면 각 벡터 $\mathbf{x}_j \in V(j=1, 2, \cdots, n)$에 대하여 $L(\mathbf{x}_j)$는 W의 벡터이고, T가 W의 기저이므로 $L(\mathbf{x}_j)$는 다음과 같이 유일한 일차결합을 갖는다.

$$L(\mathbf{x}_j)=a_{1j}\mathbf{y}_1+a_{2j}\mathbf{y}_2+\cdots+a_{mj}\mathbf{y}_m \qquad (1 \le j \le n)$$

따라서 T에 관한 $L(\mathbf{x}_j)$의 좌표벡터는

$$[L(\mathbf{x}_j)]_T=\begin{bmatrix} a_{1j} \\ a_{2j} \\ \vdots \\ a_{mj} \end{bmatrix}$$

이다. 여기서 $[L(\mathbf{x}_1)]_T$, $[L(\mathbf{x}_2)]_T$, $\cdots$, $[L(\mathbf{x}_n)]_T$를 열벡터로 갖는 $m \times n$ 행렬을 A라 하자. 즉

$$\begin{aligned} A &= \big[[L(\mathbf{x}_1)]_T,\ [L(\mathbf{x}_2)]_T,\ \cdots,\ [L(\mathbf{x}_n)]_T\big] \\ &= \begin{bmatrix} a_{11} & a_{12} & \cdots & a_{1n} \\ a_{21} & a_{22} & \cdots & a_{2n} \\ \vdots & \vdots & \cdots & \vdots \\ a_{m1} & a_{m2} & \cdots & a_{mn} \end{bmatrix} \end{aligned}$$

인데, 행렬 $A=[a_{ij}]$를 기저 S와 T에 관한 선형변환 L의 행렬이라 한다.

특히 $V=W$일 때 기저를 $S=T$로 택하여 위와 같은 방법으로 얻은 행렬 A를 기저 S에 관한 선형변환 L의 행렬이라 한다.

정리 5.4.1 (선형변환의 행렬) n차원 벡터공간 V와 m차원 벡터공간 W에 대하여 선형변환 $L: V \to W$를 $\mathrm{y}=L(\mathbf{x})$ $(\mathbf{x} \in V)$로 정의하고, $S=\{\mathbf{x}_1, \cdots, \mathbf{x}_n\}$과 $T=\{\mathbf{y}_1, \cdots, \mathbf{y}_m\}$을 각각 V와 W의 순서기저라 하면

$$[\mathbf{y}]_T = A[\mathbf{x}]_S$$

인 행렬 A가 유일하게 존재한다.(단 A는 기저 S와 T에 관한 선형변환 L의 행렬이다.)

증명 V의 기저가 $S=\{\mathbf{x}_1, \cdots, \mathbf{x}_n\}$이므로 임의의 벡터 $\mathbf{x}\in V$는 적당한 스칼라 $c_1, c_2, \cdots, c_n$에 대하여

$$\mathbf{x}= c_1\mathbf{x}_1 + c_2\mathbf{x}_2 + \cdots + c_n\mathbf{x}_n$$

으로 표시되며, S에 관한 $\mathbf{x}$의 좌표벡터는

$$[\mathbf{x}]_S = \begin{bmatrix} c_1 \\ c_2 \\ \vdots \\ c_n \end{bmatrix}$$

이다. L의 선형성에 의하여

$$\mathbf{y}= L(\mathbf{x}) = c_1L(\mathbf{x}_1) + c_2L(\mathbf{x}_2) + \cdots + c_nL(\mathbf{x}_n)$$

이고, $\mathbf{y}$는 W의 벡터이므로 기저 T에 관하여 다음이 성립한다.

$$\begin{aligned}[\mathbf{y}]_T &= c_1[L(\mathbf{x}_1)]_T + c_2[L(\mathbf{x}_2)]_T + \cdots + c_n[L(\mathbf{x}_n)]_T \\ &= [[L(\mathbf{x}_1)]_T[L(\mathbf{x}_2)]_T \cdots\ [L(\mathbf{x}_n)]_T]\begin{bmatrix} c_1 \\ c_2 \\ \vdots \\ c_n \end{bmatrix} \\ &= A[\mathbf{x}]_S\end{aligned}$$

여기서 행렬 A의 유일성에 관한 증명은 연습문제로 남긴다. ■

그림 5.12는 $\mathbf{y}=L(\mathbf{x})$로 정의된 선형변환 $L: V\to W$의 A에 의한 행렬 표현을 예시해준다.

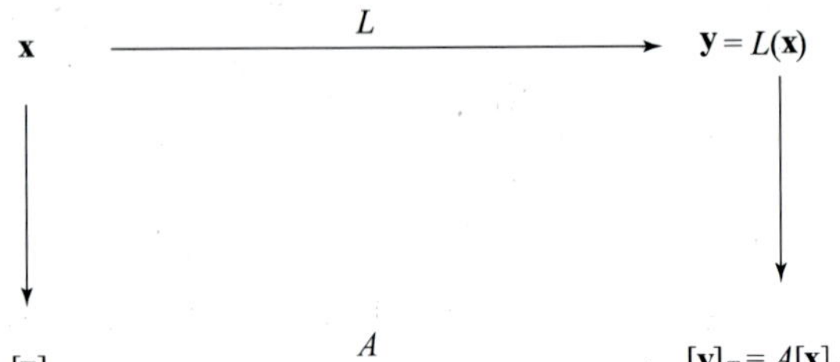

그림 5.12 $L: V\to W$의 A에 의한 행렬 표현

예제 1 선형변환 $L:\ \mathbb{R}^3 \to \mathbb{R}^2$를

$$L\begin{bmatrix} x \\ y \\ z \end{bmatrix} = \begin{bmatrix} x-y \\ y-z \end{bmatrix}$$

라 정의하고

$$S = \left\{ \mathbf{x}_1 = \begin{bmatrix} 1 \\ 0 \\ 0 \end{bmatrix},\ \mathbf{x}_2 = \begin{bmatrix} 1 \\ -1 \\ 0 \end{bmatrix},\ \mathbf{x}_3 = \begin{bmatrix} 1 \\ 1 \\ -1 \end{bmatrix} \right\}$$

과

$$T = \left\{ \mathbf{y}_1 = \begin{bmatrix} 2 \\ 1 \end{bmatrix},\ \mathbf{y}_2 = \begin{bmatrix} -1 \\ 1 \end{bmatrix} \right\}$$

을 각각 $\mathbb{R}^3$와 $\mathbb{R}^2$의 기저라 하자. 이때 기저 S와 T에 관한 선형변환 L의 행렬 A를 구하여라.

풀이 $A = [[L(\mathbf{x}_1)]_T [L(\mathbf{x}_2)]_T [L(\mathbf{x}_3)]_T]_{2\times 3}$이므로, 먼저 $L(\mathbf{x}_1)$, $L(\mathbf{x}_2)$, $L(\mathbf{x}_3)$을 구하면 다음과 같다.

$$L(\mathbf{x}_1) = \begin{bmatrix} 1 \\ 0 \end{bmatrix},\ L(\mathbf{x}_2) = \begin{bmatrix} 2 \\ -1 \end{bmatrix},\ L(\mathbf{x}_3) = \begin{bmatrix} 0 \\ 2 \end{bmatrix}$$

이제 기저 T에 관한 이 벡터의 좌표벡터를 각각 구하자.

$$L(\mathbf{x}_1) = \begin{bmatrix} 1 \\ 0 \end{bmatrix} = a_1\mathbf{y}_1 + a_2\mathbf{y}_2 = a_1\begin{bmatrix} 2 \\ 1 \end{bmatrix} + a_2\begin{bmatrix} -1 \\ 1 \end{bmatrix},$$

$$L(\mathbf{x}_2) = \begin{bmatrix} 2 \\ -1 \end{bmatrix} = b_1\mathbf{y}_1 + b_2\mathbf{y}_2 = b_1\begin{bmatrix} 2 \\ 1 \end{bmatrix} + b_2\begin{bmatrix} -1 \\ 1 \end{bmatrix},$$

$$L(\mathbf{x}_3) = \begin{bmatrix} 0 \\ 2 \end{bmatrix} = c_1\mathbf{y}_1 + c_2\mathbf{y}_2 = c_1\begin{bmatrix} 2 \\ 1 \end{bmatrix} + c_2\begin{bmatrix} -1 \\ 1 \end{bmatrix}$$

이므로 이 세 개의 연립방정식을 각각 풀어야 한다. 이 연립방정식의 계수행렬이 모두

$$\begin{bmatrix} 2 & -1 \\ 1 & 1 \end{bmatrix}$$

이므로 행렬

$$\left[\begin{array}{cc:c:c:c} 2 & -1 & 1 & 2 & 0 \\ 1 & 1 & 0 & -1 & 2 \end{array}\right]$$

을 RREF로 변환하여 다음 행렬을 구한다.

$$\left[\begin{array}{cc:c:c:c} 1 & 0 & \frac{1}{3} & \frac{1}{3} & \frac{2}{3} \\ 0 & 1 & -\frac{1}{3} & -\frac{4}{3} & \frac{4}{3} \end{array}\right]$$

따라서 행렬 A는

$$A=\begin{bmatrix} \frac{1}{3} & \frac{1}{3} & \frac{2}{3} \\ -\frac{1}{3} & -\frac{4}{3} & \frac{4}{3} \end{bmatrix}$$

이다. ■

위의 예제 1에서 보았듯이, 특히 선형변환이 $L:\mathbb{R}^n \to \mathbb{R}^m$이고 $S=\{\mathbf{x}_1, \cdots, \mathbf{x}_n\}$과 $T=\{\mathbf{y}_1, \cdots, \mathbf{y}_m\}$이 각각 $\mathbb{R}^n$과 $\mathbb{R}^m$의 임의의 순서기저일 때, $[\mathbf{y}_1, \mathbf{y}_2, \cdots, \mathbf{y}_m \vdots L(\mathbf{x}_1) \vdots L(\mathbf{x}_2) \vdots \cdots \vdots L(\mathbf{x}_n)]$을 $[I_n \vdots A]$ 형태의 RREF로 변환하면 쉽게 기저 S와 T에 관한 선형변환 L의 행렬 A를 구할 수 있다.

예제 2 선형변환 $L:\mathbb{R}^2 \to \mathbb{R}^3$를

$$L\begin{bmatrix} x \\ y \end{bmatrix}=\begin{bmatrix} x \\ 3x-2y \\ x-3y \end{bmatrix}$$

라 정의하고

$$S=\left\{\mathbf{x}_1=\begin{bmatrix} 1 \\ 1 \end{bmatrix}, \ \mathbf{x}_2=\begin{bmatrix} 2 \\ 1 \end{bmatrix}\right\}$$

과

$$T=\left\{\mathbf{y}_1=\begin{bmatrix} 1 \\ 0 \\ -1 \end{bmatrix}, \ \mathbf{y}_2=\begin{bmatrix} -1 \\ 2 \\ 1 \end{bmatrix}, \ \mathbf{y}_3=\begin{bmatrix} 0 \\ 1 \\ 1 \end{bmatrix}\right\}$$

을 각각 $\mathbb{R}^2$와 $\mathbb{R}^3$의 기저라 하자. 이때 기저 S와 T에 관한 선형변환 L의 행렬 A를 구하여라.

풀이 $L(\mathbf{x}_1)=\begin{bmatrix} 1 \\ 1 \\ -2 \end{bmatrix}$, $L(\mathbf{x}_2)=\begin{bmatrix} 2 \\ 4 \\ -1 \end{bmatrix}$이므로

$$[\mathbf{y}_1 \mathbf{y}_2 \mathbf{y}_3 \vdots L(\mathbf{x}_1) \vdots L(\mathbf{x}_2)]=\begin{bmatrix} 1 & -1 & 0 & \vdots & 1 & \vdots & 2 \\ 0 & 2 & 1 & \vdots & 1 & \vdots & 4 \\ -1 & 1 & 1 & \vdots & -2 & \vdots & -1 \end{bmatrix}$$

이다. RREF로 변환하면

$$\begin{bmatrix} 1 & -1 & 0 & \vdots & 1 & \vdots & 2 \\ 0 & 2 & 1 & \vdots & 1 & \vdots & 4 \\ -1 & 1 & 1 & \vdots & -2 & \vdots & -1 \end{bmatrix}$$

$$\to \begin{bmatrix} 1 & -1 & 0 & \vdots & 1 & \vdots & 2 \\ 0 & 2 & 0 & \vdots & 2 & \vdots & 3 \\ 0 & 0 & 1 & \vdots & -1 & \vdots & 1 \end{bmatrix}$$

$$\rightarrow \begin{bmatrix} 1\,0\,0 & \vdots & 2 & \vdots & \frac{7}{2} \\ 0\,1\,0 & \vdots & 1 & \vdots & \frac{3}{2} \\ 0\,0\,1 & \vdots & -1 & \vdots & 1 \end{bmatrix}$$

이므로

$$A = \begin{bmatrix} 2 & \frac{7}{2} \\ 1 & \frac{3}{2} \\ -1 & 1 \end{bmatrix}.$$

■

예제 3 선형변환 $L : \mathscr{P}_1 \to \mathscr{P}_2$를 $L(p(x)) = xp(x)$로 정의하고,

$$S = \{x,\ 1\}\text{과 } T = \{x^2,\ x-1,\ x+1\}$$

을 각각 $\mathscr{P}_1$과 $\mathscr{P}_2$의 순서기저라고 할 때, 기저 S와 T에 관한 선형변환 L의 행렬 A 를 구하여라.

풀이

$$L(x) = x^2 = 1 \cdot x^2 + 0 \cdot (x-1) + 0 \cdot (x+1),$$
$$L(1) = x = 0 \cdot x^2 + \frac{1}{2}(x-1) + \frac{1}{2}(x+1)$$

이므로

$$[L(x)]_T = \begin{bmatrix} 1 \\ 0 \\ 0 \end{bmatrix}, \quad [L(1)]_T = \begin{bmatrix} 0 \\ \frac{1}{2} \\ \frac{1}{2} \end{bmatrix}.$$

따라서

$$A = [[L(x)]_T [L(1)]_T] = \begin{bmatrix} 1 & 0 \\ 0 & \frac{1}{2} \\ 0 & \frac{1}{2} \end{bmatrix}.$$

■

이제 두 집합 $S = \{\mathbf{x}_1,\ \mathbf{x}_2,\ \cdots,\ \mathbf{x}_n\}$, $T = \{\mathbf{y}_1,\ \mathbf{y}_2,\ \cdots,\ \mathbf{y}_n\}$을 n차원 벡터공간 V의 서로 다른 기저라 하자. 이때 S와 T에 관한 $\mathbf{x} \in V$의 좌표벡터 $[\mathbf{x}]_S$와 $[\mathbf{x}]_T$ 사이의 관계를 생각해보자.

$$\mathbf{x} = c_1\mathbf{y}_1 + c_2\mathbf{y}_2 + \cdots + c_n\mathbf{y}_n \quad (c_i \in \mathbb{R})$$

이라 하면 T에 관한 $\mathbf{x} \in V$의 좌표벡터 $[\mathbf{x}]_T$는

$$[\mathbf{x}]_T = \begin{bmatrix} c_1 \\ c_2 \\ \vdots \\ c_n \end{bmatrix}$$

이고, 또한 S에 관한 $\mathrm{x} \in V$의 좌표벡터 $[\mathbf{x}]_S$는 다음과 같이 나타낼 수 있다.

$$\begin{aligned}[\mathbf{x}]_S &= [c_1\mathbf{y}_1 + c_2\mathbf{y}_2 + \cdots + c_n\mathbf{y}_n]_S \\ &= c_1[\mathbf{y}_1]_S + c_2[\mathbf{y}_2]_S + \cdots + c_n[\mathbf{y}_n]_S\end{aligned}$$

여기서 S에 관한 $\mathbf{y}_j$의 좌표벡터를

$$[\mathbf{y}_j]_S = \begin{bmatrix} p_{1j} \\ p_{2j} \\ \vdots \\ p_{nj} \end{bmatrix}$$

라 하고

$$\begin{aligned}P &= [[\mathbf{y}_1]_S[\mathbf{y}_2]_S \cdots\ [\mathbf{y}_n]_S] \\ &= \begin{bmatrix} p_{11} & p_{12} & \cdots & p_{1n} \\ p_{21} & p_{22} & \cdots & p_{2n} \\ \vdots & \vdots & & \vdots \\ p_{n1} & p_{n2} & \cdots & p_{nn} \end{bmatrix}\end{aligned}$$

이라 하면 다음이 성립한다.

$$\begin{aligned}[\mathbf{x}]_S &= c_1\begin{bmatrix} p_{11} \\ p_{21} \\ \vdots \\ p_{n1} \end{bmatrix} + c_2\begin{bmatrix} p_{12} \\ p_{22} \\ \vdots \\ p_{n2} \end{bmatrix} + \cdots + c_n\begin{bmatrix} p_{1n} \\ p_{2n} \\ \vdots \\ p_{nn} \end{bmatrix} \\ &= \begin{bmatrix} p_{11} & p_{12} & \cdots & p_{1n} \\ p_{21} & p_{22} & \cdots & p_{2n} \\ \vdots & \vdots & & \vdots \\ p_{n1} & p_{n2} & \cdots & p_{nn} \end{bmatrix}\begin{bmatrix} c_1 \\ c_2 \\ \vdots \\ c_n \end{bmatrix} \\ &= P[\mathbf{x}]_T\end{aligned}$$

즉,

$$[\mathbf{x}]_S = P[\mathbf{x}]_T$$

이며, 행렬 P는 $[\mathbf{x}]_T$를 $[\mathbf{x}]_S$로 변환시키는 역할을 한다. 이때 행렬

$$P = [[\mathbf{y}_1]_S[\mathbf{y}_2]_S \cdots\ [\mathbf{y}_n]_S]$$

를 기저 T에서 기저 S로의 **추이행렬**(transition matrix)이라 한다.

예제 4

$$\mathbf{x}_1 = (1,\ 2,\ 0),\ \ \mathbf{x}_2 = (1,\ 1,\ 1),\ \ \mathbf{x}_3 = (2,\ 0,\ 1)$$
$$\mathbf{y}_1 = (4,\ -1,\ 3),\ \ \mathbf{y}_2 = (5,\ 5,\ 2),\ \ \mathbf{y}_3 = (6,\ 3,\ 3)$$

일 때, $\mathbb{R}^3$의 두 기저

$$S = \{\mathbf{x}_1,\ \mathbf{x}_2,\ \mathbf{x}_3\},\ \ T = \{\mathbf{y}_1,\ \mathbf{y}_2,\ \mathbf{y}_3\}$$

에 대하여 추이행렬 P를 구하여라.

풀이 기저 T에서 기저 S로의 추이행렬 P는

$$P = [[\mathbf{y}_1]_S[\mathbf{y}_2]_S \cdots [\mathbf{y}_n]_S]$$

이므로 기저 S에 관한 $\mathbf{y}_1$, $\mathbf{y}_2$, $\mathbf{y}_3$의 좌표벡터를 각각 구한다.

$$\begin{aligned} a_1\mathbf{x}_1 + a_2\mathbf{x}_2 + a_3\mathbf{x}_3 &= \mathbf{y}_1 \qquad (a_i \in \mathbb{R}) \\ b_1\mathbf{x}_1 + b_2\mathbf{x}_2 + b_3\mathbf{x}_3 &= \mathbf{y}_2 \qquad (b_i \in \mathbb{R}) \\ c_1\mathbf{x}_1 + c_2\mathbf{x}_2 + c_3\mathbf{x}_3 &= \mathbf{y}_3 \qquad (c_i \in \mathbb{R}) \end{aligned}$$

라 하면, 다음과 같은 세 개의 연립방정식

$$\begin{aligned} a_1 + a_2 + 2a_3 &= 4 \\ 2a_1 + a_2 &= -1 \\ a_2 + a_3 &= 3, \end{aligned}$$

$$\begin{aligned} b_1 + b_2 + 2b_3 &= 5 \\ 2b_1 + b_2 &= 5 \\ b_2 + b_3 &= 2, \end{aligned}$$

$$\begin{aligned} c_1 + c_2 + 2c_3 &= 6 \\ 2c_1 + c_2 &= 3 \\ c_2 + c_3 &= 3 \end{aligned}$$

은 모두 계수행렬로

$$A = \begin{bmatrix} 1 & 1 & 2 \\ 2 & 1 & 0 \\ 0 & 1 & 1 \end{bmatrix}$$

을 갖는다. 따라서 행렬

$$[A \ \vdots\ \mathbf{y}_1 \ \vdots\ \mathbf{y}_2 \ \vdots\ \mathbf{y}_3]$$

를 RREF로 변환함으로써 a_i, b_i, $c_i\,(i=1,\ 2,\ 3)$를 구할 수 있다.

$$A = \left[\begin{array}{ccc:c:c:c} 1 & 1 & 2 & 4 & 5 & 6 \\ 2 & 1 & 0 & -1 & 5 & 3 \\ 0 & 1 & 1 & 3 & 2 & 3 \end{array}\right]$$

의 RREF는

$$B=\begin{bmatrix}1\,0\,0 & \vdots & -1 & \vdots & 2 & \vdots & 1\\ 0\,1\,0 & \vdots & 1 & \vdots & 1 & \vdots & 1\\ 0\,0\,1 & \vdots & 2 & \vdots & 1 & \vdots & 2\end{bmatrix}$$

이므로 기저 T에서 기저 S로의 추이행렬은 다음과 같다.

$$P=\begin{bmatrix}-1 & 2 & 1\\ 1 & 1 & 1\\ 2 & 1 & 2\end{bmatrix}$$ ■

앞에서 살펴본 바와 같이 선형변환 $L: V\to V$의 행렬은 벡터공간 V의 기저에 의존한다. 따라서 V의 기저가 바뀌면 L의 행렬도 바뀐다. 그러나 L은 V에서 V 자신으로의 선형변환이므로 서로 다른 기저에 대한 L의 행렬 사이에는 적당한 관계가 성립할 것이다. 이제 V를 유한차원 벡터공간이라 하고 L의 행렬 사이의 관계를 추이행렬을 이용하여 알아보자.

정리 5.4.2 **(순서기저 사이의 관계)** $L: V\to V$가 선형변환이고 S와 T가 V의 두 순서 기저라 하자. 이때 A와 A'을 각각 기저 S와 기저 T에 관한 선형변환 L의 행렬 $A=[L]_S$, $A'=[L]_T$이라고 하면, 기저 T에서 기저 S로의 추이행렬 P에 대하여 다음이 성립한다.

$$A'=P^{-1}AP$$

증명 A, A'이 각각 기저 S, T에 관한 L의 행렬이므로 임의의 $\mathbf{x}\in V$에 대하여

$$A[\mathbf{x}]_S=[L(\mathbf{x})]_S$$
$$A'[\mathbf{x}]_T=[L(\mathbf{x})]_T$$

이다. 또한 P를 T에서 S로의 추이행렬이라 하면 P^{-1}는 S에서 T로의 추이행렬이고 임의의 $\mathbf{x}\in V$에 대하여 $L(\mathbf{x})\in V$이므로 다음이 성립한다.

$$P[\mathbf{x}]_T=[\mathbf{x}]_S$$
$$P^{-1}[L(\mathbf{x})]=[L(\mathbf{x})]_T$$

따라서 임의의 $\mathbf{x}\in V$에 대하여

$$\begin{aligned}A'[\mathbf{x}]_T=[L(\mathbf{x})]_T &=P^{-1}[L(\mathbf{x})]_S\\ &=P^{-1}A[\mathbf{x}]_S=P^{-1}AP[\mathbf{x}]_T\end{aligned}$$

이므로 다음이 성립한다.

$$A' = P^{-1}AP$$ ■

예제 5 선형변환 $L : \mathbb{R}^2 \to \mathbb{R}^2$을 $L\begin{bmatrix} x_1 \\ x_2 \end{bmatrix} = \begin{bmatrix} x_1 - x_2 \\ x_1 + x_2 \end{bmatrix}$로 정의하자. $\mathbb{R}^2$의 표준기저를 S라 하고, 또 다른 기저를

$$T = \left\{ \mathbf{y}_1 = \begin{bmatrix} 0 \\ 1 \end{bmatrix},\ \mathbf{y}_2 = \begin{bmatrix} -1 \\ 1 \end{bmatrix} \right\}$$

라 할 때, 추이행렬을 이용하여 기저 T에 관한 선형변환 L의 행렬 A'을 구하여라.

풀이 표준기저 S에 관한 L의 표준행렬을 A라 하면

$$A = \begin{bmatrix} 1 & -1 \\ 1 & 1 \end{bmatrix}$$

이고, 기저 T에서 표준기저 S로의 추이행렬을 P라 하면

$$P = \left[[\mathbf{y}_1]_S [\mathbf{y}_2]_S \right] = \begin{bmatrix} 0 & -1 \\ 1 & 1 \end{bmatrix}$$

이므로 $P^{-1} = \begin{bmatrix} 1 & 1 \\ -1 & 0 \end{bmatrix}$이다. 그러므로

$$\begin{aligned} A' &= P^{-1}AP \\ &= \begin{bmatrix} 1 & 1 \\ -1 & 0 \end{bmatrix} \begin{bmatrix} 1 & -1 \\ 1 & 1 \end{bmatrix} \begin{bmatrix} 0 & -1 \\ 1 & 1 \end{bmatrix} \\ &= \begin{bmatrix} 0 & -2 \\ 1 & 2 \end{bmatrix} \end{aligned}$$

이다. ■

> **정의 5.4.3** 행렬의 닮음(similarity) 정사각행렬 A, B에 대하여 $B = P^{-1}AP$를 만족하는 가역행렬 P가 존재할 때 B는 A와 닮은(similar) 행렬이라고 한다.

예제 6 행렬

$$A = \begin{bmatrix} 1 & 2 & 0 \\ 0 & 0 & 4 \\ 0 & 0 & 0 \end{bmatrix},\ B = \begin{bmatrix} 0 & 1 & 0 \\ 0 & 0 & 2 \\ 0 & 0 & 0 \end{bmatrix},\ P = \begin{bmatrix} 1 & 0 & \frac{1}{2} \\ 0 & \frac{1}{2} & 0 \\ 0 & 0 & \frac{1}{4} \end{bmatrix}$$

에 대하여 $B = P^{-1}AP$ 이므로 B는 A와 닮은 행렬이다. ■

다음 정리는 행렬의 닮음에 관한 몇 가지 기본적인 성질이다.

정리 5.4.4 (닮은 행렬의 성질) n차의 정사각행렬 A, B, C에 대하여 다음이 성립한다.
(a) A는 A와 닮은 행렬이다.
(b) B는 A와 닮은 행렬이면 A는 B와 닮은 행렬이다.
(c) B가 A와 닮은 행렬이고 A가 C와 닮은 행렬이면 B는 C와 닮은 행렬이다.

증명 (a) n차의 단위행렬 I_n에 대하여 $A = I_n^{-1} A I_n$이므로 A는 A와 닮은 행렬이다.

(b) B가 A와 닮은 행렬이므로 $B = P^{-1}AP$를 만족하는 가역행렬 P가 존재한다.
따라서 $A = PBP^{-1} = (P^{-1})^{-1}B(P^{-1})$이므로 A는 B와 닮은 행렬이다.

(c) B가 A와 닮은 행렬이고 A가 C와 닮은 행렬이므로

$$B = P^{-1}AP, \quad A = Q^{-1}CQ$$

를 만족하는 가역행렬 P, Q가 존재한다. 따라서

$$B = P^{-1}AP = P^{-1}(Q^{-1}CQ)P = (QP)^{-1}C(QP)$$

이고 QP가 가역행렬이므로 B는 C와 닮은 행렬이다. ■

연습문제 5.4

1. 다음에 주어진 S와 T를 각각 벡터공간 V와 W의 기저라 하고 $L: V \to W$를 선형변환이라 하자. 기저 S와 T에 대한 L의 행렬을 구하여라.

(1) $L: \mathscr{P}_1 \to \mathscr{P}_1$, $L(a+bx) = b - ax$, $S = T = \{1, x\}$

(2) $L: \mathscr{P}_1 \to \mathscr{P}_1$, $T(a+bx) = b - ax$, $S = \{1+x, 1-x\}$, $T = \{1, x\}$

(3) $L: \mathscr{P}_2 \to \mathscr{P}_2$, $L(p(x)) = p(x+2)$, $S = \{1, x, x^2\}$, $T = \{1, x+2, (x+2)^2\}$

(4) $L: \mathscr{P}_2 \to \mathscr{P}_2$, $L(p(x)) = p(x+2)$, $S = \{1, x+2, (x+2)^2\}$, $T = \{1, x, x^2\}$

(5) $L: \mathscr{P}_2 \to \mathbb{R}^2$, $L(p(x)) = \begin{bmatrix} p(0) \\ p(1) \end{bmatrix}$, $S = \{1, x, x^2\}$, $T = \{\mathbf{e}_1, \mathbf{e}_2\}$

(6) $L: \mathscr{P}_2 \to \mathbb{R}^2$, $L(p(x)) = \begin{bmatrix} p(0) \\ p(1) \end{bmatrix}$, $S = \{x^2, x, 1\}$, $T = \left\{\begin{bmatrix} 1 \\ 0 \end{bmatrix}, \begin{bmatrix} 1 \\ 1 \end{bmatrix}\right\}$

(7) $L: \mathbb{R}^2 \to \mathbb{R}^3$, $L\begin{bmatrix} a \\ b \end{bmatrix} = \begin{bmatrix} a+2b \\ -a \\ b \end{bmatrix}$, $S = \left\{\begin{bmatrix} 1 \\ 2 \end{bmatrix}, \begin{bmatrix} 3 \\ -1 \end{bmatrix}\right\}$, $T = \left\{\begin{bmatrix} 1 \\ 0 \\ 0 \end{bmatrix}, \begin{bmatrix} 1 \\ 1 \\ 0 \end{bmatrix}, \begin{bmatrix} 1 \\ 1 \\ 1 \end{bmatrix}\right\}$

(8) $L: M_{22} \to M_{22}$, $L(A) = A - A^T$, $S = T = \{E_{11}, E_{12}, E_{21}, E_{22}\}$

(9) $L: M_{22} \to M_{22}$, $L(A) = A^T$, $S = T = \{E_{11}, E_{12}, E_{21}, E_{22}\}$

(10) $L: M_{22} \to M_{22}$, $L(A) = AB - BA$, $B = \begin{bmatrix} 1 & -1 \\ -1 & 1 \end{bmatrix}$,

$S = T = \{E_{11}, E_{12}, E_{21}, E_{22}\}$

(11) $L: \mathbb{R}^3 \to \mathbb{R}^2$, $L\left(\begin{bmatrix} x \\ y \\ z \end{bmatrix}\right) = \begin{bmatrix} x-y \\ y-z \end{bmatrix}$, $S = \left\{\mathbf{x}_1 = \begin{bmatrix} 1 \\ 0 \\ 1 \end{bmatrix}, \mathbf{x}_2 = \begin{bmatrix} 0 \\ 1 \\ 1 \end{bmatrix}, \mathbf{x}_3 = \begin{bmatrix} 1 \\ 1 \\ 0 \end{bmatrix}\right\}$,

$T = \left\{\mathbf{y}_1 = \begin{bmatrix} 1 \\ 1 \end{bmatrix}, \mathbf{y}_2 = \begin{bmatrix} -1 \\ 1 \end{bmatrix}\right\}$

(12) $L: \mathbb{R}^2 \to \mathbb{R}^3$, $L\left(\begin{bmatrix} x \\ y \end{bmatrix}\right) = \begin{bmatrix} x \\ 2x-3y \\ -3x+y \end{bmatrix}$, $S = \left\{\mathbf{x}_1 = \begin{bmatrix} 1 \\ 1 \end{bmatrix}, \mathbf{x}_2 = \begin{bmatrix} 2 \\ 1 \end{bmatrix}\right\}$,

$T = \left\{\mathbf{y}_1 = \begin{bmatrix} 1 \\ 0 \\ -1 \end{bmatrix}, \mathbf{y}_2 = \begin{bmatrix} -1 \\ 2 \\ 1 \end{bmatrix}, \mathbf{y}_3 = \begin{bmatrix} 0 \\ 1 \\ 1 \end{bmatrix}\right\}$

(13) $L: M_2 \to M_2$, $L(A) = A^T$,

$S = \left\{\mathbf{x}_1 = \begin{bmatrix} 1 & 0 \\ 0 & 1 \end{bmatrix}, \mathbf{x}_2 = \begin{bmatrix} 0 & 0 \\ 1 & 1 \end{bmatrix}, \mathbf{x}_3 = \begin{bmatrix} 1 & 1 \\ 0 & 0 \end{bmatrix}, \mathbf{x}_4 = \begin{bmatrix} 0 & 1 \\ 1 & 1 \end{bmatrix}\right\}$

2. $L : \mathbb{R}^3 \rightarrow \mathbb{R}^2$를 다음과 같이 정의된 선형변환이라 하자.

$$L\begin{bmatrix} x \\ y \\ z \end{bmatrix} = \begin{bmatrix} x-2y \\ x+y-3z \end{bmatrix}$$

그리고 $S = \{\mathbf{e}_1,\ \mathbf{e}_2,\ \mathbf{e}_3\}$와 $T = \{\mathbf{e}_2,\ \mathbf{e}_1\}$를 각각 $\mathbb{R}^3$와 $\mathbb{R}^2$의 기저라 하자. 이때 기저 S와 T에 대한 L의 행렬을 구하여라. 또한 벡터 $\mathbf{v} = \begin{bmatrix} 1 \\ 3 \\ -2 \end{bmatrix}$에 대하여 정리 5.4.1을 확인하여라.

3. $L : \mathscr{P}_2 \rightarrow \mathscr{P}_2$를 다음과 같이 정의된 선형변환이라 하자.

$$L(p(x)) = p(2x-1)$$

(1) 기저 $E = \{1,\ x,\ x^2\}$에 대한 L의 행렬을 구하여라.

(2) (1)를 이용하여 $L(3+2x-x^2)$을 계산하여라.

4. $D: \mathscr{P}_3 \rightarrow \mathscr{P}_2$를 $D(p(x)) = p'(x)$로 정의된 미분변환이라 하자. 그리고 $S = \{1,\ x,\ x^2,\ x^3\}$와 $T = \{1,\ x.\ x^2\}$를 각각 $\mathscr{P}_3$와 $\mathscr{P}_2$의 기저라 하자.

(1) S와 T에 대한 미분변환 D의 행렬 A를 구하여라.

(2) S'와 T에 대한 D의 행렬 A'를 구하여라. 여기서 $S' = \{x^3,\ x^2,\ x,\ 1\}$이다.

(3) (1)를 사용하여 $D(5-x+2x^3)$와 $D(a+bx+cx^2+dx^3)$를 구하고, 정리 5.4.1을 확인하여라.

5. 가역행렬 $P = \begin{bmatrix} 1 & 1 \\ 1 & 2 \end{bmatrix}$를 이용하여 행렬 $A = \begin{bmatrix} 1 & 1 \\ -2 & 4 \end{bmatrix}$가 $B = \begin{bmatrix} 2 & 0 \\ 0 & 3 \end{bmatrix}$와 닮은 행렬임을 확인하여라.

6. 정리 5.4.1에서 행렬 A가 유일함을 증명하여라.

Chapter

06

고유벡터

6.1 고윳값과 고유벡터

어떤 행렬에 특별한 벡터를 곱하면 그 결과가 곱한 벡터의 스칼라 곱으로 나타나는 경우가 있다.

예제 1 다음 벡터의 스칼라곱을 계산하여라.

(1) $\begin{bmatrix} 4 & -1 \\ 2 & 1 \end{bmatrix}\begin{bmatrix} 1 \\ 2 \end{bmatrix}$ (2) $\begin{bmatrix} 1 & 2 & 1 \\ 6 & -1 & 0 \\ -1 & -2 & -1 \end{bmatrix}\begin{bmatrix} -1 \\ 2 \\ 1 \end{bmatrix}$

풀이 (1) $\begin{bmatrix} 4 & -1 \\ 2 & 1 \end{bmatrix}\begin{bmatrix} 1 \\ 2 \end{bmatrix} = \begin{bmatrix} 2 \\ 4 \end{bmatrix} = 2\begin{bmatrix} 1 \\ 2 \end{bmatrix}$

(2) $\begin{bmatrix} 1 & 2 & 1 \\ 6 & -1 & 0 \\ -1 & -2 & -1 \end{bmatrix}\begin{bmatrix} -1 \\ 2 \\ 1 \end{bmatrix} = \begin{bmatrix} 4 \\ -8 \\ -4 \end{bmatrix} = -4\begin{bmatrix} -1 \\ 2 \\ 1 \end{bmatrix}$ ■

이제 이러한 성질을 갖고 있는 행렬과 벡터에 대하여 알아보기로 한다.

정의 6.1.1 A가 $n \times n$ 행렬일 때

$$A\vec{x} = \lambda\vec{x}$$

인 실수 λ와 $\vec{x} \neq \vec{0}$가 존재하면 λ를 A의 **고윳값**(eigen value)이라 하고 $\vec{x}$를 λ에 대응하는 **고유벡터**(eigen vector)라 한다.

예제 1의 (1)에서 $A = \begin{bmatrix} 4 & -1 \\ 2 & 1 \end{bmatrix}$이라 할 때 2는 행렬 A의 고윳값이고 $\vec{x} = \begin{bmatrix} 1 \\ 2 \end{bmatrix}$는 $\lambda = 2$에 대응하는 고유벡터이다. 또한 예제 1의 (2)에서 $B = \begin{bmatrix} 1 & 2 & 1 \\ 6 & -1 & 0 \\ -1 & -2 & -1 \end{bmatrix}$이라 할 때 -4는 행렬 B의 고윳값이고 $\vec{x} = \begin{bmatrix} -1 \\ 2 \\ 1 \end{bmatrix}$는 $\lambda = -4$에 대응하는 고유벡터이다.

예제 2 $A = \begin{bmatrix} 2 & -1 & -4 \\ 3 & 5 & 9 \\ 4 & -2 & 1 \end{bmatrix}$일 때

(1) $\vec{u_1} = \begin{bmatrix} 1 \\ 1 \\ 2 \end{bmatrix}$은 A의 고유벡터인가?

(2) $\overrightarrow{u_2}=\begin{bmatrix}-1\\-3\\1\end{bmatrix}$ 는 A의 고유벡터인가?

풀이 (1) 임의의 스칼라 k에 대하여

$$A\overrightarrow{u_1}=\begin{bmatrix}-7\\26\\4\end{bmatrix}\neq k\begin{bmatrix}1\\1\\2\end{bmatrix}$$

이므로 $\overrightarrow{u_1}$은 A의 고유벡터가 아니다.

(2)
$$A\overrightarrow{u_2}=\begin{bmatrix}-3\\-9\\3\end{bmatrix}=3\begin{bmatrix}-1\\-3\\1\end{bmatrix}$$

이므로 $\overrightarrow{u_2}$는 A의 고유벡터이다. ■

정리 6.1.2 A가 $n\times n$ 행렬이고 I가 $n\times n$인 단위행렬이라 하자. λ가 행렬 A의 고윳값이기 위한 필요충분조건은 행렬식 $|A-\lambda I|=0$인 것이다.

증명 ($\Rightarrow$) λ가 행렬 A의 고윳값이라 하면 고윳값의 정의에 의하여 $A\vec{x}=\lambda\vec{x}$는 비자명한 해를 갖는다. 따라서 방정식 $(A-\lambda I)\vec{x}=\vec{0}$은 비자명한 해를 갖게 되므로 $A-\lambda I$는 비정칙 행렬이다. 따라서 행렬식 $|A-\lambda I|=\vec{0}$이다.

($\Leftarrow$) 행렬식 $|A-\lambda I|=0$이면 방정식 $(A-\lambda I)\vec{x}=\vec{0}$은 비자명한 해를 갖는다. 따라서 $A\vec{x}=\lambda\vec{x}$는 비자명한 해를 갖게 되고 고윳값의 정의에 의하여 λ가 행렬 A의 고윳값이다. ■

주어진 행렬의 고윳값은 정리 6.1.2를 이용하여 계산한다.

정의 6.1.3 A가 $n\times n$ 행렬이고 I가 $n\times n$인 단위행렬이라 하자.

$$p(\lambda)=|A-\lambda I|=\begin{vmatrix}a_{11}-\lambda & a_{12} & a_{13} & \cdots & a_{1n}\\ a_{21} & a_{22}-\lambda & a_{23} & \cdots & a_{2n}\\ \cdots & \cdots & \cdots & & \cdots\\ a_{n1} & a_{n2} & a_{n3} & \cdots & a_{nn}-\lambda\end{vmatrix}$$

를 행렬 A의 **특성다항식**(characteristic polynomial)이라 하고

$$p(\lambda)=0$$

을 **특성방정식**(characteristic equation) 또는 **고유방정식**(eigen equation)이라 한다.

정리 6.1.2와 정의 6.1.3에 의하여 행렬 A의 특성방정식을 만족하는 λ가 행렬 A의 고윳값이다. 특성방정식을 이용하여 고윳값을 구한 후 이 값을 이용하여 고윳값에 대응하는 고유벡터를 구한다.

예제 3 다음 행렬의 고윳값과 고유벡터를 구하여라.

(1) $A=\begin{bmatrix}2&3\\0&1\end{bmatrix}$ (2) $B=\begin{bmatrix}4&-1\\2&1\end{bmatrix}$

풀이 (1)
$$p(\lambda)=\begin{vmatrix}2-\lambda&3\\0&1-\lambda\end{vmatrix}=(2-\lambda)(1-\lambda)=0$$

에서 특성방정식의 해는 $\lambda_1=2$와 $\lambda_2=1$이다. 따라서 행렬 A의 고윳값은 2와 1이다.

(i) 고윳값 $\lambda_1=2$에 대응하는 고유벡터를 구해보자.

$(A-2I)\vec{x}=\vec{0}$을 풀면

$$\begin{bmatrix}0&3\\0&-1\end{bmatrix}\begin{bmatrix}x_1\\x_2\end{bmatrix}=\begin{bmatrix}0\\0\end{bmatrix}$$

에서 $x_2=0$이다. 따라서 방정식의 해는 $\begin{bmatrix}x_1\\0\end{bmatrix}=x_1\begin{bmatrix}1\\0\end{bmatrix}$이므로 $\lambda_1=2$에 대응하는 고유벡터는 $x_1\begin{bmatrix}1\\0\end{bmatrix}$ (단, $x_1\neq 0$) 이다.

(ii) 고윳값 $\lambda_2=1$에 대응하는 고유벡터를 구해보자.

$(A-1I)\vec{x}=\vec{0}$을 풀면

$$\begin{bmatrix}1&3\\0&0\end{bmatrix}\begin{bmatrix}x_1\\x_2\end{bmatrix}=\begin{bmatrix}0\\0\end{bmatrix}$$

에서 $x_1=-3x_2$이다. 따라서 방정식의 해는 $\begin{bmatrix}x_1\\x_2\end{bmatrix}=\begin{bmatrix}-3x_2\\x_2\end{bmatrix}=x_2\begin{bmatrix}-3\\1\end{bmatrix}$이므로 $\lambda_2=1$에 대응하는 고유벡터는 $x_2\begin{bmatrix}-3\\1\end{bmatrix}$ (단, $x_2\neq 0$) 이다.

(2)
$$p(\lambda)=\begin{vmatrix}4-\lambda&-1\\2&1-\lambda\end{vmatrix}=(4-\lambda)(1-\lambda)+2=(\lambda-2)(\lambda-3)=0$$

에서 특성방정식의 해는 $\lambda_1=2$와 $\lambda_2=3$이다. 따라서 행렬 B의 고윳값은 2와 3이다.

(i) 고윳값 $\lambda_1=2$에 대응하는 고유벡터를 구해보자.

$(B-2I)\vec{x}=\vec{0}$을 풀면

$$\begin{bmatrix}2&-1\\2&-1\end{bmatrix}\begin{bmatrix}x_1\\x_2\end{bmatrix}=\begin{bmatrix}0\\0\end{bmatrix}$$

에서 $2x_1=x_2$이다. 따라서 방정식의 해는 $\begin{bmatrix}x_1\\x_2\end{bmatrix}=\begin{bmatrix}x_1\\2x_1\end{bmatrix}=x_1\begin{bmatrix}1\\2\end{bmatrix}$이므로 $\lambda_1=2$에 대응하는 고유벡터는 $x_1\begin{bmatrix}1\\2\end{bmatrix}$ (단, $x_1\neq 0$) 이다.

(ii) 고윳값 $\lambda_2=3$에 대응하는 고유벡터를 구해보자.

$(A-3I)\vec{x}=\vec{0}$을 풀면

$$\begin{bmatrix}1&-1\\2&-2\end{bmatrix}\begin{bmatrix}x_1\\x_2\end{bmatrix}=\begin{bmatrix}0\\0\end{bmatrix}$$

에서 $x_1 = x_2$ 이다. 따라서 방정식의 해는 $\begin{bmatrix} x_1 \\ x_2 \end{bmatrix} = \begin{bmatrix} x_2 \\ x_2 \end{bmatrix} = x_2 \begin{bmatrix} 1 \\ 1 \end{bmatrix}$ 이므로 $\lambda_2 = 3$ 에 대응하는 고유벡터는 $x_2 \begin{bmatrix} 1 \\ 1 \end{bmatrix}$ (단, $x_2 \neq 0$) 이다. ■

예제 3에서 알 수 있듯이 $n \times n$ 행렬 A 의 고윳값 λ 에 대응하는 고유벡터들의 집합은 $A - \lambda I$ 의 영공간에 있는 $\vec{0}$ 이 아닌 벡터들의 집합이다.

정의 6.1.4 A가 $n \times n$ 행렬이고 λ가 A의 고윳값일 때 영벡터와 함께 λ에 대응하는 모든 고유벡터들의 모임을 λ의 **고유공간**(eigen space)이라 하고 E_λ로 나타낸다.

예제 3의 (1)에서 $E_2 = \left\{ x_1 \begin{bmatrix} 1 \\ 0 \end{bmatrix} : x_1 \neq 0 \right\}$는 고윳값 2의 고유공간이고 $E_1 = \left\{ x_2 \begin{bmatrix} -3 \\ 1 \end{bmatrix} : x_2 \neq 0 \right\}$은 고윳값 1의 고유공간이다. 예제 3의 (2)에서 $E_2 = \left\{ x_1 \begin{bmatrix} 1 \\ 2 \end{bmatrix} : x_1 \neq 0 \right\}$는 고윳값 2의 고유공간이고 $E_3 = \left\{ x_2 \begin{bmatrix} 1 \\ 1 \end{bmatrix} : x_2 \neq 0 \right\}$는 고윳값 3의 고유공간이다.

정의 6.1.5 A가 $n \times n$ 행렬일 때 특성다항식이

$$p(\lambda) = (\lambda - \lambda_1)^{n_1} (\lambda - \lambda_2)^{n_2} \cdots (\lambda - \lambda_k)^{n_k}$$

이면 행렬 A의 고윳값은 λ_1, λ_2, $\cdots$, λ_k이며, 이때 n_1, n_2, $\cdots$, n_k를 각각 고윳값 λ_1, λ_2, $\cdots$, λ_k의 **중복도**(multiplicity)라 한다.

정의 6.1.5에서 $n_1 + n_2 + \cdots + n_k = n$ 이어야 한다.

이제 3×3 행렬의 고윳값과 고유벡터를 구해보기로 한다.

예제 4 $A = \begin{bmatrix} 1 & 0 & 3 \\ 1 & 2 & 1 \\ 0 & 0 & 2 \end{bmatrix}$ 일 때 행렬 A의 고윳값과 고유벡터를 구하여라.

풀이

$$p(\lambda) = \begin{vmatrix} 1-\lambda & 0 & 3 \\ 1 & 2-\lambda & 1 \\ 0 & 0 & 2-\lambda \end{vmatrix} = (1-\lambda)(2-\lambda)^2 = 0$$

에서 특성방정식의 해는 $\lambda_1 = 1$과 $\lambda_2 = 2$이다. 따라서 행렬 A의 고윳값은 1과 2이다.

(i) 고윳값 $\lambda_1 = 1$에 대응하는 고유벡터를 구해보자.

$(A - 1I)\vec{x} = \vec{0}$ 을 풀면

$$\begin{bmatrix} 0 & 0 & 3 \\ 1 & 1 & 1 \\ 0 & 0 & 1 \end{bmatrix}\begin{bmatrix} x_1 \\ x_2 \\ x_3 \end{bmatrix} = \begin{bmatrix} 0 \\ 0 \\ 0 \end{bmatrix}$$

에서 $x_3 = 0$ 이고 $x_1 = -x_2$이다. 따라서 방정식의 해는 $\begin{bmatrix} x_1 \\ x_2 \\ x_3 \end{bmatrix} = \begin{bmatrix} -x_2 \\ x_2 \\ 0 \end{bmatrix} = x_2\begin{bmatrix} -1 \\ 1 \\ 0 \end{bmatrix}$ 이므로

$\lambda_1 = 1$에 대응하는 고유벡터는 $x_2\begin{bmatrix} -1 \\ 1 \\ 0 \end{bmatrix}$ (단, $x_2 \neq 0$) 이다.

(ii) 고윳값 $\lambda_2 = 2$ 에 대응하는 고유벡터를 구해보자.

$(A - 2I)\vec{x} = \vec{0}$ 을 풀면

$$\begin{bmatrix} -1 & 0 & 3 \\ 1 & 0 & 1 \\ 0 & 0 & 0 \end{bmatrix}\begin{bmatrix} x_1 \\ x_2 \\ x_3 \end{bmatrix} = \begin{bmatrix} 0 \\ 0 \\ 0 \end{bmatrix}$$

에서 $x_1 = 0$, $x_3 = 0$이다. 따라서 방정식의 해는 $\begin{bmatrix} x_1 \\ x_2 \\ x_3 \end{bmatrix} = \begin{bmatrix} 0 \\ x_2 \\ 0 \end{bmatrix} = x_2\begin{bmatrix} 0 \\ 1 \\ 0 \end{bmatrix}$ 이므로 $\lambda_2 = 2$ 에

대응하는 고유벡터는 $x_2\begin{bmatrix} 0 \\ 1 \\ 0 \end{bmatrix}$ (단, $x_2 \neq 0$)이다. ■

예제 4에서 $\lambda_1 = 1$은 중복도가 1인 고윳값이고 $\lambda_2 = 2$는 중복도가 2인 고윳값이다. 따라서 예제 4의 행렬 A는 3×3 행렬이지만 오직 2개의 서로 다른 고윳값을 가졌지만 중복도를 허용하면 A는 정확히 3개의 고윳값을 갖는다고 할 수 있다. 또한 예제 4에서 알 수 있듯이 $n \times n$ 행렬은 반드시 서로 다른 n 개의 고윳값을 갖지 않을 수 있으며 주어진 행렬은 n개보다 적은 일차독립인 고유벡터만을 가질 수 있다.

예제 5 $B = \begin{bmatrix} 1 & 0 & 0 \\ 0 & 1 & 0 \\ 0 & 0 & 1 \end{bmatrix}$ 일 때 행렬 B의 고윳값과 고유공간을 구하여라.

풀이

$$p(\lambda) = \begin{vmatrix} 1-\lambda & 0 & 0 \\ 0 & 1-\lambda & 0 \\ 0 & 0 & 1-\lambda \end{vmatrix} = (1-\lambda)^3 = 0$$

에서 특성방정식의 해는 $\lambda = 1$이다. 따라서 행렬 B의 고윳값은 1이고 중복도는 3이다.
고윳값 $\lambda = 1$에 대응하는 고유벡터를 구해보자.
$(A - 1I)\vec{x} = \vec{0}$ 을 풀면

$$\begin{bmatrix} 0 & 0 & 0 \\ 0 & 0 & 0 \\ 0 & 0 & 0 \end{bmatrix}\begin{bmatrix} x_1 \\ x_2 \\ x_3 \end{bmatrix} = \begin{bmatrix} 0 \\ 0 \\ 0 \end{bmatrix}$$

에서 임의의 실수 x_1, x_2, x_3에 대하여 등식이 성립한다. 따라서 방정식의 해는

$$\begin{bmatrix} x_1 \\ x_2 \\ x_3 \end{bmatrix} = \begin{bmatrix} x_1 \\ 0 \\ 0 \end{bmatrix} + \begin{bmatrix} 0 \\ x_2 \\ 0 \end{bmatrix} + \begin{bmatrix} 0 \\ 0 \\ x_3 \end{bmatrix} = x_1 \begin{bmatrix} 1 \\ 0 \\ 0 \end{bmatrix} + x_2 \begin{bmatrix} 0 \\ 1 \\ 0 \end{bmatrix} + x_3 \begin{bmatrix} 0 \\ 0 \\ 1 \end{bmatrix}$$

이므로 $\lambda = 1$ 에 대응하는 고유공간은

$$E_1 = \left\{ \mathrm{x}_1 \begin{bmatrix} 1 \\ 0 \\ 0 \end{bmatrix} + \mathrm{x}_2 \begin{bmatrix} 0 \\ 1 \\ 0 \end{bmatrix} + \mathrm{x}_3 \begin{bmatrix} 0 \\ 0 \\ 1 \end{bmatrix} : \mathrm{x}_1 \neq 0,\ \mathrm{x}_2 \neq 0,\ \mathrm{x}_3 \neq 0 \right\}$$

이다. ■

예제 5에서 고유공간 E_1의 기저는 $\left\{ \begin{bmatrix} 1 \\ 0 \\ 0 \end{bmatrix}, \begin{bmatrix} 0 \\ 1 \\ 0 \end{bmatrix}, \begin{bmatrix} 0 \\ 0 \\ 1 \end{bmatrix} \right\}$ 이다.

고윳값과 고유벡터는 기하학적으로 다음과 같이 설명할 수 있다.

만일 λ가 행렬 A의 고윳값이고 $\vec{u}$가 λ에 대응하는 고유벡터이면 $A\vec{u} = \lambda\vec{u}$ 이다. 이것은 $\vec{u}$에 행렬 A를 곱하면 그 결과는 $\vec{u}$에 스칼라 λ가 곱해진 결과가 됨을 의미한다. 따라서 λ에 따라 $A\vec{u}$는 $\vec{u}$를 확대하거나 축소 또는 $\vec{u}$를 반대방향으로 나타낸다.

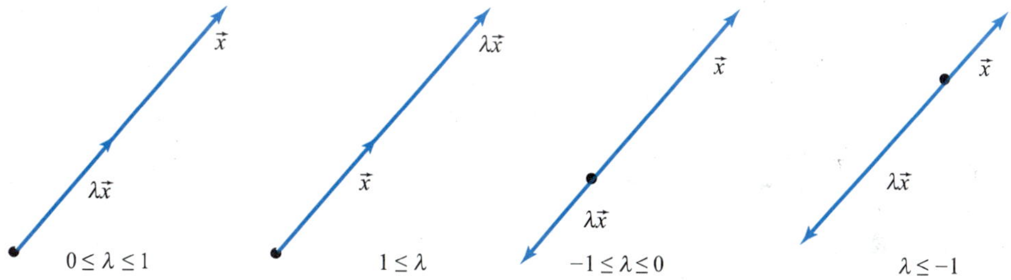

그림 6.1 고윳값과 고유벡터

행렬 A의 모든 성분이 실수인 경우에도 고윳값은 실수가 아닐 수 있으며 고유벡터의 성분도 복소수일 수 있다.

예제 6 $A = \begin{bmatrix} 0 & -1 \\ 1 & 0 \end{bmatrix}$ 일 때 행렬 A의 고윳값과 고유벡터를 구하여라.

풀이

$$p(\lambda) = \begin{vmatrix} -\lambda & -1 \\ 1 & -\lambda \end{vmatrix} = \lambda^2 + 1 = 0$$

에서 특성방정식의 해는 $\lambda_1 = i$ 와 $\lambda_2 = -i$ 이다. 따라서 행렬 A의 고윳값을 복소수 범위까지 확장하면 고윳값은 i 와 $-i$ 이다.

(i) 고윳값 $\lambda_1 = i$ 에 대응하는 고유벡터를 구해보자.

$(A - iI)\vec{x} = \vec{0}$ 을 풀면

$$\begin{bmatrix} -i & -1 \\ 1 & -i \end{bmatrix}\begin{bmatrix} x_1 \\ x_2 \end{bmatrix} = \begin{bmatrix} 0 \\ 0 \end{bmatrix}$$

에서 $x_1 = ix_2$이다. 따라서 방정식의 해는 $\begin{bmatrix} x_1 \\ x_2 \end{bmatrix} = \begin{bmatrix} ix_2 \\ x_2 \end{bmatrix} = x_2\begin{bmatrix} i \\ 1 \end{bmatrix}$ 이므로 $\lambda_1 = i$에 대응하는 고유벡터는 $x_2\begin{bmatrix} i \\ 1 \end{bmatrix}$ (단, $x_2 \neq 0$) 이다.

(ii) 고윳값 $\lambda_2 = -i$ 에 대응하는 고유벡터를 구해보자.

$(A + iI)\vec{x} = \vec{0}$ 을 풀면

$$\begin{bmatrix} i & -1 \\ 1 & i \end{bmatrix}\begin{bmatrix} x_1 \\ x_2 \end{bmatrix} = \begin{bmatrix} 0 \\ 0 \end{bmatrix}$$

에서 $x_1 = -ix_2$이다. 따라서 방정식의 해는 $\begin{bmatrix} x_1 \\ x_2 \end{bmatrix} = \begin{bmatrix} -ix_2 \\ x_2 \end{bmatrix} = x_2\begin{bmatrix} -i \\ 1 \end{bmatrix}$ 이므로 $\lambda_2 = -i$ 에 대응하는 고유벡터는 $x_2\begin{bmatrix} -i \\ 1 \end{bmatrix}$ (단, $x_2 \neq 0$) 이다. ■

고윳값과 고유벡터는 행렬뿐만 아니라 선형변환에 대해서도 적용가능하다.

벡터공간 V에서 V로의 선형변환을 생각해 보자. 선형변환에서 고유벡터는 선형변환이 일어난 후에도 그 방향이 변하지 않는 영벡터가 아닌 벡터를 의미하고 선형변환 후에 고유벡터의 크기가 변하는 비율이 그 벡터의 고윳값이다.

선형변환의 고윳값과 고유벡터는 행렬의 고윳값과 고유벡터를 구하는 과정과 동일한 과정으로 구한다.

예제 7 (1) $T: \mathbb{R}^2 \to \mathbb{R}^2$ 가

$$T\begin{bmatrix} x_1 \\ x_2 \end{bmatrix} = \begin{bmatrix} x_1 \\ x_1 + x_2 \end{bmatrix}$$

일 때 T의 고윳값과 고유벡터를 구하여라.

(2) $S: \mathbb{R}^2 \to \mathbb{R}^2$ 가

$$S\begin{bmatrix} x_1 \\ x_2 \end{bmatrix} = \begin{bmatrix} x_1 + 4x_2 \\ x_1 - 2x_2 \end{bmatrix}$$

일 때 S 의 고윳값과 고유벡터를 구하여라.

풀이 (1) $T\begin{bmatrix} x_1 \\ x_2 \end{bmatrix} = \begin{bmatrix} x_1 \\ x_1 + x_2 \end{bmatrix} = \begin{bmatrix} 1 & 0 \\ 1 & 1 \end{bmatrix}\begin{bmatrix} x_1 \\ x_2 \end{bmatrix}$ 이므로 특성방정식은

$$p(\lambda) = \begin{vmatrix} 1-\lambda & 0 \\ 1 & 1-\lambda \end{vmatrix} = (1-\lambda)^2 = 0$$

이다. 따라서 특성방정식의 해는 $\lambda = 1$ 이므로 선형변환 T의 고윳값은 1 이다.

고윳값 $\lambda = 1$에 대응하는 고유벡터를 구해보자.

$A = \begin{bmatrix} 1 & 0 \\ 1 & 1 \end{bmatrix}$이라 하고 $(A - 1I)\vec{x} = \vec{0}$을 풀면

$$\begin{bmatrix} 0 & 0 \\ 1 & 0 \end{bmatrix}\begin{bmatrix} x_1 \\ x_2 \end{bmatrix} = \begin{bmatrix} 0 \\ 0 \end{bmatrix}$$

에서 $x_1 = 0$이다. 따라서 방정식의 해는 $\begin{bmatrix} x_1 \\ x_2 \end{bmatrix} = \begin{bmatrix} 0 \\ x_2 \end{bmatrix} = x_2\begin{bmatrix} 0 \\ 1 \end{bmatrix}$이므로 $\lambda = 1$에 대응하는 고유벡터는 $x_2\begin{bmatrix} 0 \\ 1 \end{bmatrix}$ (단, $x_2 \neq 0$) 이다.

(2) $S\begin{bmatrix} x_1 \\ x_2 \end{bmatrix} = \begin{bmatrix} x_1 + 4x_2 \\ x_1 - 2x_2 \end{bmatrix} = \begin{bmatrix} 1 & 4 \\ 1 & -2 \end{bmatrix}\begin{bmatrix} x_1 \\ x_2 \end{bmatrix}$이므로 특성방정식은

$$p(\lambda) = \begin{vmatrix} 1-\lambda & 4 \\ 1 & -2-\lambda \end{vmatrix} = (1-\lambda)(-2-\lambda) - 4 = (\lambda - 2)(\lambda + 3) = 0$$

이다. 따라서 특성방정식의 해는 $\lambda_1 = 2$와 $\lambda_2 = -3$이므로 선형변환 T의 고윳값은 2와 -3이다. 이제 $B = \begin{bmatrix} 1 & 4 \\ 1 & -2 \end{bmatrix}$라 하자.

(i) 고윳값 $\lambda_1 = 2$에 대응하는 고유벡터를 구해보자.

$(B - 2I)\vec{x} = \vec{0}$을 풀면

$$\begin{bmatrix} -1 & 4 \\ 1 & -4 \end{bmatrix}\begin{bmatrix} x_1 \\ x_2 \end{bmatrix} = \begin{bmatrix} 0 \\ 0 \end{bmatrix}$$

에서 $x_1 = 4x_2$이다. 따라서 방정식의 해는 $\begin{bmatrix} x_1 \\ x_2 \end{bmatrix} = \begin{bmatrix} 4x_2 \\ x_2 \end{bmatrix} = x_2\begin{bmatrix} 4 \\ 1 \end{bmatrix}$이므로 $\lambda_1 = 2$에 대응하는 고유벡터는 $x_2\begin{bmatrix} 4 \\ 1 \end{bmatrix}$ (단, $x_2 \neq 0$) 이다.

(ii) 고윳값 $\lambda_2 = -3$에 대응하는 고유벡터를 구해보자.

$(B + 3I)\vec{x} = \vec{0}$을 풀면

$$\begin{bmatrix} 4 & 4 \\ 1 & 1 \end{bmatrix}\begin{bmatrix} x_1 \\ x_2 \end{bmatrix} = \begin{bmatrix} 0 \\ 0 \end{bmatrix}$$

에서 $x_1 = -x_2$이다. 따라서 방정식의 해는 $\begin{bmatrix} x_1 \\ x_2 \end{bmatrix} = \begin{bmatrix} -x_2 \\ x_2 \end{bmatrix} = x_2\begin{bmatrix} -1 \\ 1 \end{bmatrix}$이므로 $\lambda_2 = -3$에 대응하는 고유벡터는 $x_2\begin{bmatrix} -1 \\ 1 \end{bmatrix}$ (단, $x_2 \neq 0$) 이다. ■

예제 8 선형변환 $T: \mathscr{P}_1 \to \mathscr{P}_1$가

$$T(a + bx) = (2a - 3b) + (-a + 2b)x$$

으로 정의될 때 T의 고윳값과 고유벡터를 구하여라.

풀이 표준기저 $B = \{1, x\}$에 대한 T의 행렬은

$$A=\begin{bmatrix} 2 & -3 \\ -1 & 2 \end{bmatrix}$$

이고 A의 고윳값과 고유벡터가 T의 고윳값과 고유벡터이다. 행렬 A에 관한 특성방정식이

$$p(\lambda)=\begin{vmatrix} 2-\lambda & -3 \\ -1 & 2-\lambda \end{vmatrix}=(2-\lambda)^2-3=0$$

에서 특성방정식의 해는 $\lambda_1=2+\sqrt{3}$과 $\lambda_2=2-\sqrt{3}$이다. 따라서 행렬 A의 고윳값은 $2+\sqrt{3}$과 $2-\sqrt{3}$이다.

(i) $\lambda_1=2+\sqrt{3}$에 대응하는 고유벡터를 구해보자.

$(A-(2+\sqrt{3})I)\vec{x}=\vec{0}$을 풀면

$$\begin{bmatrix} -\sqrt{3} & -3 \\ -1 & -\sqrt{3} \end{bmatrix}\begin{bmatrix} x_1 \\ x_2 \end{bmatrix}=\begin{bmatrix} 0 \\ 0 \end{bmatrix}$$

에서 $x_1=-\sqrt{3}\,x_2$이다. 따라서 방정식의 해는 $\begin{bmatrix} x_1 \\ x_2 \end{bmatrix}=\begin{bmatrix} -\sqrt{3}\,x_2 \\ x_2 \end{bmatrix}=x_2\begin{bmatrix} -\sqrt{3} \\ 1 \end{bmatrix}$이므로

$\lambda_1=2+\sqrt{3}$에 대응하는 고유벡터는 $x_2\begin{bmatrix} -\sqrt{3} \\ 1 \end{bmatrix}$ (단, $x_2\neq 0$) 이다.

(ii) 고윳값 $\lambda_2=2-\sqrt{3}$에 대응하는 고유벡터를 구해보자.

$(A-(2-\sqrt{3})I)\vec{x}=\vec{0}$을 풀면

$$\begin{bmatrix} \sqrt{3} & -3 \\ -1 & \sqrt{3} \end{bmatrix}\begin{bmatrix} x_1 \\ x_2 \end{bmatrix}=\begin{bmatrix} 0 \\ 0 \end{bmatrix}$$

에서 $x_1=\sqrt{3}\,x_2$이다. 따라서 방정식의 해는 $\begin{bmatrix} x_1 \\ x_2 \end{bmatrix}=\begin{bmatrix} \sqrt{3}\,x_2 \\ x_2 \end{bmatrix}=x_2\begin{bmatrix} \sqrt{3} \\ 1 \end{bmatrix}$이므로

$\lambda_2=2-\sqrt{3}$에 대응하는 고유벡터는 $x_2\begin{bmatrix} \sqrt{3} \\ 1 \end{bmatrix}$ (단, $x_2\neq 0$) 이다. ■

연습문제 6.1

1. 다음 행렬의 고윳값과 고유벡터를 구하여라.

(1) $\begin{bmatrix} 2 & 0 \\ 0 & 3 \end{bmatrix}$ (2) $\begin{bmatrix} 2 & -1 \\ 3 & 0 \end{bmatrix}$

(3) $\begin{bmatrix} 3 & 2 \\ -1 & 0 \end{bmatrix}$ (4) $\begin{bmatrix} -2 & -1 \\ 5 & 2 \end{bmatrix}$

(5) $\begin{bmatrix} 5 & -2 \\ 2 & 1 \end{bmatrix}$ (6) $\begin{bmatrix} 4 & -1 \\ 1 & 2 \end{bmatrix}$

2. 다음 행렬의 고윳값과 고유벡터를 구하여라.

(1) $\begin{bmatrix} 2 & 0 & -1 \\ 0 & 3 & 2 \\ 0 & 0 & 1 \end{bmatrix}$ (2) $\begin{bmatrix} 1 & 0 & 0 \\ -2 & 2 & 0 \\ 3 & 1 & 3 \end{bmatrix}$

(3) $\begin{bmatrix} 5 & 0 & 1 \\ 1 & 1 & 0 \\ -7 & 1 & 0 \end{bmatrix}$ (4) $\begin{bmatrix} 4 & 0 & 1 \\ -2 & 1 & 0 \\ -2 & 0 & 1 \end{bmatrix}$

3. $A = \begin{bmatrix} 0 & 0 & 2 & 0 \\ 1 & 0 & 1 & 0 \\ 0 & 1 & -2 & 0 \\ 0 & 0 & 0 & 1 \end{bmatrix}$ 일 때, A의 고윳값과 고유벡터를 구하여라.

4. 어떤 행렬 A의 특성다항식이 $p(\lambda) = \lambda^3 + 5\lambda^2 - 4\lambda - 2$라 할 때 행렬 A를 구하여라.

5. 다음 행렬의 고윳값과 고유벡터를 구하여라.

(1) $\begin{bmatrix} 1 & 2 \\ -2 & 1 \end{bmatrix}$ (2) $\begin{bmatrix} 2 & 1 & 1 \\ 0 & 0 & -1 \\ 0 & 1 & 0 \end{bmatrix}$

6. $A = \begin{bmatrix} \alpha & \beta & \gamma \\ \alpha & \beta & \gamma \\ \alpha & \beta & \gamma \end{bmatrix}$ 일 때 행렬 A의 고윳값과 고유벡터를 구하여라.

7. $T: \mathbb{R}^2 \to \mathbb{R}^2$가

$$T\begin{bmatrix} x_1 \\ x_2 \end{bmatrix} = \begin{bmatrix} 3x_1 + 2x_2 \\ 2x_1 - x_2 \end{bmatrix}$$

일 때 T의 고윳값과 고유벡터를 구하여라.

8. 선형변환 $S: \mathscr{P}_2 \to \mathscr{P}_2$가

$$S(a_0 + a_1 x + a_2 x^2) = (3a_0 - 2a_1) + (-2a_0 + 3a_1)x + 5a_2 x^2$$

으로 정의될 때 S의 고윳값과 고유벡터를 구하여라.

9. $\mathbb{R}^2$ 위의 $\vec{x} \neq \vec{0}$을 $\frac{\pi}{2}$만큼 회전시키는 일차변환 T의 고윳값과 고유벡터가 존재하는가?

10. $A = \begin{bmatrix} 1 & \alpha \\ 3 & 2 \end{bmatrix}$일 때, 행렬 A의 고윳값이 실수가 되는 α의 범위를 구하여라.

6.2 고윳값과 고유벡터의 성질

이 절에서는 행렬의 고윳값과 그에 대응하는 고유벡터의 성질을 알아보기로 한다.

정리 6.2.1 n이 자연수이고 λ가 행렬 A의 고윳값이면 λ^n은 행렬 A^n의 고윳값이다.

증명 수학적 귀납법을 이용하여 증명한다.

$n=1$일 때 자명하게 성립한다.

$n=k$일 때 결과가 참이라고 가정하자. 즉 λ^k이 행렬 A의 고윳값이라 하고 $\vec{u}$가 λ^k에 대응하는 고유벡터라 하면

$$A^k\vec{u}=\lambda^k\vec{u}$$

가 성립한다고 가정하자.

$n=k+1$일 때

$$\begin{aligned} A^{k+1}\vec{u} &= A^k(A\vec{u})=A^k(\lambda\vec{u}) \\ &= \lambda(A^k\vec{u}) \\ &= \lambda(\lambda^k\vec{u}) \quad (\text{귀납법 가정에 의하여}) \\ &= \lambda^{k+1}\vec{u} \end{aligned}$$

가 성립한다. 따라서 n이 자연수일 때 λ^n은 행렬 A^n의 고윳값이다. ■

정리 6.2.2 A가 정칙인 행렬이고 λ가 A의 고윳값이면 $\dfrac{1}{\lambda}$은 A^{-1}의 고윳값이다.

증명 $\vec{u}$가 λ에 대응하는 고유벡터라 하면

$$A\vec{u}=\lambda\vec{u} \tag{㉠}$$

이다. 식 ㉠의 양변에 A^{-1}을 곱하면

$$\vec{u}=A^{-1}A\vec{u}=A^{-1}(\lambda\vec{u})=\lambda A^{-1}\vec{u} \tag{㉡}$$

이다. 만일 $\lambda=0$이면 행렬 A의 특성방정식이

$$p(0) = |A - 0I| = |A| = 0$$

이므로 A는 정칙행렬이 아니다. 이것은 A가 정칙인 행렬이라는 가정에 모순이므로 $\lambda \neq 0$이다. 식 ㉡으로부터

$$A^{-1}\vec{u} = \frac{1}{\lambda}\vec{u}$$

이므로 $\frac{1}{\lambda}$은 A^{-1}의 고윳값이다. ■

예제 1 $A = \begin{bmatrix} 1 & 2 \\ 3 & 2 \end{bmatrix}$일 때

(1) $B = \begin{bmatrix} 25 & 26 \\ 39 & 38 \end{bmatrix}$의 고윳값을 구하여라.

(2) $C = \begin{bmatrix} -\frac{1}{2} & \frac{1}{2} \\ \frac{3}{4} & -\frac{1}{4} \end{bmatrix}$의 고윳값을 구하여라.

풀이 행렬 A의 특성방정식

$$p(\lambda) = \begin{vmatrix} 1-\lambda & 2 \\ 3 & 2-\lambda \end{vmatrix} = (1-\lambda)(2-\lambda) - 6 = (\lambda - 4)(\lambda + 1) = 0$$

에서 행렬 A의 고윳값은 4와 −1이다.

(1) $B = \begin{bmatrix} 25 & 26 \\ 39 & 38 \end{bmatrix} = A^3$이므로 정리 6.2.1에 의하여 행렬 B의 고윳값은 64와 -1이다.

(2) $C = \begin{bmatrix} -\frac{1}{2} & \frac{1}{2} \\ \frac{3}{4} & -\frac{1}{4} \end{bmatrix} = A^{-1}$이므로 정리 6.2.2에 의하여 행렬 C의 고윳값은 $\frac{1}{4}$과 -1이다.

■

정의 6.2.3 $A = \begin{bmatrix} a_{11} & a_{12} & a_{13} & \cdots & a_{1n} \\ a_{21} & a_{22} & a_{23} & \cdots & a_{2n} \\ \vdots & & & \vdots & \\ a_{n1} & a_{n2} & a_{n3} & \cdots & a_{nn} \end{bmatrix}$일 때 행렬 A의 주대각선의 성분을 모두 더한 값을 **대각합(trace)**이라 하고 이를 $tr(A)$로 나타낸다. 즉

$$tr(A) = a_{11} + a_{22} + a_{33} + \cdots + a_{nn}$$

이다.

정리 6.2.4 A가 $n\times n$ 행렬일 때 λ_1, λ_2, λ_3, $\cdots$, λ_n(중근 포함)이 행렬 A의 모든 고윳값이면 다음이 성립한다.

(a) $|A| = \lambda_1 \cdot \lambda_2 \cdot \lambda_3 \cdot \cdots \cdot \lambda_n$

(b) $tr(A) = \lambda_1 + \lambda_2 + \lambda_3 + \cdots + \lambda_n$

증명 (a) λ_1, λ_2, λ_3, $\cdots$, λ_n이 행렬 A의 모든 고윳값이므로 행렬 A의 특성다항식은

$$p(\lambda) = |A - \lambda I| = \begin{vmatrix} a_{11}-\lambda & a_{12} & a_{13}\cdots & a_{1n} \\ a_{21} & a_{22}-\lambda & a_{23}\cdots & a_{2n} \\ & \vdots & \vdots & \\ a_{n1} & a_{n2} & a_{n3}\cdots & a_{nn}-\lambda \end{vmatrix}$$

$$= (-1)^n(\lambda-\lambda_1)(\lambda-\lambda_2)(\lambda-\lambda_3)\cdots(\lambda-\lambda_n)$$

이고 이 다항식에 $\lambda = 0$을 대입하면 $|A| = \lambda_1\lambda_2\lambda_3\cdots\lambda_n$이 성립한다.

(b)
$$p(\lambda) = \begin{vmatrix} a_{11}-\lambda & a_{12} & a_{13}\cdots & a_{1n} \\ a_{21} & a_{22}-\lambda & a_{23}\cdots & a_{2n} \\ & \vdots & \vdots & \\ a_{n1} & a_{n2} & a_{n3}\cdots & a_{nn}-\lambda \end{vmatrix}$$

에서 λ^{n-1}의 계수는 $(a_{11}-\lambda)(a_{22}-\lambda)(a_{33}-\lambda)\cdots(a_{nn}-\lambda)$에서만 얻어지고, 이때 계수는

$$-(a_{11}+a_{22}+a_{33}+\cdots+a_{nn}) = -tr(A)$$

이다. 한편 $p(\lambda) = (\lambda-\lambda_1)(\lambda-\lambda_2)(\lambda-\lambda_3)\cdots(\lambda-\lambda_n)$에서 λ^{n-1}의 계수는 $-(\lambda_1+\lambda_2+\lambda_3+\cdots+\lambda_n)$이다. 두 식에서 λ^{n-1}의 계수는 같아야 하므로

$$tr(A) = \lambda_1+\lambda_2+\lambda_3+\cdots+\lambda_n$$

이다. ■

예제 2 A가 5×5인 행렬이고 A의 고윳값이 -3, 2, -4, 1, 7일 때 $|A|$와 $tr(A)$를 구하여라.

풀이 정리 6.2.4에 의하여

$$|A| = (-3)\times 2\times(-4)\times 1\times 7 = 168$$

이고

$$tr(A) = (-3)+2+(-4)+1+7 = 3$$

이다. ■

정리 6.2.5 λ 와 μ 가 행렬 A 의 서로 다른 고윳값이고 $\vec{u}$ 와 $\vec{v}$ 가 각각 λ 와 μ 에 대응하는 고유벡터이면 $\vec{u}$ 와 $\vec{v}$ 는 일차독립이다.

증명 $\vec{u}$ 와 $\vec{v}$ 가 일차종속이라 가정하자. 그러면 적당한 $c \neq 0$ 가 존재하여

$$\vec{u} = c\vec{v}$$

가 성립한다. 고윳값의 정의에 의하여

$$\lambda(c\vec{v}) = \lambda\vec{u} = A\vec{u} = A(c\vec{v}) = cA\vec{v} = c\mu\vec{v}$$

이다. 따라서

$$c(\lambda - \mu)\vec{v} = \vec{0}$$

이고 $\vec{v} \neq \vec{0}$ 이므로 $\lambda = \mu$ 이어야 하는데 이것은 λ 와 μ 가 서로 다르다는 가정에 모순이 된다. ■

정리 6.2.5를 일반화하면 다음과 같다.

정리 6.2.6 λ_1, λ_2, $\cdots$, λ_n이 행렬 A 의 서로 다른 고윳값이고 $\vec{v}_1$, $\vec{v}_2$, $\cdots$, $\vec{v}_n$이 각각 λ_1, λ_2, $\cdots$, λ_n에 대응하는 고유벡터라 하면 $\vec{v}_1$, $\vec{v}_2$, $\cdots$, $\vec{v}_n$은 일차독립이다.

증명 수학적 귀납법을 이용하여 증명한다.
$n = 1$일 때 결과는 자명하게 성립한다.
$n = k$일 때 결과가 성립한다고 가정하자.
즉, $\vec{v}_1$, $\vec{v}_2$, $\cdots$, $\vec{v}_k$가 각각 서로 다른 고윳값 λ_1, λ_2, $\cdots$, λ_k에 대응하는 고유벡터일 때 $\vec{v}_1$, $\vec{v}_2$, $\cdots$, $\vec{v}_k$가 일차독립이라 가정하자.
$n = k+1$일 때

$$c_1\vec{v}_1 + c_2\vec{v}_2 + \cdots + c_k\vec{v}_k + c_{k+1}\vec{v}_{k+1} = \vec{0} \qquad ㉠$$

이라 하자. 식 ㉠의 양변에 행렬 A를 곱하면

$$c_1\lambda_1\vec{v}_1 + c_2\lambda_2\vec{v}_2 + \cdots + c_k\lambda_k\vec{v}_k + c_{k+1}\lambda_{k+1}\vec{v}_{k+1}$$

$$= A(c_1\vec{v}_1 + c_2\vec{v}_2 + \cdots + c_k\vec{v}_k + c_{k+1}\vec{v}_{k+1}) \qquad ㉡$$
$$= A\vec{0} = \vec{0}$$

이다. 식 ㉠의 모든 항에 λ_{k+1} 을 곱하면

$$c_1\lambda_{k+1}\vec{v}_1 + c_2\lambda_{k+1}\vec{v}_2 + \cdots + c_k\lambda_{k+1}\vec{v}_k + c_{k+1}\lambda_{k+1}\vec{v}_{k+1} = \vec{0} \qquad ㉢$$

이다. 식 ㉡과 식 ㉢으로부터

$$c_1(\lambda_{k+1} - \lambda_1)\vec{v}_1 + c_2(\lambda_{k+1} - \lambda_2)\vec{v}_2 + \cdots + c_k(\lambda_{k+1} - \lambda_k)\vec{v}_k = \vec{0}$$

이고 귀납법 가정에 의하여

$$c_1(\lambda_{k+1} - \lambda_1) = c_2(\lambda_{k+1} - \lambda_2) = \cdots = c_k(\lambda_{k+1} - \lambda_k) = 0$$

이다. $\lambda_1, \lambda_2, \cdots, \lambda_k, \lambda_{k+1}$이 서로 다른 고윳값이므로

$$c_1 = c_2 = \cdots = c_k = 0$$

이다. 이 결과를 식 ㉠에 대입하면 $c_{k+1} = 0$ 이다.
따라서 $\vec{v}_1, \vec{v}_2, \cdots, \vec{v}_k, \vec{v}_{k+1}$은 일차독립이다. ■

일반적으로 행렬 A의 모든 성분이 실수라 하더라도 고윳값은 실수가 아닐 수 있다. 예를 들어 $A = \begin{bmatrix} 0 & -1 \\ 1 & 0 \end{bmatrix}$인 경우 행렬 A의 고윳값은 복소수인 $i, -i$이다. 하지만 주어진 행렬이 대칭행렬인 경우 고윳값은 항상 실수임을 다음 정리에서 알 수 있다.

정리 6.2.7 행렬 A가 대칭행렬이면 A의 모든 고윳값은 실수이다.

증명 λ가 A의 고윳값이고 $\vec{v}$가 λ에 대응하는 고유벡터라 하면

$$A\vec{v} = \lambda\vec{v} \qquad ㉠$$

가 성립한다. 식 ㉠의 양변에 켤레(conjugate) 복소수를 취하면

$$\overline{A}\,\overline{\vec{v}} = \overline{\lambda}\,\overline{\vec{v}} \qquad ㉡$$

이다. 행렬 A의 모든 성분이 실수이므로

$$A\overline{\vec{v}} = \overline{\lambda}\,\overline{\vec{v}} \qquad ㉢$$

이고 식 ㉢의 양변에 전치행렬을 취하면 A가 대칭행렬이므로

$$\overline{\vec{v}}^{T} A = \overline{\vec{v}}^{T} A^{T} = \overline{\lambda}\,\overline{\vec{v}}^{T} \qquad ㉣$$

이다. 그러므로

$$\lambda(\overline{\vec{v}}^{T}\vec{v}) = \overline{\vec{v}}^{T}(\lambda\vec{v}) = \overline{\vec{v}}^{T}(A\vec{v}) = (\overline{\vec{v}}^{T}A)\vec{v} = (\overline{\lambda}\,\overline{\vec{v}}^{T})\vec{v} = \overline{\lambda}(\overline{\vec{v}}^{T}\vec{v})$$

에서

$$(\lambda - \overline{\lambda})\overline{\vec{v}}^{T}\vec{v} = 0$$

가 성립한다. $\overline{\vec{v}}^{T}\vec{v} \neq 0$ 이므로 $\lambda = \overline{\lambda}$ 이다. ■

정리 6.2.8 A가 대칭행렬일 때 서로 다른 고윳값에 대응하는 고유벡터는 서로 수직이다.

증명 λ_1과 λ_2가 행렬 A의 서로 다른 고윳값이고 $\vec{v}_1$과 $\vec{v}_2$가 각각 λ_1과 λ_2에 대응하는 고유벡터라 하자.
$A = A^T$이고 $A\vec{v}_2 = \lambda_2\vec{v}_2$ 이므로

$$A^{T}\vec{v}_2 = A\vec{v}_2 = \lambda_2\vec{v}_2 \qquad ㉠$$

가 성립한다. 식 ㉠의 양변의 왼쪽에 $\vec{v}_1^{\,T}$를 곱하면

$$\lambda_1\vec{v}_1^{\,T}\vec{v}_2 = (\lambda_1\vec{v}_1)^{T}\vec{v}_2 = (A\vec{v}_1)^{T}\vec{v}_2 = \vec{v}_1^{\,T}A\vec{v}_2 = \lambda_2\vec{v}_1^{\,T}\vec{v}_2$$

이다. 따라서

$$(\lambda_1 - \lambda_2)\vec{v}_1^{\,T}\vec{v}_2 = 0$$

이고 $\lambda_1 \neq \lambda_2$ 이므로 $\vec{v}_1^{\,T}\vec{v}_2 = 0$ 이다. 그러므로 $\vec{v}_1$과 $\vec{v}_2$는 서로 수직이다. ■

$A=(a_{ij})$가 $n \times n$ 행렬일 때 A의 특성다항식은

$$p(\lambda)=(-1)^n \lambda^n + c_1 \lambda^{n-1} + \cdots + c_{n-1}\lambda + c_n$$

이므로

$$p(A)=(-1)^n A^n + c_1 A^{n-1} + \cdots + c_{n-1}A + c_n$$

이다. 이로부터 다음 정리를 얻을 수 있다.

정리 6.2.9 (케일리-해밀턴 정리) 행렬 A의 특성다항식을 $p(\lambda)$라 하면

$$p(A)=0$$

이다.

케일리-해밀턴 정리를 이용하면 정사각형 행렬의 역행렬과 거듭제곱을 쉽게 구할 수 있다.

예제 3 $A=\begin{bmatrix} -1 & -3 \\ 1 & 2 \end{bmatrix}$일 때,

(1) A^{-1}을 구하여라.

(2) A^{10}을 구하여라.

풀이 행렬 A의 특성방정식은

$$p(\lambda)=(-1-\lambda)(2-\lambda)+3=\lambda^2-\lambda+1$$

이므로 케일리-해밀턴 정리에 의하여

$$p(A)=A^2-A+I=0$$

이다.

(1) $I=-A^2+A=A(-A+I)$이므로

$$A^{-1}=-A+I=\begin{bmatrix} 2 & 3 \\ -1 & -1 \end{bmatrix}$$

이다.

(2) $(A+I)(A^2-A+I)=A^3+I=0$이므로

$$A^{10}=(A^3)^3 A=(-I)^3 A=-A=\begin{bmatrix} 1 & 3 \\ -1 & -2 \end{bmatrix}$$

이다. ■

주어진 행렬의 특성방정식이 복잡한 경우 고윳값을 구하는 것이 매우 어려울 수 있다. 이런 경우 거쉬고린 원판 정리(Gerschgorin disk theorem)를 사용하면 주어진 행렬의 고윳값의 위치를 어림할 수 있다.

정리 6.2.10 (거쉬고린 원판 정리) $n \times n$ 행렬 $A = (a_{ij})$ 에 대하여 $k = 1, 2, \cdots, n$ 일 때

$$r_k = \sum_{i=1, i \neq k}^{n} |a_{ki}|, \quad R_k = \{ z \in \mathbb{C} : |z - a_{kk}| \leq r_k \}$$

라 하면 행렬 A 의 임의의 고윳값 λ 에 대하여 $\lambda \in R_k$ 인 적당한 $k\,(1 \leq k \leq n)$ 가 존재한다.

증명 λ가 행렬 A의 고윳값이고 $\vec{v} = \begin{bmatrix} v_1 \\ v_2 \\ \vdots \\ v_n \end{bmatrix}$가 λ 에 대응하는 고유벡터라 하면

$$A\vec{v} = \lambda \vec{v} \tag{㉠}$$

이다. v_j 를 $\vec{v}$ 의 성분 중 절댓값이 가장 큰 성분이라고 하면 모든 $m = 1, 2, \cdots, n$ 에 대하여

$$\left| \frac{v_m}{v_j} \right| \leq 1 \tag{㉡}$$

이 성립한다. 따라서 식 ㉠의 j 번째 방정식은

$$a_{j1} v_1 + a_{j2} v_2 + \cdots + a_{jj} v_j + \cdots + a_{jn} v_n = \lambda v_j$$

이므로 이 식을 정리하면 다음과 같다.

$$(a_{jj} - \lambda) v_j = - \sum_{k=1, k \neq j}^{n} a_{jk} v_k \tag{㉢}$$

식 ㉢의 양변에 절댓값을 취하고 식 ㉡의 부등식을 이용하면

$$\begin{aligned} |a_{jj} - \lambda| &= \left| \sum_{k=1, k \neq j}^{n} a_{jk} \frac{v_k}{v_j} \right| \\ &\leq \sum_{k=1, k \neq j}^{n} |a_{jk}| \left| \frac{v_k}{v_j} \right| \end{aligned}$$

$$\le \sum_{k=1,\, k \ne j}^{n} |a_{jk}| = r_k$$

가 성립한다. 따라서 $\lambda \in R_k$ 이다. ■

예제 4 다음 행렬의 고윳값이 속하는 영역을 구하고 그림으로 나타내어라.

$$\begin{bmatrix} -3 & 1 & 0 \\ 1 & 2 & 1 \\ 0 & -1 & 7 \end{bmatrix}$$

풀이 거쉬고린 원판 정리에 의하여 주어진 행렬의 고윳값은 다음 세 부등식 중의 하나에 속한다.

$$|\lambda + 3| \le 1, \quad |\lambda - 2| \le 2, \quad |\lambda - 7| \le 1$$

이를 그림으로 나타내면 다음과 같다.

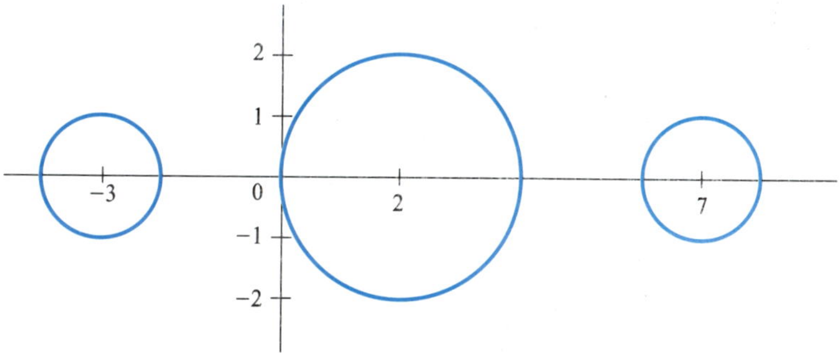

그림 6.2 고윳값이 속하는 영역

■

연습문제 6.2

1. $A=\begin{bmatrix}6 & -4\\ 3 & -1\end{bmatrix}$ 일 때

(1) $B=\begin{bmatrix}276 & -260\\ 195 & -179\end{bmatrix}$ 의 고윳값을 구하여라.

(2) $C=\begin{bmatrix}-\frac{1}{6} & \frac{2}{3}\\ -\frac{1}{2} & 1\end{bmatrix}$ 의 고윳값을 구하여라.

2. $A=\begin{bmatrix}2 & 1 & 1\\ 2 & 3 & 1\\ 1 & 1 & 2\end{bmatrix}$ 일 때

(1) $B=\begin{bmatrix}32 & 31 & 31\\ 62 & 63 & 62\\ 31 & 31 & 32\end{bmatrix}$ 의 고윳값을 구하여라.

(2) $C=\begin{bmatrix}-\frac{4}{5} & -\frac{1}{5} & -\frac{1}{5}\\ -\frac{2}{5} & \frac{3}{5} & -\frac{2}{5}\\ -\frac{1}{5} & -\frac{1}{5} & \frac{4}{5}\end{bmatrix}$ 의 고윳값을 구하여라.

3. A가 4×4인 행렬이고 A의 고윳값이 -2, -1, 1, 3일 때 $|A|$와 $tr(A)$를 구하여라.

4. A가 2×2인 행렬이고 $|A|=18$이고 $tr(A)=9$일 때 A의 고윳값을 구하여라.

5. $A=\begin{bmatrix}1 & 3\\ -1 & -2\end{bmatrix}$ 일 때, 케일리-해밀턴 정리를 이용하여

(1) A^{-1}을 구하여라.

(2) A^{20}을 구하여라.

6. 다음 행렬의 고윳값이 속하는 영역을 구하고 그림으로 나타내어라.

$$\begin{bmatrix}-5 & 2 & 1 & 2\\ 1 & 2 & 3 & 4\\ 2 & -1 & 3 & 0\\ -1 & 4 & 2 & 1\end{bmatrix}$$

7. 행렬 A의 고윳값과 행렬 A^T의 고윳값이 같음을 증명하여라.

8. A가 $n\times n$ 행렬이고 $\vec{v}_1,\ \vec{v}_2,\ \cdots,\ \vec{v}_k$ 가 각각 A의 고윳값 $\lambda_1,\ \lambda_2,\ \cdots,\ \lambda_k$에 대응하는 고유벡터라 하자. 만일 $\vec{x}\in\mathbb{R}^n$ 가 적당한 스칼라 $c_1,\ c_2,\ \cdots,\ c_k$에 대하여

$$\vec{x}=c_1\vec{v}_1+c_2\vec{v}_2+\cdots+c_k\vec{v}_k$$

이면 임의의 자연수 m 에 대하여

$$A^m\vec{x}=c_1\lambda_1^m\vec{v}_1+c_2\lambda_1^m\vec{v}_2+\cdots+c_k\lambda_k^m\vec{v}_k$$

가 성립함을 증명하여라.

9. 문제 8을 이용하여 다음 행렬의 곱을 구하여라.

$$\begin{bmatrix}0&1\\2&1\end{bmatrix}^6\begin{bmatrix}4\\5\end{bmatrix}$$

10. A가 $n\times n$ 행렬이고 I는 $n\times n$ 단위행렬이며 λ가 스칼라일 때 다음이 동치임을 증명하여라.

(1) λ가 A의 고윳값이다.

(2) $(A-\lambda I)\vec{x}=\vec{0}$ 는 비자명한 해를 갖는다.

(3) $A-\lambda I$는 비가역적이다.

(4) $|A-\lambda I|=0$ 이다.

6.3 행렬의 닮음과 대각화

정의 6.3.1 A와 B가 $n\times n$ 행렬일 때 적당한 가역행렬 P가 존재하여

$$P^{-1}AP=B$$

가 성립하면 A와 B는 **닮은 행렬**(similar matrix)이라 한다.

행렬 A와 B가 닮은 행렬일 때 $A\sim B$로 나타내기로 한다.

$A\sim B$임을 보이고자 하면 적당한 정칙행렬 P에 대하여 다음 세 가지 중 하나가 성립함을 증명하면 된다.

$$\text{(i)}\ P^{-1}AP=B \qquad \text{(ii)}\ A=PBP^{-1} \qquad \text{(iii)}\ AP=PB$$

예제 1 $P=\begin{bmatrix} 2 & -1 \\ -1 & 1 \end{bmatrix}$를 이용하여 $A=\begin{bmatrix} 2 & 0 \\ 0 & 3 \end{bmatrix}$와 $B=\begin{bmatrix} 1 & 1 \\ -2 & 4 \end{bmatrix}$가 닮은 행렬임을 보여라.

풀이 $P^{-1}AP=\begin{bmatrix} 1 & 1 \\ 1 & 2 \end{bmatrix}\begin{bmatrix} 2 & 0 \\ 0 & 3 \end{bmatrix}\begin{bmatrix} 2 & -1 \\ -1 & 1 \end{bmatrix}=\begin{bmatrix} 1 & 1 \\ -2 & 4 \end{bmatrix}=B$이므로 A와 B는 닮은 행렬이다. ■

정리 6.3.2 A와 B가 $n\times n$ 행렬이고 $A\sim B$이면 다음이 성립한다.

(a) $A\sim A$

(b) $B\sim A$

(c) $B\sim C$ 이면 $A\sim C$ 이다.

증명 (a) 단위행렬 I는 정칙행렬이고 $I^{-1}AI=A$이므로 $A\sim A$이다.

(b)와 (c)는 연습문제로 한다. ■

정리 6.3.3 A와 B가 $n\times n$ 행렬이고 $A\sim B$이면

(a) $|A|=|B|$가 성립한다.

(b) A와 B는 같은 특성다항식을 갖는다.

증명 $A\sim B$이므로 적당한 정칙행렬 P가 존재하여 $P^{-1}AP=B$가 성립한다.

(a) $|B|=|P^{-1}AP|=|P^{-1}||A||P|=\dfrac{1}{|P|}|A||P|=|A|$

(b)
$$\begin{aligned}|B-\lambda I|&=|P^{-1}AP-\lambda I|\\&=|P^{-1}AP-\lambda P^{-1}IP|\end{aligned}$$

$$
\begin{aligned}
&= |P^{-1}AP - P^{-1}(\lambda I)P| \\
&= |P^{-1}(A - \lambda I)P| \\
&= |A - \lambda I|
\end{aligned}
$$

이므로 A와 B는 같은 특성다항식을 갖는다. ■

정리 6.3.3에 의하여 $A \sim B$이면 A와 B는 같은 고윳값을 가질 수밖에 없다.

예제 2 $A = \begin{bmatrix} 1 & -2 \\ -2 & 1 \end{bmatrix}$이고 $B = \begin{bmatrix} -2 & 1 \\ 1 & -2 \end{bmatrix}$일 때 A와 B가 닮은 행렬이 아님을 증명하여라.

풀이 $|A| = -3 \neq 3 = |B|$이므로 정리 6.3.3의 (a)에 의하여 A와 B는 닮은 행렬이 아니다. ■

행렬 A와 B가 닮은 행렬이고 B가 대각행렬인 경우 다양한 수학적 정리를 얻을 수 있다.

정의 6.3.4 A가 $n \times n$ 행렬일 때 적당한 정칙행렬 P와 대각행렬 D가 존재하여

$$P^{-1}AP = D$$

가 성립하면 A를 **대각화가능한(diagonalizable) 행렬**이라 한다. 이때 행렬 P는 행렬 A를 **대각화한다(diagonalize)**고 하고 P를 A의 **대각화 행렬**이라 한다.

주어진 행렬이 대각화가능하기 위한 필요충분조건은 다음과 같다.

정리 6.3.5 A가 $n \times n$ 행렬일 때 다음은 동치이다.
(a) A가 대각화가능하다.
(b) A는 n개의 일차독립인 고유벡터를 갖는다.

증명 ($\Rightarrow$) A가 대각화가능하다고 가정하면 정의 6.3.4에 의하여 정칙행렬

$$P = \begin{bmatrix} p_{11} & p_{12} & \cdots & p_{1n} \\ p_{21} & p_{22} & \cdots & p_{2n} \\ \vdots & \vdots & & \vdots \\ p_{n1} & p_{n2} & \cdots & p_{nn} \end{bmatrix}$$

과 대각행렬

$$D=\begin{bmatrix}\lambda_1 & 0 & \cdots & 0\\ 0 & \lambda_2 & \cdots & 0\\ \vdots & \vdots & & \vdots\\ 0 & 0 & \cdots & \lambda_n\end{bmatrix}$$

가 존재하여 $P^{-1}AP=D$가 성립한다. 따라서 $AP=PD$이므로

$$AP=\begin{bmatrix}p_{11} & p_{12} & \cdots & p_{1n}\\ p_{21} & p_{22} & \cdots & p_{2n}\\ \vdots & \vdots & & \vdots\\ p_{n1} & p_{n2} & \cdots & p_{nn}\end{bmatrix}\begin{bmatrix}\lambda_1 & 0 & \cdots & 0\\ 0 & \lambda_2 & \cdots & 0\\ \vdots & \vdots & & \vdots\\ 0 & 0 & \cdots & \lambda_n\end{bmatrix}=\begin{bmatrix}\lambda_1 p_{11} & \lambda_2 p_{12} & \cdots & \lambda_n p_{1n}\\ \lambda_1 p_{21} & \lambda_2 p_{22} & \cdots & \lambda_n p_{2n}\\ \vdots & \vdots & & \vdots\\ \lambda_1 p_{n1} & \lambda_2 p_{n2} & \cdots & \lambda_n p_{nn}\end{bmatrix} \quad ㉠$$

이다. 이제 $i=1,\ 2,\ \cdots,\ n$에 대하여 $\vec{p}_i$를 행렬 P의 열벡터라 하면 P가 정칙행렬이므로 $\vec{p}_1,\ \vec{p}_2,\ \cdots,\ \vec{p}_n$은 모두 $\vec{0}$가 아니다. 또한 ㉠에 의하여

$$A\vec{p}_i=\lambda_i\vec{p}_i$$

이므로 모든 $i=1,\ 2,\ \cdots,\ n$에 대하여 λ_i는 A의 고윳값이고 $\vec{p}_i$는 λ_i에 대응하는 고유벡터이다. 또한 P가 정칙행렬이므로 $\vec{p}_1,\ \vec{p}_2,\ \cdots,\ \vec{p}_n$들은 선형독립이다. 그러므로 A는 n개의 일차독립인 고유벡터 $\vec{p}_1,\ \vec{p}_2,\ \cdots,\ \vec{p}_n$을 갖는다.

($\Leftarrow$) A가 n개의 일차독립인 고유벡터 $\vec{p}_1,\ \vec{p}_2,\ \cdots,\ \vec{p}_n$을 갖고 고유벡터들은 각각 고윳값 $\lambda_1,\ \lambda_2,\ \cdots,\ \lambda_n$에 대응한다고 하자. 이제

$$P=\begin{bmatrix}p_{11} & p_{12} & \cdots & p_{1n}\\ p_{21} & p_{22} & \cdots & p_{2n}\\ \vdots & \vdots & & \vdots\\ p_{n1} & p_{n2} & \cdots & p_{nn}\end{bmatrix}$$

라 하면 AP의 열벡터들은

$$A\vec{p}_1,\ A\vec{p}_2,\ \cdots,\ A\vec{p}_n$$

이다. 고윳값과 고유벡터의 관계에 의하여

$$A\overrightarrow{p_1}=\lambda_1\overrightarrow{p_1},\ A\overrightarrow{p_2}=\lambda_2\overrightarrow{p_2},\ \cdots,\ A\overrightarrow{p_n}=\lambda_n\overrightarrow{p_n}$$

이므로

$$AP=\begin{bmatrix}\lambda_1 p_{11} & \lambda_2 p_{12} & \cdots & \lambda_n p_{1n}\\ \lambda_1 p_{21} & \lambda_2 p_{22} & \cdots & \lambda_n p_{2n}\\ \vdots & \vdots & & \vdots\\ \lambda_1 p_{n1} & \lambda_2 p_{n2} & \cdots & \lambda_n p_{nn}\end{bmatrix}$$

$$=\begin{bmatrix}p_{11} & p_{12} & \cdots & p_{1n}\\ p_{21} & p_{22} & \cdots & p_{2n}\\ \vdots & \vdots & & \vdots\\ p_{n1} & p_{n2} & \cdots & p_{nn}\end{bmatrix}\begin{bmatrix}\lambda_1 & 0 & \cdots & 0\\ 0 & \lambda_2 & \cdots & 0\\ \vdots & \vdots & & \vdots\\ 0 & 0 & \cdots & \lambda_n\end{bmatrix}=PD \qquad ㉡$$

이다. 이때 $D=\begin{bmatrix}\lambda_1 & 0 & \cdots & 0\\ 0 & \lambda_2 & \cdots & 0\\ \vdots & \vdots & & \vdots\\ 0 & 0 & \cdots & \lambda_n\end{bmatrix}$는 대각행렬이다. P의 열벡터들인 $\vec{p}_1, \vec{p}_2, \cdots, \vec{p}_n$이 선형독립이므로 P는 정칙행렬이다. 따라서 ㉡으로부터 $P^{-1}AP=D$이므로 A는 대각화가능하다. ■

정리 6.3.5를 이용하여 $n\times n$ 행렬인 A를 대각화하려면 다음 과정을 따라야 한다.

[단계 1] A의 n개의 선형독립인 고유벡터 $\vec{p}_1, \vec{p}_2, \cdots, \vec{p}_n$을 구한다.

[단계 2] $\vec{p}_1, \vec{p}_2, \cdots, \vec{p}_n$을 열벡터로 갖는 행렬 P를 만든다.

[단계 3] $\lambda_1, \lambda_2, \cdots, \lambda_n$이 각각 고유벡터 $\vec{p}_1, \vec{p}_2, \cdots, \vec{p}_n$에 대응하는 고윳값일 때

$$P^{-1}AP=D=\begin{bmatrix}\lambda_1 & 0 & \cdots & 0\\ 0 & \lambda_2 & \cdots & 0\\ \vdots & \vdots & & \vdots\\ 0 & 0 & \cdots & \lambda_n\end{bmatrix}$$

가 성립한다.

예제 3 (1) $A=\begin{bmatrix}1 & 0\\ 2 & -1\end{bmatrix}$일 때, A를 대각화하는 행렬 P를 구하고 $P^{-1}AP$를 계산하여라.

(2) $B=\begin{bmatrix}1 & 1 & 1\\ 0 & 2 & 1\\ 0 & 0 & 3\end{bmatrix}$일 때, B를 대각화하는 행렬 P를 구하고 $P^{-1}BP$를 계산하여라.

풀이 (1) A의 특성방정식은

$$p(\lambda)=\begin{vmatrix}1-\lambda & 0\\ 2 & -1-\lambda\end{vmatrix}=-(\lambda+1)(\lambda-1)=0$$

이므로 $\lambda_1=-1$과 $\lambda_2=1$이 A의 고윳값이다.

(i) $\lambda_1 = -1$ 일 때 $(A+I)\vec{x} = \vec{0}$ 을 풀면

$$\begin{bmatrix} 2 & 0 \\ 2 & 0 \end{bmatrix} \begin{bmatrix} x_1 \\ x_2 \end{bmatrix} = \begin{bmatrix} 0 \\ 0 \end{bmatrix}$$

에서 $x_1 = 0$이다. 따라서 $\lambda_1 = -1$에 대응하는 고유벡터는 $x_2 \begin{bmatrix} 0 \\ 1 \end{bmatrix}$ (단, $x_2 \neq 0$)이다.

(ii) $\lambda_2 = 1$ 일 때 $(A-I)\vec{x} = \vec{0}$ 을 풀면

$$\begin{bmatrix} 0 & 0 \\ 2 & -2 \end{bmatrix} \begin{bmatrix} x_1 \\ x_2 \end{bmatrix} = \begin{bmatrix} 0 \\ 0 \end{bmatrix}$$

에서 $x_1 = x_2$ 이다. 따라서 $\lambda_2 = 1$에 대응하는 고유벡터는 $x_2 \begin{bmatrix} 1 \\ 1 \end{bmatrix}$ (단, $x_2 \neq 0$)이다.

이제 $\vec{p}_1 = \begin{bmatrix} 0 \\ 1 \end{bmatrix}$, $\vec{p}_2 = \begin{bmatrix} 1 \\ 1 \end{bmatrix}$라 하면 $\vec{p}_1$과 $\vec{p}_2$는 일차독립이다. $P = \begin{bmatrix} 0 & 1 \\ 1 & 1 \end{bmatrix}$라 하면 P는 A를 대각화한다. 이때

$$P^{-1}AP = \begin{bmatrix} -1 & 1 \\ 1 & 0 \end{bmatrix} \begin{bmatrix} 1 & 0 \\ 2 & -1 \end{bmatrix} \begin{bmatrix} 0 & 1 \\ 1 & 1 \end{bmatrix} = \begin{bmatrix} -1 & 0 \\ 0 & 1 \end{bmatrix}$$

이다.

(2) B의 특성방정식은

$$p(\lambda) = \begin{vmatrix} 1-\lambda & 1 & 1 \\ 0 & 2-\lambda & 1 \\ 0 & 0 & 3-\lambda \end{vmatrix} = (1-\lambda)(2-\lambda)(3-\lambda) = 0$$

이므로 $\lambda_1 = 1$, $\lambda_2 = 2$와 $\lambda_3 = 3$이 B의 고윳값이다.

(i) $\lambda_1 = 1$ 일 때 $(B-I)\vec{x} = \vec{0}$ 을 풀면

$$\begin{bmatrix} 0 & 1 & 1 \\ 0 & 1 & 1 \\ 0 & 0 & 2 \end{bmatrix} \begin{bmatrix} x_1 \\ x_2 \\ x_3 \end{bmatrix} = \begin{bmatrix} 0 \\ 0 \\ 0 \end{bmatrix}$$

에서 $x_3 = 0$이고 $x_2 = 0$이다. 따라서 $\lambda_1 = 1$에 대응하는 고유벡터는 $x_1 \begin{bmatrix} 1 \\ 0 \\ 0 \end{bmatrix}$ (단, $x_1 \neq 0$)이다.

(ii) $\lambda_2 = 2$ 일 때 $(A-2I)\vec{x} = \vec{0}$ 을 풀면

$$\begin{bmatrix} -1 & 1 & 1 \\ 0 & 0 & 1 \\ 0 & 0 & 1 \end{bmatrix} \begin{bmatrix} x_1 \\ x_2 \\ x_3 \end{bmatrix} = \begin{bmatrix} 0 \\ 0 \\ 0 \end{bmatrix}$$

에서 $x_3 = 0$이고 $x_1 = x_2$이다. 따라서 $\lambda_2 = 2$에 대응하는 고유벡터는 $x_2 \begin{bmatrix} 1 \\ 1 \\ 0 \end{bmatrix}$ (단, $x_2 \neq 0$)이다.

(ii) $\lambda_3 = 3$ 일 때 $(A-3I)\vec{x} = \vec{0}$을 풀면

$$\begin{bmatrix} -2 & 1 & 1 \\ 0 & -1 & 1 \\ 0 & 0 & 0 \end{bmatrix} \begin{bmatrix} x_1 \\ x_2 \\ x_3 \end{bmatrix} = \begin{bmatrix} 0 \\ 0 \\ 0 \end{bmatrix}$$

에서 $-2x_1 + x_2 + x_3 = 0$ 이고 $x_2 = x_3$ 이다. 따라서 $\lambda_3 = 3$ 에 대응하는 고유벡터는 $x_3 \begin{bmatrix} 1 \\ 1 \\ 1 \end{bmatrix}$ (단, $x_3 \neq 0$)이다.

이제 $\vec{p}_1 = \begin{bmatrix} 1 \\ 0 \\ 0 \end{bmatrix}$, $\vec{p}_2 = \begin{bmatrix} 1 \\ 1 \\ 0 \end{bmatrix}$, $\vec{p}_3 = \begin{bmatrix} 1 \\ 1 \\ 1 \end{bmatrix}$라 하면 $\vec{p}_1$, $\vec{p}_2$, $\vec{p}_3$는 일차독립이다.

$P = \begin{bmatrix} 1 & 1 & 1 \\ 0 & 1 & 1 \\ 0 & 0 & 1 \end{bmatrix}$라 하면 P는 행렬 B를 대각화한다. 이때

$$P^{-1}BP = \begin{bmatrix} 1 & -1 & 0 \\ 0 & 1 & -1 \\ 0 & 0 & 1 \end{bmatrix} \begin{bmatrix} 1 & 1 & 1 \\ 0 & 2 & 1 \\ 0 & 0 & 3 \end{bmatrix} \begin{bmatrix} 1 & 1 & 1 \\ 0 & 1 & 1 \\ 0 & 0 & 1 \end{bmatrix} = \begin{bmatrix} 1 & 0 & 0 \\ 0 & 2 & 0 \\ 0 & 0 & 3 \end{bmatrix}$$

이다. ■

모든 $n \times n$ 행렬이 대각화가능한 것이 아님을 다음 예제에서 확인할 수 있다.

예제 4 $A = \begin{bmatrix} 1 & 0 \\ -2 & 1 \end{bmatrix}$일 때, A는 대각화가능하지 않음을 증명하여라.

풀이 A의 특성방정식은

$$p(\lambda) = \begin{vmatrix} 1-\lambda & 0 \\ -2 & 1-\lambda \end{vmatrix} = (1-\lambda)^2 = 0$$

이므로 $\lambda = 1$이 A의 유일한 고윳값이다.
$\lambda = 1$일 때 $(A-I)\vec{x} = \vec{0}$을 풀면

$$\begin{bmatrix} 0 & 0 \\ -2 & 0 \end{bmatrix} \begin{bmatrix} x_1 \\ x_2 \end{bmatrix} = \begin{bmatrix} 0 \\ 0 \end{bmatrix}$$

에서 $x_1 = 0$이다. 따라서 $\lambda = 1$에 대응하는 고유벡터는 $x_2 \begin{bmatrix} 0 \\ 1 \end{bmatrix}$ (단, $x_2 \neq 0$)이다. 따라서 A는 2×2 행렬이지만 일차독립인 2개의 고유벡터를 갖지 못하므로 정리 6.3.5에 의하여 A는 대각화가능하지 않다. ■

행렬의 대각화가 가능할 경우 중 복소수 고윳값과 복소수를 성분으로 갖는 고유벡터가 있는 경우도 있다.

예제 5 $A=\begin{bmatrix} 3 & 1 \\ -2 & 1 \end{bmatrix}$일 때 A를 대각화하는 행렬 P를 구하고 $P^{-1}AP$를 계산하여라.

풀이 A의 특성방정식은

$$p(\lambda)=\begin{vmatrix} 3-\lambda & 1 \\ -2 & 1-\lambda \end{vmatrix}=(3-\lambda)(1-\lambda)+2=\lambda^2-4\lambda+5=0$$

이므로 $\lambda_1=2+i$ 와 $\lambda_2=2-i$ 가 A의 고윳값이다.

(i) $\lambda_1=2+i$ 일 때 $(A-(2+i)I)\vec{x}=\vec{0}$을 풀면

$$\begin{bmatrix} 1-i & 1 \\ 0 & 0 \end{bmatrix}\begin{bmatrix} x_1 \\ x_2 \end{bmatrix}=\begin{bmatrix} 0 \\ 0 \end{bmatrix}$$

에서 $x_2=(-1+i)x_1$ 이다. 따라서 $\lambda_1=2+i$ 에 대응하는 고유벡터는 $x_1\begin{bmatrix} 1 \\ -1+i \end{bmatrix}$(단, $x_1\neq 0$)이다.

(ii) $\lambda_2=2-i$ 일 때 $(A-(2-i)I)\vec{x}=\vec{0}$을 풀면

$$\begin{bmatrix} 1+i & 1 \\ 0 & 0 \end{bmatrix}\begin{bmatrix} x_1 \\ x_2 \end{bmatrix}=\begin{bmatrix} 0 \\ 0 \end{bmatrix}$$

에서 $x_2=(-1-i)x_1$ 이다. 따라서 $\lambda_2=2-i$ 에 대응하는 고유벡터는 $x_1\begin{bmatrix} 1 \\ -1-i \end{bmatrix}$(단, $x_1\neq 0$)이다.

이제 $\vec{p}_1=\begin{bmatrix} 1 \\ -1+i \end{bmatrix}$, $\vec{p}_2=\begin{bmatrix} 1 \\ -1-i \end{bmatrix}$라 하면 $\vec{p}_1$과 $\vec{p}_2$는 일차독립이다.

$P=\begin{bmatrix} 1 & 1 \\ -1+i & -1-i \end{bmatrix}$라 하면 P는 A를 대각화한다. 이때

$$P^{-1}AP=\begin{bmatrix} \frac{1-i}{2} & \frac{1+i}{2} \\ -\frac{i}{2} & \frac{i}{2} \end{bmatrix}\begin{bmatrix} 3 & 1 \\ -2 & 1 \end{bmatrix}\begin{bmatrix} 1 & 1 \\ -1+i & -1-i \end{bmatrix}=\begin{bmatrix} 2+i & 0 \\ 0 & 2-i \end{bmatrix}$$

이다. ■

다음 정리는 6.2절의 정리 6.2.6을 이용하여 주어진 행렬의 고윳값을 확인하여 행렬의 대각화를 확인할 수 있는 방법을 제시한다.

정리 6.3.6 만일 $n\times n$ 행렬 A가 n개의 서로 다른 고윳값을 가지면 A는 대각화 가능하다.

증명 λ_1, λ_2, $\cdots$, λ_k가 A의 서로 다른 고윳값이고 $\vec{p}_1$, $\vec{p}_2$, $\cdots$, $\vec{p}_k$가 각각 λ_1, λ_2, $\cdots$, λ_k에 대응하는 고유벡터라 하면 6.2절의 정리 6.2.6에 의하여 $\vec{p}_1$, $\vec{p}_2$, $\cdots$, $\vec{p}_k$은 일차독립이다. 따라서 정리 6.3.5에 의하여 A는 대각화가능하다. ■

예제 6 (1) $A=\begin{bmatrix}1&0&1\\0&2&-1\\0&0&4\end{bmatrix}$ 는 대각화가능한가?

(2) $B=\begin{bmatrix}3&-2&0\\-2&3&0\\0&0&5\end{bmatrix}$ 는 대각화가능한가?

풀이 (1) A 의 특성방정식은

$$p(\lambda)=\begin{vmatrix}1-\lambda&0&1\\0&2-\lambda&-1\\0&0&4-\lambda\end{vmatrix}=(1-\lambda)(2-\lambda)(4-\lambda)=0$$

이므로 $\lambda_1=1$, $\lambda_2=2$ 와 $\lambda_3=4$ 는 A 의 고윳값이다. 따라서 각각의 고윳값에 대응하는 고유벡터들은 일차독립이므로 정리 6.3.6에 의하여 A 는 대각화가능하다.

(2) B 의 특성방정식은

$$p(\lambda)=\begin{vmatrix}3-\lambda&-2&0\\-2&3-\lambda&0\\0&0&5-\lambda\end{vmatrix}=(1-\lambda)(5-\lambda)^2=0$$

이므로 $\lambda_1=1$ 과 $\lambda_2=5$ 는 B 의 고윳값이다.

(i) $\lambda_1=1$ 일 때 $(B-I)\vec{x}=\vec{0}$ 을 풀면

$$\begin{bmatrix}2&-2&0\\-2&2&0\\0&0&4\end{bmatrix}\begin{bmatrix}x_1\\x_2\end{bmatrix}=\begin{bmatrix}0\\0\end{bmatrix}$$

에서 $x_3=0$ 이고 $x_1=x_2$ 이다. 따라서 $\lambda_1=1$ 에 대응하는 고유벡터는 $x_2\begin{bmatrix}1\\1\\0\end{bmatrix}$ (단, $x_2\neq 0$)이다.

(ii) $\lambda_2=5$ 일 때 $(B-5I)\vec{x}=\vec{0}$ 을 풀면

$$\begin{bmatrix}-2&-2&0\\-2&-2&0\\0&0&0\end{bmatrix}\begin{bmatrix}x_1\\x_2\end{bmatrix}=\begin{bmatrix}0\\0\end{bmatrix}$$

에서 $x_1=-x_2$ 이다. 따라서 $\lambda_2=5$ 에 대응하는 고유벡터는 $x_2\begin{bmatrix}-1\\1\\0\end{bmatrix}+x_3\begin{bmatrix}0\\0\\1\end{bmatrix}$ (단, $x_2\neq 0$, $x_3\neq 0$)이다. 따라서 $\vec{p_1}=\begin{bmatrix}1\\1\\0\end{bmatrix}$, $\vec{p_2}=\begin{bmatrix}-1\\1\\0\end{bmatrix}$, $\vec{p_3}=\begin{bmatrix}0\\0\\1\end{bmatrix}$ 는 B 의 고유벡터이고 일차독립이므로 B 는 대각화가능하다. ■

예제 6의 (1)에서는 A 가 3×3 행렬이고 서로 다른 3개의 고윳값을 가지므로 정리 6.3.6에 의하여 쉽게 대각화가능함을 설명할 수 있었다. 하지만 예제 6의 (2)에서는 B 가 3×3 행렬임에도 불구하고 B 는 서로 다른 2개의 고윳값만을 가졌기 때문에 정리 6.3.6을 적용할 수 없었고 각각의 고윳값에 대응하는 고유벡터를 구해서 정리

6.3.5를 이용하여 대각화가능함을 설명하였다.

6.1절의 예제 6에서 $A=\begin{bmatrix} 0 & -1 \\ 1 & 0 \end{bmatrix}$ 일 때 A는 실수가 아닌 i와 $-i$를 고윳값으로 가졌다. 또한 $B=\begin{bmatrix} 1 & 0 \\ -2 & 1 \end{bmatrix}$ 인 경우에는 B도 대각화가 불가능하였다. 하지만 $n\times n$ 행렬이 대칭행렬이면 이러한 현상은 발생하지 않는다.

정의 6.3.7 $n\times n$ 행렬인 Q의 열벡터들이 직교집합이면 Q를 **직교행렬**(orthogonal matrix)이라 한다.

정의 6.3.7에 의하여 $A=\begin{bmatrix} 1 & 0 & 0 \\ 0 & 0 & 1 \\ 0 & 1 & 0 \end{bmatrix}$ 는 직교행렬이지만 $B=\begin{bmatrix} 1 & 0 & 0 \\ 0 & 1 & 1 \\ 0 & 1 & 0 \end{bmatrix}$ 는 직교행렬이 아니다.

정의 6.3.8 A가 $n\times n$ 행렬일 때 적당한 직교행렬 Q와 대각행렬 D가 존재하여

$$Q^TAQ=D$$

가 성립하면 A를 **직교적으로 대각화가능하다**(orthogonally diagonalizable)고 한다.

이제 대칭행렬이 직교적으로 대각화가능함을 보이고자 한다.

정리 6.3.9 A가 $n\times n$ 행렬이고 직교적으로 대각화가능하면 A는 대칭행렬이다.

증명 A가 직교적으로 대각화가능하므로 적당한 직교행렬 Q와 대각행렬 D가 존재하여

$$Q^TAQ=D$$

가 성립한다. $Q^{-1}=Q^T$이므로 $Q^TQ=QQ^T=I$이고 이 결과로부터

$$QDQ^T=Q(Q^TAQ)Q^T=(QQ^T)A(QQ^T)=IAI=A$$

이다. 모든 대각행렬은 대칭행렬이므로

$$A^T=(QDQ^T)^T=(Q^T)^TD^TQ^T=QDQ^T=A$$

이다. 그러므로 A는 대칭행렬이다. ■

6.2절의 정리 6.2.6에서 정사각행렬의 서로 다른 고윳값에 대응하는 고유벡터들은 일차독립임을 증명하였다. 이제 주어진 행렬이 대칭행렬인 경우 좀더 강력한 결과가 유도됨을 보이고자 한다.

정리 6.3.10 A가 대칭행렬이면 A의 서로 다른 고윳값에 대응하는 고유벡터들은 수직이다.

증명 λ_1과 λ_2가 A의 서로 다른 고윳값이고 $\vec{u}_1$과 $\vec{u}_2$가 각각 λ_1과 λ_2에 대응하는 고유벡터라 하자. 그러면 $A\vec{u}_1 = \lambda_1 \vec{u}_1$이고 $A\vec{u}_2 = \lambda_2 \vec{u}_2$이다. A가 대칭행렬이므로 $A = A^T$이고 임의의 $\vec{x}, \vec{y} \in \mathbb{R}^n$에 대하여 $\vec{x}\,\vec{y} = \vec{x}^T \vec{y}$이다. 따라서

$$\begin{aligned}
\lambda_1(\vec{u}_1\,\vec{u}_2) &= (\lambda_1\vec{u}_1)\,\vec{u}_2 = A\vec{u}_1\,\vec{u}_2 \\
&= (A\vec{u}_1)^T\vec{u}_2 = (\vec{u}_1^T A^T)\,\vec{u}_2 \\
&= (\vec{u}_1^T A)\,\vec{u}_2 = \vec{u}_1^T\,(A\,\vec{u}_2) \\
&= \vec{u}_1^T\,(\lambda_2\,\vec{u}_2) = \lambda_2\,(\vec{u}_1^T\,\vec{u}_2) \\
&= \lambda_2\,(\vec{u}_1\,\vec{u}_2)
\end{aligned}$$

이므로 $(\lambda_1 - \lambda_2)(\vec{u}_1\,\vec{u}_2) = 0$이다. 가정에 의하여 $\lambda_1 \neq \lambda_2$이므로 $\vec{u}_1\,\vec{u}_2 = 0$이다. ■

연습문제 6.3

1. A와 B가 행렬이고 $A \sim B$일 때

(1) $B \sim A$임을 증명하여라.

(2) $B \sim C$이면 $A \sim C$임을 증명하여라.

2. $A = \begin{bmatrix} 1 & 0 & 2 \\ 2 & 3 & 0 \\ 0 & 1 & -1 \end{bmatrix}$와 $B = \begin{bmatrix} 2 & 0 & -1 \\ 3 & 1 & 1 \\ 0 & 2 & 1 \end{bmatrix}$가 닮은 행렬인지 아닌지를 판별하여라.

3. A와 B가 $n \times n$ 행렬이고 두 행렬이 같은 고윳값을 가지면 A와 B는 닮은 행렬인가?

4. 다음 행렬을 대각화하는 행렬 P를 구하여라.

(1) $A = \begin{bmatrix} 2 & -3 \\ 2 & -5 \end{bmatrix}$　　(2) $B = \begin{bmatrix} 1 & 1 & 0 \\ 1 & 2 & -2 \\ 1 & 0 & 1 \end{bmatrix}$

5. 다음 행렬을 대각화하는 행렬이 존재하지 않는 이유를 설명하여라.

(1) $A = \begin{bmatrix} 1 & 1 \\ 0 & 1 \end{bmatrix}$　　(2) $B = \begin{bmatrix} 2 & 1 & 0 \\ 0 & 2 & 1 \\ 0 & 0 & 3 \end{bmatrix}$

6. A와 B가 닮은 행렬이면 A^T와 B^T도 닮은 행렬임을 증명하여라.

7. 다음 행렬에 대하여 $Q^TAQ = D$인 직교행렬 Q와 대각행렬 D를 구하여 직교적으로 대각화하여라.

(1) $A = \begin{bmatrix} 3 & 1 \\ 1 & 3 \end{bmatrix}$　　(2) $B = \begin{bmatrix} 1 & 3 & 3 \\ 3 & 1 & 3 \\ 3 & 3 & 1 \end{bmatrix}$

8. $a \neq 0$일 때 $A = \begin{bmatrix} 2 & a \\ a & 2 \end{bmatrix}$를 직교적으로 대각화하여라.

6.4 고윳값과 고유벡터의 응용

연립 선형미분방정식

고윳값과 고유벡터는 연립 선형미분방정식의 해를 구하는 데 중요한 역할을 한다. k가 상수일 때 미분방정식에서 $x = x(t)$가 $x' = kx$이면 이 미분방정식의 일반해는 $x = ce^{kt}$이고, 이때 c는 적분상수이다. 만일 초기조건 $x(0) = x_0$가 주어지면 $c = x_0$가 된다. 따라서 초기조건을 만족하는 미분방정식의 해는

$$x = x_0 e^{kt} \qquad ①$$

이다.

이제 고윳값과 고유벡터를 이용하여 다음과 같은 연립 선형미분방정식의 해를 구하는 방법에 대하여 알아보기로 한다.

$$\begin{aligned} x_1' &= a_{11}x_1 + a_{12}x_2 + a_{13}x_3 + \cdots + a_{1n}x_n \\ x_2' &= a_{21}x_1 + a_{22}x_2 + a_{23}x_3 + \cdots + a_{2n}x_n \\ &\vdots \\ x_n' &= a_{n1}x_1 + a_{n2}x_2 + a_{n3}x_3 + \cdots + a_{nn}x_n \end{aligned} \qquad ②$$

이제

$$\vec{x}(t) = \begin{bmatrix} x_1(t) \\ x_2(t) \\ \vdots \\ x_n(t) \end{bmatrix}, \quad \vec{x'}(t) = \begin{bmatrix} x_1'(t) \\ x_2'(t) \\ \vdots \\ x_n'(t) \end{bmatrix}, \quad A = \begin{bmatrix} a_{11} & a_{12} & \cdots & a_{1n} \\ a_{21} & a_{22} & \cdots & a_{2n} \\ & & \vdots & \\ a_{n1} & a_{n2} & \cdots & a_{nn} \end{bmatrix}$$

이라 하면 주어진 연립 선형미분방정식 ②는 다음과 같이 행렬방정식으로 나타낼 수 있다.

$$\vec{x'} = A\vec{x}$$

이제 연립 선형미분방정식의 해를 구하는 과정을 예를 이용하여 알아보자.

만일 주어진 연립 선형미분방정식이

$$\begin{aligned} x_1' &= -x_1 \\ x_2' &= 3x_2 \\ x_3' &= 2x_3 \end{aligned}$$

라 하자. ①에 의하여 적당한 상수 c_1, c_2, c_3에 대하여

$$x_1 = c_1 e^{-t}$$
$$x_2 = c_2 e^{3t}$$
$$x_3 = c_3 e^{2t}$$

이고, 이때 주어진 연립 선형미분방정식을 행렬방정식 $\vec{x'} = A\vec{x}$ 으로 나타내면

$$A = \begin{bmatrix} -1 & 0 & 0 \\ 0 & 3 & 0 \\ 0 & 0 & 2 \end{bmatrix}$$

이다. 행렬 A 의 고윳값은 -1, 3, 2이고 이 값들은 모두 해의 지수함수인 e^{-t}, e^{3t}, e^{2t}에 나타나 있다. 따라서 연립 선형미분방정식을 행렬을 이용하여 풀 때 계수행렬을 대각화하면 쉽게 해를 구할 수 있다.

예제 1 다음 연립 선형미분방정식을 풀어라.

$$x_1{}' = 3x + 4x_2$$
$$x_2{}' = 3x_1 + 2x_2$$

풀이 계수행렬은 $A = \begin{bmatrix} 3 & 4 \\ 3 & 2 \end{bmatrix}$ 이고 행렬 A 의 고윳값은 $\lambda_1 = 6$, $\lambda_2 = -1$ 이다.

이때 $\vec{v_1} = \begin{bmatrix} 4 \\ 3 \end{bmatrix}$ 은 λ_1 에 대응하는 고유벡터이고 $\vec{v_2} = \begin{bmatrix} 1 \\ -1 \end{bmatrix}$ 는 λ_1 에 대응하는 고유벡터이다.

따라서 A 는 대각화가능한 행렬이고 대각화행렬 P는

$$P = \begin{bmatrix} 4 & 1 \\ 3 & -1 \end{bmatrix}$$

이고

$$P^{-1}AP = \begin{bmatrix} 6 & 0 \\ 0 & -1 \end{bmatrix} = D$$

이다.

이제 $\vec{x} = P\vec{y}$ 라 하면 $\vec{x}' = P\vec{y}'$ 이다. 따라서 $\vec{y}' = P^{-1}\vec{x}'$ 이고 이를 이용하여 다음의 관계를 얻는다.

$$\vec{y}' = P^{-1}\vec{x}' = P^{-1}(A\vec{x}) = P^{-1}A(P\vec{y}) = D\vec{y}$$

이 결과를 연립 선형미분방정식으로 나타내면 다음과 같다.

$$y_1{}' = 6y_1$$
$$y_2{}' = -y_2$$

따라서 이 연립 선형미분방정식은 다음과 같은 일반해를 갖는다.

$$y_1 = c_1 e^{6t}$$
$$y_2 = c_2 e^{-t}$$

이를 이용하여

$$\vec{x} = P\vec{y} = \begin{bmatrix} 4 & 1 \\ 3 & -1 \end{bmatrix} \begin{bmatrix} c_1 e^{6t} \\ c_2 e^{-t} \end{bmatrix} = \begin{bmatrix} 4c_1 e^{6t} + c_2 e^{-t} \\ 3c_1 e^{6t} - c_2 e^{-t} \end{bmatrix}$$

을 얻는다. 따라서

$$x_1 = 4c_1 e^{6t} + c_2 e^{-t}, \quad x_2 = 3c_1 e^{6t} - c_2 e^{-t}$$

이다. ■

대각화가능한 행렬의 거듭제곱

주어진 행렬이 대각화가능한 행렬일 때 이 행렬의 거듭제곱은 고윳값과 고유벡터를 이용하여 쉽게 구할 수 있다.

행렬 A가 대각화가능한 행렬이면 정칙행렬 P와 대각행렬 D가 존재하여

$$P^{-1}AP = D$$

이므로 이를 정리하면 $A = PDP^{-1}$이다. 이때

$$A^2 = (PDP^{-1})(PDP^{-1}) = PD^2P^{-1}$$
$$A^3 = AA^2 = (PDP^{-1})(PD^2P^{-1}) = PD^3P^{-1}$$

이므로 임의의 자연수 n에 대하여

$$A^n = PD^nP^{-1} \qquad ③$$

임을 쉽게 유추할 수 있다.

예제 2 n이 자연수이고 $A = \begin{bmatrix} 5 & -6 \\ 1 & 0 \end{bmatrix}$일 때 A^n을 구하여라.

풀이 행렬 A의 특성방정식은

$$p(\lambda) = \lambda^2 - 5\lambda + 6 = 0$$

이므로 $\lambda_1 = 2$와 $\lambda_2 = 3$이 A의 고윳값이다. $\lambda_1 = 2$에 대응하는 고유벡터는 $\vec{v_1} = \begin{bmatrix} 2 \\ 1 \end{bmatrix}$이고 $\lambda_2 = 3$에 대응하는 고유벡터는 $\vec{v_2} = \begin{bmatrix} 3 \\ 1 \end{bmatrix}$이므로 $P = \begin{bmatrix} 2 & 3 \\ 1 & 1 \end{bmatrix}$이라 하면

$$P^{-1}AP = \begin{bmatrix} 2 & 0 \\ 0 & 3 \end{bmatrix} = D$$

이다. D는 대각행렬이므로 자연수 n에 대하여

$$D^n = \begin{bmatrix} 2^n & 0 \\ 0 & 3^n \end{bmatrix}$$

이다. 따라서 식 ③에 의하여

$$\begin{aligned} A^n = PD^nP^{-1} &= \begin{bmatrix} 2 & 3 \\ 1 & 1 \end{bmatrix} \begin{bmatrix} 2^n & 0 \\ 0 & 3^n \end{bmatrix} \begin{bmatrix} -1 & 3 \\ 1 & -2 \end{bmatrix} \\ &= \begin{bmatrix} -2^{n+1} + 3^{n+1} & 3 \cdot 2^{n+1} - 2 \cdot 3^{n+1} \\ -2^n + 3^n & 3 \cdot 2^n - 2 \cdot 3^n \end{bmatrix} \end{aligned}$$

이다. ■

행렬지수

t에 관한 미분가능한 함수 $x = x(t)$에 대하여 $x' = kx$의 일반해는 적당한 상수 c에 대하여

$$x(t) = ce^{kt}$$

이다. 이러한 관점에서 연립 선형미분방정식 $\vec{x}' = A\vec{x}$의 해는 적당한 상수벡터 $\vec{c}$에 대하여

$$\vec{x} = \vec{c}\, e^{At} \qquad ④$$

로 생각해볼 수 있다. 식 ④의 의미를 설명하기 위하여 e^A을 정의하여 보자.

함수 e^x은 미적분학에서 다음과 같은 멱급수 전개로 설명한다.

$$e^x = 1 + x + \frac{x^2}{2!} + \frac{x^3}{3!} + \cdots$$

이를 이용하여 e^A을

$$e^A = I + A + \frac{A^2}{2!} + \frac{A^3}{3!} + \cdots$$

으로 정의하고 e^A을 행렬 A의 **행렬지수**(matrix exponential)라 한다.

예제 3 $A = \begin{bmatrix} 2 & 0 \\ 0 & -1 \end{bmatrix}$일 때 e^{At}을 구하여라.

풀이 행렬지수의 정의에 의하여

$$
\begin{aligned}
e^{At} &= I + At + \frac{(At)^2}{2!} + \frac{(At)^3}{3!} + \cdots \\
&= \begin{bmatrix} 1 & 0 \\ 0 & 1 \end{bmatrix} + \begin{bmatrix} 2t & 0 \\ 0 & -t \end{bmatrix} + \frac{1}{2!}\begin{bmatrix} (2t)^2 & 0 \\ 0 & (-t)^2 \end{bmatrix} + \frac{1}{3!}\begin{bmatrix} (2t)^3 & 0 \\ 0 & (-t)^3 \end{bmatrix} + \cdots \\
&= \begin{bmatrix} 1 + 2t + \frac{1}{2!}(2t)^2 + \frac{1}{3!}(2t)^3 + \cdots & 0 \\ 0 & 1 + (-t) + \frac{1}{2!}(-t)^2 + \frac{1}{3!}(-t)^3 + \cdots \end{bmatrix} \\
&= \begin{bmatrix} e^{2t} & 0 \\ 0 & e^{-t} \end{bmatrix}.
\end{aligned}
$$

■

행렬 A가 대각화가능한 행렬이면 정칙행렬 P와 대각행렬 D가 존재하여

$$P^{-1}AP = D$$

이므로 $A = PDP^{-1}$이다. 식 ③에 의하여 임의의 자연수 n에 대하여

$$A^n = PD^nP^{-1}$$

이 성립한다. 따라서 대각화가능한 행렬 A의 행렬지수는

$$
\begin{aligned}
e^{A} &= I + A + \frac{A^2}{2!} + \frac{A^3}{3!} + \cdots \\
&= PIP^{-1} + PDP^{-1} + \frac{1}{2!}PD^2P^{-1} + \frac{1}{3!}PD^3P^{-1} + \cdots \qquad (5) \\
&= P\left(I + D + \frac{1}{2!}D^2 + \frac{1}{3!}D^3 + \cdots\right)P^{-1} \\
&= Pe^{D}P^{-1}
\end{aligned}
$$

이다.

예제 4 $A = \begin{bmatrix} 1 & 0 \\ 1 & 2 \end{bmatrix}$일 때 e^A을 구하여라.

풀이 행렬 A의 고윳값은 $\lambda_1 = 2$와 $\lambda_2 = 1$이다. $\lambda_1 = 2$에 대응하는 고유벡터는 $\vec{v_1} = \begin{bmatrix} 0 \\ 1 \end{bmatrix}$이고 $\lambda_2 = 1$에 대응하는 고유벡터는 $\vec{v_2} = \begin{bmatrix} 1 \\ -1 \end{bmatrix}$이다. $P = \begin{bmatrix} 0 & 1 \\ 1 & -1 \end{bmatrix}$이라 하면

$$P^{-1}AP = \begin{bmatrix} 2 & 0 \\ 0 & 1 \end{bmatrix} = D$$

가 성립한다. 식 ⑤에 의하여

$$e^A = Pe^DP^{-1} = \begin{bmatrix} 0 & 1 \\ 1 & -1 \end{bmatrix}\begin{bmatrix} e^2 & 0 \\ 0 & e^1 \end{bmatrix}\begin{bmatrix} 1 & 1 \\ 1 & 0 \end{bmatrix} = \begin{bmatrix} e & 0 \\ e^2 - e & e^2 \end{bmatrix}$$

이다.

■

연습문제 6.4

1. 다음 연립 선형미분방정식의 일반해를 구하여라.

(1) $x_1' = x_1 + x_2$

$x_2' = x_1 - x_2$

(2) $x_1' = -2x_1 + 4x_2$

$x_2' = x_1 + x_2$

2. 다음 연립 선형미분방정식의 초깃값 문제를 풀어라.

(1) $x_1' = 2x_1 - x_2,\ x_1(0) = 2$

$x_2' = -x_1 + 2x_2,\ x_2(0) = 1$

(2) $x_1' = 2x_1 + x_2,\ x_1(0) = -2$

$x_2' = x_1 - 2x_2,\ x_2(0) = 2$

3. 다음 행렬 A를 정칙행렬 P와 대각행렬 D를 이용하여 PDP^{-1}으로 나타내고 A^5을 구하여라.

(1) $A = \begin{bmatrix} 6 & 2 \\ -6 & -1 \end{bmatrix}$　　(2) $A = \begin{bmatrix} 2 & 3 \\ 3 & 2 \end{bmatrix}$

4. $A = \begin{bmatrix} 0 & 1 & 1 \\ 0 & 2 & 0 \\ -2 & 1 & 3 \end{bmatrix}$일 때, A^8을 구하여라.

5. (1) $A = \begin{bmatrix} 2 & 1 \\ 3 & 4 \end{bmatrix}$일 때, e^A을 구하여라.

(2) $B = \begin{bmatrix} 2 & 1 & 1 \\ 1 & 2 & 1 \\ 1 & 1 & 2 \end{bmatrix}$일 때, e^B을 구하여라.

연습문제 해답

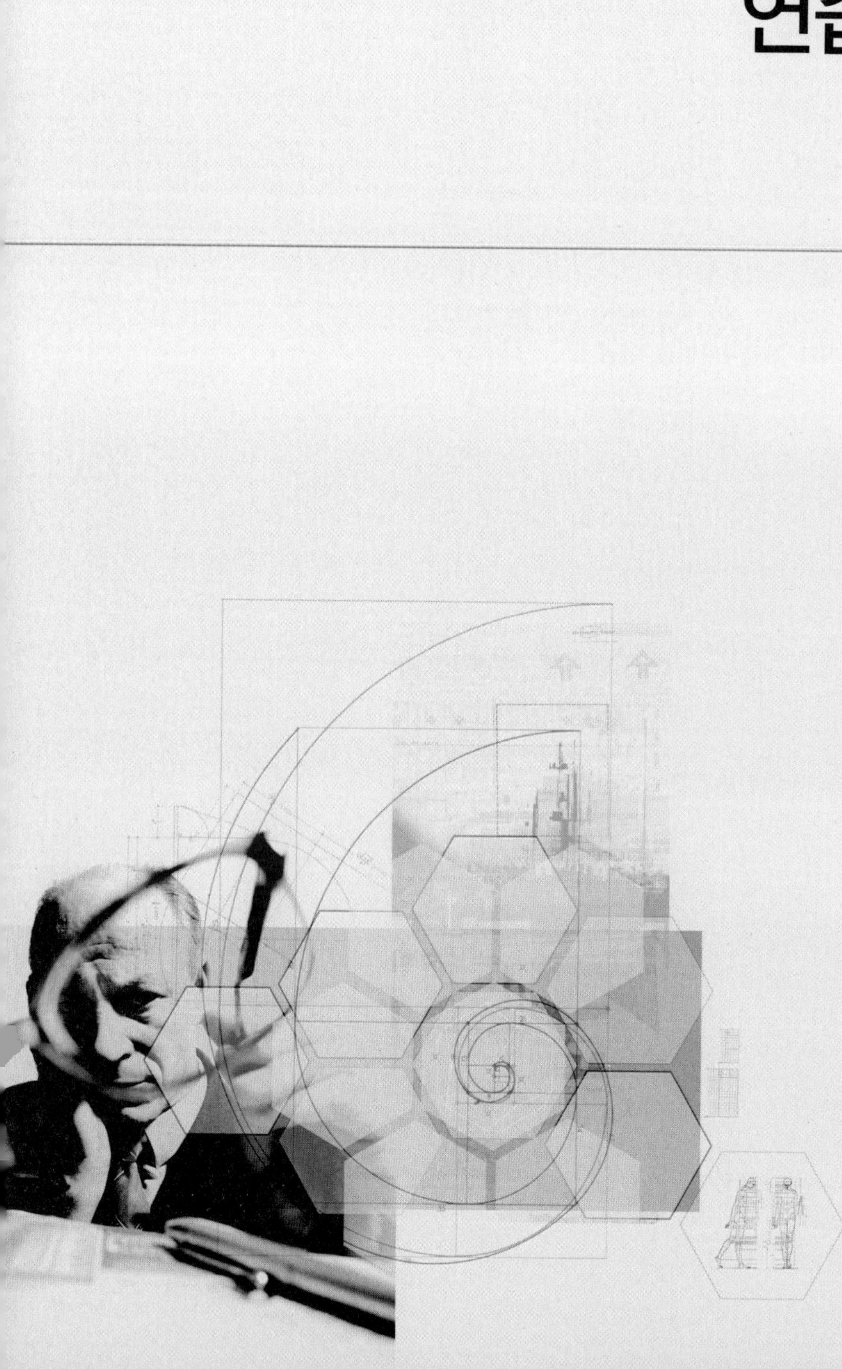

1장

1.1

1. (1) $\begin{bmatrix} 2 & -1 & 0 \\ 1 & 3 & 4 \end{bmatrix}$ (3) $\begin{bmatrix} 1 & 3 & -1 \\ -2 & 1 & -5 \\ 1 & 2 & 2 \end{bmatrix}$

2. (1) $x_1 - 2x_2 + \sqrt{3}x_3 = 4,\ 2x_1 - 3x_2 - x_3 = 5,\ 3x_1 - 4x_2 + 5x_3 = -4$

   (3) $2x_1 - x_2 + \frac{1}{2}x_3 + 3x_4 = 1$

3. (1) $x_1 = -5,\ x_2 = 2$ (3) $x_1 = -\frac{1}{2},\ x_2 = 0,\ x_3 = -\frac{1}{2}$

4. (1) $c \neq 10$

5. (1) $x_1 = 1,\ x_2 = 2,\ x_3 = 3$ (3) $x_1 = 1,\ x_2 = -1,\ x_3 = 2,\ x_4 = 1$

6. (1) $x_1 = 3,\ x_2 = -2,\ x_3 = 2$

1.2

1. (1) 행사다리꼴 행렬이 아님. (3) 행사다리꼴 행렬이 아님.

   (5) 행사다리꼴 행렬이지만 기약사다리꼴 아님.

2. (1) $\begin{bmatrix} 1 & 2 & -1 \\ 0 & 1 & -3 \\ 0 & 0 & 1 \end{bmatrix}$ (3) $\begin{bmatrix} 1 & 0 & -2 & 7 \\ 0 & 1 & 8 & -10 \\ 0 & 0 & 1 & -\frac{46}{31} \end{bmatrix}$

3. (1) $\begin{bmatrix} 1 & 0 & 0 & 1 \\ 0 & 1 & 0 & -1 \\ 0 & 0 & 1 & 1 \end{bmatrix}$ (3) $\begin{bmatrix} 1 & 1 & 0 & 0 & 0 \\ 0 & 0 & 1 & 0 & 0 \\ 0 & 0 & 0 & 1 & 0 \\ 0 & 0 & 0 & 0 & 1 \end{bmatrix}$

4. (1) $x_1 = 1,\ x_2 = -3$ (3) $x_1 = -1,\ x_2 = 2,\ x_3 = 1$

   (5) $x_1 = 8a - 1,\ x_2 = 7a,\ x_3 = 1 - 2a,\ a \in \mathbb{R}$

5. (1) 근이 없다.

6. (1) $x_1 = -2 - a,\ x_2 = a,\ x_3 = a,\ x_4 = 2,\ a \in \mathbb{R}$

   (3) $x_1 = 8,\ x_2 = -1,\ x_3 = 3,\ x_4 = -1$

7. $a = -1$: $(1 - 3c, 1 - 2c,\ c)$

   $a \neq -1$: 해가 없다.

1.3

1. (1) $\begin{bmatrix} 3 & -5 \\ 4 & 8 \end{bmatrix}$ (3) $\begin{bmatrix} 7 & -2 \\ 5 & 5 \\ 5 & 0 \end{bmatrix}$

   (5) 정의가 안됨. (7) $\begin{bmatrix} -3 & 3 \\ 2 & -2 \end{bmatrix}$

2. (1) $[2\ \ -7\ \ 2]$ (3) $\begin{bmatrix} -7 \\ -6 \\ 6 \end{bmatrix}$

3. $\begin{bmatrix} 1 & 1 & 2 & 7 \\ -1 & 2 & 3 & 0 \\ 2 & 0 & 1 & 1 \\ 1 & 1 & 1 & -10 \end{bmatrix}$

4. (1) $v = a_1 + 3a_3$ (3) $v = a_1 + a_2 - a_3$

5. (1) $\begin{bmatrix} 1 \\ 1 \\ 2 \end{bmatrix} - \begin{bmatrix} -2 \\ -1 \\ 1 \end{bmatrix} + 2\begin{bmatrix} 3 \\ 1 \\ -2 \end{bmatrix} = \begin{bmatrix} 9 \\ 4 \\ -3 \end{bmatrix}$

8. (1) A의 j행

1.4

1. (1) $E = \begin{bmatrix} 1 & 0 & 0 \\ 0 & 1 & 0 \\ 0 & -1 & 1 \end{bmatrix}$, $F = \begin{bmatrix} 1 & 0 & 0 \\ 0 & 1 & 0 \\ 0 & 1 & 1 \end{bmatrix}$ (3) $E = \begin{bmatrix} \frac{1}{2} & 0 \\ 0 & 1 \end{bmatrix}$, $F = \begin{bmatrix} 2 & 0 \\ 0 & 1 \end{bmatrix}$

2. (1) $E = \begin{bmatrix} 1 & 0 & 0 \\ 0 & 1 & 0 \\ 1 & 0 & 1 \end{bmatrix}$

   (3) $FEA = C$이므로 행동치가 된다.

3. (1) $E_1^{-1} = \begin{bmatrix} 1 & 0 & 0 \\ 2 & 1 & 0 \\ 0 & 0 & 1 \end{bmatrix}$, $E_2^{-1} = \begin{bmatrix} 1 & 0 & 0 \\ 0 & 1 & 0 \\ 0 & 0 & \frac{1}{3} \end{bmatrix}$, $E_3^{-1} = \begin{bmatrix} 1 & 0 & -2 \\ 0 & 1 & 0 \\ 0 & 0 & 1 \end{bmatrix}$, $E_4^{-1} = \begin{bmatrix} 0 & 0 & 1 \\ 0 & 1 & 0 \\ 1 & 0 & 0 \end{bmatrix}$

4. $A^{-1} = \begin{bmatrix} 1/5 & 1/10 & 3/5 \\ 1/5 & 1/10 & -2/5 \\ -2/5 & 3/10 & -1/5 \end{bmatrix}$

5. (1) $\frac{1}{3}\begin{bmatrix} 1 & 1 \\ -1 & 2 \end{bmatrix}$ (3) 역행렬 존재 안함.

   (5) $\begin{bmatrix} 0.2 & 0.8 & -0.4 \\ 0.4 & -0.4 & 0.2 \\ -0.2 & 0.2 & 0.4 \end{bmatrix}$ (7) $\begin{bmatrix} 0.5 & 0.5 & 0.5 & -0.5 \\ -0.5 & 0.5 & 0.5 & 0.5 \\ 0 & -0.5 & 0 & 0.5 \\ 0.5 & 0 & -0.5 & 0 \end{bmatrix}$

6. $a \neq -\frac{5}{2}$

7. (1) $\begin{bmatrix} 1 & -2 & 1 \\ -1 & -1 & 1 \\ 0 & 2 & -1 \end{bmatrix}$

1.5

1. (1) $L = \begin{bmatrix} 1 & 0 & 0 \\ 2 & 3 & 0 \\ 1 & 1 & 1 \end{bmatrix}$, $U = \begin{bmatrix} 1 & -1 & 2 \\ 0 & -1 & 2 \\ 0 & 0 & 4 \end{bmatrix}$

   (3) LU분해 안됨.

(5) $L=\begin{bmatrix} 1&0&0&0 \\ 0&2&0&0 \\ -1&0&1&0 \\ 0&1&0&1 \end{bmatrix}$, $U=\begin{bmatrix} 2&0&-1&1 \\ 0&-1&0&1 \\ 0&0&3&0 \\ 0&0&0&1 \end{bmatrix}$

2. (1) $A=\begin{bmatrix} 1&0&0 \\ -1&1&0 \\ 0&-1&1 \end{bmatrix}\begin{bmatrix} -2&0&0 \\ 0&-6&0 \\ 0&0&12 \end{bmatrix}\begin{bmatrix} 1&\frac{1}{2}&0 \\ 0&1&-\frac{1}{3} \\ 0&0&1 \end{bmatrix}$

(2) a) $x_1=x_2=x_3=1$

3. (1) $A=\begin{bmatrix} 1&0&0&0 \\ \frac{1}{3}&1&0&0 \\ 0&0&1&0 \\ 0&-1&0&1 \end{bmatrix}\begin{bmatrix} 6&0&0&0 \\ 0&-1&0&0 \\ 0&0&-6&0 \\ 0&0&0&-1 \end{bmatrix}\begin{bmatrix} 1&0&-1&\frac{1}{2} \\ 0&1&0&1 \\ 0&0&1&-2 \\ 0&0&0&1 \end{bmatrix}$

(2) a) $x_1=1,\ x_2=-1,\ x_3=0,\ x_4=1$

2장

2.1

1. (1) 20 (3) 0 (5) 135

2.2

1. (1) $x=1,\ y=1, z=2$

(3) $x=0.5,\ y=-1,\ z=0,\ w=1.5$

2.3

1. (1) 1 (3) −1 (5) 1

(7) −1

3. 사상 $L:E\to O$를 생각하자.

$\sigma\tau\to\tau a$(여기서, E는 우치환의 집합, O는 기치환의 집합, τ는 치환이다.)

이때 L은 일대일 대응이다. 따라서 두 집합의 개수 $|E|=|O|$이다.

5. (1) 3행에 abc를 곱하면, 3행과 2행이 같으므로 행렬식은 0이다.

2.4

1. (1) $A^{-1}=\frac{1}{3}\begin{pmatrix} 6 & 0 & -3 \\ 2 & 1 & -1 \\ -3 & 0 & 3 \end{pmatrix}$ (3) $C^{-1}=\frac{1}{-90}\begin{pmatrix} -32 & -10 & 18 \\ -29 & 5 & -9 \\ 11 & -5 & -9 \end{pmatrix}$

3. (1) $D(A)=D(X^{-1}BX)=D(X^{-1})D(B)D(X)=D(B)D(X^{-1})D(X)$

$$\begin{aligned} &= D(B)D(X^{-1}X) \\ &= D(B)D(I) \\ &= D(B) \end{aligned}$$

2.5

1. (1) $\frac{1}{2}\begin{vmatrix} 1 & 1 & 1 \\ 2 & 3 & 4 \\ 2 & 7 & 5 \end{vmatrix}=-\frac{7}{2}$ $\therefore$ 삼각형의 넓이 $=\frac{7}{2}$

3. (1) $\begin{vmatrix} 4 & 7 \\ 3 & 5 \end{vmatrix}=-1$ $\therefore$ 평행사변형의 넓이 $=1$

3장

3.1

7. $\overrightarrow{PQ}=(-3,\ -1,\ -2)$

9. $\overrightarrow{PQ}=(0,\ 2b,\ c-2)$

13. $x+y=(-7,\ 10,\ 5)$

$2x-y=(-5,\ 8,\ -11)$

15. $x+y=\begin{bmatrix} \sqrt{3}+4 \\ -3 \\ 8 \end{bmatrix}$, $2x-y=\begin{bmatrix} 2\sqrt{3}-4 \\ 6 \\ -2 \end{bmatrix}$

17. $\mathbf{u}=\left(\frac{1}{2},\ \frac{\sqrt{3}}{2}\right)$, $\mathbf{v}=\left(-\frac{\sqrt{3}}{2},\ -\frac{1}{2}\right)$, $\mathbf{u}+\mathbf{v}=\left(\frac{1-\sqrt{3}}{2},\ \frac{\sqrt{3}-1}{2}\right)$,

$\mathbf{u}-\mathbf{v}=\left(\frac{1+\sqrt{3}}{2},\ \frac{\sqrt{3}+1}{2}\right)$

3.2

1. $\|\mathbf{u}\|=\sqrt{5}$, $\frac{\mathbf{u}}{\|\mathbf{u}\|}=\begin{bmatrix} -\frac{1}{\sqrt{5}} \\ \frac{2}{\sqrt{5}} \end{bmatrix}$

3. $\|\mathbf{u}\| = \sqrt{14}$, $\dfrac{\mathbf{u}}{\|\mathbf{u}\|} = \begin{bmatrix} \dfrac{1}{\sqrt{14}} \\ \dfrac{2}{\sqrt{14}} \\ \dfrac{3}{\sqrt{14}} \end{bmatrix}$

5. $\|\mathbf{u}\| = \sqrt{6}$, $\dfrac{\mathbf{u}}{\|\mathbf{u}\|} = \left(\dfrac{1}{\sqrt{6}},\ \dfrac{1}{\sqrt{3}},\ \dfrac{1}{\sqrt{2}},\ 0\right)$

7. 11

9. 2

11. $\dfrac{\pi}{3}$

13. $\cos^{-1}\dfrac{35}{\sqrt{1305}}$

15. $\|\mathbf{x} \times \mathbf{y}\| = \sqrt{19}$

17. $\|\mathbf{x} \times \mathbf{y}\| = \sqrt{19} < \sqrt{13} + 2 = \|\mathbf{x}\| + \|\mathbf{y}\|$

19. $k = -2, 3$

3.3

1. $(32,\ -6,\ -4)$

3. $(-14,\ -20,\ -82)$

5. $(18,\ 36,\ -18)$

11. $(0,\ 0,\ 0)$

13. $\dfrac{\sqrt{374}}{2}$

15. $\sqrt{14}$

19. 3

21. -3

23. 0

4장

4.2

1. $-\dfrac{27}{2}\mathbf{u} + 4\mathbf{v} + \dfrac{7}{2}\mathbf{w}$

3. $\dfrac{53}{2}\mathbf{u} - 9\mathbf{v} - \dfrac{21}{2}\mathbf{w}$

5. 일차결합으로 나타낼 수 없다.

7. $p(t) = -2P_1 + P_2 - 2P_3$

9. $p(t) = -2P_2 + 3P_3$

11. 일차독립

13. 일차종속

4.3

1. 기저이다.

3. 기저가 아니다.

5. 기저이다.

7. 기저가 아니다.

9. 기저가 아니다.

11. 기저가 아니다.

13. 기저이다.

15. $S = \{(1,\ 0,\ -1), (0,\ 1,\ -1)\}$, 2차원

17. $S = \{(2,\ 1,\ 3)\}$, 1차원

19. $a \neq 0,\ 1,\ -1$

4.4

1. $S = \{(3,\ 3),\ (7,\ 0)\}$, 2차원

3. $S = \{(1,\ 0,\ 0,\ 2),\ (0,\ 1,\ 0,\ 20),\ (0,\ 0,\ 1,\ 6)\}$, 3차원

5. $S = \{(1,\ 0,\ 0,\ 0,\ 5)),\ (0,\ 1,\ 0,\ 0,\ 0),\ (0,\ 0,\ 1,\ 0,\ 3),\ (0,\ 0,\ 0,\ 1,\ 1)\}$, 4차원

7. 행공간의 기저: $\{(1,\ 0,\ 0),\ (0,\ 0,\ 1)\}$

   열공간의 기저: $\left\{\begin{bmatrix}1\\0\\0\end{bmatrix}, \begin{bmatrix}0\\1\\0\end{bmatrix}\right\}$

9. 행공간의 기저: $\{(1,\ 1,\ 0,\ 0),\ (0,\ 1,\ 1,\ 0),\ (0,\ 0,\ 0,\ 1)\}$

   열공간의 기저: $\left\{\begin{bmatrix}1\\0\\0\\0\end{bmatrix}, \begin{bmatrix}0\\1\\0\\0\end{bmatrix}, \begin{bmatrix}0\\0\\1\\0\end{bmatrix}\right\}$

11. $S = \{(3,\ -2,\ 1)\}$, 1차원

13. $S = \left\{\begin{bmatrix}0\\0\\0\end{bmatrix}\right\}$, 0차원

15. $S = \left\{\begin{bmatrix}5\\-4\\1\\0\end{bmatrix}, \begin{bmatrix}1\\2\\0\\1\end{bmatrix}\right\}$, 2차원

17. $k = 4$

19. 계수 1: $x = 2,\ y = 1$

계수 2: $x \neq 2$ 또는 $y \neq 1$

4.5

1. $[\mathbf{x}]_B = \begin{bmatrix} 3 \\ -2 \end{bmatrix}$

3. $[\mathbf{x}]_S = \begin{bmatrix} 1 \\ -1 \end{bmatrix}$

5. $[\mathbf{x}]_S = \begin{bmatrix} -1 \\ 3 \end{bmatrix}$

7. $[\mathbf{x}]_S = \begin{bmatrix} -2\sqrt{2} \\ 5\sqrt{2} \end{bmatrix}$

9. (1) $[\mathbf{x}]_T = \begin{bmatrix} 1 \\ 1 \end{bmatrix}$, $[\mathbf{y}]_T = \begin{bmatrix} -\dfrac{107}{11} \\ \dfrac{13}{11} \end{bmatrix}$

(2) $P = \begin{pmatrix} 2 & 3 \\ 1 & -4 \end{pmatrix}$

(3) $[\mathbf{x}]_S = \begin{bmatrix} 5 \\ -3 \end{bmatrix}$, $[\mathbf{y}]_S = \begin{bmatrix} 3 \\ -5 \end{bmatrix}$

(4) $Q = \begin{bmatrix} \dfrac{4}{11} & \dfrac{3}{11} \\ \dfrac{1}{11} & -\dfrac{2}{11} \end{bmatrix}$

4.6

1. 직교하지 않는다.

3. 직교하지 않는다.

5. $\left(\dfrac{1}{\sqrt{5}}, \dfrac{2}{\sqrt{5}}\right)$

7. 정규직교집합이 아니다.

11. $\left\{ \dfrac{1}{\sqrt{6}}\begin{bmatrix} 1 \\ -1 \\ 0 \\ 2 \end{bmatrix}, \dfrac{1}{\sqrt{6}}\begin{bmatrix} -1 \\ -1 \\ 2 \\ 0 \end{bmatrix}, \dfrac{1}{\sqrt{3}}\begin{bmatrix} 1 \\ 1 \\ 1 \\ 0 \end{bmatrix}, \dfrac{1}{\sqrt{6}}\begin{bmatrix} 1 \\ -1 \\ 0 \\ 2 \end{bmatrix} \right\}$, 정규직교기저이다.

13. $\left\{ \left(\dfrac{55\sqrt{841}}{29\sqrt{3509}}, -\dfrac{22\sqrt{841}}{29\sqrt{3509}} \right), \left(\dfrac{2}{\sqrt{29}}, \dfrac{5}{\sqrt{29}} \right) \right\}$

15. $\{(0, 0, 1), (0, 1, 0), (1, 0, 0)\}$

5장

5.1

1. $L(\mathbf{u})=\begin{bmatrix} 0 \\ 11 \end{bmatrix}$, $L(\mathbf{v})=\begin{bmatrix} 8 \\ 1 \end{bmatrix}$

2. (1) 선형변환 $\begin{bmatrix} 1 & 1 \\ 1 & -1 \end{bmatrix}$ (3) 선형변환 $\begin{bmatrix} 1 & -1 & 1 \\ 2 & 1 & -3 \end{bmatrix}$ (5) 선형변환 아님.

   (7) 선형변환 아님. (9) 선형변환 (11) 선형변환

   (13) 선형변환 (15) 선형변환 아님.

3. $L\begin{bmatrix} -7 \\ 9 \end{bmatrix}=5-14x-8x^2$,

   $L\left(\begin{bmatrix} a \\ b \end{bmatrix}\right)=\left(\dfrac{a+3b}{4}\right)-\left(\dfrac{a+7b}{4}\right)x+\left(\dfrac{a-b}{2}\right)x^2$

5. $(S \circ T)\begin{bmatrix} 2 \\ 1 \end{bmatrix}=\begin{bmatrix} 4 & -1 \\ 0 & 6 \end{bmatrix}$,

   $(S \circ T)\begin{bmatrix} x \\ y \end{bmatrix}=\begin{bmatrix} 2x & -y \\ 0 & 2x+2y \end{bmatrix}$, $(T \circ S)\begin{bmatrix} x \\ y \end{bmatrix}$는 정의되지 않는다.

7.

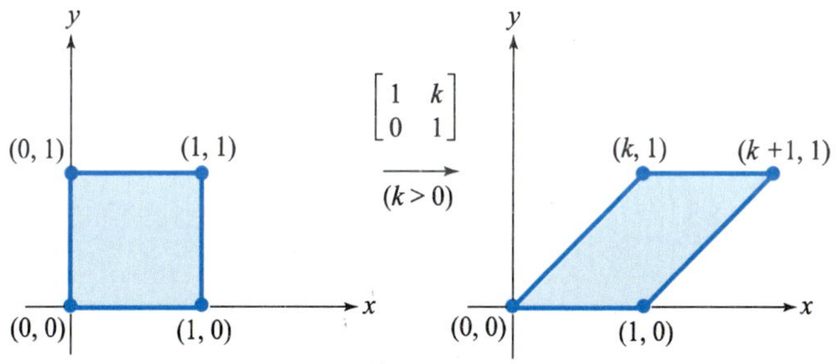

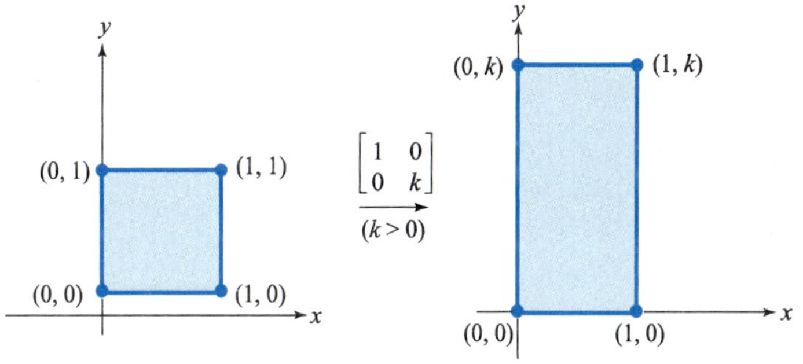

5.2

1. $L\begin{bmatrix} a \\ b \end{bmatrix}=(5a-3b)+(-9a+6b)x+(4a-3b)x^2$,

   $L\begin{bmatrix} -1 \\ 2 \end{bmatrix}=-11+21x-10x^2$

2. (1) (ii)

(2) (iii)

(3) $\ker(T)=\left\{\begin{bmatrix} 0 & b \\ c & 0 \end{bmatrix}\right\}$, $\text{range}(T)=\left\{\begin{bmatrix} a & 0 \\ 0 & d \end{bmatrix}\right\}$

3. (1) $\text{rank}(L)=\text{nullity}(L)=2$ (3) $\text{rank}(L)=\text{nullity}(L)=2$

4. (1) 일대일 변환, 위로의 변환 아님.

(3) 일대일 변환, 위로의 변환

5. $\ker(T)=\{O\}$, $\text{range}(T)=M_{22}$

5.3

1. (1) $\begin{bmatrix} 1 & 1 \\ 1 & -1 \end{bmatrix}$ (3) $\begin{bmatrix} 1 & -1 & 1 \\ 2 & 1 & -3 \end{bmatrix}$

2. (1) $\begin{bmatrix} \sqrt{3}/2 & 1/2 \\ -1/2 & \sqrt{3}/2 \end{bmatrix}$ (3) $\begin{bmatrix} 1/2 & -1/2 \\ -1/2 & 1/2 \end{bmatrix}$ (5) $\begin{bmatrix} 0 & -1 \\ -1 & 0 \end{bmatrix}$

3. (1) $\begin{bmatrix} -1 & 0 \\ 0 & 1 \end{bmatrix}$ (3) $\begin{bmatrix} 2 & 0 \\ 0 & 3 \end{bmatrix}$

5. (1) $\begin{bmatrix} -8 & 5 \\ 4 & 1 \end{bmatrix}$ (3) $\begin{bmatrix} 0 & 6 & -6 \\ 1 & -2 & 2 \end{bmatrix}$ (5) $\begin{bmatrix} 1 & 0 & -1 \\ -1 & 1 & 0 \\ 0 & -1 & 1 \end{bmatrix}$

5.4

1. (1) $\begin{bmatrix} 0 & 1 \\ -1 & 0 \end{bmatrix}$ (3) $\begin{bmatrix} 1 & 0 & 0 \\ 0 & 1 & 0 \\ 0 & 0 & 1 \end{bmatrix}$ (5) $\begin{bmatrix} 1 & 0 & 0 \\ 1 & 1 & 1 \end{bmatrix}$

(7) $\begin{bmatrix} 6 & 4 \\ -3 & -2 \\ 2 & -1 \end{bmatrix}$ (9) $\begin{bmatrix} 1 & 0 & 0 & 0 \\ 0 & 0 & 1 & 0 \\ 0 & 1 & 0 & 0 \\ 0 & 0 & 0 & 1 \end{bmatrix}$ (11) $\begin{bmatrix} 0 & -\frac{1}{2} & \frac{1}{2} \\ -1 & \frac{1}{2} & \frac{1}{2} \end{bmatrix}$

(13) $=\begin{bmatrix} 1 & 1 & -1 & 0 \\ 0 & -2 & 3 & 0 \\ 0 & -1 & 2 & 0 \\ 0 & 2 & -2 & 1 \end{bmatrix}$

3. (1) $\begin{bmatrix} 1 & -1 & 1 \\ 0 & 2 & -4 \\ 0 & 0 & 4 \end{bmatrix}$

4. (1) $\begin{bmatrix} 0 & 1 & 0 & 0 \\ 0 & 0 & 2 & 0 \\ 0 & 0 & 0 & 3 \end{bmatrix}$

(3) $D(5-x+2x^3)=-1+6x^2$,

$$A[5-x+2x^3]_S=\begin{bmatrix} 0 & 1 & 0 & 0 \\ 0 & 0 & 2 & 0 \\ 0 & 0 & 0 & 3 \end{bmatrix}\begin{bmatrix} 5 \\ -1 \\ 0 \\ 2 \end{bmatrix}=\begin{bmatrix} -1 \\ 0 \\ 6 \end{bmatrix}=[D(5-x+2x^3)]_T$$

6장

6.1

1. (1) 고윳값은 $\lambda_1 = 2$ 와 $\lambda_2 = 3$ 이고 각각에 대응하는 고유벡터는 $x_1\begin{bmatrix}1\\0\end{bmatrix}$ 과 $x_2\begin{bmatrix}0\\1\end{bmatrix}$ 이다.
(단, $x_1 \neq 0, x_2 \neq 0$)

(3) 고윳값은 $\lambda_1 = 1$ 과 $\lambda_2 = 2$ 이고 각각에 대응하는 고유벡터는 $x_1\begin{bmatrix}-1\\1\end{bmatrix}$ 과 $x_2\begin{bmatrix}-2\\1\end{bmatrix}$ 이다.
(단, $x_1 \neq 0, x_2 \neq 0$)

(5) 고윳값은 $\lambda = 3$ 이고 각각에 대응하는 고유벡터는 $x_1\begin{bmatrix}1\\1\end{bmatrix}$ 이다. (단, $x_1 \neq 0$)

2. (1) 고윳값은 $\lambda_1 = 1$, $\lambda_2 = 2$, $\lambda_3 = 3$ 이다. $\lambda_1 = 1$ 에 대응하는 고유벡터는 $x_1\begin{bmatrix}1\\-1\\1\end{bmatrix}$ 이고, $\lambda_2 = 2$ 에 대응하는 고유벡터는 $x_2\begin{bmatrix}1\\0\\0\end{bmatrix}$ 이며, $\lambda_3 = 3$ 에 대응하는 고유벡터는 $x_3\begin{bmatrix}0\\1\\0\end{bmatrix}$ 이다.
(단, $x_1 \neq 0, x_2 \neq 0, x_3 \neq 0$)

(3) 고윳값은 $\lambda = 2$ 이며 고윳값에 대응하는 고유벡터는 $x_1\begin{bmatrix}-1\\-1\\3\end{bmatrix}$ 이다.(단, $x_1 \neq 0$)

3. 고윳값은 $\lambda_1 = -2$, $\lambda_2 = -1$, $\lambda_3 = 1$ 이다.
$\lambda_1 = -2$ 에 대응하는 고유벡터는 $x_1\begin{bmatrix}-1\\0\\1\\0\end{bmatrix}$ 이고 $\lambda_2 = -1$ 에 대응하는 고유벡터는 $x_2\begin{bmatrix}-2\\1\\1\\0\end{bmatrix}$ 이다. $\lambda_3 = 1$ 에 대응하는 고유벡터는 $x_3\begin{bmatrix}2\\3\\1\\0\end{bmatrix}$ 와 $x_4\begin{bmatrix}0\\0\\0\\1\end{bmatrix}$ 이다.(단, $x_1 \neq 0, x_2 \neq 0, x_3 \neq 0, x_4 \neq 0$)

5. (1) 고윳값은 $\lambda_1 = 1+2i$ 와 $\lambda_2 = 1-2i$ 이다. $\lambda_1 = 1+2i$ 에 대응하는 고유벡터는 $x_1\begin{bmatrix}-i\\1\end{bmatrix}$ 이고 $\lambda_2 = 1-2i$ 에 대응하는 고유벡터는 $x_2\begin{bmatrix}i\\1\end{bmatrix}$ 이다. (단, $x_1 \neq 0, x_2 \neq 0$)

7. 고윳값은 $\lambda_1 = 1+2\sqrt{2}$ 와 $\lambda_2 = 1-2\sqrt{2}$ 이다.
$\lambda_1 = 1+2\sqrt{2}$ 에 대응하는 고유벡터는 $x_1\begin{bmatrix}1+\sqrt{2}\\1\end{bmatrix}$ 이고 $\lambda_2 = 1-2\sqrt{2}$ 에 대응하는 고유벡터는 $x_2\begin{bmatrix}1-\sqrt{2}\\1\end{bmatrix}$ 이다. (단, $x_1 \neq 0, x_2 \neq 0$)

9. $\mathbb{R}^2$ 위의 $\frac{\pi}{2}$ 만큼 회전시키는 회전변환 T를 행렬로 나타내면 $T = \begin{bmatrix}\cos\frac{\pi}{2} & -\sin\frac{\pi}{2}\\ \sin\frac{\pi}{2} & \cos\frac{\pi}{2}\end{bmatrix} =$

$\begin{bmatrix} 0 & -1 \\ 1 & 0 \end{bmatrix}$이다. T의 특성방정식은 $|T-\lambda I| = \lambda^2+1=0$이고 이 방정식을 만족하는 실근 λ는 존재하지 않는다. 따라서 고윳값과 고유벡터는 존재하지 않는다.

6.2

1. (1) A의 고윳값은 2와 3이고 $B=A^4$이므로 B의 고윳값은 $2^4=16$과 $3^4=81$이다.
2. (1) A의 고윳값은 1과 5이고 $B=A^3$이므로 B의 고윳값은 $1^3=1$과 $5^3=125$이다.
3. $|A|=(-2)\times(-1)\times 1\times 3=6$, $tr(A)=(-2)+(-1)+1+3=1$
5. (1) $A^{-1}=-A-I=\begin{bmatrix} -2 & -3 \\ 1 & 1 \end{bmatrix}$
7. λ가 A의 고윳값이면

$$|A-\lambda I| = |(A-\lambda I)^T| = |A^T-\lambda I|$$

이므로 행렬 A의 고윳값과 행렬 A^T의 고윳값은 같다.

9. 행렬 $A=\begin{bmatrix} 0 & 1 \\ 2 & 1 \end{bmatrix}$의 고윳값은 $\lambda_1=-1$이고 $\lambda_2=2$이며 $v_1=\begin{bmatrix} 1 \\ -1 \end{bmatrix}$과 $\vec{v_2}=\begin{bmatrix} 1 \\ 2 \end{bmatrix}$는 각각 λ_1과 λ_2에 대응하는 고유벡터이다. $\begin{bmatrix} 4 \\ 5 \end{bmatrix}=\begin{bmatrix} 1 \\ -1 \end{bmatrix}+3\begin{bmatrix} 1 \\ 2 \end{bmatrix}$이므로

$$\begin{aligned} A^6\begin{bmatrix} 4 \\ 5 \end{bmatrix} &= A^6\left(\begin{bmatrix} 1 \\ -1 \end{bmatrix}+3\begin{bmatrix} 1 \\ 2 \end{bmatrix}\right) \\ &= A^6\begin{bmatrix} 1 \\ -1 \end{bmatrix}+3A^6\begin{bmatrix} 1 \\ 2 \end{bmatrix} \\ &= \lambda_1^6\begin{bmatrix} 1 \\ -1 \end{bmatrix}+3\lambda_2^6\begin{bmatrix} 1 \\ 2 \end{bmatrix} \\ &= (-1)^6\begin{bmatrix} 1 \\ -1 \end{bmatrix}+3\cdot 2^6\begin{bmatrix} 1 \\ 2 \end{bmatrix} \\ &= \begin{bmatrix} 191 \\ 285 \end{bmatrix} \end{aligned}$$

6.3

1. (1) $A\sim B$이므로 정칙행렬 P가 존재하여

$$P^{-1}AP=B$$

가 성립한다. 이제 $Q=P^{-1}$라 하면 Q는 정칙행렬이고 $Q^{-1}BQ=PBP^{-1}=A$이므로 $B\sim A$이다.

3. $A=\begin{bmatrix} 1 & 0 \\ 0 & 1 \end{bmatrix}$이고 $B=\begin{bmatrix} 1 & 1 \\ 0 & 1 \end{bmatrix}$라 하면 두 행렬의 특성방정식은 모두 $(1-\lambda)^2$이다. 하지만 임의의 정칙행렬 P에 대하여

$$P^{-1}AP=P^{-1}IP=I\neq B$$

이므로 A와 B는 닮은 행렬이 아니다.

4. (1) $P=\begin{bmatrix} 3 & 1 \\ 1 & 2 \end{bmatrix}$

5. (1) 행렬 A의 고윳값은 $\lambda=1$뿐이다. $\lambda=1$에 대응하는 고유벡터는 $\vec{v}=\begin{bmatrix} 1 \\ 0 \end{bmatrix}$의 스칼라배이다.

따라서 A는 2×2 행렬이지만 단 1개의 일차독립인 고유벡터만을 가지고 있으므로 대각화 행렬이 존재하지 않는다.

7. (1) 행렬 A의 고윳값은 $\lambda_1=4$와 $\lambda_2=2$이다. 이때 $\lambda_1=4$에 대응하는 고유벡터는 $\vec{u_1}=\begin{bmatrix} 1 \\ 1 \end{bmatrix}$이고 $\lambda_2=2$에 대응하는 고유벡터는 $\vec{u_2}=\begin{bmatrix} 1 \\ -1 \end{bmatrix}$이다. $\vec{u_1}\cdot\vec{u_2}=0$이므로 $Q=\begin{bmatrix} 1 & 1 \\ 1 & -1 \end{bmatrix}$는 직교행렬이다. 따라서

$$Q^{-1}AQ=\begin{bmatrix} 4 & 0 \\ 0 & 2 \end{bmatrix}=D$$

이다.

6.4

1. (1) 계수행렬은 $A=\begin{bmatrix} 1 & 1 \\ 1 & -1 \end{bmatrix}$이고 행렬 A의 고윳값은 $\lambda_1=\sqrt{2}$, $\lambda_2=-\sqrt{2}$이다.

이때 $\vec{v_1}=\begin{bmatrix} \sqrt{2}+1 \\ 1 \end{bmatrix}$은 λ_1에 대응하는 고유벡터이고 $\vec{v_2}=\begin{bmatrix} -\sqrt{2}+1 \\ 1 \end{bmatrix}$는 λ_2에 대응하는 고유벡터이다. 따라서 A는 대각화가능한 행렬이고 대각화행렬 P는

$$P=\begin{bmatrix} \sqrt{2}+1 & -\sqrt{2}+1 \\ 1 & 1 \end{bmatrix}$$

이며

$$P^{-1}AP=\begin{bmatrix} \sqrt{2} & 0 \\ 0 & -\sqrt{2} \end{bmatrix}=D$$

이다. 따라서

$$\vec{x}=P\vec{y}=\begin{bmatrix} \sqrt{2}+1 & -\sqrt{2}+1 \\ 1 & 1 \end{bmatrix}\begin{bmatrix} c_1e^{\sqrt{2}t} \\ c_2e^{-\sqrt{2}t} \end{bmatrix}$$

이므로

$$x_1(t)=(\sqrt{2}+1)c_1e^{\sqrt{2}t}+(-\sqrt{2}+1)c_2e^{-\sqrt{2}t},$$
$$x_2(t)=c_1e^{\sqrt{2}t}+c_2e^{-\sqrt{2}t}$$

이다.

2. (1) 계수행렬은 $A=\begin{bmatrix} 2 & -1 \\ -1 & 2 \end{bmatrix}$이고 행렬 A의 고윳값은 $\lambda_1=3$, $\lambda_2=1$이다.

이때 $\vec{v_1}=\begin{bmatrix} -1 \\ 1 \end{bmatrix}$은 λ_1에 대응하는 고유벡터이고 $\vec{v_2}=\begin{bmatrix} 1 \\ 1 \end{bmatrix}$는 λ_2에 대응하는 고유벡터이다. 따라서 A는 대각화가능한 행렬이고 대각화행렬 P는

$$P=\begin{bmatrix} -1 & 1 \\ 1 & 1 \end{bmatrix}$$

이고

$$P^{-1}AP=\begin{bmatrix}3 & 0\\0 & 1\end{bmatrix}=D$$

이다. 따라서

$$\vec{x}=P\vec{y}=\begin{bmatrix}-1 & 1\\1 & 1\end{bmatrix}\begin{bmatrix}c_1e^{3t}\\c_2e^{t}\end{bmatrix}$$

이므로

$$x_1(t)=-c_1e^{3t}+c_2e^{t},$$

$$x_2(t)=c_1e^{3t}+c_2e^{t}$$

이다. $x_1(0)=2$, $x_2(0)=1$ 로부터 $c_1=-\dfrac{1}{2}$, $c_2=\dfrac{3}{2}$ 이다. 따라서 초깃값 문제의 해는

$$x_1(t)=\frac{1}{2}e^{3t}+\frac{3}{2}e^{t},$$

$$x_2(t)=-\frac{1}{2}e^{3t}+\frac{3}{2}e^{t}$$

이다.

3. (1) 행렬 A 의 고윳값은 $\lambda_1=3$, $\lambda_2=2$ 이다.

이때 $\vec{v_1}=\begin{bmatrix}-2\\3\end{bmatrix}$ 은 λ_1 에 대응하는 고유벡터이고 $\vec{v_2}=\begin{bmatrix}-1\\2\end{bmatrix}$ 는 λ_2 에 대응하는 고유벡터이다. $P=\begin{bmatrix}-2 & -1\\3 & 2\end{bmatrix}$ 라 하면 $P^{-1}=\begin{bmatrix}-2 & -1\\3 & 2\end{bmatrix}$ 이고 $D=\begin{bmatrix}3 & 0\\0 & 2\end{bmatrix}$ 이다.

따라서

$$A^5=PD^5P^{-1}=\begin{bmatrix}-2 & -1\\3 & 2\end{bmatrix}\begin{bmatrix}3^5 & 0\\0 & 2^5\end{bmatrix}\begin{bmatrix}-2 & -1\\3 & 2\end{bmatrix}=\begin{bmatrix}876 & 422\\-1266 & -601\end{bmatrix}$$

이다.

5. (1) 행렬 A 의 고윳값은 $\lambda_1=5$ 와 $\lambda_2=1$ 이며 $\lambda_1=5$ 에 대응하는 고유벡터는 $\vec{v_1}=\begin{bmatrix}1\\3\end{bmatrix}$ 이고 $\lambda_2=1$ 에 대응하는 고유벡터는 $\vec{v_2}=\begin{bmatrix}-1\\1\end{bmatrix}$ 이다. $P=\begin{bmatrix}1 & -1\\3 & 1\end{bmatrix}$ 라 하면

$$P^{-1}AP=\begin{bmatrix}5 & 0\\0 & 1\end{bmatrix}=D$$

가 성립한다. 따라서

$$e^A=Pe^DP^{-1}=\begin{bmatrix}1 & -1\\3 & 1\end{bmatrix}\begin{bmatrix}e^5 & 0\\0 & e^1\end{bmatrix}\begin{bmatrix}\frac{1}{4} & \frac{1}{4}\\-\frac{3}{4} & \frac{1}{4}\end{bmatrix}$$

$$=\frac{1}{4}\begin{bmatrix}e^5+3e & e^5-e\\3e^5-3e & 3e^5+e\end{bmatrix}$$

이다.

찾아보기

(ㄱ)

(ㄴ)

(ㄷ)

(ㄹ)

(ㅁ)

(ㅊ)

(ㅋ)

(ㅌ)

(ㅍ)

(ㅎ)

(기타)